普通高等教育船舶与海洋工程学科"十二五"规划系列教材

海洋腐蚀与生物污损防护技术

赵晓栋　杨　婕　张　倩　邵　静　编

华中科技大学出版社
中国·武汉

内容简介

本教材较为系统、全面地介绍了海洋腐蚀的基本原理与腐蚀规律、海洋污损生物的形态特点和分布，以及常见的防腐蚀与防污损技术。

本书除绪论外共七章，包括金属腐蚀的分类、腐蚀热力学与动力学原理、常用的腐蚀防护技术、船舶防腐及涂装、海洋污损生物的影响及分布、海洋污损生物的生物学与生态学、污损生物防除概论与防污方法等内容。

本书可作为船舶、机械、化工等专业本科或研究生教材，也可供从事相关工作的工程技术人员参考。

图书在版编目(CIP)数据

海洋腐蚀与生物污损防护技术/赵晓栋等编. —武汉：华中科技大学出版社，2017.4(2024.8重印)
普通高等教育船舶与海洋工程学科"十二五"规划系列教材
ISBN 978-7-5680-2233-0

Ⅰ.①海… Ⅱ.①赵… Ⅲ.①海水腐蚀-防腐-高等学校-教材 ②生物腐蚀-防腐-高等学校-教材
Ⅳ.①TG172.5 ②TG172.7

中国版本图书馆 CIP 数据核字(2016)第 235487 号

海洋腐蚀与生物污损防护技术
Haiyang Fushi yu Shengwu Wusun Fanghu Jishu

赵晓栋 杨 婕 张 倩 邵 静 编

策划编辑：万亚军
责任编辑：姚同梅
封面设计：原色设计
责任校对：李 琴
责任监印：朱 玢
出版发行：华中科技大学出版社(中国·武汉) 电话：(027)81321913
武汉市东湖新技术开发区华工科技园 邮编：430223
录 排：武汉市洪山区佳年华文印部
印 刷：武汉邮科印务有限公司
开 本：787mm×1092mm 1/16
印 张：14.75
字 数：384 千字
印 次：2024 年 8 月第 1 版第 3 次印刷
定 价：45.00 元

前　言

20 世纪 90 年代以来，在陆地资源无法承受持续发展压力的态势下，世界各国的经济发展战略重心从陆地转向海洋。21 世纪是海洋的世纪，海洋资源的开发和利用是国民经济发展的重点，然而，海洋的腐蚀环境对海洋工程结构的腐蚀始终阻碍着人们对海洋资源开发的进程。

海洋腐蚀与生物污损防护直接关系到海洋资源开发与利用的各个方面，是船舶、机械、化工等多个专业领域都迫切希望解决的重要问题。海洋腐蚀的原理较为复杂，并且牵涉到化学、电化学、生物学、微生物学、金属学等若干学科，想要对其做深入了解，必然会遇到许多理论问题，所以，在涉海类专业中开设海洋腐蚀与生物污损防护课程，让学生能够掌握一般的防腐蚀和防污损知识是非常必要的。针对这种情况，我们参照国内外的相关资料，编写了本教材。由于篇幅所限，内容讨论不能既全又细。本书在内容上尽量做到广泛取材并联系实际；在起点和深度方面酌情控制，力求做到由浅入深、循序渐进且通俗易懂，方便学生学习和掌握。本书具有以下三个特点：第一，将防腐蚀与防污损相结合，涵盖了腐蚀、污损、涂装三方面内容。纵观国内目前使用的相关领域教材，教学对象多为海洋工程、化工或材料学专业的本科、高职学生，还有一部分为海洋化学及腐蚀电化学研究领域的研究生，主要内容侧重于腐蚀、污损、涂装的某一方面，没有涵盖本课程所需掌握的全部知识体系。第二，本书与现存的腐蚀与防护方面的教材和专著在结构上有较大差别，没有采用材料的腐蚀机理与防护独立成篇的传统方式。本教材包括海洋腐蚀与防护、海洋污损与防污两方面内容，将防腐与防污分开论述，两部分相对独立，具有各自的理论体系，且各部分的理论与应用技术的对应性较强。第三，现有的相关教材和著作大多具有理论性强、专业术语众多的特征，把学习重点和难点放在电化学原理及公式计算上，不适合作为课程教材使用。本书在编写过程中注意理论联系实际，特别是注意结合实际海洋环境，侧重对防腐与防污技术的分析，同时对必要的理论知识做简要介绍。

本书较为系统全面地介绍了海洋腐蚀的基本原理与腐蚀规律、海洋污损生物的形态特点和分布，以及常见的防腐蚀与防污损技术。本书绪论部分简要介绍了海洋腐蚀与生物污损防护的基本概念及海洋腐蚀与防护在国民经济发展中的意义，第 1～4 章侧重于阐述海洋腐蚀的基本原理以及船舶涂装工艺，第 5～7 章着重介绍海洋中污损生物的种类及其防除技术。除绪论外，各章的具体内容如下：第 1 章主要介绍了金属腐蚀的分类，包括按腐蚀形态和腐蚀环境分类；第 2 章介绍了腐蚀电化学理论基础，包括腐蚀热力学与动力学原理、析氢腐蚀与吸氧腐蚀；第 3 章介绍了几种常用的腐蚀防护方法，包括表面处理与涂镀层技术、缓蚀剂、电化学保护等内容；第 4 章则对船舶防腐及涂装进行了详细阐述，包括船舶涂料类型、钢材表面处理与船舶二次除锈工艺；第 5、6 两章主要介绍了海洋污损生物的种类、分布及其生物学和生态学特征；第 7 章以电解海水为例介绍了海洋污损生物防除的方法。

本教材的绪论及第 1、2 章由赵晓栋编写；第 3、4 章由张倩编写；第 5、6、7 章由杨婕编写；全书的图表绘制工作由邵静完成；赵晓栋进行了全书的统稿工作。

由于编者水平有限，错误和不妥之处在所难免，恳请读者批评指正。

编　者

2017 年 3 月

目　　录

绪　论

0.1　腐蚀与海洋腐蚀

0.1.1　腐蚀的定义

“腐蚀”一词来自拉丁语“Corrodere”，意指“损坏”、“腐烂”。关于腐蚀的定义许多学者按其考察方式不同都有自己的表述。20 世纪 50 年代以前，腐蚀的定义仅局限于金属的腐蚀。从金属腐蚀的过程和原因考察，可将金属腐蚀定义为“金属和它周围环境介质之间发生化学作用或电化学作用而引起的破坏和变质”。在许多情况下材料在受到腐蚀的同时承受着物理作用、机械作用以及应力、放射线、电流和生物等的共同作用，而且它们会强化腐蚀作用，加速材料的破坏和变质。

随着非金属材料，特别是合成材料的迅速发展，非金属材料的破坏现象日益突显，自 20 世纪 50 年代以来已引起人们的重视。由于非金属的破坏同样是在使用和存放过程中与周围环境介质作用而产生的，并造成了非金属性能的恶化，因此 20 世纪 50 年代以后，许多权威腐蚀学者倾向于把腐蚀的定义扩大到所有的材料，如金属、塑料、木材、陶瓷、混凝土和其他的无机、有机的非金属材料等，将腐蚀定义为“材料与所处的环境介质发生反应而引起的材料的破坏和变质”。美国腐蚀工程学家方坦纳(M. G. Fantana)认为腐蚀可以从以下几方面定义：① 材料与环境介质发生反应而引起的材料的破坏或变质；② 除了单纯机构破坏以外的材料的一切破坏；③ 冶金的逆过程。

非金属的腐蚀是指非金属材料在环境介质的化学、机械和物理等因素作用下，所出现的老化、龟裂、腐烂等破坏现象。如涂料、橡胶等在阳光或化学物质作用下发生的变质，就属于腐蚀的范畴。

金属腐蚀是多种多样的。习惯上常把金属或合金在大气中由于氧、水分及其他物质的作用而发生的腐蚀或变色称为锈蚀，相应的腐蚀产物称为“锈”。例如钢铁在潮湿的大气中与氧作用而腐蚀，生成棕褐色的铁锈，它是含水的 Fe_2O_3 和 FeO 的混合物，其化学成分一般可用 $xFe_2O_3 \cdot yFeO \cdot zH_2O$ 表示，或从结构上看由 γ-FeOOH(即 $\gamma\text{-}Fe_2O_3 \cdot H_2O$)、α-FeOOH($\alpha\text{-}Fe_2O_3 \cdot H_2O$)和 $FeO_x(OH)_{3-2x}$等组成。

通常我们把金属在高温气体作用下产生的腐蚀称为金属氧化。金属氧化后在其表面会形成一层厚的腐蚀产物，称为氧化皮。例如钢铁零件在空气中做退火处理，在其表面会产生氧化皮。

金属在强腐蚀介质(如强酸、强碱)中产生的溶解称为侵蚀。

为了进行显微金相观察，对金相试样的腐蚀称为镂蚀或侵蚀。

在工程技术中，有许多方面需应用腐蚀进行加工处理，如电解加工、化学抛光、电解抛光、化学铣切等，这些加工处理都利用了金属腐蚀现象。

金属腐蚀是十分普遍的。从热力学观点出发，自然界除了少数贵金属(如 Au、Pt)只有在特殊介质(如王水等)中才能变成离子外，一般金属都能在周围环境介质作用下由金属元素状态逐渐转变成金属离子(化合物)状态。金属腐蚀过程是一个放热反应过程，并伴随体系自由能的减少，所以，它是一个自发的破坏过程，并普遍地存在于国民经济各个部门及人们的日常生活之中，金属腐蚀已成为具有普遍性的严重问题。腐蚀的现象如图 0.1 所示。

图 0.1 腐蚀现象

0.1.2 金属腐蚀的危害

金属腐蚀给人们带来的损失和危害是很惊人的。主要表现在以下三个方面。

1. 造成国民经济的巨大损失和金属材料的消耗

据一些工业发达国家统计，1967 年至 1984 年每年由金属腐蚀造成的直接损失占国民经济生产总值的 1.8%～4.2%(见表 0.1)。美国在 1975 年由金属腐蚀造成的直接经济损失为 700 亿美元，占国民经济生产总值的 4.2%，而 1982 年增加到 1 260 亿美元；英国 1970 年的金属腐蚀损失为 89 亿美元，占国民经济生产总值的 3.5%；苏联 1967 年由金属腐蚀造成的直接经济损失占国民经济生产总值的 2%；日本 1984 年由金属腐蚀造成的直接经济损失占国民经济生产总值的 1.8%，其腐蚀损失也是逐年增加的。惊人的数字震动了这些国家，也震动了其他工业发达的国家，促使他们紧急行动起来，采取了一系列有效的措施，并取得了显著的经济效益。

表 0.1 工业发达国家的金属腐蚀损失

国　　名	年　　份	金属腐蚀损失/亿美元	占国民经济生产总值(%)
美国	1975	700	4.2
	1982	1 260	4
英国	1970	89	3.5
苏联	1967	67	2
日本	1984	160	1.8

另外也有人把腐蚀损失与各种自然灾害造成的损失做过对比。例如美国 1982 年全年因火灾平均年损失 110 亿美元，水灾为 4.3 亿美元，风灾为 7 亿美元，地震为 4 亿美元，总计 125.3亿美元。相比之下，美国 1982 年因金属腐蚀损失 1 260 亿美元竟然是自然灾害造成的损失总和的 10 倍。

据国外统计，全世界每年因腐蚀而消耗的金属达 1 亿吨以上，占金属年产量的 30%，即便其中有 2/3 的金属材料可以回收重新熔炼再生，也仍有达年产量的 10%的金属材料因腐蚀无法回收而损失。我国钢铁年产量以6千万吨计，每年因腐蚀要消耗掉6百万吨，这刚好等于上海宝山钢铁总厂的年产量。可见金属腐蚀对自然资源是极大的浪费。

2. 造成重大事故和严重的环境污染

前面指的仅仅是金属腐蚀造成的直接损失，它包括更换已被腐蚀的设备和构件、为防止腐蚀采用耐蚀合金材料、进行金属表面防护（电镀、涂漆等）和电化学保护等产生的费用，此类损失较易估算。而腐蚀引起的间接损失更为严重，它包括由腐蚀造成的设备停车、停工停产、设备效能降低而带来的利润损失，物料产品的流失（如管道输送的油、水、气等物料的跑、冒、滴、漏）导致的环境污染。腐蚀甚至会引起火灾、爆炸等重大事故，使运输中断，造成停水、停电，使人民生命财产蒙受巨大损失。例如发电厂因一根锅炉管腐蚀穿孔引起爆炸事故，更换一根管子约花费几百元，可是爆炸导致停电，从而引起一大片工厂停产的损失就相当严重了。1949年10月美国俄亥俄州煤气公司天然气贮罐腐蚀破裂，造成128人死亡，损失达680万美元。我国在开发某油田时，由于硫化氢应力腐蚀破坏产生井喷，大量天然气放空，在持续六天后又遇雷击导致火灾，造成经济损失达6亿元。1974年日本沿海地区的石油化工厂贮罐因腐蚀破裂，大量重油流出，造成严重污染。诸如此类的事件屡有记载。桥梁的突然断裂塌陷、飞机失事、轮船突然沉没、油管爆炸、军事装备的腐蚀破坏直接影响战局等，其严重性就远远超出经济意义上的损失范畴了。可见腐蚀引起的间接损失往往是无法估计的。

3. 腐蚀阻碍着新技术、尖端科学和国防科学技术的发展

新技术对生产可起到很大的推动作用，但若不解决腐蚀问题，其应用是会受到严重阻碍的。例如美国的阿波罗（Apollo）登月飞船，贮存高能燃料 N_2O_4 的钛合金高压容器曾发生应力腐蚀破裂，经研究分析是由于 N_2O_4 中含有微量氧造成的，经加入0.6%的NO之后这一问题才得以解决。美国著名腐蚀学者方坦纳认为，如果没有找到解决办法，登月计划将会推迟若干年。又如原子能工业、航空航天工业、火箭工业、化工生产行业、国防工业等都在不断地提出腐蚀与防护的新课题。

由此可见，腐蚀科学及防护技术与现代高科技的发展有着极密切的关系，它在发展国民经济及国防建设中占有极其重要的地位。

0.1.3　海洋腐蚀与防护的重要性

占地球面积71%的辽阔而神秘的海洋是生命的摇篮，是人类取之不尽的资源宝库，人类未来也寄希望于海洋。人类不仅能从海洋中获取大量动植物资源，还能从中提取食盐、钾、镁、溴以及碘、钠等工业原料和淡水。据联合国大会第一委员会的报告，海底还蕴藏着大量的矿产，如果按现在地面上的铝、锰、铜、镍、钴、钼尚可用100年估算，那么它们在海底的储量分别可用2万年、40万年、5千年、15万年、20万年和3万年。这些矿产绝大部分目前还不能开发利用，但是，随着海洋技术的发展，将来是有望开发利用的。海洋也是各国之间相互交往的天然渠道，并在国防上有着非常重要的地位。近年来，海洋开发与宇宙开发、原子能开发并列成为了世界三大开发方向，21世纪将是一个“海洋开发的新时代”。

海洋开发首先要面对恶劣的海洋环境。金属材料在海洋中的腐蚀损失相当严重，欲选择适合于海洋工程的金属材料，必须了解它的腐蚀行为。据统计，我国1995年因腐蚀造成的直接经济损失高达1 500亿元人民币，约占当年国民生产总值的4%。其中海洋腐蚀导致的损失约占总腐蚀损失的1/3。每年海洋腐蚀导致的经济损失比火灾、风灾、水灾、地震等自然灾害导致的损失总和还大。在船舶、舰艇及机械结构方面因腐蚀造成的破坏屡屡发生，由此造成的人身伤亡和经济损失常常不可弥补。国内外有不少这类事例,如:20 世纪 70 年代初国内某船舶存在严重的局部腐蚀,经研究,是某种壳板钢的接触腐蚀所致;英国北海油田基·兰德号海上钻井平台因海洋腐蚀疲劳开裂造成 123 人死亡;美国第一艘核潜艇"鹦鹉螺"号的非再生热交换器所用 0Cr18Ni9 不锈钢管,1960 年出现了氯化物应力腐蚀破裂,造成事故。据 1970—1981 年统计资料显示,海洋平台有 7%~9%出现事故,其中因腐蚀疲劳导致的事故占大多数。在海洋大气环境中工作的舰载飞机以及海面上起飞的水上飞机,出现过由于修复蚀损的费用超过本身造价而提前报废的情况,致使美国空军提出"优先搞好腐蚀控制"的政策。其他诸如输油气管线因腐蚀泄漏引起的事故等都说明了腐蚀的严重后果。因此,加强腐蚀控制,减少金属材料的损耗,避免设备在海洋环境中过早或意外损坏,防止地球上有限矿产资源过早枯竭等,对人类有着重要的战略意义。

我国大陆海岸线长达 1.8 万千米,6 500 多个岛屿的岸线长 1.4 万千米,有近 300 万平方千米的管辖海域,开发广阔富饶的海洋,对于中华民族的繁荣昌盛具有重要的战略意义。下一个世纪,海洋资源开发效率将成为决定我国经济实力和政治地位的一个极其重要的因素。开发海洋资源需要大量使用金属材料,由此面临着严峻的海洋腐蚀和防护问题,为此必须研究海洋开发、海军建设用金属材料在海洋环境中的腐蚀行为和规律,研制新材料,完善防蚀技术。

0.1.4 金属腐蚀的分类

由于金属腐蚀的现象和机理比较复杂,其分类方法也多种多样,至今尚未统一。为了便于了解腐蚀规律、研究腐蚀机理,以寻求有效的腐蚀控制途径,以下只介绍几种常用的分类方法。

1. 按腐蚀机理分类

按照腐蚀过程的机理,金属腐蚀可以分为化学腐蚀、电化学腐蚀、物理腐蚀三种。具体的腐蚀属于哪一类主要取决于金属表面所接触的介质种类(电解质、非电解质和液态金属)。

(1) 化学腐蚀:金属表面与周围介质直接发生纯化学作用而引起的破坏。其反应历程的特点是,氧化剂直接与金属表面的原子相互作用而形成腐蚀产物。在腐蚀过程中,电子的传递是直接在金属与氧化剂之间进行的,因而没有电流产生。如金属在非电解质溶液中的腐蚀及金属在高温时氧化引起的腐蚀等。

(2) 电化学腐蚀:金属表面与离子导电的电介质发生电化学反应而产生的破坏。其反应历程的特点是,反应至少包含两个相对独立且在金属表面不同区域可同时进行的过程,其中阳极反应是金属放出电子变成金属离子转移到介质中的过程,即氧化过程;相对应的阴极反应便是介质中的氧化剂组分吸收来自阳极的电子的还原过程。腐蚀过程中伴有电流产生,如同一个短路原电池的工作过程。这类腐蚀是最普遍、最常见又是比较严重的一类腐蚀,如金属在各种电解质溶液、大气、土壤和海水等介质中所发生的腐蚀皆属于此类。另外,电化学作用既可单独造成腐蚀,也可以和机械作用等共同作用导致金属产生各种特殊腐蚀(应力腐蚀破裂、腐蚀疲劳、磨损腐蚀等)。

(3) 物理腐蚀:金属由于单纯的物理作用所引起的破坏。许多金属在高温熔盐、熔碱及液态金属中可以发生此类腐蚀。如盛放熔融锌的钢容器被液态锌所溶解而腐蚀。

2. 按腐蚀破坏的形貌特征分类

根据金属腐蚀的形貌特征可把腐蚀分为全面腐蚀和局部腐蚀两类。

(1) 全面腐蚀:是指腐蚀分布在整个金属表面上,它可以是均匀的,也可以是不均匀的,例如碳钢在强酸、强碱中的腐蚀属于此类。这类腐蚀的危险性相对较小。当全面腐蚀不太严重时，只要在设计时增加腐蚀裕度就能够使设备达到应有的使用寿命而不被腐蚀损坏。

(2) 局部腐蚀：是指腐蚀主要集中在金属表面某一区域，而表面的其他部分则几乎未被破坏。局部腐蚀有很多类型，如电偶腐蚀、孔蚀、缝隙腐蚀、晶间腐蚀、选择性腐蚀、应力腐蚀破裂、腐蚀疲劳以及磨损腐蚀等。这类腐蚀往往是在没有先兆的情况下发生的，目前对其预测和控制都很困难，因此，这类腐蚀是造成设备失效的主要原因。

3. 按腐蚀环境分类

按腐蚀环境金属腐蚀可以分为大气腐蚀、海水腐蚀、土壤腐蚀以及化学介质腐蚀。这种分类方法不够严格，因为大气和土壤中都会含有各种化学介质，但这种分类方法比较实用，它可以帮助人们按照材料所处的典型环境去认识腐蚀规律。

0.1.5　海洋腐蚀的影响因素

海洋环境不同于陆地环境，海水是盐度在 32%～34%、pH 值在 8～8.2 之间的天然强电解质溶液，而海洋则是一个含有悬浮泥沙、溶解的气体、生物以及腐败的有机物的复杂体系。影响海水腐蚀性的因素有化学因素、物理因素和生物因素三类，具体包括海水含盐量、温度、溶氧量、pH 值、流速与波浪、海洋生物等。

1. 含盐量

钢的腐蚀速率与水中含盐量的关系如图 0.2 所示。水中含盐量增加，水的电导率增加，而溶氧量降低。在盐度较低时，随盐度的增加，氯离子含量增加，促进阳极反应，从而腐蚀速率增加；当含盐量达一定值后，腐蚀速率随含盐量增加而降低，这是随水中盐度增大，溶解氧降低所致。

2. 温度

随海水深度增加，水温下降，表层海水温度还随季节而周期性变化(0～35 ℃)，海底温度则变化很小。温度升高会使腐蚀速率加快，但在密闭体系和开放体系中温度升高对腐蚀速率的影响是不一样的。在密闭体系中温度升高，溶氧量不变，故腐蚀速率增加；在开放体系中温度上升时溶氧量下降，溶氧量降低会减缓腐蚀速率，所以最终使腐蚀速率先增后减。钢的腐蚀速率与海水温度的关系如图 0.3 所示。

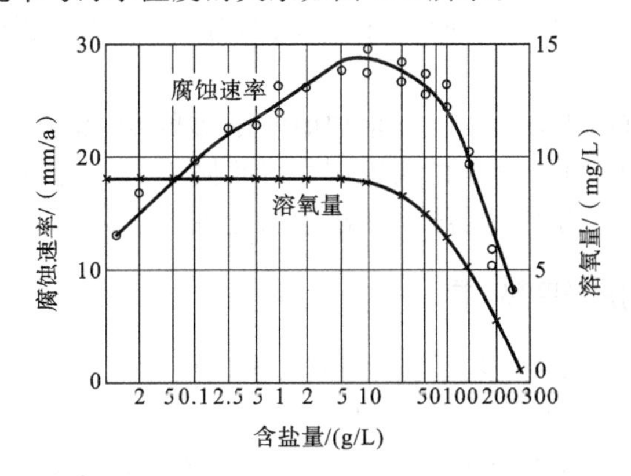

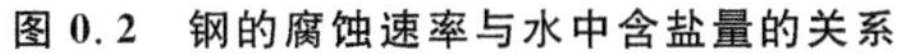
图 0.2　钢的腐蚀速率与水中含盐量的关系

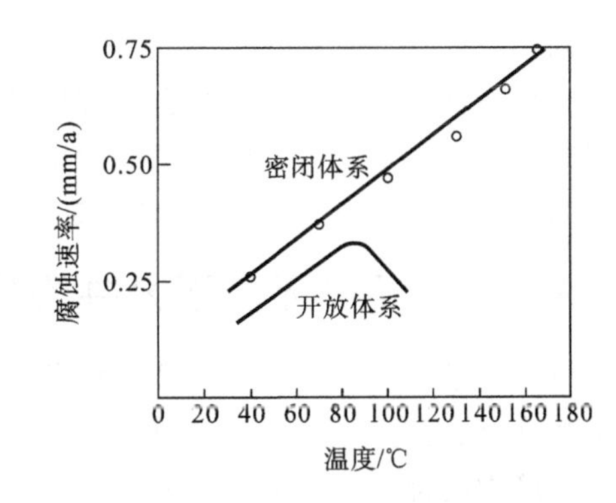

图 0.3　钢的腐蚀速率与海水温度的关系

海水温度的变化还会影响金属的电极电位(上升或下降)，但对不同金属的影响程度不同。

3. 溶氧量

氧是钢铁海水腐蚀的去极化剂，如果海水中没有溶解氧，钢铁是不会腐蚀的，因此海水中的溶氧量是影响钢铁海洋腐蚀的重要因素之一。溶解氧在钢铁腐蚀的微电池的阴极区不断反应,将产生很强的阴极去极化作用,使微电池阳极区的金属不断溶解,形成氢氧化亚铁,从而使金属遭到腐蚀。另一方面,对于那些可依靠表面钝化膜来提高耐蚀性的金属,如不锈钢等,金属表面氧化膜的形成和修补,在某种程度上又可以抑制腐蚀反应的进行。

在恒温海水中,随溶解氧浓度的增加,氧扩散到金属表面的含量及阴极区去极化速度也会增加,因而腐蚀速率会增大。

海水中溶氧量与海水的温度、盐度有密切关系,水温、盐度升高,溶氧量下降,水温、盐度下降,溶氧量上升。海水中溶氧量具有日变化和年变化规律。当温度和盐度变化不大时,其日变化取决于海水中浮游植物的光合作用,因而在受到光照的水层中,可以观察到在午后不久溶氧量最高、黎明前溶氧量最低的日变化情况;而同一海区溶氧量的年变化,则取决于该海区温度和盐度的变化、生物活动情况、氧化作用过程、海区的环流特点等。表层海水的溶氧量为4.59～8.72 mg/L,在高富氧区,中心极值达8.73 mg/L,底层海水的溶氧量为4.06～7.59 mg/L,近岸海域的溶氧量略高于大洋。

4. pH 值

海水中除了氧和氮之外,还溶有二氧化碳,海洋生物的新陈代谢作用以及动植物死亡分解的碳酸盐,都对pH值有影响。pH值高有利于抑制海水腐蚀,并易产生钙镁沉淀物附着在材料表面,对材料的阴极保护有利,但也可能加剧局部腐蚀。

5. 流速与波浪

流速与腐蚀有三种关系。

若材料的腐蚀速率受溶解氧的扩散控制,则流速越大,扩散层厚度越小,氧的极限扩散电流密度就越大,腐蚀速率也越大。

材料(如铝、铜合金)在低流速海水中,表面膜有抑制腐蚀作用。当流速增加到一定程度时,保护膜受冲刷而破坏,腐蚀速率就会急剧增大。

对钝化能力较强的材料(如不锈钢、钛合金),当流速增加时,氧供应充分,材料钝化能力增强,腐蚀的速率将减小。

6. 海洋生物

海洋生物对腐蚀的影响很复杂,因为海洋生物附着的种类和程度不同,对材料的腐蚀程度就不同。

大型海洋生物的附着生长会增加船的前进阻力,降低航速,增加船的振动和燃料消耗,降低船的货运量。污损生物的繁殖也会引起船舶或海上建筑防腐蚀保护层的损坏,加速金属构件的腐蚀。表面被完全覆盖,可使腐蚀速率降低,而表面局部被覆盖,往往会使局部腐蚀加剧。

0.1.6 海洋环境下公共设施的腐蚀规律

海洋腐蚀环境研究主要是从环境角度来考察海洋环境下材料的腐蚀程度问题。不同海域由于盐度、温度等不同对同一金属的影响各不相同,而同一海域对同一金属的影响也因金属在海水环境中的部位不同而异。海洋腐蚀环境一般分为海洋大气区(简称大气区)、浪花飞溅区(简称飞溅区)、潮差区、海水全浸区(简称全浸区)和海泥区五个腐蚀区带,如图0.4所示。

(1) 大气区:受海盐微粒和陆地大气的影响。大气区海盐粒子使腐蚀加快,干燥表面与含盐的湿膜交替变换形成物理和电化学作用影响金属腐蚀速率。

(2) 飞溅区:海水飞溅造成干湿环境交替,阳光照射导致温度升高,从而形成最苛刻腐蚀环境。在海洋环境中腐蚀最严重的部位是在平均海潮以上的飞溅区。由于经常呈潮湿表面，且表面供氧充足，长时间润湿表面与短时间干燥表面的交替和浪花冲刷，造成物理腐蚀与电化学腐蚀为主的腐蚀破坏，且破坏最严重。

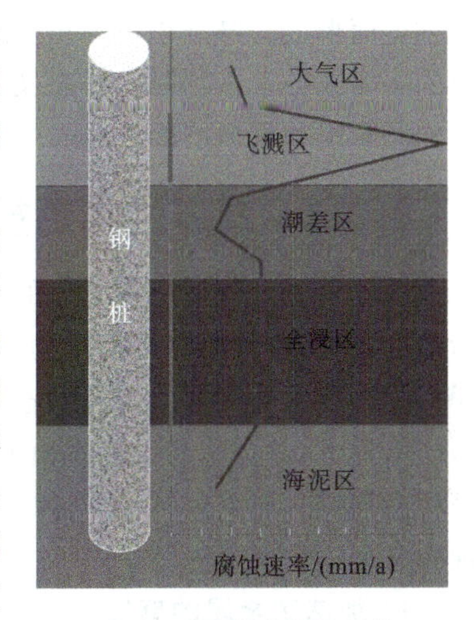

图 0.4　不同海洋腐蚀环境下钢桩的腐蚀速率

(3) 潮差区：受到海水潮汐的作用。钢结构在潮差区的腐蚀速率最低，甚至低于全浸区和海泥区的腐蚀速率。在平均低潮位以下附近区域的腐蚀速率出现一个峰值，这是因为钢桩在海洋环境中，随着潮位的涨落，在水线上方湿润的钢铁表面供氧比水线下方的浸在海水中的钢铁表面要充分得多，且彼此构成一个回路，由此成为一个氧浓差宏观腐蚀电池。腐蚀电池中富氧区为阴极，即潮差区；相对缺氧区为阳极，即平均低潮位水线下方的区域。总的效果是整个潮差区中每一点分别受到了不同程度的阴极保护，而在平均低潮位以下区域则经常作为阳极而出现腐蚀峰值。

(4) 全浸区：海水的腐蚀性主要受溶氧量、流速、温度、盐度、pH 值，以及污染因素和生物因素等的共同影响。在全浸区的腐蚀中，浅海腐蚀可能比海洋大气腐蚀更迅速，深海区的溶氧量往往比表层低得多，水温近于 0 ℃，腐蚀较轻。

(5) 海泥区：溶解氧、温度以及厌氧生物的作用是影响这一区域腐蚀性的主要因素。海泥区存在硫酸盐还原菌等细菌，海底沉积物的来源及特征不一，受海水影响少，且温度低，设备腐蚀程度轻，只是在海流作用交界处有一定腐蚀。

0.2　海洋生物污损防护

0.2.1　海洋生物污损的概念

海洋污损生物是生长在海中船底和其他人为设施表面的动物、植物和微生物的总称，海中设施因污损生物造成的危害称为生物污损。至 1947 年，世界上就记录了 2 000 多种污损生物，如今污损生物的物种远远多于此数。中国海域已记录 22 561 种海洋生物，凡是营固着或附着生活以及部分营活动性生活的物种，都有可能在海中人为设施上生长，成为污损生物，因此，中国海域污损生物远远多于 2 000 种。

生物污损根据生物在基体上的附着形式可分为两类：第一类是由各种细菌和微型动植物等微观有机体吸附在材料表面并繁殖而引起的，称为微生物污损；第二类是因各类大型藻类及原生动物个体附着在材料表面并逐渐繁殖而形成的，称为大型生物污损，是肉眼可见、最为常见也是最为广泛的一类污损。

海下材料表面上生物污损层的形成要历经三个阶段，即修整膜、生物膜和生物污损层阶段。任何浸入海水的物体在数分钟内表面就会吸附一层有机物，形成修整膜；然后细菌和硅藻等相继在修整膜上附着并分泌胞外代谢产物形成生物膜；随后其他原核生物、真菌、藻类孢子以及大型污损生物幼虫在膜中发育生长，最后形成复杂的生物污损层。作为海洋污损的必经阶段，生物膜厚度可达微米级，是由微小生物及其代谢物连同海洋中的一些有机物、颗粒物相互粘连而形成的厚度小于 1 mm 的膜状生物群落。研究表明，水、细菌及其胞外高聚物是生物膜的主要成分。生物膜的形态及结构在很大程度上决定了大型污损生物的附着与否，并最终影响整个生物污损层的形成。

0.2.2 海洋生物污损的危害

美国每年由污损生物引起的经济损失达 7 亿美元，而英国则达 5 千万英镑。正因为生物污损的危害较大，海洋污损生物的危害及防治问题，多年来一直为世界各滨海国家所重视。海洋污损生物生长在船底、浮标、输水管道、冷却管道、海底电缆、木筏、浮子、浮桥、网具和海洋监测仪器等上，并在这些设施表面上积累、定居、繁衍，久而久之，就形成了一层坚固、粗糙的厚硬壳层，对船舶、海上公共设施、水产养殖等造成严重的危害。一般而言，海洋生物污损的危害表现在以下三个方面。

1. 加速了金属的腐蚀

污损生物在金属上附着，由于硫酸盐还原菌、铁细菌的作用，使金属的腐蚀加剧；一些污损生物会破坏金属表面的涂层，使金属裸露而导致金属的腐蚀；有石灰外壳的污损生物覆盖在金属表面，会改变金属表面的局部供氧情况，形成氧浓差电池而加速金属的腐蚀；一些藻类由于光合作用产生氧气，会增加水中的溶解氧的浓度，从而加速金属的腐蚀。

2. 影响海上设施的正常使用

对船舶来说，污损生物的附着会增加行进的阻力，使航行速度下降，油耗增加；对海水输送管道和冷却设施来说，污损生物的附着会造成管道的阻塞、换热效率降低；污损生物的附着可以造成海中的仪表及转动机构失灵，影响声学仪器、浮标、网具、阀门等设施的正常使用；污损生物附着于海洋监测仪器上会导致仪器信号失真，性能下降。

3. 影响水产养殖业的产量和质量

污损生物附着于海洋养殖网具上，会造成网眼堵塞、海水交换效率降低，导致海水养殖鱼、贝类发育不良甚至死亡，使其产量下降；而污损生物在藻类表面附着，将影响藻类养殖产品质量。

0.2.3 海洋生物污损的防护方法

海洋生物污损的防护方法多种多样，目前国内尚无统一的分类标准。在这里，我们按防污技术所采用的原理，将其分为以下几类。

1. 涂防生物污损涂料

涂防生物污损涂料（简称防污涂料）法是将防污涂料涂覆于被保护结构物表面，依靠涂膜中含有对生物有毒性的防污剂的不断溶解、渗出，杀死污损生物或抑制污损生物的生长附着。该方法使用范围广，施工方便，但毒物渗出会对附近海水造成污染。

2. 施加液态氯

只要海水中 ClO^- 浓度达到 20 μg/L 就能有效地防止污损生物的附着，为此可将液态氯定时定量地加入水体，也可以在污损生物繁衍季节连续大剂量投放。其防污范围广，主要适用于管道内防污处理，但因一次性投资大，费用高，管理复杂，常常不能保证定时定量加氯，达不到预期的防污效果，且操作不当容易引起泄漏，危害人体健康。天津大港电厂海水管道设计建厂时，就采用了此法来防污，但效果不理想。该方法现已基本不用。

3. 电解海水防污

由于施加液态氯存在很多缺陷，后改进为电解海水防污。海水中含有大量氯离子，利用特种电解槽并通入直流电，使电解海水产生氯气并转化为次氯酸，可杀死污损生物的孢子和幼虫，使其无法附着和生长，从而达到防污目的，主要应用于海水管道及海水冷却系统。近几年，电解海水防污技术发展较快，已渐渐成熟。

4. 电解重金属

一些重金属离子对海洋生物具有一定的毒性，因此可利用电解这类重金属形成金属离子，从而防除污损生物附着。目前应用最多的是电解铜及其合金，方法是以铜或铜合金为阳极，被保护金属结构物为阴极，通以直流电，电解产生铜离子，起到防除污损生物的作用。

5. 铜合金覆层

利用铜对污损生物的毒性，将铜或铜合金制成薄膜或网筛，覆于被保护构件物的表面，通过铜的腐蚀释放铜离子，抑制污损生物附着。日本在这方面的研究较多。首先在金属表面预涂一层树脂绝缘层，以防止铜与金属基体材料的接触而发生电偶腐蚀，然后覆盖一层铜合金，这种合金含有 0.2%～2.8%的铍，还有用铜镍 90/10 合金，它具有较好的防腐和防污性能。

6. 其他物理方法

过滤法：利用土壤、沙砾等的过滤作用，滤去海洋生物的卵孢子、幼虫等，避免污损生物在海水输送系统内生长。

灼热法：向已经附着了污损生物的海水输送系统内通入热水，当温度达到 50 ℃时，持续半小时，即可杀死附着生物。

超声波法：使用电子振荡器驱动声发射装置，造成污损生物难以生存的环境。

紫外线法：利用紫外线能改变某些分子的化学键，长期或周期地开关光能发射装置，达到长期完全防污的效果。

这些方法只限于在局部的、特定的环境下使用，其应用范围很有限。

0.2.4　海洋生物污损研究范围

生物污损是人们开始海事活动以后才出现的一种生物学现象，研究生物污损的目的是为了防污。生物污损的研究可分为以下几部分。

1. 生态学

可以把船底和海中设施看成是生物的一种特殊生态环境。船底表面状况和运动状态，与海底固定不动的岩礁和经常处于动态中的鲸既有相似之处，又有许多差别，在这种环境中形成了独特的污损生物群落。研究群落的形成、演替及其结构，并探讨其数学模式，以期对污损率进行预报，是群落生态研究的核心。在这个课题中，污损生物的种类、附着季节、数量及其与环境因子的关系，是海洋工程技术人员最关心的，也是生物学家最重视的。污损生物生态学是海洋生态学的特定内容之一，研究成果除了用于防污实践外，还将大大丰富海洋生态学的内容。

2. 生物学

生物学研究包括对主要污损生物的繁殖、附着与生长，及幼虫培养和生活史等的研究。这些研究将更加深入地阐明污损生物的一些生物学规律，能更好地为防污提供生物学依据。

3. 生物膜

生物膜也称细菌黏膜、初期黏膜或黏膜，这层膜是由微型污损生物所构成的。生物膜既对海中设施有影响，也和大型生物的附着有关。从宏观（大型生物）到微观（微生物）的研究是生物污损研究的进展过程。目前有许多学者热衷于开展这方面的研究。

4. 附着机理

污损生物如何附着、附着前后所分泌的物质(如藤壶胶等)的理化特性等,这些生理和生物化学方面的问题,也是目前生物污损研究中引人注目的课题。

5. 防污

包括化学、生物和机械的防污方法。成效最大、耗费人力、物力最多的是防污涂料的研制,其次为电解海水。

综上所述,生物污损研究涉及生物和防污两个方面。因此既需要有生物分类、生态学、微生物学、生理学和生物化学方面的研究人员参加,也需要化学、化工、机械、物理方面的研究人员和船舶设计师进行协作,只有各学科在研究中充分发挥各自的特长,互相联系,取长补短,海洋生物污损研究才能取得更加丰硕的成果。

第1章　金属腐蚀的分类

1.1　腐蚀形态分类

从腐蚀的外观形态看，金属腐蚀可分为全面腐蚀和局部腐蚀两大类。

1.1.1　全面腐蚀

全面腐蚀(均匀腐蚀，见图1.1)，是最常见的腐蚀形态，其特征是腐蚀分布于金属的整个表面，使金属整体变薄。发生全面腐蚀的条件是：腐蚀介质能够均匀地抵达金属表面的各部位，而且金属的成分和组织比较均匀。例如碳钢或锌板在稀硫酸中的溶解，以及某些金属材料在大气中的腐蚀都是典型的全面腐蚀。

全面腐蚀的电化学特点是腐蚀原电池的阴、阳极面积非常小，甚至用微观方法也无法辨认，而且微阳极和微阴极的位置随机变化；整个金属表面在环境介质中处于活化状态，只是各点随时间(或地点)有能量起伏，能量高时(处)作为阳极，能量低时(处)作为阴极，从而使整个金属表面遭到腐蚀。

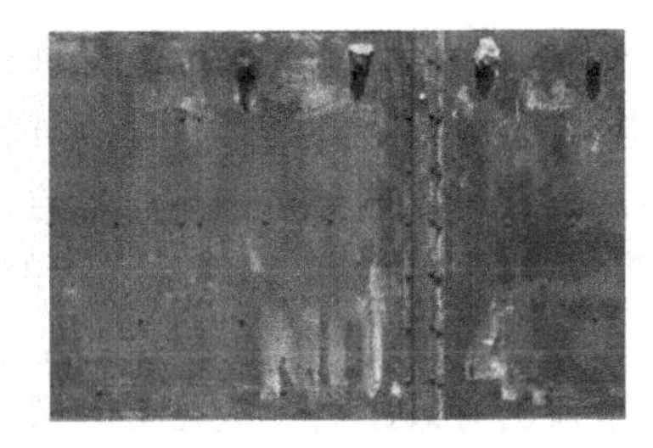

图1.1　均匀腐蚀

1.1.2　局部腐蚀

局部腐蚀(非均匀腐蚀，见图1.2)是相对于全面腐蚀而言的，其特点是腐蚀的发生仅局限在金属的某一个或几个特定部位；发生局部腐蚀时，阳极区和阴极区截然分开，其位置可以用肉眼或通过微观观察加以区分，同时次生腐蚀产物又可在阴、阳极交界的第三地点形成。据统

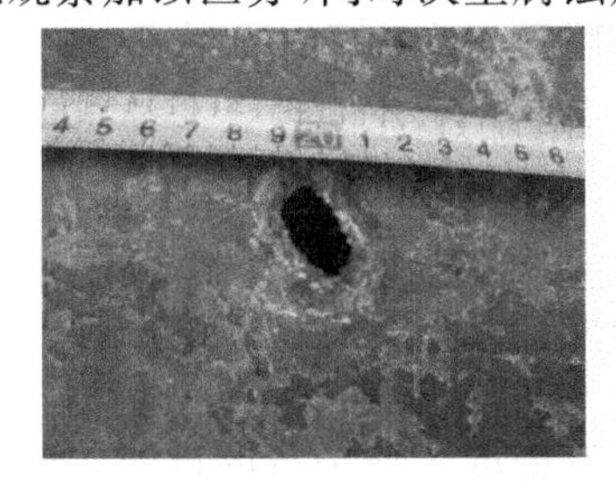

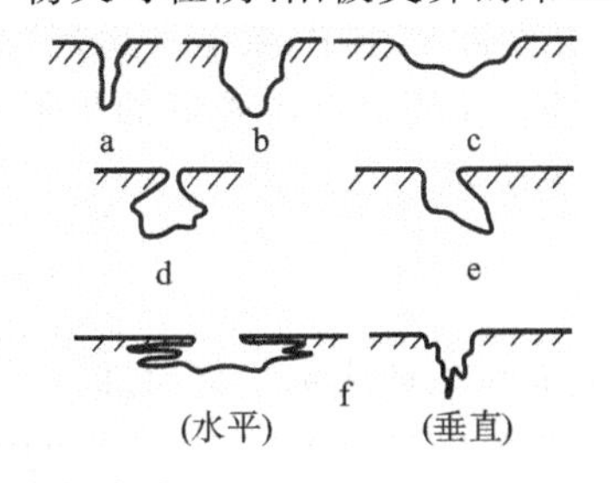

图1.2　非均匀腐蚀

计，腐蚀事故80%以上是由局部腐蚀造成的。

局部腐蚀又可以分为电偶腐蚀、小孔腐蚀、缝隙腐蚀、晶间腐蚀、选择性腐蚀、应力腐蚀（包括磨损性腐蚀、应力腐蚀开裂、腐蚀疲劳和氢损伤）等。

1.1.2.1 电偶腐蚀

电偶腐蚀（见图1.3）又称接触腐蚀或双金属腐蚀。在电解质溶液中，当两种金属或合金相接触（电导通）时，电位较负的金属腐蚀被加速，而电位较正的金属受到保护，这种现象就叫做电偶腐蚀。

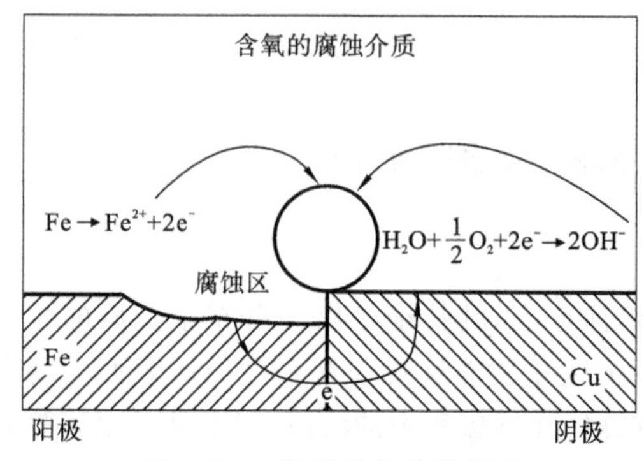

图1.3 电偶腐蚀电池示意图

在工程技术中，不同金属的组合是不可避免的，几乎所有的机器、设备和金属结构件都是由采用不同的金属材料的部件组合而成的，所以电偶腐蚀非常普遍。此外，利用电偶腐蚀的原理可以采用廉价金属作阳极对有用的部件进行阴极保护。

1. 电偶腐蚀的影响因素

1）电化学因素

（1）电位差　两种金属在电偶序中的起始电位差越大，电偶腐蚀倾向就越大。

（2）极化　极化是影响腐蚀速度的重要因素，无论是阳极极化还是阴极极化，当极化率减小时，电偶腐蚀都会加强。

2）介质条件

金属的稳定性因介质条件（成分、浓度、pH值、温度等）的不同而异，因此当介质条件发生变化时，金属的电偶腐蚀行为有时会因出现电位逆转而发生变化。

通常阳极金属腐蚀电流的分布是不均匀的，距结合部越远，电流传导的电阻越大，腐蚀电流就越小，因此溶液电阻会影响电偶腐蚀作用的“有效距离”，电阻越大，“有效距离”越小。例如：在蒸馏水中，腐蚀电流的有效距离只有几厘米，使阳极金属在结合部附近腐蚀，形成深的沟槽；而在海水中，电流的有效距离可达几十厘米，甚至更远，因而阳极电流的分布较宽，腐蚀也相对均匀。

3）面积效应

一般来说，电偶腐蚀电池阳极面积减小，阴极面积增大，将导致阳极金属腐蚀加剧。原因是腐蚀电池中阳极和阴极的电流强度总是相等的，阳极面积越小，其电流密度就越大，因而腐蚀速率也就越高。在海水中，用钢制铆钉固定铜板和用铜铆钉连接钢板效果截然不同。前者是“小阳极-大阴极”，铆钉严重腐蚀，这种结构相当危险；而后者是“大阳极-小阴极”，这种结构相对安全。显然，在实际工作中，要避免出现“小阳极-大阴极”的不利组合。

进一步研究表明，在阴极反应受氧的扩散控制时，A、B两种金属的电偶腐蚀效应与其面积 S_A 和 S_B 存在如下关系：

$$\gamma \propto \frac{S_A}{S_B}$$

此即电偶腐蚀集氧面积原理或称汇集原理。

当阴极反应受氧扩散控制时，阴极反应的电流密度应该是氧的极限扩散电流密度 i_L。那么，金属偶接后有

$$i'_{Ba}=i_g+|i'_{Bc}|=\frac{i_L S_A}{S_B}+i_L$$

因此
$$\gamma=\frac{i'_{Ba}}{i_{Ba}}=\frac{i_g+|i'_{Bc}|}{i_L}=\frac{S_A}{S_B}+1$$

式中 i'_{Ba}——B偶接后的阳极电流；

i'_{Bc}——B偶接后的阴极电流；

i_g——电偶电流；

i_{Ba}——B偶接前的阳极电流。

阴极起集氧作用，面积越大，参与反应的氧越多，阳极金属腐蚀电流密度就越大。

2. 防止电偶腐蚀的方法措施

(1) 尽量避免电位差悬殊的异种金属做导电接触。

(2) 避免形成大阴极小阳极的不利结构，对不同金属制造的设备使用涂料时，应该将涂料涂在电位较正的金属表面上，或两种金属都涂涂料，而绝不应只涂在电位较负的金属上。

(3) 电位差大的异种金属组装在一起时，中间一般要加绝缘片。

(4) 采用外加电源对整个设备施加阴极保护，也可以采用电位比两种金属更负的第三种金属，将其安装到设备上，使原来的阳极也成为阴极。

1.1.2.2 小孔腐蚀

小孔腐蚀(见图1.4)又称点蚀，是一种腐蚀集中在金属表面的很小范围内并深入金属内部的小孔状腐蚀形态，蚀孔直径小、深度大，是破坏性和隐患性最大的腐蚀形态之一。点蚀导致的金属失重非常小，但由于阳极面积很小，腐蚀很快，常使设备和管壁穿孔，从而导致突发事件。

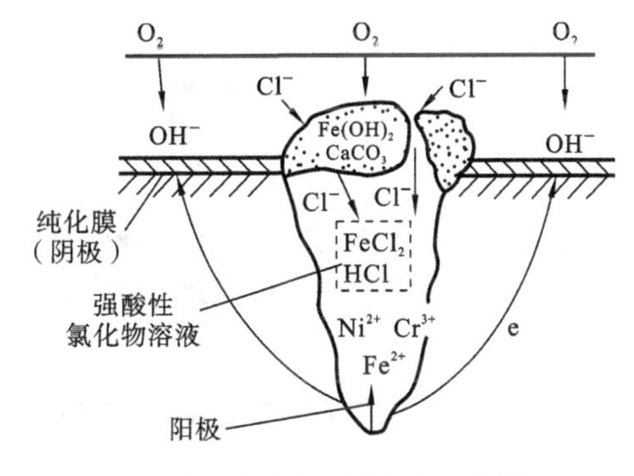

图1.4 点蚀的闭塞电池示意图

对点蚀的检查比较困难，因为蚀孔尺寸很小，而且经常被腐蚀产物遮盖，因而定量测量和比较点蚀的程度也很困难。一般如孔少且电流集中，深入发展的可能性就大；如孔多又较浅，且闭塞程度不深，则危险性也较小。此外，点蚀同其他类型的局部腐蚀(如缝隙腐蚀和应力腐蚀)有着密切的关系。

点蚀多发生于有特殊离子的腐蚀介质中和表面容易钝化的金属材料(如不锈钢、铝及铝合金)或表面有阴极性镀层的金属(如表面镀有Sn、Cu或Ni的碳钢)上。如不锈钢对卤素离子特别敏感，作用的顺序是$Cl^- > Br^- > I^-$，这些阴离子在金属表面不均匀吸附易导致钝化膜的不均匀破坏，从而诱发点蚀；当钝化膜或阴极性镀层局部发生破坏时，破坏区的金属和未破坏区金属将形成大阴极、小阳极的"钝化-活化腐蚀电池"，使腐蚀向基体纵深发展而形成蚀孔。

1. 点蚀的影响因素

1) 环境因素

(1) 介质类型　金属材料发生点蚀的介质是特定的，如不锈钢容易在含有卤素离子Cl^-、Br^-、I^-的溶液中发生点蚀，而铜对SO_4^{2-}则比较敏感。此外，卤化物中不同的阳离子对点蚀的影响也不相同，当溶液中含有以$FeCl_3$和$CuCl_2$为代表的重金属氯化物时，高价金属离子具有强烈的还原作用，将参与阴极反应，促进点蚀的形成和发展，所以实验室常采用10%(质量分数)的$FeCl_3$溶液作为加速点蚀的试验介质。再者，在一定的条件下溶液中有些阴离子具有缓蚀效果。对于不锈钢,阴离子缓蚀效果的顺序是 $OH^- > NO_3^- > AC^- > SO_4^{2-} > ClO_4^-$;对铝则有 $NO_3^- > CrO_4^- > AC^- > SO_4^{2-}$。

(2) 介质浓度　一般认为,只有当卤素离子达到一定浓度时,才发生点蚀。产生点蚀的最小浓度可以作为评定点蚀趋势的一个参量。例如,不锈钢的点蚀电位随卤素离子浓度升高而下降,其关系可表示为

$$E^{X^-} = a + b\lg C_{X^-}$$

式中:E^{X^-} ——点蚀电位;

C_{X^-} ——阴离子浓度;

a、b——常量,其值与钢种及卤素离子种类有关。

在 Cl^-、Br^-、I^- 三种离子中 Cl^- 对点蚀电位的影响最大。

(3) 介质温度的影响　在相当宽的温度范围内,随温度的增高,不锈钢点蚀电位降低,如图 1.5 所示。但是,06Cr19Ni10(304)在超过 150～200 ℃,12Cr17Ni7(301)和 06Cr18Ni11Ti(321)在超过200～250 ℃后,点蚀电位会随温度的升高而增大。这可能是随温度升高,活性点增加,参与反应的物质运动速度加快,在蚀孔内难以引起反应物的积累,以及氧的溶解度下降等原因造成的。一般来说,在含氯介质中,各种不锈钢都存在临界点蚀温度(CPT)。在临界点蚀温度下,点蚀概率大,随温度升高,点蚀更易产生并趋于严重。

(4) 溶液 pH 值的影响　由图 1.6 可见,当 pH<10 时,影响较小;当 pH>10 后,点蚀电位明显随 pH 值的增大而上升。

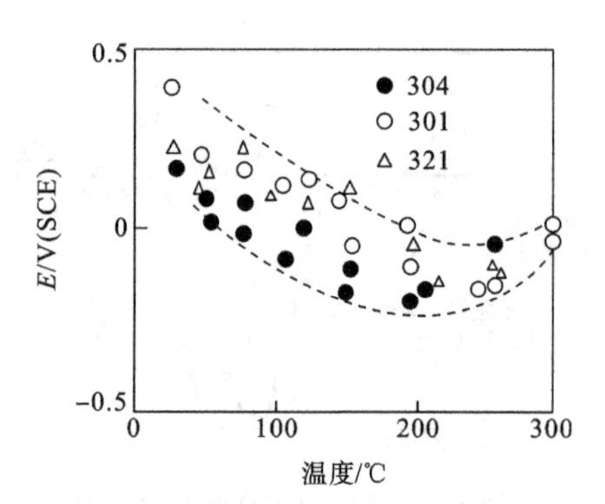

图 1.5　在 5.85 g/L 的 NaCl 溶液中温度对奥氏体不锈钢点蚀电位的影响

SCE—饱和甘汞电极

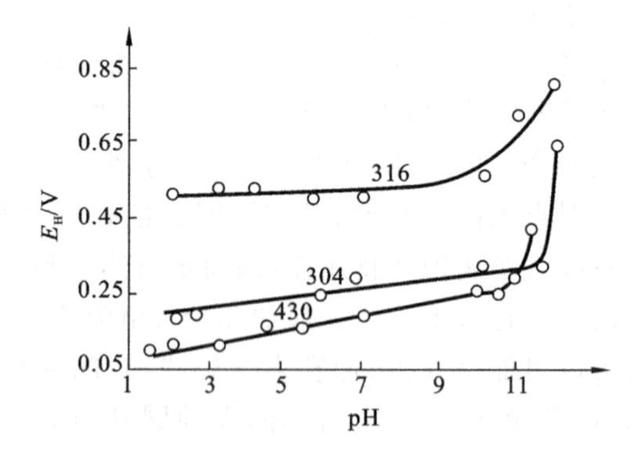

图 1.6　在 3%(质量分数)NaCl 溶液中不锈钢点蚀电位与 pH 值的关系

316 即 06Cr17Ni12Mo2,430 即 10Cr17

(5) 介质流速的影响　一般的规律是:流速增大,点蚀倾向降低。对不锈钢,有利于减少点蚀的流速为 1 m/s 左右,若流速过大,则将发生冲刷腐蚀。

2) 冶金因素

不同材料耐点蚀性差异很大,表 1.1 是几种典型金属材料在 NaCl 溶液中的点蚀电位。

表 1.1　几种金属在 NaCl 溶液中的点蚀电位

金　属	Al	Fe	304 不锈钢	Ni	Zr	Cr	Ti
E_b/V(SHE)	−0.45	0.23	0.26	0.28	0.46	1.00	1.20

注　① 除 Fe 的点蚀电位是在 0.585 g/L 的 NaCl 溶液中的值,其余材料都是在 5.85 g/L 的 NaCl 溶液中的值。

② SHE 表示标准氢电极。

③ 304 不锈钢即我国的 06Cr19Ni10 不锈钢。

提高不锈钢耐点蚀性能最有效的元素是 Cr 和 Mo。增加 Cr 含量能提高钝化膜的稳定性，即提高 E_b 值。钼的作用表现在两个方面：一是 Mo 以 MoO_4^{2-} 的形式溶解，吸附于金属表面，抑制 Cl^- 的破坏作用；二是形成了类似于 O═Mo(Cl)(Cl) 结构的保护膜，可防止 Cl^- 的穿透。此外，N、Ni 也有好的作用，Cr、Mo、N 的联合作用更强；不锈钢中加入适量的 V、Si 和稀土元素对耐点蚀有益；降低钢中 S、P、C 等杂质，则可降低点蚀敏感性。

值得指出的是，近年来提出了一些根据合金成分判断其在含 Cl^- 介质中耐点蚀能力的指数，其中之一为耐点蚀当量（PRE）。对于奥氏体不锈钢，$PRE=w(Cr)+3.3w(Mo)+16w(N)$；对于双相不锈钢，$PRE=w(Cr)+3.3w(Mo)+30w(N)$；对于铁素体不锈钢，$PRE=w(Cr)+3.3w(Mo)$。PRE 值越大，耐点蚀性能越好。

此外，合金的表面状态、冷加工及热处理状态、显微组织等都会对点蚀敏感性有影响。

2. 控制点蚀的措施

(1) 选用耐点蚀的合金材料，如在奥氏体不锈钢中添加一定的氮元素及提高钼含量，就可改善其耐点蚀的性能。

(2) 对材料表面进行钝化处理，提高其钝态稳定性。

(3) 改善介质条件：降低溶液中 Cl^- 含量，减少氧化剂，在一定范围内降低温度，提高 pH 值，使用缓蚀剂均可减少点蚀的发生。

(4) 阴极保护：使不锈钢材料电位低于点蚀电位，最好低于再钝化电位或保护电位，使材料处于稳定钝化区，这称为钝化型阴极保护，应用时要特别注意严格控制电位。

1.1.2.3　缝隙腐蚀

当金属表面存在异物或者结构上存在缝隙时，缝隙内溶液中有关物质迁移困难所引起的缝隙内金属的腐蚀，统称为缝隙腐蚀（见图 1.7）。例如，在金属铆接板和螺栓连接的结合部、螺纹结合部等部位，金属与金属间形成的缝隙，金属同非金属（包括塑料、橡胶、玻璃等）接触所形成的缝隙，以及沙粒、灰尘、脏物及附着生物等沉积在金属表面上所形成的缝隙等处，均可发生缝隙腐蚀。在一般电解质溶液中，几乎所有的腐蚀性介质都可能引起金属缝隙腐蚀，其中含 Cl^- 的溶液最容易引起该类腐蚀。

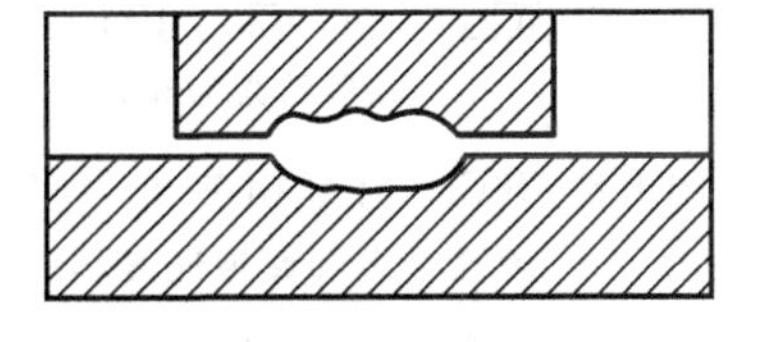

图 1.7　缝隙腐蚀

1. 缝隙腐蚀的影响因素

1）缝隙的几何因素

缝隙腐蚀深度和速度与缝隙的宽度有关。对 2Cr13 不锈钢的研究表明（见图 1.8），出现最大腐蚀深度的缝宽在 0.1 mm 附近，当缝宽大于 0.25 mm 时，不会发生缝隙腐蚀。此外，缝隙腐蚀还与缝外面积有关，缝外面积越大，缝内腐蚀越严重。

2）环境因素

(1) 溶液中溶解的氧浓度　氧浓度增加，缝外阴极还原反应更易进行，缝隙腐蚀将加剧。

(2) 溶液中 Cl^- 浓度　Cl^- 浓度增加，缝隙内电位负移，缝隙腐蚀加速。

(3) 温度　温度升高会使阳极反应加速。在开放系统的海水中，80 ℃时会达到最大腐蚀速度；高于 80 ℃时，由于溶液的溶氧量下降，缝隙腐蚀速度下降。在含氯介质中，各种不锈钢都存在临界缝隙腐蚀温度(CCT)。在临界缝隙腐蚀温度下,发生缝隙腐蚀的概率增大,温度进一步提高,缝隙腐蚀更易产生并趋于严重。

(4) pH 值　只要缝外金属能够保持钝态,pH 值降低,缝隙腐蚀量就会增加。

(5) 腐蚀介质的流速　流速加大有正、反两个方面的作用。当流速适当增加时,缝外溶液的溶氧量将增大,缝隙腐蚀加重;但对于由沉积物引起的缝隙腐蚀,流速加大,有可能将沉积物冲掉,从而使缝隙腐蚀减轻。

3) 材料因素

材料耐缝隙腐蚀的能力因成分不同而异。Cr、Ni、Mo、N、Cu、Si 等能有效提高不锈钢的耐缝隙腐蚀性能,与它们对点蚀的影响类似,均涉及对钝化膜的稳定性和再钝化能力所起的作用。与点蚀相同,也存在耐缝隙腐蚀当量这一概念。图 1.9 显示了在含氯化物水介质中奥氏体不锈钢耐缝隙腐蚀当量与临界点蚀温度和临界缝隙腐蚀温度的关系。可见,同种材料的临界缝隙腐蚀温度要比临界点蚀温度低 20 ℃左右。

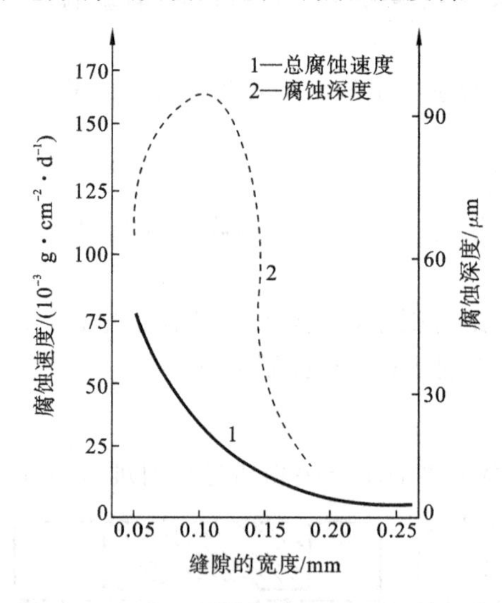

图 1.8　20Cr13 不锈钢在 29.3 g/L 的 NaCl 溶液中缝隙腐蚀速度和深度与缝隙宽度的关系(试验周期 54 天)

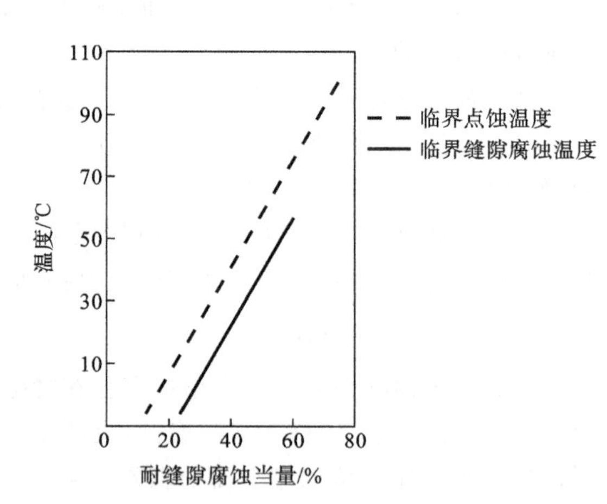

图 1.9　在含氯化物水介质中奥氏体不锈钢耐缝隙腐蚀当量与临界点蚀温度和临界缝隙腐蚀温度的关系

2. 防止缝隙腐蚀的措施

(1) 合理设计　合理设计,避免缝隙的形成,能有效地预防缝隙腐蚀的发生。图 1.10 是防止钢板搭接处缝隙腐蚀设计方案的比较。

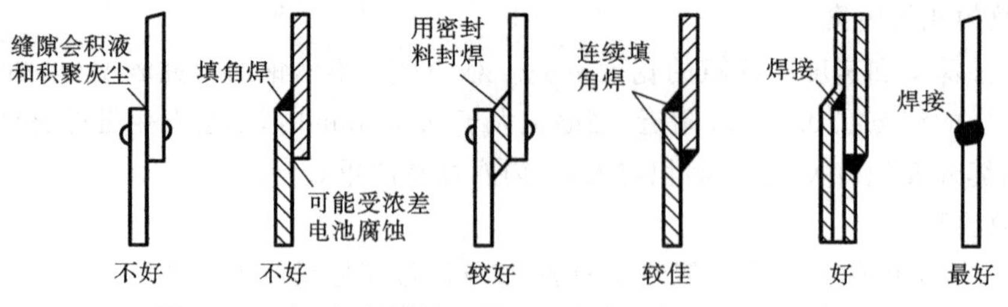

图 1.10　防止钢板搭接处缝隙腐蚀的几种设计方案比较

(2) 选材　根据介质的不同选择适合的材料可以减轻缝隙腐蚀。在平静的海水中,90Cu-10Ni(1.5Fe)、70Cu-30Ni(0.5Fe)、青铜和黄铜等铜合金有优异的耐蚀性能,C 和 Ti 能提高合金的耐缝隙腐蚀性能，如奥氏体铸铁、奥氏体碳钢不易发生缝隙腐蚀，304 不锈钢、316 不锈钢、铁素体和马氏体不锈钢以及镍铬合金易发生缝隙腐蚀。对于带有垫片的连接件，除需注意选择的垫片尺寸要合适外，还需注意不能用吸湿性的材料。

（3）电化学保护　阴极保护有助于减轻缝隙腐蚀，但并不能完全解决缝隙腐蚀问题，关键是能否有足够的电流达到缝内而形成必需的保护电位。

（4）应用缓蚀剂　采用足量的磷酸盐、铬酸盐和亚硝酸盐的混合物对钢、黄铜和锌合金结构是有效的，也可以在结合面上涂加缓蚀剂的油漆。

1.1.2.4　晶间腐蚀

晶间腐蚀是从材料表面沿晶粒边界向内发展的，表面没有腐蚀迹象，但晶界内沉积着疏松的腐蚀产物（见图 1.11）。

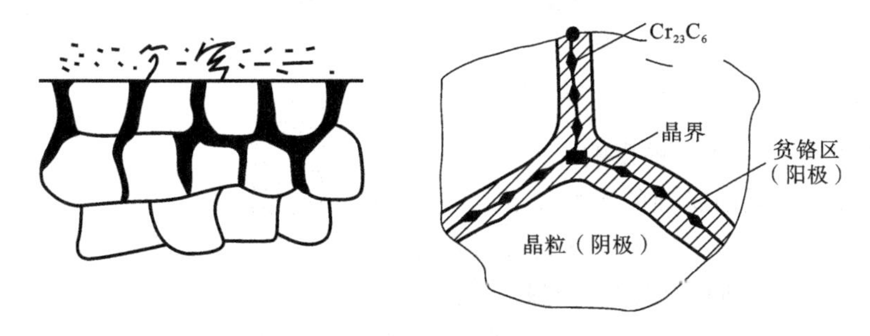

图 1.11　晶间腐蚀

产生晶间腐蚀的原因是晶界物质的物理化学状态与晶粒本体不同。因晶界能量高，刃型错位和空位在晶界处活动性较大，容易在晶界富集，溶质原子（包括杂质）也容易在晶界偏析，产生所谓“晶界吸附”，因而使得晶界原子排列较疏松混乱；其次，在晶界容易有异相析出，在异相析出处形成了某种元素的贫乏区，使该区耐蚀性较差；另外，有时异相本身就容易腐蚀，或异相在晶界的析出造成晶界的内应力较大。上述的物理化学特性，造成晶粒和晶界在电化学上的不均匀性，如晶粒和晶界的平衡电位不同，极化性能不同。晶粒和晶界的这些差异，就使得晶粒和晶界构成腐蚀电池，造成晶间腐蚀。

1. 晶间腐蚀的影响因素

晶间腐蚀与介质种类和介质条件有密切的关系，但起主要作用的还是合金的组织成分。在实践中最常遇到的是不锈钢碳化物析出造成的晶间腐蚀，所以这里以不锈钢为例，侧重介绍加热温度和材料的成分对晶间腐蚀的影响。

1）加热温度对晶间腐蚀的影响

图 1.12 所示是晶间腐蚀与 304 不锈钢晶界 $Cr_{23}C_6$ 沉淀的形成之间的关系。可见，晶间腐蚀倾向与碳化物析出有关，但两者发生的加热温度和时间范围并不完全一致。在温度高于 750 ℃时，析出的碳化物是不连续的颗粒，Cr 的扩散也容易，所以不产生晶间腐蚀；在600～700 ℃之间析出连续的网状 $Cr_{23}C_6$，晶间腐蚀最严重；温度低于 600 ℃时，Cr 和 C 的扩散速度随温度降低而减慢，需要更长的时间才能析出碳化物；当温度低于 450 ℃时就难以产生晶间腐蚀了。

这种表明晶间腐蚀倾向与加热温度和时间关系的曲线称为温度-时间-敏化（temperature-time-sensitivity，TTS）曲线。每种合金都可以通过试验测出这样的曲线。利用 TTS 曲线，可以制定正确的不锈钢热处理程序和焊接工艺。为使奥氏体不锈钢不产生晶间腐蚀倾向，可将其加热至1 050～1 100 ℃，并迅速冷却，使冷却曲线不与碳化物沉淀曲线相交，这就是通常所说的固溶处理。图1.13是消除10Cr17不锈钢敏化态的热处理工艺图。

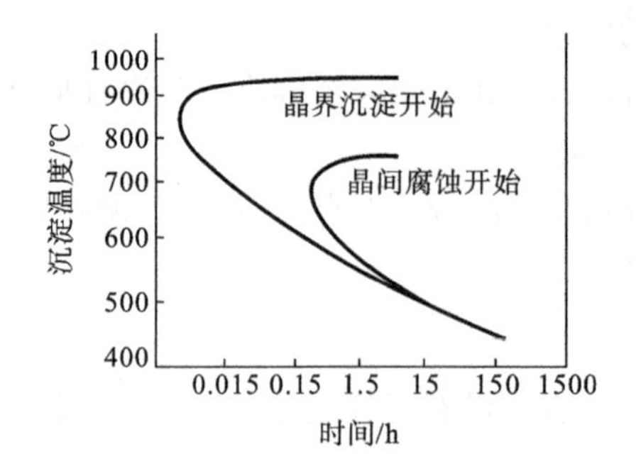

图1.12 晶间腐蚀与304不锈钢晶界 $Cr_{23}C_6$ 沉淀的形成之间的关系

w(C)=0.05%、1250 ℃固溶，$H_2SO_4+CuSO_4$ 溶液

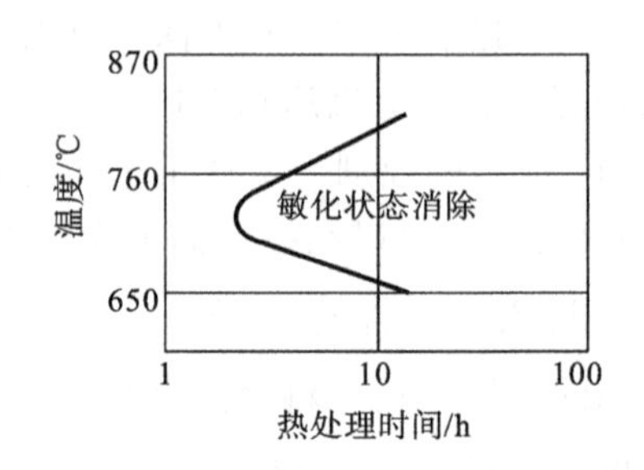

图1.13 消除10Cr17不锈钢敏化态的热处理工艺图

2）合金成分对晶间腐蚀的影响

常见合金元素对晶间腐蚀的影响如下。

（1）C　显然，奥氏体不锈钢中含碳量增高，产生晶间腐蚀倾向的加热温度和时间范围扩大，TTS曲线将左移，晶间腐蚀倾向增强。

（2）Cr、Mo、Ni、Si　Cr、Mo含量增高，可降低C的活度，有利于减轻晶间腐蚀倾向；而Ni、Si等非碳化物形成元素会提高C的活度，降低C在奥氏体中的溶解度，促进C的扩散和碳化物的析出，从而使晶间腐蚀倾向增强。

（3）Ti、Nb　对抑制晶间腐蚀来说，Ti和Nb是非常有益的元素。Ti和Nb与C的亲和力大于Cr与C的亲和力，因而在高温下能优先形成稳定的TiC和NbC，从而大大降低钢中的固溶C的含量，使得难以析出碳化物沉淀。试验表明：Ti和Nb能使TTS曲线右移，降低晶间腐蚀倾向。

（4）B　在不锈钢中加入质量分数为0.004%～0.005%的B可使TTS曲线右移。这可能是由于B在晶界的吸附减少了C、P在晶界的偏聚之故。

2. 对于晶间腐蚀的防护措施

（1）进行固溶淬火处理，将已产生贫铬区的钢加热到1100 ℃左右，使碳化铬溶解，水淬，迅速通过敏化温度区，使合金保持含铬的均一态。

（2）钢中加入少量更易生成碳化物的元素Ti或Nb。

（3）将含碳量降低到0.03%以下，使晶界沉淀的铬量较少。

（4）进行适当的冷加工，在敏化前进行30%～50%的冷形变，可以改变碳化物的形核位置，促使沉淀相在晶内滑移带上析出，减少在晶界的析出。这种方法在实际使用中尚存争议。有报道认为，304不锈钢冷加工促进了过饱和固溶体的分解，使得沿晶界、孪晶界及滑移面上析出了大量富铬的 $M_{23}C_6$、σ相、χ相，从而使抗晶间腐蚀能力变差。

1.1.2.5　选择性腐蚀

工业合金含有不同成分和杂质，具有不同的结构，耐蚀性也有差别。在一定溶液中，有些活性组分易溶出，剩下疏松的不活泼组分，强度和延性完全丧失。合金组分在电化学性质上的差异或者合金组织的不均匀性，造成其中某组分或相优先溶蚀的情况叫做选择性腐蚀。

选择性腐蚀发生在二元或多元固溶液合金中，电位较高的组元是阴极，电位较低的是阳极，组成腐蚀电池，使电位较高的组元保持稳定或重新沉积，电位较低的组元发生溶解。最为常见的例子是黄铜脱锌，黄铜即铜锌合金，Zn可提高铜的强度、耐冲蚀能力，但随着Zn的增加，脱锌腐蚀及应力腐蚀开裂会更加严重，其破坏形式主要有三类，包括：① 层状脱锌，腐蚀沿表面发展，但较均匀；② 带状脱锌，腐蚀沿表面发展，但不均匀，呈条带状；③ 栓状脱锌，腐蚀在局部发生，向深处发展。

防止黄铜脱锌的措施：在α黄铜中加入少量的As($w(As)=0.04\%$)可有效防止脱锌腐蚀。加Sb或P也有同样的效果，但一般多用As，因为P易引发晶间腐蚀。但这种方法对α+β黄铜无效，在α+β黄铜中加入一定量的Sn、Al、Fe、Mn，能减轻脱锌腐蚀，但不能完全避免。

在α黄铜中加As的作用在于抑制Cu_2Cl_2的歧化反应，降低溶液中Cu^{2+}的浓度。α黄铜在氯化物中的电位低于Cu^{2+}/Cu，而高于Cu_2^{2+}/Cu，所以只有Cu^{2+}能被还原，即要实现α黄铜脱锌，必须先形成Cu^{2+}中间产物，这样脱锌反应才能进行下去。As能抑制Cu^{2+}的产生，因此能抑制α黄铜的脱锌。但Cu^{2+}/Cu及Cu_2^{2+}/Cu的电位都高于α+β黄铜的电位，即Cu^{2+}和Cu^{+}都可能被还原，因而As对α+β黄铜的脱锌过程没有影响。

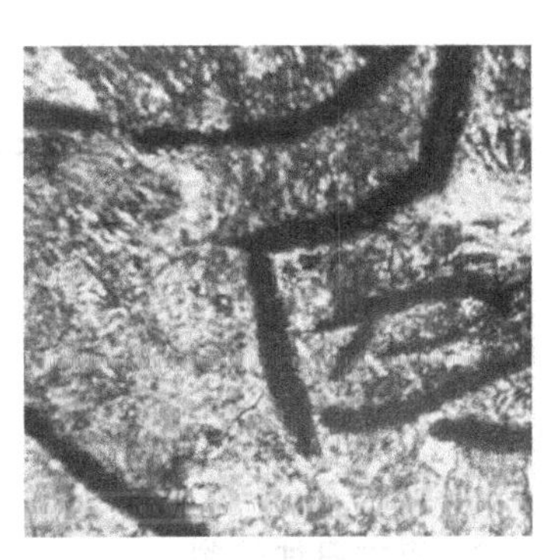

图1.14　灰铸铁的石墨化

灰铸铁的石墨化(见图1.14)也是选择性腐蚀。发生腐蚀时，石墨为腐蚀电池阴极，铁素体组织为阳极，使灰铸铁发生选择性溶解，留下石墨残体骨架。发生石墨化之后，灰铸铁从外形看并无多大的改变，但机械强度将严重下降，极易破损。球墨或延展性铸铁因为不存在残余物联系在一起的网状结构，所以不产生石墨化。

1.1.2.6　应力腐蚀

金属材料在实际应用的过程中，不仅会受到腐蚀介质的作用，还会受到各种应力的作用，并常常因此造成更为严重的腐蚀破坏。这些应力可以是外部施加的，如通过拉伸、压缩、弯曲、扭转等方式直接作用在金属上，或通过接触面的相对运动、高速流体(可能含有固体颗粒)的流动等施加在金属表面上；也可以来自金属内部，如氢原子侵入金属内部产生应力。因此，造成的腐蚀破坏包括磨损性腐蚀、应力腐蚀开裂、腐蚀疲劳等。由于材料的断裂是由环境因素引起的，因此也常统称环境断裂。

1. 磨损性腐蚀

磨损是金属同固体、液体或气体接触并进行相对运动时，由于机械摩擦的作用，表层材料剥离而造成的金属表面甚至基体的损伤。磨损可看作是金属表面及相邻基体表面的一种特殊断裂过程，它包括塑性应变累积、裂纹形核、裂纹扩展及最终与基体脱离四个阶段。按照机械作用的性质不同可将磨损性腐蚀分为三类。

(1) 摩振腐蚀　承受载荷、互相接触的两表面由于振动和滑动(反复的相对运动)引起的破坏。主要发生在潮湿大气中，如铁轨铆钉处、马达上松动的螺栓处等。防护方法是将接触部位紧固，并在接触表面涂润滑油脂，若将表面磷化会更有效。

（2）冲击腐蚀　冲击腐蚀是金属表面与腐蚀流体之间由于高速相对运动而产生的金属损伤。金属在高速流体冲击下，保护膜被破坏，破口处裸金属腐蚀加速，金属突出部位冲击作用也加剧，如果流体中含有固体颗粒，磨损腐蚀会更严重。冲击腐蚀常发生在近海及海洋工程、油气生产与运输、石油化工、能源、造纸等工业领域的各种管道及过流部件等暴露在运动流体中的各种金属及合金上。

（3）空泡腐蚀　空泡腐蚀（简称空蚀，见图 1.15）是指腐蚀性液体在高速流动时，由于气泡的产生和破灭，对所接触的结构材料产生水锤作用（瞬时压力可达数千大气压），将材料表面的腐蚀产物保护膜和衬里破除，使新鲜表面不断暴露而造成的腐蚀破坏。如螺旋桨叶片、内燃机活塞套等易发生此类腐蚀。为防止空蚀，可改进设计以减小流路中流体动压差；也可选用耐空蚀的材料或精磨表面，因为光洁表面可减少形成空泡的机会；用弹性保护层（塑料或橡胶）、通气缓冲或做阴极保护也有效果。

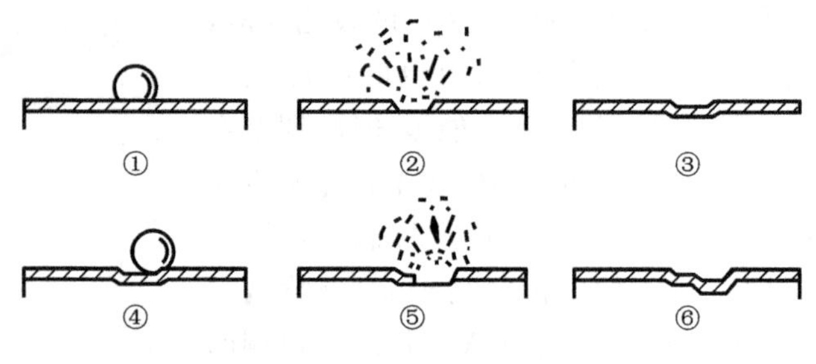

图 1.15　空泡腐蚀

2. 应力腐蚀开裂

应力腐蚀开裂（stress corrosion cracking，SCC）（见图 1.16）是指受一定拉伸应力作用的金属材料在某些特定的介质中，由于腐蚀介质和应力的协同作用而发生的脆性断裂现象。通常在某种特定的腐蚀介质中，材料在不受应力时腐蚀甚微，而受到一定的拉伸应力（可远低于材料的屈服强度）时，经过一段时间后，即使是延展性很好的金属也会发生脆性断裂。一般这种断裂事先没有明显的征兆，因而往往造成灾难性的后果。常见的 SCC 有黄铜的“氨脆”（也称“季裂”）、锅炉钢的“碱脆”、低碳钢的“硝脆”和奥氏体不锈钢的“氯脆”等。

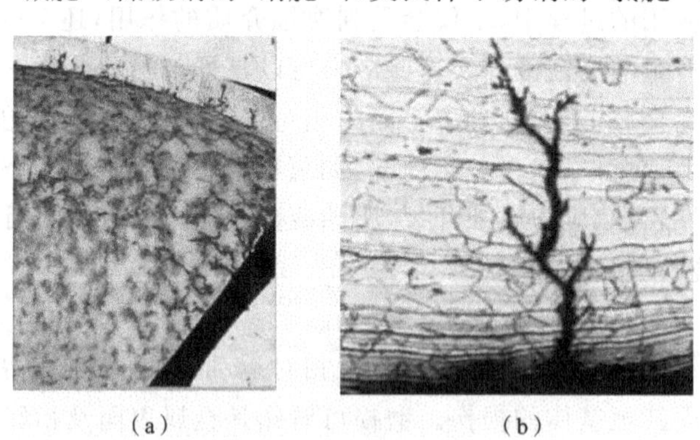

图 1.16　应力腐蚀

（a）发生应力腐蚀的奥氏体不锈钢管内壁；（b）应力腐蚀裂纹

一般认为发生 SCC 需要同时具备三个方面的条件：敏感材料、特定介质和拉伸应力。

（1）金属本身对 SCC 具有敏感性。几乎所有的金属或合金在特定的介质中都有一定的 SCC 敏感性，合金和含有杂质的金属比纯金属更容易产生 SCC。

（2）存在能引起该金属发生 SCC 的介质。每种合金的 SCC 只对某些特定的介质敏感，并不是任何介质都能引起 SCC。表 1.2 列出了一些金属和合金发生 SCC 的特定介质。通常合金在引起 SCC 的环境中是惰性的，表面往往存在钝化膜。而在应力作用下，特定介质的量往往很少就足以造成应力腐蚀。反映在电位上就是 SCC 一般发生在活化-钝化或钝化-过钝化的过渡区电位范围，即钝化膜不完整的电位区间。

表 1.2　一些金属和合金发生 SCC 的特定介质

材　　料	介　　质
低碳钢	NaOH 溶液、硝酸盐溶液、含 H_2S 和 HCl 的溶液、CO-CO_2-H_2O、碳酸盐溶液、磷酸盐溶液
高强钢	各种水介质、含痕量水的有机溶剂、HCN 溶液
奥氏体不锈钢	氯化物水溶液、高温高压含氧高纯水、连多硫酸、碱溶液
铝合金	熔融 NaCl、湿空气、海水、含卤离子的水溶液、有机溶剂
铜和铜合金	含 NH_4^+ 的溶液、氨蒸汽、汞盐溶液、含 SO_2 的大气、水蒸气
钛和钛合金	发烟硝酸、甲醇（蒸汽）、NaCl 溶液（＞290 ℃）、HCl 溶液（10%，35 ℃）、H_2SO_4溶液（6%～7%）、湿 Cl_2（288 ℃，346 ℃，427 ℃）、N_2O_4（含 O_2，不含 NO，24～74 ℃）
镁和镁合金	湿空气、高纯水、氟化物溶液、KCl＋K_2CrO_4 溶液
镍和镍合金	熔融氢氧化物、热浓氢氧化物溶液、HF 蒸汽和溶液
锆合金	含氯离子水溶液、有机溶剂

（3）有一定拉伸应力的作用。这种拉伸应力可以是工作状态下材料承受外加载荷造成的工作应力；也可以是在生产、制造、加工和安装过程中在材料内部形成的热应力、形变应力等残余应力；还可以是由裂纹内腐蚀产物的体积效应造成的楔入作用或是阴极反应导致的应力。

SCC 还有如下特征。

（1）SCC 是一种典型的滞后破坏，即材料在应力和腐蚀介质共同作用下，需要经过一定时间使裂纹形核、裂纹亚临界扩展，并最终达到临界尺寸，才会发生失稳断裂。因此，这种滞后破坏可明显分成三个阶段：① 孕育期（t_{in}），指裂纹萌生阶段，即裂纹源成核所经历时间段，约占整个过程所需时间的 90%；② 裂纹扩展期（t_{cp}），指裂纹成核后发展到临界尺寸所经历的时间段；③ 快速断裂期，指裂纹达到临界尺寸后，由于纯力学作用裂纹失稳瞬间断裂阶段。

整个断裂时间 $t_t=t_{in}+t_{cp}$，与材料、介质、应力有关，短则几分钟，长可达若干年。对于一定的材料和介质，应力降低（应力强度因子也降低），断裂时间将延长。对大多数的腐蚀体系来说，存在一个门槛应力或临界应力 σ_{th}（对应临界应力强度因子 $K_{I\,SCC}$），在此临界值以下，不发生 SCC。

（2）SCC 的裂纹分为沿晶型（又称晶间型）、穿晶型和混合型三种。裂纹扩展路径取决于材料与介质，同一材料因介质变化，裂纹扩展路径也可能改变。应力腐蚀裂纹的主要特点是：裂纹起源于表面；裂纹的长宽不成比例，可以相差几个数量级；裂纹扩展方向一般垂直于主拉伸应力的方向；裂纹一般呈树枝状。

（3）SCC 裂纹扩展速度一般为 10^{-6}～10^{-3} mm/min，比均匀腐蚀快约 10^6 倍，但仅为纯机械断裂速度的 10^{-10}。

(4) SCC是一种低应力的脆性断裂,断裂前没有明显的宏观塑性变形,大多数情况下是脆性断口——解理、准解理或沿晶断口。由于腐蚀的作用,断口表面颜色暗淡,在显微断口往往可见腐蚀坑和二次裂纹,穿晶微观断口往往具有河流花样、扇形花样、羽毛状花样等形貌特征,晶间显微断口呈冰糖块状。

为了防止应力腐蚀断裂,主要应从选材、消除压力和减轻腐蚀等方面采取措施。

(1) 根据材料的具体使用环境,尽量选用耐应力腐蚀破裂的金属材料。

(2) 改进设计,减轻应力集中程度和避免腐蚀介质的积存;在部件的加工、制造和装配过程中尽量避免产生较大的残余应力;通过热处理、表面喷丸等方法消除残余应力。

(3) 在腐蚀介质中加入缓蚀剂,通过改变电位、促进成膜、阻止氢或有害物质的吸附等来影响电化学反应动力学参数,从而起到缓蚀作用。

3. 腐蚀疲劳

腐蚀疲劳(见图1.17)是指材料或构件在交变应力与腐蚀环境的共同作用下产生的脆性断裂。这种破坏要比单纯交变应力造成的破坏(即疲劳破坏)或单纯腐蚀造成的破坏严重得多,而且有时腐蚀环境甚至不需要有明显的侵蚀性。船舶的推进器、涡轮和涡轮叶片、汽车的弹簧和轴、泵抽和泵杆及海洋平台等常出现这种破坏。

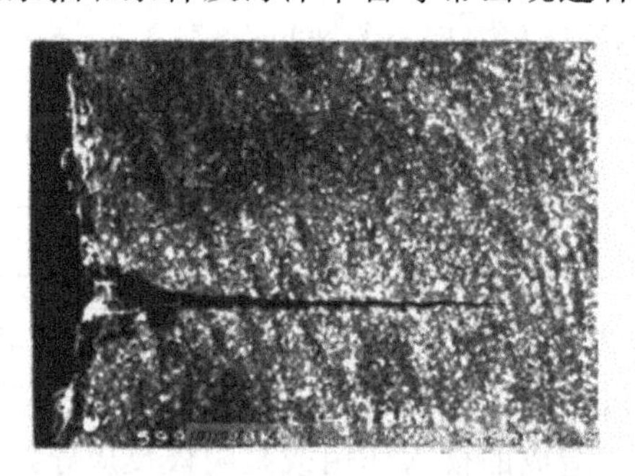
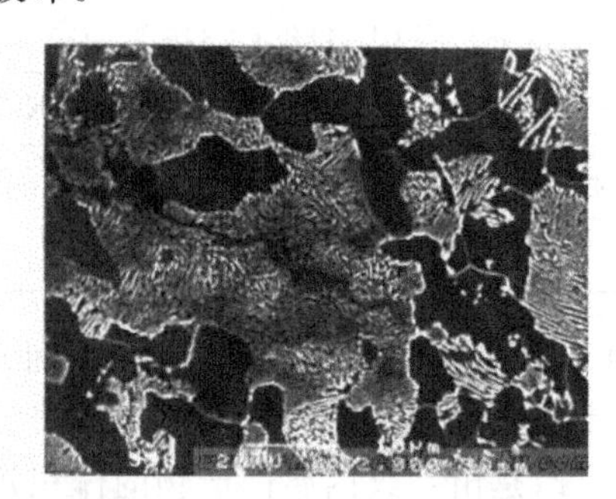

图1.17　腐蚀疲劳

腐蚀疲劳最易发生在能产生孔蚀的环境中,无疑蚀孔起了使应力集中的作用。周期应力使保护膜反复出现局部破裂,裂口处裸露金属会遭受腐蚀。与应力腐蚀破裂不同的是,腐蚀疲劳对环境没有选择性。溶氧量、温度、pH值和溶液成分都将影响腐蚀疲劳,阴极极化可减缓腐蚀疲劳,而阳极极化将促进腐蚀疲劳。

严格地说,只有在真空中的疲劳才是真正的纯疲劳。对疲劳而言,空气也是一种腐蚀环境,但一般所说的腐蚀疲劳是指在除空气以外的腐蚀环境中的疲劳行为。腐蚀作用的参与可使疲劳裂纹萌生所需时间及交变应力循环周次都明显减少,并使裂纹扩展速度增大。腐蚀疲劳的特点如下。

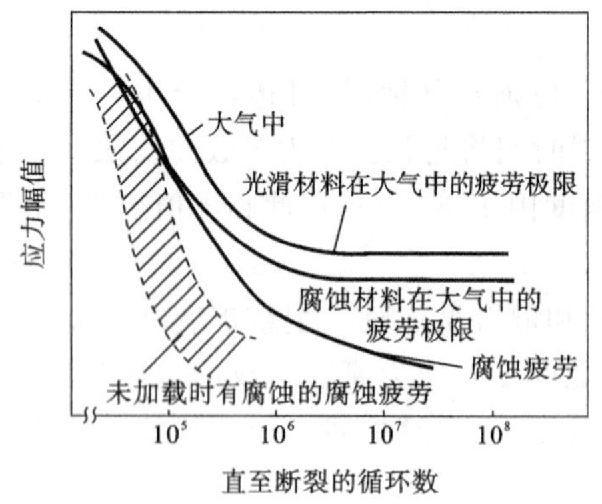

图1.18　不同材料的疲劳和腐蚀疲劳S-N曲线

(1) 腐蚀疲劳不存在疲劳极限,如图1.18所示。一般以预设的循环周次下不发生断裂的最大应力作为腐蚀疲劳强度,用以评价材料的腐蚀疲劳性能。

(2) 与应力腐蚀开裂不同,纯金属也易发生腐蚀疲劳,而且发生腐蚀疲劳不需要材料-环境的特殊组合,只要存在腐蚀介质,在交变应力作用下就会发生腐蚀疲劳。金属在腐蚀介质中可以处于钝态，也可以处于活化态。

（3）金属的腐蚀疲劳强度与其耐蚀性有关。耐蚀材料的腐蚀疲劳强度随抗拉强度的提高而提高，耐蚀性差的材料的腐蚀疲劳强度与抗拉强度无关。

（4）腐蚀疲劳裂纹多起源于表面腐蚀坑或缺陷，裂纹源数量较多。腐蚀疲劳裂纹主要是穿晶型，有时也可能出现沿晶型或混合型，并且随腐蚀发展裂纹将变宽。

（5）腐蚀疲劳断裂是脆性断裂，没有明显的宏观塑性变形。断口有腐蚀的特征，如腐蚀坑、腐蚀产物、二次裂纹等，又有疲劳特征，如疲劳辉纹。

防护措施如下。

（1）降低材料表面粗糙度，特别是涂加保护性镀层，可显著改善材料的腐蚀疲劳性能，如在钢丝上镀锌可使钢丝在海水中的疲劳寿命得到显著延长。

（2）使用缓蚀剂也很有效，如添加重铬酸盐可提高碳钢在盐水中的腐蚀疲劳性能。

（3）采用阴极保护法。

（4）通过气渗、喷丸和高频淬火等表面硬化处理方法，在材料表面形成压应力层。

4. 氢损伤

氢损伤（见图 1.19）是氢原子在合金晶体结构内渗入和扩散所导致的脆性断裂现象，包括氢鼓泡、氢脆和氢腐蚀三种形态。

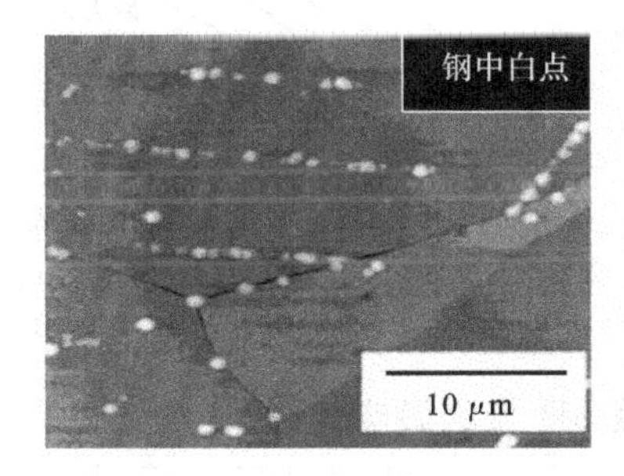

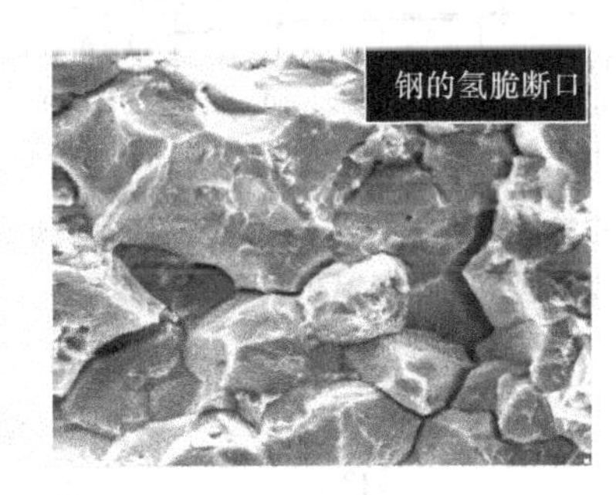

图 1.19　氢损伤

（1）氢鼓泡：原子态氢扩散到金属内部，并在金属内部的微孔中形成分子氢，由于氢分子扩散困难，就会在微孔中累积而产生巨大的内压，甚至使金属鼓泡破裂。

（2）氢脆：原子氢进入金属内部后，使金属晶格产生高度变形，因而降低金属的韧度和延性，导致金属脆化。

（3）氢腐蚀：氢原子进入金属内部后与金属中的组分或元素发生反应，例如氢渗入碳钢并与钢中的碳发生反应生成甲烷，使钢的韧度下降，而钢中碳的脱除又导致钢强度的下降。

影响氢损伤的因素是十分复杂的，近年来，在许多金属和合金，例如合金钢、超高强钢、低碳钢、低合金钢、不锈钢、铜合金、钛合金中都曾发生氢损伤。尤其是环境介质中含有 H_2S 时，氢用作新的能源时，以及电镀、焊接过程中出现的氢损伤，已引起了极大的重视。对具体材料在含氯的不同环境中的影响因素，应查阅有关资料。这里仅介绍几种影响因素，即含氢量、温度、pH 值、应变速率和合金成分等对氢损伤的影响。

1）含氢量的影响

随着钢中氢浓度的增加，钢的临界应力下降，延伸率减小，如图 1.20 所示。该图表明，当采用烘烤法除去阴极极化所导入的氢时，随着烘烤时间的延长，含氢量降低，临界应力值增大，氢损伤敏感性减弱；反之，含氢量增加，氢损伤敏感性增强。据报道，H_2 中若含有少量的氧，就会大大抑制氢损伤滞后开裂，因为钢表面吸附氧的能力比吸附氢的能力强，抑制了 H_2 的吸附。当 H_2 中有 CO、CO_2 时也有类似的作用。

2）温度的影响

氢脆一般发生在－30～30 ℃范围内。温度高于 65 ℃时，一般不产生氢脆。这是由于随着温度的升高，氢的扩散加快，钢中含氢量下降，氢不容易在裂纹尖端富集的缘故。因此，在一定范围内，随着温度的升高，氢脆敏感性减弱。而当温度过低时，氢在钢中的扩散速度大大降低，也会使氢脆敏感性减弱。但氢腐蚀和脱碳必须在 200 ℃以上才会发生，这是由于化学反应需要一定的温度。

图 1.21 所示为温度对 20 钢氢脆的影响。

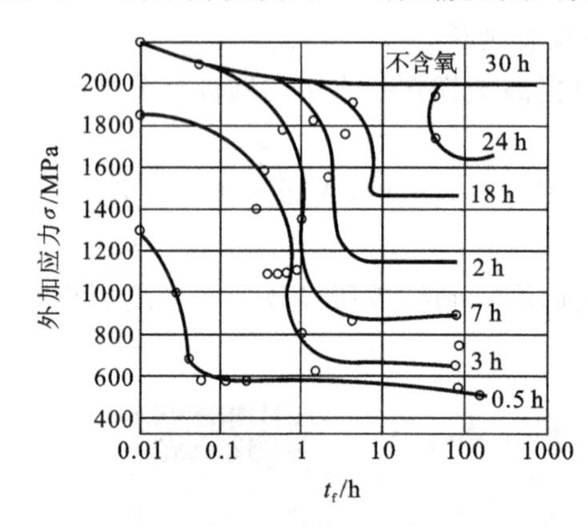

图 1.20 充氢缺口试样在 150 ℃，经不同时间烘烤改变钢中含氢量对试样断裂的影响

常规缺口拉伸强度为 2070 MPa

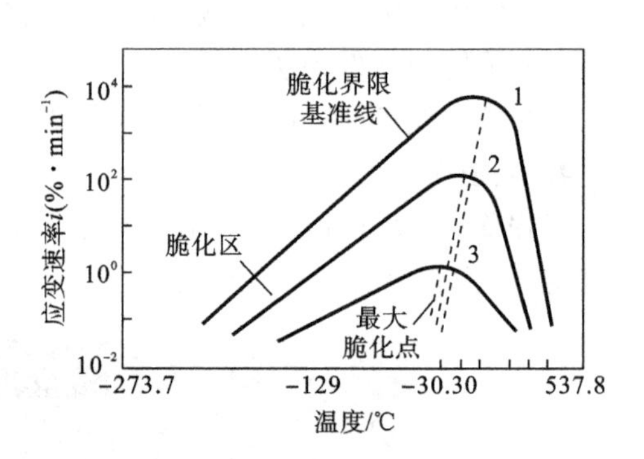

图 1.21 温度对 20 钢氢脆的影响

含氢量：1—9.6 mL/100 g；2—4.2 mL/100 g；3—0.7 mL/100 g

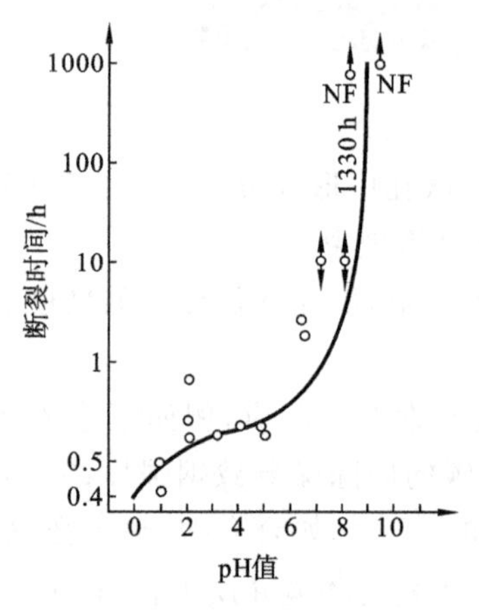

图 1.22 pH 值与断裂时间 t_f 的关系

注：试验采用 API-N80 钢（0.48C-1/1.5 Mo-0.2Mn），硬度为 33±1 RC 的 C 形环试样，在 5%NaCl 溶液（H_2S 浓度为 1700～1900 mg/L）中，加载到 115%屈服变形

3）溶液 pH 值的影响

随着 pH 值降低，断裂时间缩短，如图 1.22 所示。当 pH 值>9 时，未发现断裂，可见酸性环境是极为有害的。但是某些钢在碱性溶液中可以发生碱脆断裂，这是必须引起注意的。

4）应变速率的影响

图 1.20 也表明，氢损伤仅在一定应变速率下发生。这是由于应变速率必须与氢的扩散速率相适应，以使氢有足够的时间进行扩散，并在裂纹前端富集到临界浓度。

5）合金成分的影响

一般 Ci、Mo、W、Ti、V、Nb 等碳化物形成元素能细化晶粒，提高钢的韧度，对降低氢损伤敏感性是有利的。而 Mn 由于可使 $K_{I\,SCC}$ 降低，故加入钢中是有害的。

氢损伤的控制措施如下。

（1）去除硫化物、氰化物、含磷离子等物质。

（2）使用胶、塑料、瓷砖等作衬里，防止氢渗透。

（3）保持环境干燥。

（4）低温烘烤除氢，如钢一般在 90～150 ℃时可脱氢。

1.2　腐蚀环境分类

金属材料在自然环境中的腐蚀是最为普遍的腐蚀现象。自然环境包括与自然界陆、海、空相对应的土壤、海水(包括淡水)和大气,及与三者都有关系并广泛存在的微生物。在三类典型的自然环境中,腐蚀的特点会因环境或介质的改变而不同,但从原理上来说,金属在自然环境中的腐蚀属于电化学腐蚀的范畴,因此腐蚀的基本过程应该遵循电化学规律。

1.2.1　大气腐蚀

金属材料暴露在空气中,由于空气中的水和氧的化学和电化学作用而引起的腐蚀称为大气腐蚀。大气腐蚀是最为常见的腐蚀。在腐蚀学科中,常把大气分为工业大气、海洋大气和农村大气三类。其中以海洋大气腐蚀最为严重,工业大气腐蚀次之,农村大气腐蚀最轻。日常生活中,可看到海边城市自行车的锈蚀通常比内陆严重得多。

在大气中,金属材料的腐蚀速度、腐蚀特征和影响因素随大气条件而变化。引起大气腐蚀的主要成分是水和氧,特别是能使金属表面湿润的水,是决定大气腐蚀速度和腐蚀历程的重要因素。图 1.23 给出了大气腐蚀速度与金属表面水膜厚度的关系。一般按照金属表面潮湿度——电解液膜层的存在状态,把大气腐蚀分为以下三类。

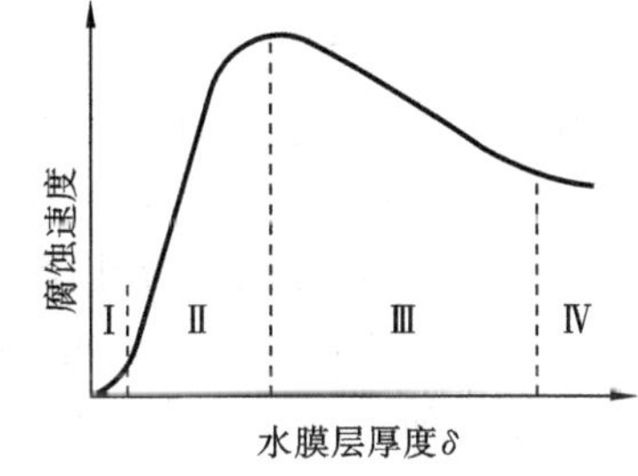

图 1.23　大气腐蚀速度与金属表面水膜厚度的关系

(1) 干大气腐蚀　在空气非常干燥的条件下,金属表面不存在液膜层的腐蚀称为干大气腐蚀。干大气腐蚀的特点是金属表面的吸附水膜厚度不超过 10 nm,没有形成连续的电解液膜(Ⅰ区);腐蚀速度很低,化学氧化的作用较大。金属 Cu、Ag 等在受硫化物污染的空气中失泽(形成了一层可见薄膜)即属于干大气腐蚀。

(2) 潮大气腐蚀　当大气中的相对湿度较高,在金属表面存在着肉眼看不见的薄液膜时所发生的腐蚀称为潮大气腐蚀。此时,水膜厚可达几十到几百个水分子层厚,为 10 nm～1 μm,形成了连续的电解液薄膜(Ⅱ区),并开始了电化学腐蚀,腐蚀速度急剧增大。铁在没有雨雪淋到时的生锈即属于潮大气腐蚀。

(3) 湿大气腐蚀　当空气湿度接近于 100%,以及当水以雨、雪、水沫等形式直接落在金属表面上时,金属表面便存在着肉眼可见的凝结水膜,此时发生的腐蚀称为湿大气腐蚀。湿大气腐蚀的特点是水膜较厚,为 1 μm～1 mm,随着水膜加厚,氧扩散困难,腐蚀速度下降(Ⅲ区)。当水膜厚度>1 mm 时,就相当于金属全浸在电解质溶液中的腐蚀,腐蚀速度基本不变(Ⅳ区)。

应当指出,在实际的大气腐蚀过程中,由于环境的变化,即随着晴、雨、雪、白天、夜晚等的出现,上述三种腐蚀情况是交替发生的。

防止大气腐蚀的措施如下。

(1) 提高材料的耐蚀性　向碳钢中加入 Cu、P、Cr 等合金元素可显著提高材料的耐大气腐蚀性能。近年发现向钢中加入微量 Ca 和 Si 也可有效提高锈层的防护性能。

(2) 表面涂层保护　涂层保护包括油漆、金属镀层或暂时性保护涂层,是防止大气腐蚀最简便的方法。涂层的主要作用是对水和氧进行屏蔽,涂料中的颜料也有缓蚀和阴极保护的复合作用。常常采用多层涂装或几种防护涂层组合使用来提高保护效果。许多有色金属在大气中的耐蚀性比碳钢好,作为镀层有的还能起到阴极保护作用。常用的金属镀层有电镀锌、锡、铬,热浸镀和热喷涂锌、铝等。暂时性保护层包括加入石油磺酸盐、羊毛脂等油性缓蚀剂的防锈油脂,以及加入亚硝酸钠等水溶性缓蚀剂的防锈液。

(3) 改变局部大气环境　一般指使用气相缓蚀剂和控制大气湿度。气相缓蚀剂的蒸汽能在金属表面上形成吸附膜,从而起到保护作用,如亚硝酸二环己胺和碳酸环己胺可用于保护钢铁和铝制品。此外,降低大气湿度,将湿度控制在50%,尤其是30%以下,可以明显减轻大气腐蚀,可以采用加热空气、加吸湿剂和冷冻除水等方法。

(4) 合理设计和环境保护　通过合理设计防止缝隙中存水,避免金属表面落上灰尘,特别是加强环保,减少大气污染可有效降低大气腐蚀的程度。

1.2.2 土壤腐蚀

埋在土壤中的金属及其构件的腐蚀称作土壤腐蚀,是现实生产和生活中最重要的实际腐蚀问题之一。土壤是土粒、水和空气的混合物。由于水中溶有各种盐类,故土壤是一种腐蚀性电解质,金属在土壤中的腐蚀属于电化学腐蚀。土壤腐蚀和其他介质中的电化学腐蚀原理一样,即因金属和介质的电化学不均一性而形成腐蚀原电池,但因土壤介质具有多样性和不均匀性等特点,所以除了有可能生成和金属组织的不均一性有关的腐蚀微电池外,土壤介质的宏观不均一性还会引起腐蚀宏电池,它在土壤腐蚀中往往起着更大的作用。

土壤介质的不均一性主要是由土壤透气性不同引起的。在不同透气条件下,氧的渗透速度变化幅度很大,强烈地影响着与不同区域土壤相接触的金属各部分的电位,这是促使氧浓差腐蚀电池形成的基本因素。土壤的pH值、盐含量等性质的变化也会造成腐蚀宏电池。此外,地下的长距离管道难免要穿越各种不同条件的土壤,从而形成有别于其他介质情况的长距离腐蚀宏电池。

影响土壤腐蚀的主要因素是水分、pH值、含盐量、含氧量、透水性和透气性以及杂散电流与细菌活动情况等。一般采用土壤电阻率作为腐蚀性指标,电阻率越小,土壤腐蚀性越强。

采用如下措施可以减轻或者防止金属材料的土壤腐蚀。

(1) 用覆盖层保护。在土壤中普遍使用焦油沥青及环氧煤沥青质的覆盖层。一般在覆盖层内加入填料加固或用纤维材料(如玻璃纤维、石棉等)把管道缠绕加固起来。有的工程使用水泥涂层保护通过含盐沼泽地及强酸性土壤地区的管线,取得了管道40年未受腐蚀的效果。近年来又发展了聚乙烯塑料胶带防腐层及泡沫塑料防腐层,施工简便且防腐性能更好。

(2) 改变土壤环境。在酸度高的土壤里,在地下构件周围填充石灰石碎块可以减轻腐蚀。向构件周围移入腐蚀性小的土壤,加强排水以降低水位等方法也有效果。

(3) 做阴极保护。延长地下管道寿命的最经济方法是把设置适当的覆盖层和阴极保护两种方法结合起来,这样既可以弥补保护层的不足,又可以减小阴极保护的电能消耗。一般情况下,应使钢铁阴极的电位维持在-0.85 V(相对于$Cu/CuSO_4$电极)以达到完全的保护。在有硫酸盐还原菌存在时,电位要维持得更负一些,实用中可采取-0.95 V,以抑制细菌生长。保护地下铅皮电缆的保护电位约为-0.7 V(相对于$Cu/CuSO_4$电极)。

1.2.3 海水腐蚀

金属结构在海洋环境中发生的腐蚀称为海水腐蚀。海洋面积约占地球表面积的十分之七。海水是含盐浓度相当高的电解质溶液，又是自然界中含量大并且在天然腐蚀剂中腐蚀性较强的介质之一。近年来海洋开发受到普遍重视，各种海上运输工具，各种类型的舰船、海上采油平台、开采设备和水下输送及储存设备、海岸设施等都可能受到海水腐蚀。因此，研究海水腐蚀的规律、探讨防腐蚀的措施具有十分重要的意义。

1.2.3.1　海水腐蚀电化学过程的特征

海水是典型的电解质溶液，对金属的腐蚀作用具有电化学本质。因此，电化学腐蚀的基本规律都适用于海水腐蚀。但基于海水本身的特点，海水腐蚀的电化学过程又具有自己的特征。

海水腐蚀的阳极极化阻滞对于大多数金属（如铁、钢、铸铁、锌、镉等）都很小，因而腐蚀速度相当快。基于这一原因，若在海水中采用提高阳极性阻滞的方法来防止铁基合金腐蚀，效果是有限的。由于氯离子可破坏钝化膜，不锈钢在海水中也会遭到严重的腐蚀。只有极少数易钝化金属，如钛、锆、钽、铌等才能在海水中保持钝态，具有显著的阳极阻滞作用。

对于多数金属，它们的阴极过程是氧的去极化过程，只有少数电负性很强的金属如镁及其合金，腐蚀时会产生阴极的氢去极化作用。在静止或流速不大的海水中，铁、铸铁和钢的腐蚀速度几乎完全取决于阳极阻滞，一般受氧到达腐蚀表面的速度所控制。

海水的电导率很大，因此海水腐蚀的电阻性阻滞很小，异种金属的接触能造成显著的电偶腐蚀。在海水中异金属接触构成的腐蚀电池，其作用更强烈，影响范围更广，如海船的青铜螺旋桨可引起远达数十米处的钢制船身的腐蚀。在海水中由于钝化膜的局部破坏，很容易发生点蚀和缝隙腐蚀等局部腐蚀，在高流速的海水中，易产生冲刷腐蚀和空蚀。

1.2.3.2　影响海水腐蚀的因素

海水是一种复杂的多种盐类的平衡溶液，并且含有生物、悬浮泥沙、溶解的气体和腐败的有机物质，金属的腐蚀行为与这些因素的综合作用有关。

1. 盐类与盐的浓度

海水中的盐类以氯化钠为主。其中氯离子的含量很高，使海水具有较强的腐蚀性。由于盐浓度增大时，海水溶氧量会下降，故溶盐量超过一定值时，金属腐蚀速度将下降。

2. pH 值

海水的 pH 值一般在 7.2～8.6 之间，为中性，对腐蚀影响不大。在深海区 pH 值略有降低，不易生成保护性碳酸盐水垢，腐蚀速度将增大。

3. 碳酸盐饱和度

在海水的 pH 值条件下，碳酸盐一般达到饱和，其易于沉积在金属表面而形成保护层。对于出海口等处的稀释海水，尽管电解质本身的腐蚀性并不强，但由于碳酸盐在海水中并不饱和，因此不易在金属表面析出形成保护层，腐蚀速度将增大。

4. 溶氧量

海水中溶氧量增加，可使金属腐蚀速度增大。海水中溶氧量可高达 12 mg/L。波浪及绿色植物的光合作用能提高溶氧量。而海洋动物的呼吸作用及死生物分解需要消耗氧，故会使溶氧量降低。污染海水中溶氧量可大大降低。海水中溶氧量还随着海水深度不同而变化。

图 1.24 所示为溶氧量、盐的浓度及水温与海

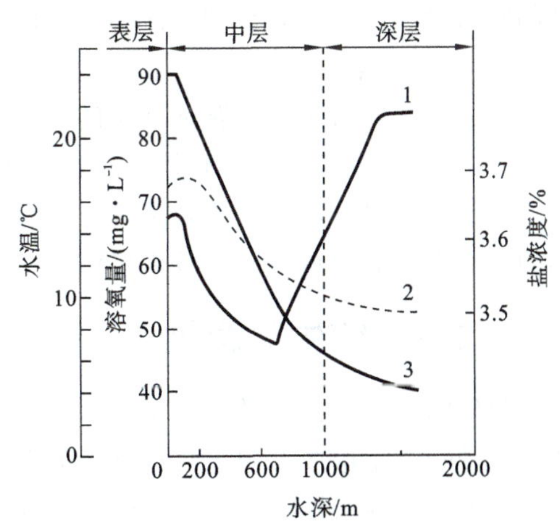

图 1.24　溶氧量、盐的浓度及水温与海水深度的关系

1—溶氧量；2—总盐量；3—水温

水深度的关系。

5. 温度

海水温度升高，腐蚀速度加快。一般认为，海水温度每升高 10 ℃，金属腐蚀速度将增大一倍。但是温度升高后，氧在海水中的溶解度下降，将引起金属腐蚀速度减小。一般来说，铁和铜及其合金在炎热的季节或环境中海水腐蚀速度较大。

6. 流速

海水的流速增大将使金属腐蚀速度增大。图 1.25 所示为碳钢的腐蚀速度随流速的变化关系。但对在海水中能钝化的金属则不然，有一定的流速可以促进钛、镍合金和高铬不锈钢的钝化，提高其耐蚀性。

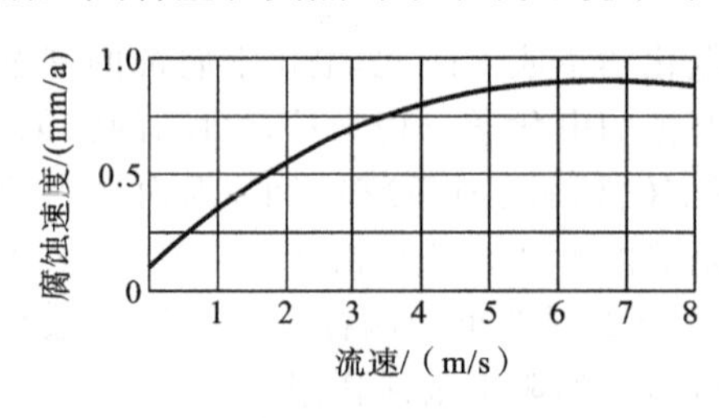

图 1.25　海水的流动速度对低碳钢腐蚀速度的影响

当海水流速很高时，金属腐蚀急剧加速。这是由于在介质的摩擦、冲击等机械力的作用下，会出现摩振腐蚀、冲击腐蚀和空泡腐蚀。

7. 海洋生物

海洋生物在船舶或海上构筑物表面附着时留下了缝隙，容易诱发缝隙腐蚀。另外，微生物在生理作用下会产生氨、二氧化碳和硫化氢等腐蚀性物质，硫酸盐还原菌则会产生氧，这些都能加快金属的腐蚀。

1.2.3.3　海水腐蚀的防护措施

海水腐蚀的防护措施有如下几种。

1. 合理选用金属材料，研制新材料

钛、镍、铜合金在海水中耐蚀性较好，但价格高，因此主要用于关键部位。海洋设施中大量使用的还是钢铁材料，牌号很多，应根据具体要求合理选择和匹配。同时可根据我国资源情况发展耐海水腐蚀新材料。

2. 涂层保护

这是防止金属材料海水腐蚀普遍采用的方法，除了应用防锈涂料外，有时还采用防生物污染的防污涂料。对于处在潮汐区和飞溅区的某些固定结构物可以使用蒙乃尔合金包覆。

3. 电化学保护

阴极保护是防止海水腐蚀常用的方法之一，但只是在全浸区才有效。外加电流阴极保护法便于调节，而牺牲阳极法则简单易行。海水中常用的牺牲阳极材料有锌合金、镁合金和铝合金。从比重、输出电量、电流效率等方面综合考虑，用铝合金，如 Al-Zn-Sn 和 Al-Zn-In 及铝和镉的多元合金制作牺牲阳极较为经济。

1.2.4　微生物腐蚀

微生物腐蚀是指在微生物生命活动参与下所发生的腐蚀过程。微生物腐蚀有相当的普遍性，凡是同水、土壤或湿润空气相接触的金属设施，都可能遭到微生物腐蚀。据报道，有50%～80%的地下管线腐蚀属于微生物引起或参与的腐蚀。此外，在油田气水系统、深水泵、循环冷却系统、水坝、码头、海上采油平台、飞机燃料箱等一系列装置中，都曾发现过微生物腐蚀的事例。从 20 世纪 30 年代荷兰学者提出硫酸盐还原菌参与阴极氢去极化过程以来，微生物腐蚀及其控制已发展成为腐蚀学科中的一个重要分支。

1.2.4.1　微生物腐蚀的特征

微生物腐蚀的特征如下。

(1) 微生物的生长繁殖需具有适宜的环境条件，如一定的温度、湿度、酸度、环境氧含量及营养源等。微生物腐蚀与这些因素紧密相关。

(2) 微生物腐蚀是微生物生命活动直接或间接影响腐蚀过程的结果，而并非是微生物直接食取金属而形成的。

(3) 微生物腐蚀往往是多种微生物共生、交互作用的结果。

微生物主要通过以下四种形式参与腐蚀过程：① 新陈代谢产生代谢产物，增加腐蚀作用，腐蚀性代谢产物包括无机酸、有机酸、硫化物、氨等，它们能增加环境的腐蚀性；② 促进腐蚀的电极反应动力学过程，如硫酸盐还原菌的存在能促进金属腐蚀的阴极去极化过程；③ 改变金属周围环境的氧浓度、盐度、酸度等从而形成氧浓差电池等局部腐蚀电池；④ 破坏保护性覆盖层或缓蚀剂的稳定性，例如地下管道有机纤维覆盖层被分解破坏、亚硝酸盐缓蚀剂因细菌作用而氧化等均是由这种形式的微生物腐蚀造成的。

1.2.4.2　与腐蚀有关的主要微生物

参与腐蚀的微生物主要是细菌类，因而微生物腐蚀也称为细菌腐蚀。与腐蚀有关的最主要的微生物是直接参与自然界硫、铁循环的细菌，如硫氧化菌、硫酸盐还原菌、铁细菌等。此外，某些真菌也能引起腐蚀。上述细菌按其生长发育中对氧的要求分嗜氧性细菌及厌氧性细菌两类。前者需有氧存在才能生长繁殖，如硫氧化菌、铁细菌等；后者主要在缺氧条件下才能生存与繁殖，如硫酸盐还原菌。它们的主要特性见表 1.3。

表 1.3　与腐蚀有关的主要微生物的特性

类　　型	对氧的需要	被还原或氧化的土壤成分	主要最终产物	生存环境	活动的 pH 值范围	温度范围/℃
硫酸盐还原菌 (sulfate-reducing bacteria)	厌氧	硫酸盐、硫代硫酸盐、亚硫酸盐、连二亚硫酸盐、硫	硫化氢	水、污泥、污水、油井、土壤、沉积物、混凝土	6～7.5(最佳) 5～9(限度)	25～30(最佳) 65(最高)
硫氧化菌 (sulfur oxidizing bacteria)	嗜氧	硫、硫化物、硫代硫酸盐	硫酸	含有硫酸盐及磷酸盐的施肥土壤、氧化不完全的硫化物土壤、污水、海水	2～4(最佳) 0.5～6(限度)	28～30(最佳) 18～37(限度)
铁细菌 (iron bacteria)	嗜氧	碳酸亚铁、碳酸氢亚铁、碳酸氢锰	氢氧化铁	含铁盐和有机物的静水和流水	7～9(最佳)	24(最佳) 5～40(限度)

1.2.4.3　防止微生物腐蚀的措施

对于微生物腐蚀的防除并无特效办法，通常采用涂层和阴极保护等常规的防护方法。除非系统是密闭的，否则很难完全消灭腐蚀性微生物，一般采取多种联合控制措施。

1. 使用杀菌剂或抑菌剂

所用药剂应具有高效、低毒、稳定、价廉并且本身无腐蚀性等特点，可根据微生物种类及使用环境而选择。对于铁细菌等多种菌类可通氯杀灭，残留氯含量一般控制为0.1～1 μg/g。铬酸盐用于抑制硫酸盐还原菌很有效，加入量约为2 μg/g。硫酸铜等铜盐则用于抑制藻类生长。处理生物黏泥时，联合使用杀菌剂、剥离剂及缓蚀剂的效果较好。近年来除采用氯气等氧化性杀菌剂外，还并用季铵盐等非氧化性杀菌剂。

2. 改变环境条件，抑制微生物生长

控制环境因素，如减少细菌的有机物营养源，提高pH值（>9）及温度（>50 ℃），常能有效地抑制微生物生长。工业用水装置的曝气处理及排泄土壤积水等改善环境通气条件的措施，可减少硫酸盐还原菌腐蚀。

3. 覆盖防护层

地下管道常用煤焦油沥青涂层，另外也可以采用镀锌、镀铬、衬水泥及涂环氧树脂漆等措施。近年来人们发现，聚乙烯涂层对微生物腐蚀有很好的防护作用，呋喃树脂层能有效防止油箱被燃料中微生物的腐蚀。

4. 进行阴极保护

和涂层相结合的阴极保护措施，也用于防止土壤等环境中的微生物腐蚀。将土壤内钢铁构件的保护电位控制在−0.95 V以下（相对$Cu/CuSO_4$电极）才能有效地防止硫酸盐还原菌的腐蚀。

第 2 章　腐蚀热力学与动力学原理

2.1　概述

金属材料与电解质溶液相接触时，在界面上将发生有自由电子参加的广义氧化和广义还原过程，致使接触面金属变为单纯离子、络离子而溶解，或者生成氢氧化物、氧化物等稳定化合物，从而破坏金属材料的特性。这被称为电化学腐蚀或湿腐蚀，它是以金属为阳极的腐蚀原电池过程。

本章主要介绍腐蚀电化学基础、电化学腐蚀热力学以及电化学腐蚀反应动力学等。在介绍电化学腐蚀热力学时主要研究腐蚀的可能性问题，通过学习这一部分知识应掌握判断电化学腐蚀倾向的方法、发生腐蚀的根本原因与机理，以及腐蚀原电池的类型。在介绍电化学腐蚀反应动力学时主要研究腐蚀进行的速度，通过学习这一部分知识应掌握不同腐蚀条件下的动力学规律，腐蚀速度的测定与计算，并了解解决电化学腐蚀具体问题的方法。

2.2　腐蚀电化学基础

1. 金属腐蚀的电化学现象

金属在电解质溶液中的腐蚀是一种电化学过程，既然是一种电化学过程，它必然会表现出某些电化学现象。例如，它是一个有电子得失的氧化还原反应，可以用热力学的方法研究它的平衡状态，亦可用热力学的方法判断它的变化倾向等。工业用金属一般都是含有杂质的，当其浸在电解质溶液中时，发生电化学腐蚀的实质就是在金属表面上形成许多以金属为阳极、以杂质为阴极的腐蚀电池。在绝大多数情况下，这种电池是短路的原电池。为了进一步阐明这种腐蚀电池的工作原理，现举例如下。

将锌片和铜片浸入稀硫酸溶液中，稳定一段时间后，再用导线把它们连接起来（见图 2.1），这样就构成了一个工作状态下的原电池。

这时，由于锌电极的电位较低，铜电极的电位较高，它们各自在电极/溶液界面上建立起的电极过程的平衡状态受到破坏，并在两个电极上分别进行电极反应。

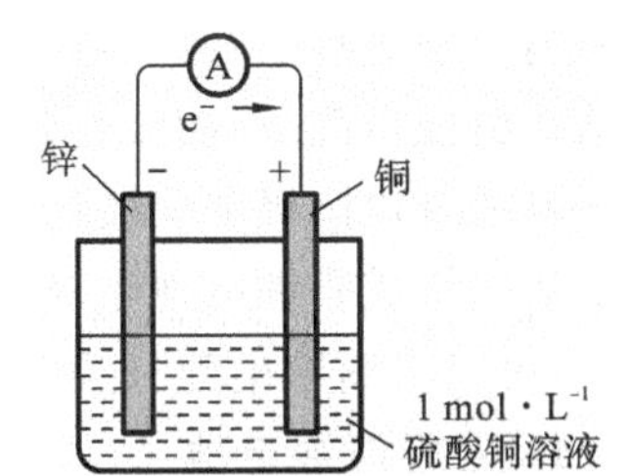

图 2.1　锌与铜在稀硫酸溶液中构成的原电池

在锌电极上发生氧化反应：

$$Zn \rightarrow Zn^{2+} + 2e^-$$

在铜电极上发生还原反应：

$$2H^+ + 2e^- \rightarrow H_2$$

电池反应：

$$Zn + 2H^+ \rightarrow Zn^{2+} + H_2 \uparrow$$

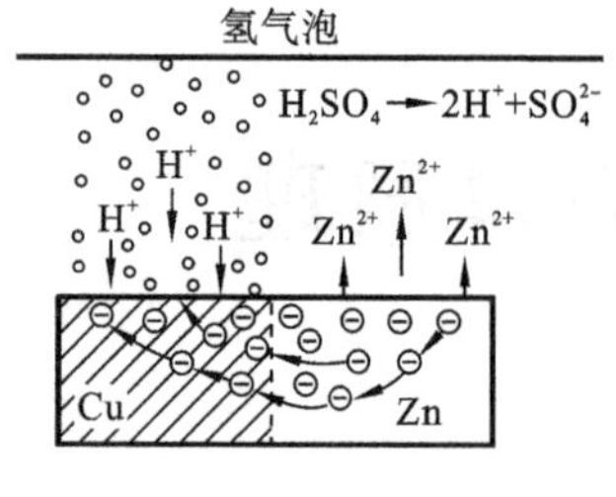

图 2.2　锌与铜在稀硫酸中构成腐蚀原电池

可见，铜、锌电池接通以后，由于锌片的溶解，电子沿导线流向铜片，而电流的方向则是由铜片指向锌片。

如果使铜和锌两块金属板直接接触，并浸入稀硫酸溶液中，同样也会观察到在锌块表面被逐渐溶解的同时，在铜块表面有大量的氢气析出，只不过此时两电极间的电流无法测得。类似这样的电池称为腐蚀原电池或腐蚀电池，它的工作特点是只能导致金属材料的破坏而不能对外做有用电功，是短路原电池，如图 2.2 所示。

由于工业用金属中的杂质的电位一般都比该金属的电位高，因此当这种金属浸在某种电解质溶液中时，其表面将会形成许多微小的短路原电池或腐蚀微电池。图 2.3 所示为工业用锌在 0.5 mol/L H_2SO_4 溶液中的溶解情况。除了杂质外，金属表面加工程度、金相组织或受力情况的差异以及晶界、位错缺陷的存在，甚至金属原子的不同能量状态，都有可能造成电化学不均匀性，即产生微阳极区和微阴极区而构成腐蚀微电池。

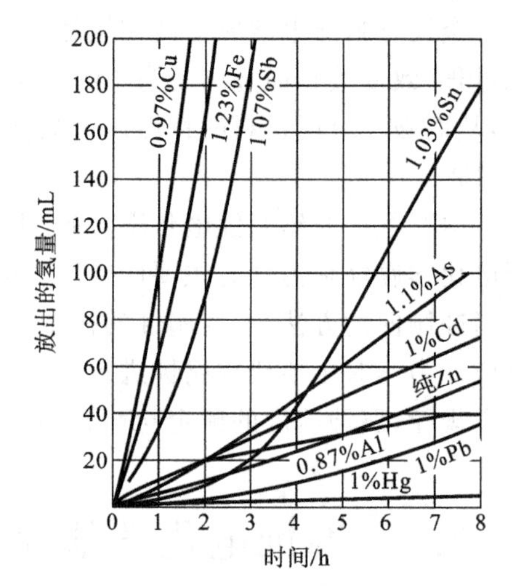

图 2.3　杂质元素对锌在 H_2SO_4 溶液中腐蚀速度的影响

2. 金属腐蚀原电池

影响腐蚀原电池的因素众多，如电解质的化学性质、环境因素（温度、压力、流速等），金属的特性、表面状态及其组织结构和成分的不均匀性，腐蚀产物的物理化学性质等。因此，金属的电化学腐蚀是相当复杂的。

电化学腐蚀过程可分成阳极过程和阴极过程两个分别进行的过程。

阳极过程：金属 M 溶解并以离子形式进入溶液，同时把等量的电子留在金属中。

$$ne^- \cdot M^{n+} \rightarrow M^{n+} + ne^-$$

阴极过程：从阳极移迁过来的电子被电解质溶液中能够吸收电子的物质 D 所接受。

$$D + ne^- \rightarrow D \cdot ne^-$$

电化学腐蚀的总反应之所以能分成两个过程，是因为在电化学腐蚀体系中存在金属和水溶液电解质两类导体，同时金属表面的微观区域存在差异，使阳极过程和阴极过程可以在不同区域内分别进行，即两个过程可以分别在金属和溶液的界面上不同的部位进行，构成微电池。在某些腐蚀情况下，阴极和阳极过程也可以在同一表面上随时间交替进行。在多数情况下，电化学腐蚀是以阳极和阴极过程在不同区域局部进行为特征的。

依据组成腐蚀电池电极的大小，和促使腐蚀电池形成的主要影响因素及金属腐蚀的表现形式，可以将腐蚀电池分为两大类，即宏观腐蚀电池和微观腐蚀电池。

1）宏观腐蚀电池

宏观腐蚀电池通常是由肉眼可见的电极构成的。这种腐蚀电池一般会引起金属或金属构件的局部宏观浸蚀破坏。宏观腐蚀电池有如下几种构成方式。

（1）异种金属接触电池　当两种不同的金属或合金相互接触（或用导线连接起来）并处在某种电解质溶液中时，由于这两种金属的电极电位不同，电极电位较负的金属将不断遭受腐蚀而溶解，而电极电位较正的金属则得到保护。这种腐蚀称为接触腐蚀或电偶腐蚀。两种金属的电极电位相差愈大，电偶腐蚀也愈严重。另外，电池中，阴、阳极的面积比和电解质的电导率等因素也对电偶腐蚀有一定影响。

(2) 浓差电池　浓差电池是由于同一种金属的不同部位所接触的介质的浓度不同而形的。最常见的浓差电池有以下三种。

① 溶液浓差电池　例如，一长铜棒一端与稀的硫酸铜溶液接触，另一端与浓的硫酸铜溶液接触即构成溶液浓差电池：

$$Cu|CuSO_4(a_1)||CuSO_4(a_2)|Cu$$

阳极反应：

$$Cu \rightarrow Cu^{2+}(a_1)+2e^-$$

阴极反应：

$$Cu^{2+}(a_2)+2e^- \rightarrow Cu$$

电池反应：

$$Cu^{2+}(a_2) \rightarrow Cu^{2+}(a_1)$$

所以，电池反应是 Cu^{2+} 的浓差迁移过程。由能斯特公式可知电池的电动势为

$$E=E_+-E_-=\frac{RT}{F}\ln\frac{a_1}{a_2}$$

这说明，这种标准电池电动势 E_0 总是等于零。还可说明处在稀溶液中的金属是阳极，被腐蚀溶解。

② 氧浓差电池　它是由于金属与含氧量不同的溶液接触而形成的，又称为充气不均匀电池。例如，铁桩插入土壤中，下部容易腐蚀。这是因为土壤上部含氧量高，下部含氧量低，形成了一个氧浓差电池。从反应式 $O_2+2H_2O+4e^-=4OH^-$ 可知，电极电动势 $E=E^0+\frac{RT}{4F}\ln\frac{p(O_2)/p^0}{[a(OH^-)]^4}$，故含氧量高的上部电极电位高，是阴极，含氧量低的下部电极电位低，是阳极，此处金属会遭受腐蚀。铁生锈形成的缝隙，以及由于某种结构而造成的金属缝隙也往往会造成氧浓差电池，使金属遭受腐蚀破坏。

③ 温差电池　它是由于金属处于电解质溶液中的温度不同而形成的。处在高温区的是阳极，处在低温区的是阴极。温差电池腐蚀常发生在换热器、浸式加热器及其他类似的设备中。对于温差造成的腐蚀电池，其两个电极的电位属于非平衡电位，故不能简单地套用能斯特公式说明其极性。

上述的宏观腐蚀电池在实际中并不如此单一，往往是几种类型的腐蚀电池(包括下面将介绍的微观腐蚀电池)共同作用的结果。

2) 微观腐蚀电池

处在电解质溶液中的金属表面上由于存在着许多极微小的电极而形成的电池称为微观腐蚀电池，简称微电池。微电池是金属表面的电化学不均匀性所引起的。不均匀性的原因是多方面的，较重要的有如下几种。

(1) 金属化学成分的不均匀性　众所周知，绝对纯的金属是没有的，尤其是工业上使用的金属，常含有许多杂质。因此，当金属与电解质溶液接触时，这些杂质将以微电极的形式与基体金属构成众多的短路微电池。倘若杂质作为微阴极存在，它将加速基体金属的腐蚀；反之则基体金属会受到某种程度的保护而减缓腐蚀。碳钢和铸铁是制造工业设备最常见的材料，它

们都含有 Fe_3C、石墨、硫等杂质，在与电解质溶液接触时，这些杂质的电位比铁的电位高，成为无数个微阴极，从而会加速基体金属铁的腐蚀。

(2) 组织结构的不均匀性　所谓组织结构在这里是指组成合金的粒子种类、分量和它们的排列方式的统称。在同一金属或合金内部一般都存在着不同结构区域，因而有不同的电极电位值。例如，金属中的晶界是原子排列较为疏松而紊乱的区域，在这个区域容易富集杂质原子，产生所谓晶界吸附和晶界沉淀。这种化学不均匀性，一般会导致晶界比晶粒内更为活泼，具有更负的电极电位值。试验表明，工业纯铝的晶粒内的电位为+0.585 V，晶界的电位为+0.494 V，所以晶界成为微电池的阳极，腐蚀首先从晶界开始。

(3) 物理状态的不均匀性　机械加工常会造成金属某些部位的变形量和应力状态的不均匀性。一般情况是变形较大和应力集中的部位成为阳极，腐蚀即首先从这些部位开始。如机械弯曲的弯管处易发生腐蚀破坏即由于这种原因。

(4) 金属表面膜的不完整性　这里讲的表面膜是指初生膜。如果这种膜不完整即不致密，有孔隙或破损，则孔隙下或破损处的金属相对于完整表面来说，具有较负的电极电位，将成为微电池的阳极而遭受腐蚀。

在生产实践中，要想使整个金属的表面及金属组织的各个部位的物理和化学性质等都完全相同、使金属表面各点电位完全相等是不可能的。这种由各种因素导致的金属表面的物理和化学性质方面的差异统称为电化学不均匀性，它是腐蚀电池形成的基本原因。

综上所述，腐蚀电池的工作原理与一般原电池并无本质的区别。但腐蚀电池又有自己的特征，即一般情况下它是一种短路电池。因此，虽然当它工作时也产生电流，但其电能不能被利用，而是以热的形式散失掉了。

对于宏观腐蚀电池的存在可用肉眼进行观察，而对微观腐蚀电池存在的观察，最简单的方法是采用显色指示剂。

2.3　电化学腐蚀热力学

金属腐蚀过程一般都是在恒温恒压的开放体系中进行的。根据热力学原理，可用吉布斯(Gibbs)自由能判据来判断腐蚀反应发生的方向和限度。对于电化学腐蚀，金属发生腐蚀的倾向也可以用腐蚀电池的电动势 ε 来判别。在恒温恒压条件下，反应的自由能与电动势或电位之间可依据下式转换：

$$\Delta G=-nF\varepsilon$$

电池反应的 ε 越大，则其自发反应的倾向也越大。电池的电动势 ε 与阴极电位 E_c 和阳极电位 E_a 的关系为

$$\varepsilon=E_c-E_a$$

因此，金属发生腐蚀的热力学条件也可以描述为：金属氧化还原的平衡电极电位低于氧化剂反应的平衡电极电位。

2.3.1　电位-pH 图

在电化学中，可以根据氧化还原反应的平衡电极电位来判断电化学反应进行的可能性。在水溶液中，电化学的氧化还原反应不仅与溶液中的离子浓度有关，而且与溶液的 pH 值有

关，电位-pH 图就是以电位(相对于标准氢电极的电位)为纵坐标，以 pH 值为横坐标的电化学平衡图。它是比利时科学家布拜(M. Pourbaix)首先提出的，故也称为布拜图。根据电位-pH 图可以直接判断在给定条件下反应进行的可能性。电位-pH 图可明确地显示出在某一电位和 pH 值条件下，体系的稳定物态或平衡物态。因此，根据电位-pH 图，可从热力学上很方便地判定在一定的电位和 pH 值条件下金属材料发生腐蚀的可能性。本节简述电位-pH 图的构成原理。

根据反应与平衡电极电位和溶液 pH 值的相关性，电位-pH 图上的平衡线可分为三类(见图 2.4)。现以铁在水溶液的反应为例，计算其电位-PH 图。

(1) 反应只与电极电位有关，而与溶液的 pH 值无关。例如

$$Fe = Fe^{2+} + 2e^-$$

$$Fe^{2+} = Fe^{3+} + e^-$$

这类反应的特点是只有电子交换，不产生氢离子(或氢氧根离子)。其平衡电位分别为

$$E_{Fe/Fe^{2+}} = E^0_{Fe/Fe^{2+}} + \frac{RT}{2F}\ln a_{Fe^{2+}}$$

$$E_{Fe^{2+}/Fe^{3+}} = E^0_{Fe^{2+}/Fe^{3+}} + \frac{RT}{F}\ln\frac{a_{Fe^{3+}}}{a_{Fe^{2+}}}$$

当温度为 25 ℃时，则得

$$E_{Fe/Fe^{2+}} = -0.441 + 0.0295\lg a_{Fe^{2+}}$$

$$E_{Fe^{2+}/Fe^{3+}} = 0.746 + 0.0591\lg\frac{a_{Fe^{3+}}}{a_{Fe^{2+}}}$$

此类反应的电极电位与 pH 值无关，在电位-pH 图上的平衡线应是一水平线，如图 2.4(a)所示。根据已知反应物和生成物离子活度，便可计算出反应的电位。

(2) 反应只与 pH 值有关，与电极电位无关。例如：

$$Fe^{2+} + 2H_2O = Fe(OH)_2\downarrow + 2H^+ \quad (沉淀反应)$$

$$Fe^{3+} + H_2O = Fe(OH)^{2+} + H^+ \quad (水解反应)$$

上述反应是化学反应，不涉及电子的得失，因而与电位无关；由于反应生成 H^+，因而与 pH 值相关。在一定温度下，上述反应的平衡常数分别为

$$K = \frac{a^2_{H^+}}{a_{Fe^{2+}}}$$

$$K = \frac{a_{H^+}a_{Fe(OH)^{2+}}}{a_{Fe^{3+}}}$$

可分别求出

$$pH = 6.69 - \frac{1}{2}\lg a_{Fe^{2+}}$$

$$pH = 2.22 + \lg\frac{a_{Fe(OH)^{2+}}}{a_{Fe^{3+}}}$$

因此，此类反应在电位-pH 图上的平衡线是平行于纵轴的竖直线，如图 2.4(b)所示。

(3) 反应既同电极电位有关，又与溶液 pH 值有关。例如

$$Fe^{2+} + 2H_2O = Fe(OH)^{2+} + H^+ + e^-$$

$$Fe^{2+} + 3H_2O = Fe(OH)_3\downarrow + 3H^+ + e^-$$

此类反应的特点是氢离子(或氢氧根离子)和电子都参加反应，其平衡电位

$$E_{Fe^{2+}}/Fe(OH)^{2+}=0.877-0.0591pH+0.0591\lg\frac{a_{Fe(OH)^{2+}}}{a_{Fe^{2+}}}$$

$$E_{Fe^{2+}/Fe(OH)_3}=1.057-0.1773pH-0.0591\lg a_{Fe^{2+}}$$

所以，在一定温度下，反应既与电位有关又与溶液 pH 值有关时，在电位-pH 图上的平衡线是斜线，如图 2.4(c)所示。

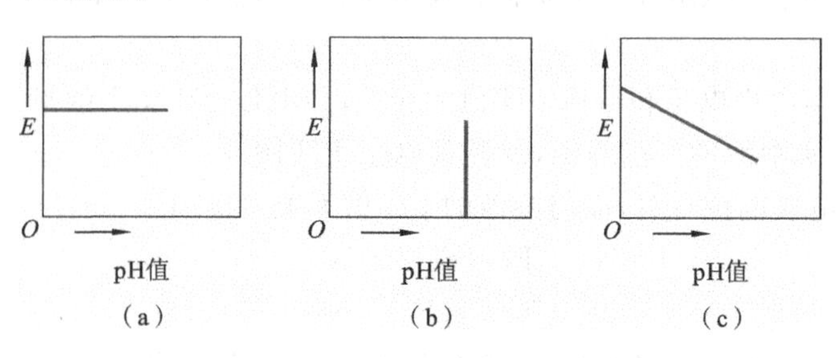

图 2.4 不同反应体系的电位-pH 图

2.3.1.1 氢电极和氧电极的电位-pH 图

下面将讨论氢电极和氧电极的平衡电位与 pH 值的关系。

氢电极反应式为

$$2H^{+}+2e^{-}=H_2$$

氧电极反应式为

$$O_2+4H^{+}+4e^{-}=2H_2O$$

相应的平衡电位的能斯特方程式为

$$E_{H^{+}/H_2}=E^0_{H^{+}/H_2}+\frac{RT}{nF}\ln\frac{a^2_{H^{+}}}{p_{H_2}}$$

$$E_{O_2/H_2O}=E^0_{O_2/H_2O}+\frac{RT}{nF}\ln\frac{p_{O_2}a^4_{H^{+}}}{a^2_{H_2O}}$$

在不同的氢分压和氧分压下，上述关系可表示为图 2.5 中的两组斜率均为－0.0591 的平行斜线。图中 a 线为氢平衡线，a 线以下是氢的稳定区(还原态稳定区)，a 线上方为 H^{+} 稳定区(氧化态稳定区)。b 线为氧平衡线，b 线上方为 O_2 稳定区(氧化态稳定区)，b 线下方为 H_2O 稳定区(还原态稳定区)。当温度为 25 ℃、氢和氧的分压为 1 atm (1 atm=101 325 Pa)时，上述反应的电位-pH 关系为

$$E_{H^{+}/H_2}=-0.0591pH$$

$$E_{O_2/H_2O}=1.23-0.0591pH$$

当氢电极和氧电极构成一个电池时，氢电极发生氧化反应，而氧电极发生还原反应，电池的总反应为

$$O_2+2H_2\rightarrow 2H_2O$$

因此，由氢、氧电极组成的电位-pH 图，也称为 H_2O 的电位-pH 图。

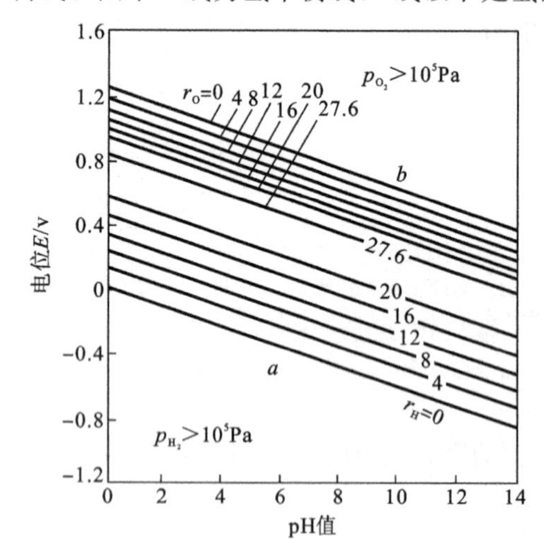

图 2.5 氢电极与氧电极的电位-pH 图

$r_O=-\lg p_{O_2}$；$r_H=-\lg p_{H_2}$

2.3.1.2 电位-pH 图的绘制

综合上述铁的平衡电极电位 E 和溶液 pH 值

的关系，以及氢电极和氧电极的平衡电位与 pH 值的关系，可以绘制 $Fe-H_2O$ 体系的电位-pH 图。由于所考虑的稳定相的不同，$Fe-H_2O$ 体系的电位-pH 图有两种形式。图 2.6(a)是稳定平衡固相为 Fe、Fe_3O_4 与 Fe_2O_3 时的电位-pH 图，图 2.6(b)是稳定平衡固相为 Fe、$Fe(OH)_2$ 和 $Fe(OH)_3$ 时的电位-pH 图。

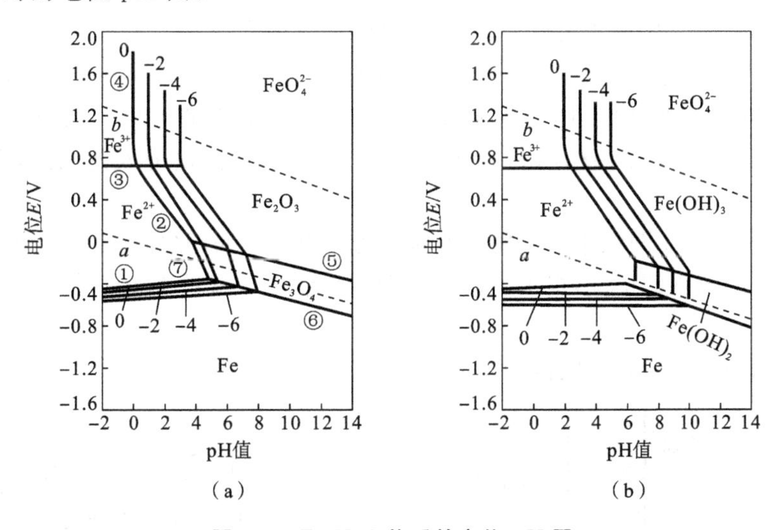

图 2.6　$Fe-H_2O$ 体系的电位-pH 图

(a) 平衡固相为 Fe、Fe_3O_4 与 Fe_2O_3；(b) 平衡固相为 Fe、$Fe(OH)_2$ 和 $Fe(OH)_3$

通过 $Fe-H_3O$ 体系的电位-pH 图的绘制，可以概括出绘制电位-pH 图的一般步骤：

(1) 列出有关物质的各种存在状态以及它们的标准生成自由能或标准化学位值；

(2) 列出各有关物质之间可能发生的相互反应的方程式，写出平衡方程式；

(3) 把这些条件用图解法绘制在电位-pH 图上，最后加以汇总，得到综合的电位-pH 图。

2.3.2　电位-pH 图在腐蚀研究中的应用与其局限性

2.3.2.1　电位-pH 图在腐蚀研究中的应用

假定以平衡金属离子浓度10^{-6} mol/L 作为金属腐蚀与否的界限，则可得到简化的电位-pH 图。图 2.7 为简化的 $Fe-H_2O$ 体系电位-pH 图，可见该图中只有三种区域。

(1) 非腐蚀区　在该区域内，电位和 pH 值的变化不会引起金属的腐蚀，即在热力学上，金属处于稳定状态。

(2) 腐蚀区　在此区域内，金属是不稳定的，可随时被腐蚀；Fe^{2+}、Fe^{3+} 和 $HFeO_2^-$ 等离子是稳定的。

(3) 钝化区　在此区域内，生成稳定的固态氧化物或氢氧化物。在钝化区金属是否遭受腐蚀取决于所生成的固态膜是否具有保护性，即能否进一步阻碍金属溶解。

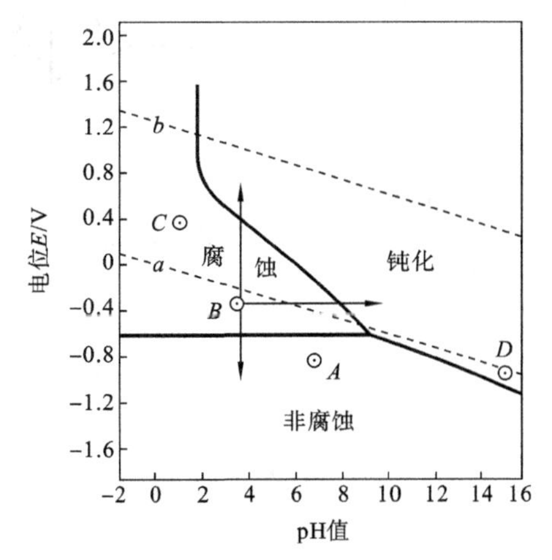

图 2.7　简化的 $Fe-H_2O$ 体系电位-pH 图

根据金属的电位-pH 图，可以从理论上预测金属发生腐蚀的倾向和选择控制金属腐蚀的途径。

下面粗略地分析图 2.7 中所标各点的情况。*A*

点对应于 Fe 和 H_2 的稳定区，在这一区域铁在热力学上是稳定的，不产生腐蚀。*B* 点处于 Fe^{2+} 和 H_2 的稳定区，在这一区域铁将发生溶解，同时在铁表面会有 H_2 放出，即发生析氢腐蚀。*C* 点处于 Fe^{2+} 和 H_2O 的稳定区，在这一区域铁仍将发生腐蚀，但由于 *C* 点的电位在 *a*、*b* 线之间，将不会发生 H^+ 的还原，只能发生 O_2 的还原反应，即发生吸氧腐蚀。*D* 点为生成 $HFeO_2^-$ 的区域，在这一区域也可以发生铁的腐蚀。

从图 2.7 可以看到，对于在 *B* 点发生腐蚀的铁，可以采取三种措施将其移出腐蚀区：① 将铁的电位降至非腐蚀区，即采用阴极保护技术；② 将铁的电位升高至钝化区，即采用阳极钝化保护技术；③ 将溶液的 pH 值提高到 9～13 之间，使铁进入钝化区，即采用自钝化技术。

综上所述，电位-pH 图汇集了金属腐蚀体系的热力学数据，并且指出了金属在不同 pH 值或不同电位下可能出现的情况，提示人们可借助于控制电位或改变 pH 值达到防止金属腐蚀的目的。

图 2.8 所示为几种金属的电位-pH 图。

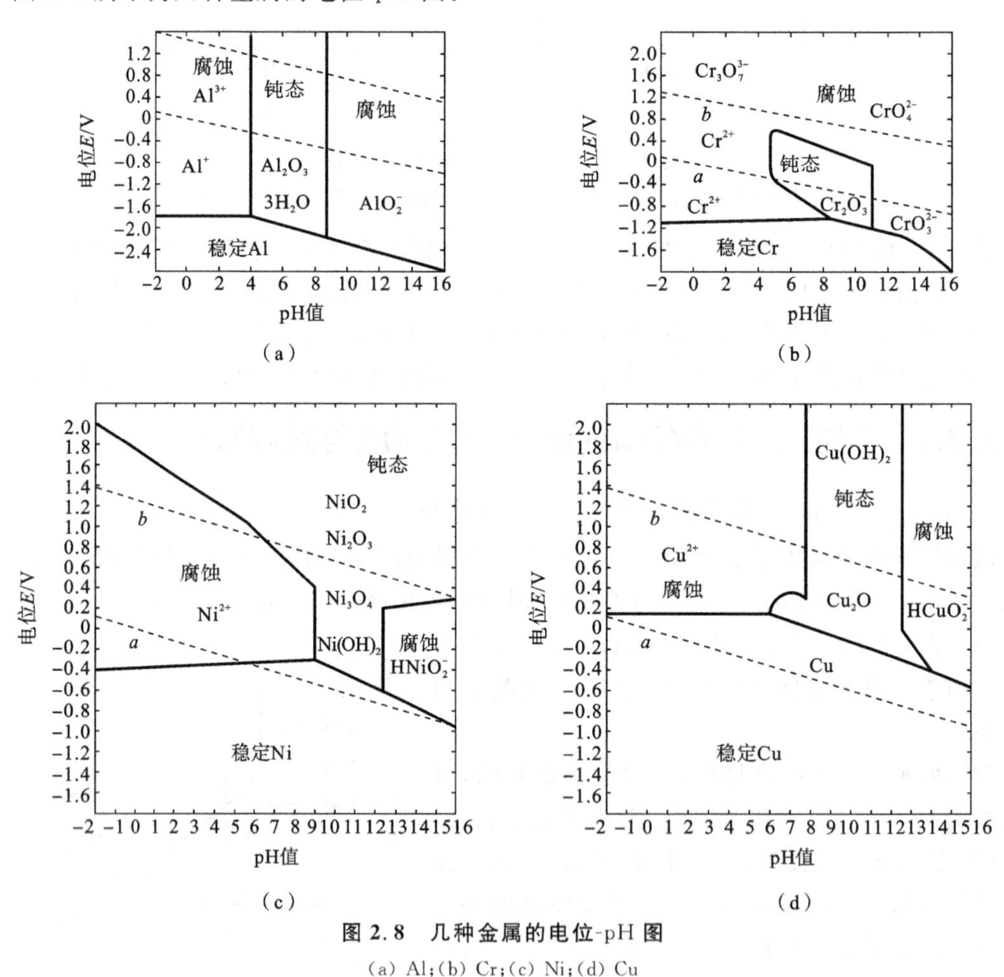

图 2.8 几种金属的电位-pH 图

(a) Al；(b) Cr；(c) Ni；(d) Cu

2.3.2.2 电池-pH 图在腐蚀研究中应用的局限性

以上介绍的是理想情况下的电位-pH 图，即理论电位-pH 图。理论电位-pH 图在应用时的局限性表现在以下几方面。

(1) 绘制电位-pH 图时，是以金属与溶液中的离子之间、溶液中的离子与含有这些离子的腐蚀产物之间的平衡作为先决条件的，忽略了溶液中其他离子对平衡的影响。而实际的腐蚀条件可能是远离平衡条件的，其他的离子对平衡的影响也可能是不容忽视的。

(2) 理论电位-pH 图中的钝化区是指金属氧化物、氢氧化物或其他微溶的金属化合物的稳定区，并不代表这些金属化合物一定具有保护性。

(3) 理论电位-pH 图中所示的 pH 值是处于平衡态的数值，即金属表面整体的 pH 值。而在实际腐蚀体系中，金属表面上各点的 pH 值可能是不同的。通常，阳极反应区的 pH 值比整体的 pH 值低，而阴极反应区的 pH 值则偏高。

(4) 因为电位-pH 图反映的是热力学平衡状态，所以它只能预示金属在该体系中被腐蚀的倾向性大小，而不可能预示腐蚀速度的大小。

鉴于理论电位-pH 图的局限性，已有研究者把钝化研究的成果充实到电位-pH 图中，得到所谓的经验电位-pH 图，使电位-pH 图在腐蚀研究中更具有实际意义。

2.4　电化学腐蚀反应动力学

用宏观的热力学方法研究金属的腐蚀，只能判断腐蚀的倾向性和限度，以及所涉及的能量转换问题，而无法揭示腐蚀速度。然而人们最关心的还是腐蚀速度。有些金属(如铝)的腐蚀倾向很大，但实际的腐蚀速度却很慢。为了弄清这些问题，必须从腐蚀的动力学角度来考虑。

2.4.1　极化现象与极化曲线

1. 电极的极化现象

电流通过电极时，电极电位 E_i 偏离平衡电位 E_e 的现象，称为电极的极化现象，简称极化。其差值称为极化值。在此，我们用另一术语——过电位(符号为 η 且取正值)来表示电极极化的程度。则

阳极极化过电位　　$\eta_a=\Delta E=E_i-E_e$

阴极极化过电位　　$\eta_c=-\Delta E=E_e-E_i$

对不可逆电极存在一个稳态的电位 E_s，也使用电极极化一词。这时，极化值的大小为

$$\eta=|\Delta E|=|E_i-E_s|$$

阴极极化使电极电位负移，阳极极化使电极电位正移。

对于可逆电极和不可逆电极，除极化现象的定义稍有不同外，电化学上所遵循的有关极化现象的动力学规律基本相同，所以在讨论中一般不加区分。

当电流通过电极时，电极上不仅发生极化作用，使电极电位发生偏离，与此同时，电极上也存在与极化作用相对应的过程，即力图消除这种偏离的过程。以阴极为例，如氢离子或金属离子在阴极上还原，就是从阴极上夺取电子，使电极电位不负移。这种与电极极化作用相对立的作用，称为去极化作用。由此可见，电极过程就是这样一种极化与去极化对应统一的过程。在实际中，如果没有去极化作用，那么从外电源流入阴极的电子就只能在阴极上积累，使电极电位不断负移，这样的电极称为理想极化电极。一般情况下，由于电子的运动速度大于电极的反应速度，因此极化作用往往大于去极化作用，致使电极电位偏离，出

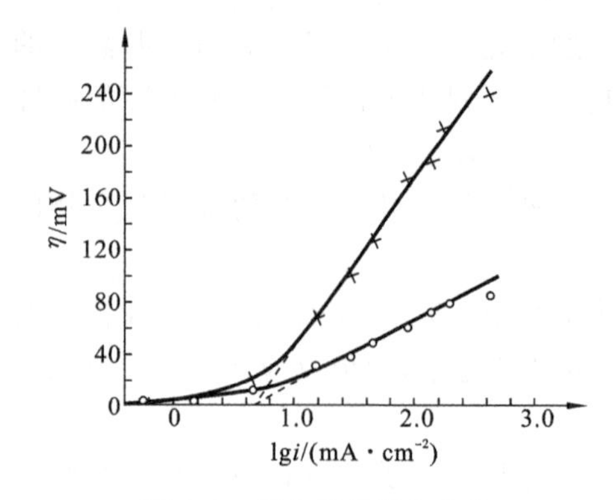

图 2.9 铜电极的极化曲线

0.075 mol·L⁻¹CuSO₄+0.5 mol·L⁻¹H₂SO₄,30 ℃

—○—阳极极化曲线;—×—阴极极化曲线

现极化现象。与理想极化电极对应的是理想不极化电极,这种电极的极化作用和去极化作用相等,电极的电位很稳定,当有小电流通过时,其电位一般不发生变化。理想不极化电极常用来作为电极电位测量时的参考电极。

2. 极化曲线

电流通过电极时,会使电极电位发生偏离,通过的电流愈大,电极电位偏离的程度也愈大。为了准确地描述和了解电极电位随通过的电流强度(或电流密度)的变化而变化的情况,人们经常利用电位-电流图(或电位-电流密度图)表示二者之间的关系。这种表示电极电位与极化电流强度(或极化电流密度)之间关系的曲线称为极化曲线。图 2.9 所示为利用电流阶跃法测定的在硫酸铜和硫酸溶液中的铜电极的极化曲线。

2.4.2 极化的原因与类型

由于极化作用能降低电化学腐蚀速度,因此弄清极化作用的原因及其影响因素,有利于金属腐蚀和腐蚀控制的研究。

电极反应发生在电极表面,即发生在电极材料相和溶液相的界面,因此具有复相反应的特点。一个复相反应的进行,在最简单的情况下,也至少包含下列三个主要的互相连续的过程。

① 反应物由相的内部向相界反应区的传输过程。在电极材料是固态金属的情况下,除了在某些合金的阳极溶解过程中存在着合金组分从金属相的内部向金属电极表面传输的问题外,一般主要是溶液相中的反应物向电极表面运动,称之为液相传质。

② 在相界区,反应物进行得电子或失电子的反应而生成产物的过程,称为电化学过程或电极表面放电过程,简称放电过程。

③ 反应产物离开相界区向溶液相内部疏散的过程属液相传质过程,若产物形成新相(气体或固体),则该过程称为生成新相过程。

第①和第③个过程并非在所有情况下都存在。例如对于纯金属的阳极溶解,一般不存在第①个过程;又如反应物是沉积在电极表面上的固体,就不存在第③个过程。总之,要完成一个电极反应过程必须经过相内的传质过程和相界区的反应过程。其中最主要的是第②个过程,这一过程往往不是一个简单的过程,而是由吸附、电荷转移、前置表面转化、后置表面转化、脱附等一系列步骤构成的复杂的过程。其他步骤则视电极反应及其条件之不同,可能存在,也可能不存在。

总之,任何一个电极反应的进行,都要经过一系列互相连续的步骤,在定常态条件下,各个串联的步骤的速度都相同,等于整个电极反应过程的速度。如果这些串联步骤中有一个步骤所受到的阻力最大,其速度就要比其他步骤慢得多,因而整个反应过程的速度都将由该步骤进行的速度所决定,而且整个电极反应所表现的动力学特征与该最慢步骤的动力学特征相同。这个决定整个电极反应过程速度的最慢步骤称为电极反应过程的速度控制步骤,简称控制步骤。

电极的极化主要是电极反应过程中控制步骤所受阻力的反映。因此,控制步骤与电极极化的原因和类型是相关联的。为研究方便，将电极的极化进行分类。

1）根据控制步骤分类

根据控制步骤的不同，可将极化分为电化学极化和浓差极化。

（1）电化学极化　如果电极反应所需的活化能较高，因而使电荷转移的电化学过程速度变得最慢，使该电化学过程成为整个电极反应过程的控制步骤，由此导致的极化称为电化学极化。

（2）浓差极化　如果电子转移步骤很快，而反应物从溶液相中向电极表面运动或产物自电极表面向溶液相内部运动的液相传质步骤很慢，以至成为整个电极反应过程的控制步骤，则与此相应的极化称为浓差极化。

此外，还有一类所谓的电阻极化，是指电流通过电解质溶液和电极表面过程中因存在某种类型的膜而产生欧姆电位降，使电极发生的极化现象。它的大小与体系的欧姆电阻有关，对不同的电极系统来说，电阻极化的数值差别很大。这部分的欧姆电位降包括在总的极化测量值之中。

2）根据原电池中电极的性质分类

按原电池中电极的性质，可将极化分成阳极极化和阴极极化。

（1）阳极极化　原电池在放电时，由于电流的通过，阳极电位向正方向移动，称为阳极极化。在腐蚀过程中，阳极反应是不可逆过程，金属氧化后生成金属离子并放出电子。

产生阳极极化的原因有如下三种。

① 阳极反应过程中，如果金属离子离开晶格进入溶液的速度比电子离开阳极表面的速度慢，在阳极表面上就会积累较多的正电荷而使阳极电位向正方向移动。这种阳极极化称为阳极的电化学极化。

② 阳极反应产生的金属离子进入并分布在阳极表面附近的溶液中，如果这些离子向溶液深处扩散的速度比金属离子从晶格进入阳极表面附近溶液的速度慢，就会使阳极附近的金属离子浓度增加，使阳极电位向正方向移动。这种阳极极化称为阳极的浓差极化。

③ 在特定条件的溶液中，很多金属表面能生成保护膜而进入钝态。保护膜能阻碍金属离子从晶格进入溶液，而使阳极电位剧烈地向正方向移动，同时，金属表面有保护膜使体系的电阻大为增加，当有电流通过时会产生很大的欧姆电位降。这种因生成保护膜而引起的阳极极化通常称为阳极的电阻极化。

应该注意的是，对于具体的腐蚀体系，这三种原因不一定同时出现，或者虽然同时出现但程度有所不同。例如，对于金属在活性状态下的腐蚀，阳极的电化学极化程度就很轻；如果腐蚀产物的溶解度很小，则浓差极化微弱，电极表面也不会形成保护膜，故不存在电阻极化，这种情况下阳极极化曲线比较平坦，阳极极化程度较轻。

阳极的去极化就是消除或减弱阳极极化的作用。例如，若向溶液中加入络合物或沉淀物，不仅会使金属表面附近溶液中的金属离子浓度大大降低，消除阳极的浓差极化，同时又可减弱阳极的电化学极化作用；又如，搅拌溶液或使溶液的流速加快，也可以消除或减弱阳极的浓差极化作用。另外向使金属处于钝态的溶液中加入活性阴离子 Cl^-，将破坏钝化膜，使金属重新回到活性溶解状态，从而消除因形成保护膜而产生的阳极的电阻极化。

总之，阳极的极化表明阳极反应受到阻碍，成为腐蚀过程的控制步骤。阳极极化可以减缓金属的腐蚀，而阳极的去极化则会加速金属的腐蚀。

（2）阴极极化　原电池在放电时，由于电流的通过，阴极电位向负方向移动，称为阴极极化。电化学腐蚀之所以会发生，是因为溶液中含有能使金属氧化的氧化剂，这种氧化剂迫使金属进行阳极反应以夺取其产生的电子而使本身还原，故常称之为腐蚀进程的去极化剂。就是说，如果没有阴极反应过程消耗电子，造成金属腐蚀的阳极反应就不可能发生。凡是能吸收电子而本身被还原的物质都可作为腐蚀过程的去极化剂。在腐蚀过程中，阴极反应也是不可逆过程。

产生阴极极化的原因有如下两种。

① 去极化剂与电子结合的速度比外电路输入电子的速度慢，使得电子在阴极上积累从而引起阴极电位向负方向移动。这种阴极极化称为阴极的电化学极化。

② 去极化剂到达阴极表面的速度落后于去极化剂在阴极表面发生还原反应的速度，或者还原产物离开电极表面的速度缓慢，导致电子在阴极上积累，使阴极电位向负方向移动。这种阴极极化称为阴极的浓差极化。

阴极极化表明阴极反应受到阻碍，它将影响阳极反应的进行，从而减小金属腐蚀速度。

2.4.3 腐蚀电池的混合电位

2.4.3.1 混合电位理论

在宏观腐蚀电池中，可使每个电极表面只进行一个电极反应。在腐蚀微电池中，金属的阳极溶解和氧化剂的还原在金属表面同时发生。即使在最简单的情况下，在电化学腐蚀的金属表面上也至少会发生两个不同的电极反应：一个金属的氧化反应和一个氧化剂的还原反应。

在一个孤立电极上同时以相等的速度进行着一个阳极反应和一个阴极反应的现象称为电极反应的耦合。在孤立电极上相互耦合的这两个电极反应有着各自的动力学规律，但它们的进行又必须同时发生并且互相牵制，这种性质上各自独立而又互相诱导的电化学反应称为共轭电化学反应。

当两个电极反应耦合成共轭电化学反应时，由于彼此相互极化，两电极将偏离各自的平衡电位，极化到一个共同的电位 E_{mix}，称之为混合电位。混合电位既是阳极反应的非平衡电位，又是阴极反应的非平衡电位，并且其值位于两个平衡电位之间。当电极体系达到稳态时，其混合电位保持基本不变，这种不随时间而变化的电位又称为稳定电位。

如果在两个耦合的电极反应中，阳极反应是金属的溶解，反应的结果将导致金属的腐蚀，则这对耦合反应电极的混合电位又叫做腐蚀电位 E_{corr}。相应于腐蚀电位的单位面积金属的阳极溶解电流称为腐蚀电流密度 i_{corr}。

混合电位的概念可以推广到多个电极反应在同一个电极上耦合进行的情况。如果在一个孤立电极上，同时有 $n(n>2)$ 个电极反应发生，则这些电极反应将组成多电极反应耦合系统。在此系统中，有一部分电极反应主要按阳极反应方向进行，而另一部分电极反应主要按阴极反应方向进行，其总的阳极反应电流等于总的阴极反应电流，系统外电流等于零，即

$$I = \sum_{i-1}^{n} I_i = 0$$

这 n 个电极反应都是在同一个混合电位 E_{mix} 下进行的。在一个多电极反应耦合系统中，混合电位 E_{mix} 总是处于多电极反应中最高平衡电位和最低平衡电位之间，它是各电极反应共同的非平衡电位。在平衡电位低于混合电位的各电极反应中，各电极向正方向极化至达到混合电位 E_{mix}，因而一定会发生阳极反应；在平衡电位高于 E_{mix} 的各电极反应中，各电极向负方向极化至达到 E_{mix}，因而一定会发生阴极反应。

混合电位理论由 Wagner 和 Traud 在 1938 年首次正式提出。根据混合电位理论不仅可

以分析只有一种氧化剂存在条件下的金属的腐蚀，也可以分析存在多种阴极去极化剂条件的金属腐蚀，还可以分析不同金属的接触腐蚀以及多元或多相合金的腐蚀。混合电位理论具有普遍的意义。

2.4.3.2　腐蚀极化图

研究金属腐蚀问题时，经常应用图解法来解释腐蚀现象，分析腐蚀过程的影响因素和腐蚀速度的相对大小，以揭示腐蚀机理。

通常，腐蚀极化图是根据在互不相关的试验中用外加电流使电极极化，分别测得阴极极化曲线与阳极极化曲线，然后将阴、阳极极化曲线绘制在同一个电位-电流坐标图上而形成的，如图 2.10 所示。

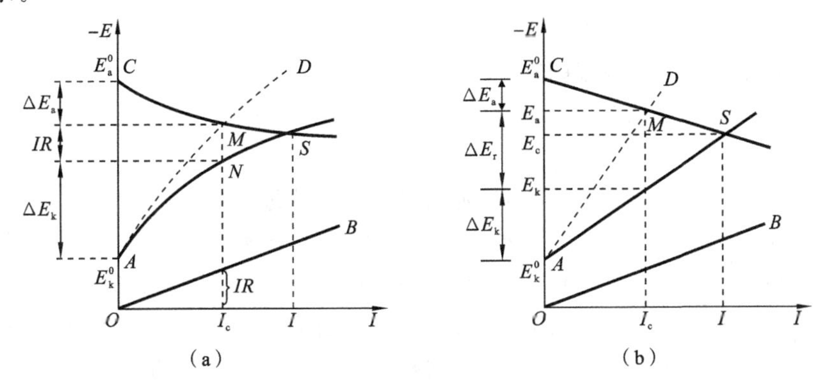

图 2.10　腐蚀极化图

利用极化曲线来作腐蚀极化图，可以直接得到交点 S（见图 2.10(a)），这是由于外加电流极化可以在宽广的电流区域内得到电极电位与极化电流的对应关系。

当腐蚀电池的电阻不为零而是某一已知值 R 时，必须考虑欧姆电位降。假如 R 值不随电流而变化，则欧姆电位降 ΔE_r 与电流成直线关系，在图 2.10 中用直线 OB 表示。把欧姆电位降直线与阴、阳极极化曲线之一（图 2.10 中是阴极极化曲线）相加合，可得到欧姆电位降与阴极极化曲线的加合曲线 AD。而加合曲线 AD 与阳极极化曲线 CS 相交于 M 点，M 点所对应的电流值就相当于电阻为 R 时电池的腐蚀电流 I_c。作图结果表明，欧姆电位降和由于阳极极化引起的电位降及由阴极极化引起的电位降加合在一起，就等于腐蚀电池两极间的起始电位差，即 $E_k^0 - E_a^0 = \Delta E_a + IR + \Delta E_k$。

如果阴极和阳极的极化电位与电流的关系是线性的，那么就得到由直线表示的腐蚀极化图（见图 2.10(b)），图中直线 AS 和 CS 的斜率分别代表该腐蚀体系中阴极过程和阳极过程的平均极化率 P_k 和 P_a。当体系的欧姆电阻等于零时，腐蚀电流就取决于阴、阳极极化曲线的交点 S 的位置，此时

$$I_{最大} = \frac{E_k^0 - E_a^0}{P_k + P_a}$$

当体系的电阻不等于零而等于 R 时，将欧姆电位降直线 OB 与阴极极化直线加合就得到加合直线 AD，其与阳极极化直线 CS 相交于 M 点。M 点所对应的横坐标值即为电阻等于 R 时电池的腐蚀电流 I_c。此时

$$I_c = \frac{E_k^0 - E_a^0}{R + P_k + P_a}$$

如果只考虑腐蚀过程中阴、阳极极化性能的相对大小，而不管电极电位随电流密度变化的

详细情况，则可将理论极化曲线表示成直线形式(见图 2.10(b))，并用电流强度代替电流密度作横坐标，这样得到的腐蚀极化图就是伊文思极化图。图中的阴、阳极起始电位分别为阴极反应和阳极反应的平衡电位，可以分别用 $E_{e,k}$ 和 $E_{e,a}$ 表示。事实上，这样的简化对于讨论腐蚀问题的正确性并没有多大影响。

通过上述分析可知，如果能绘制出某一腐蚀体系的极化图，就可以定出该体系的腐蚀电位和最大的腐蚀电流，或电阻不等于零时的腐蚀电流。实际上腐蚀体系的腐蚀电位和腐蚀电流都是在实测极化曲线的过程中得到的，尽管如此，借助于上述的理论极化曲线构成的腐蚀极化图，仍可以简明、直观地分析腐蚀过程、控制步骤以及各种因素对腐蚀的影响。此腐蚀极化图是研究腐蚀与腐蚀控制中的一个广泛应用的重要工具。

2.4.3.3 腐蚀极化图的应用

1. 判定腐蚀过程的主要控制因素

根据伊文思极化图，可以分析得出各项阻力对腐蚀电流控制程度的相对大小，确定腐蚀的控制过程。

1）阴极控制的腐蚀过程

如果腐蚀体系的电阻为零，阴极极化曲线很陡，阳极极化曲线平坦，即 $P_k \gg P_a$，此时腐蚀电位 E_c 很接近 $E_{e,a}$，$|\Delta E_k| \gg \Delta E_a$，腐蚀受阴极反应控制，腐蚀电流的大小主要由 P_k 决定。这种腐蚀称为阴极控制的腐蚀，如图 2.11 所示。

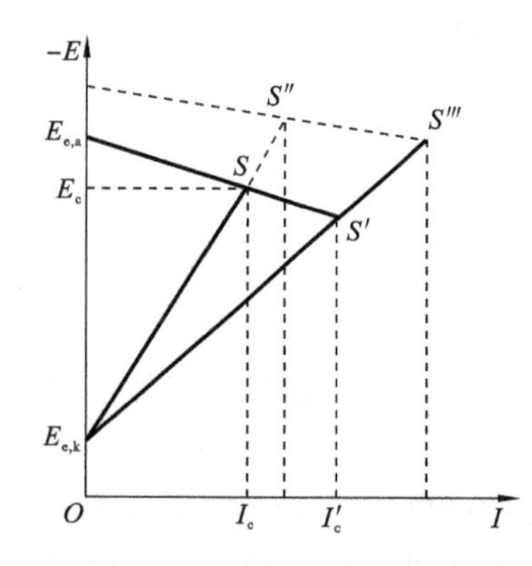

图 2.11　阴极控制的腐蚀过程

由图 2.11 可见，在阴极控制的腐蚀过程中，任何促进阳极反应(使 P_a 降低)的因素都不会使腐蚀显著增大。相反，任何促进阴极反应(使 P_k 降低)的因素都将使腐蚀电流显著增大，即 $P'_k < P_k$，则 $I'_c > I_c$(图中阴、阳极化曲线交点由 S 点移至 S' 点)。例如，铁和碳钢在海水中的腐蚀就属此类情况。海水的流动能促进去极化剂 O_2 的还原反应，从而导致腐蚀速度明显加大，因此动态海水中的腐蚀要比静态海水中的严重得多。

若在溶液中加入某种添加物，促使阳极极化曲线整个向负电位方向移动，使两极化曲线交于 S'' 或 S''' 点，也会使腐蚀电流有较显著的增加。如硫化物对铁在氯化物溶液中腐蚀的影响就是一例，因为硫化物中的 S^{2-} 不但会使阳极反应受到催化，而且还会使溶液中 Fe^{2+} 的浓度大大降低，导致阳极反应的起始电位更负，使整个阳极极化曲线向负方向移动。

2）阳极极化控制的腐蚀过程

如果腐蚀体系的电阻为零，阳极极化曲线很陡而阴极极化曲线较平坦，即 $P_a \gg P_k$，此时 E_c 很接近 $E_{e,k}$，$|\Delta E_k| \ll \Delta E_a$，腐蚀电流的大小主要由 P_a 决定。这种腐蚀称为阳极控制的腐蚀，如图 2.12 所示。

由图可见，在阳极反应控制的情况下，任何促进阴极反应的因素都不会使腐蚀显著加快，而任何减小 P_a 的因素都将使腐蚀电流增大，即 $P'_a < P_a$，则 $I'_c > I_c$(图中两极化曲线交点从 S 点移至 S' 点)。

在溶液中形成稳定钝态的金属和合金的腐蚀是阳极控制腐蚀的典型例子。破坏钝态的各种因素均促进腐蚀的阳极反应，从而导致阳极控制的腐蚀过程的腐蚀电流显著增大。

3）混合控制的腐蚀过程

如果腐蚀体系的欧姆电阻可以忽略，而阴极极化和阳极极化的极化率相差不大，则腐蚀由

P_a 和 P_k 共同决定，这种腐蚀称为阴、阳极混合控制的腐蚀，如图 2.13 所示。

在阴、阳极混合控制的情况下，任何促进阴、阳极反应的因素都将使腐蚀加剧，而任何增大 P_a 和 P_k 的因素都将使腐蚀电流显著减小。若 P_a 和 P_k 以相近的比例增加，虽然腐蚀电位 E_c 基本上不变，但腐蚀电流却可明显减小，即 $P'_a>P_a$，$P'_k>P_k$，则 $I'_c<I_c$。例如铝和不锈钢在不完全钝化的状态下的腐蚀就属于此类。

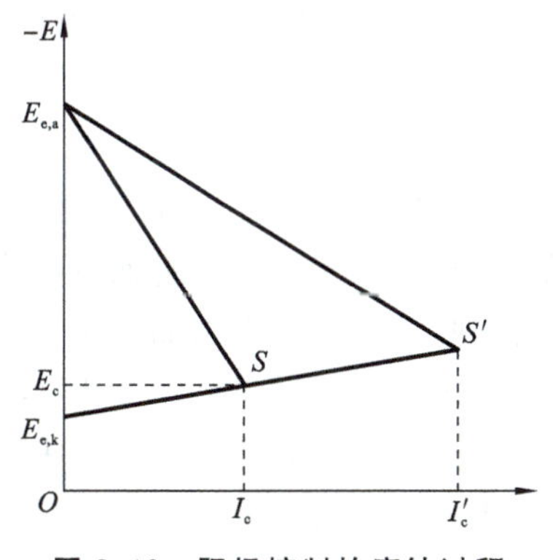

图 2.12　阳极控制的腐蚀过程

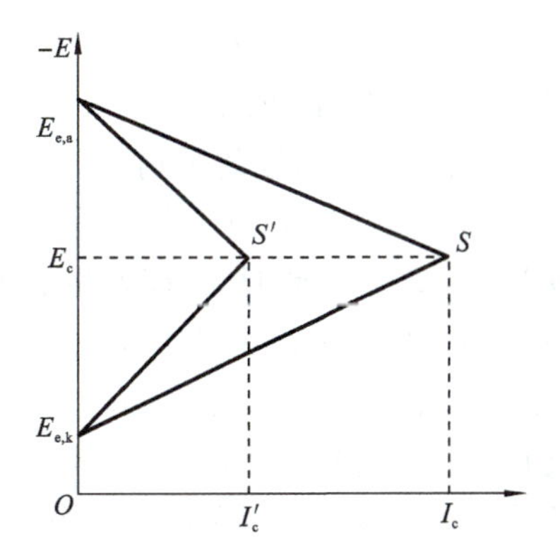

图 2.13　阴、阳极混合控制的腐蚀过程

4）欧姆电阻控制的腐蚀过程

当溶液电阻很大，或金属表面上有一层电阻很大的隔离膜时，由于不可能有很大的腐蚀电流通过，因此阴极和阳极的极化程度很轻，阴极和阳极极化曲线的斜率 P_a 和 P_k 都很小。两条极化曲线不相交，腐蚀电流的大小主要由欧姆电阻决定，这种腐蚀过程称为欧姆电阻控制的腐蚀过程，如图 2.14 所示。

在欧姆电阻的控制下，如果通过电流 I 作垂线，那么被两条极化曲线截得的线段正好等于 IR。R 是电路中的总电阻，实质上就等于溶液的电阻，IR 即电流 I 通过电阻 R 产生的欧姆电位降。

地下管线和土壤中金属结构的腐蚀，以及处于高电阻率的溶液中的金属构件在液相中相距较远而在气相中短路时发生的腐蚀都属于这一类腐蚀过程。

2. 腐蚀现象解释

1）不同杂质对锌在稀硫酸中腐蚀的影响

锌的交换电流密度大，其阳极溶解反应的活化极化率较小，而其析氢过电位较高，所以锌在稀硫酸或其他非氧化性酸中的腐蚀过程属于阴极控制的腐蚀过程，如图 2.15 所示。

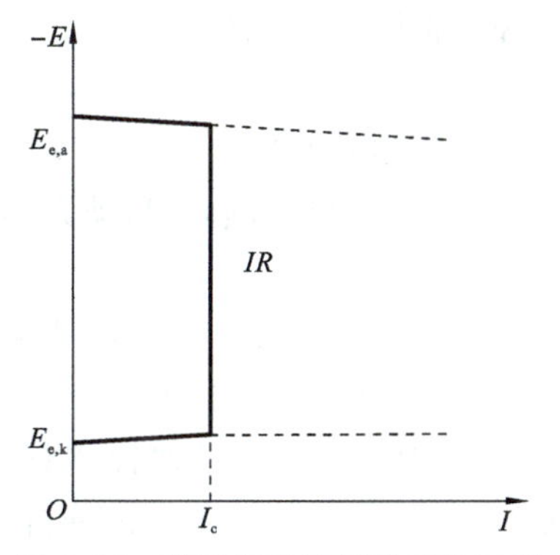

图 2.14　欧姆电阻控制的腐蚀过程

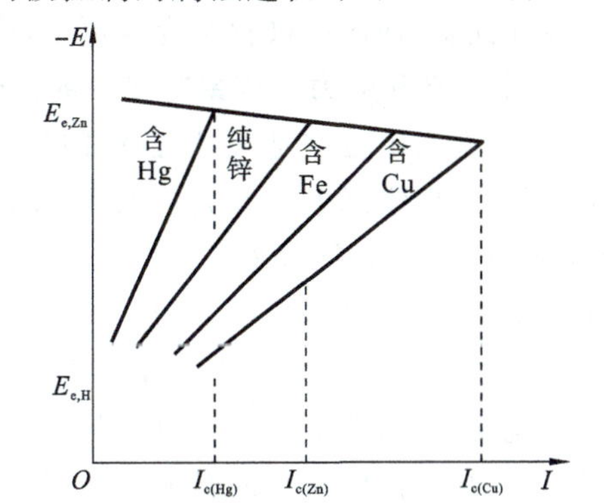

图 2.15　纯锌及含杂质的锌在稀硫酸中的腐蚀过程

由于铜的析氢过电位比锌的析氢过电位低，所以铜作为杂质在锌中存在，将使氢析出反应更容易进行，从而会加大锌的腐蚀速度。而汞的析氢过电位比锌的析氢过电位要高，所以汞在

锌中存在，将使氢析出反应更困难，从而会减小锌的腐蚀速度。故有

$$I_{c(Hg)}<I_{c(Zn)}<I_{c(Cu)}$$

2）硫化物对铁和碳钢在酸溶液中腐蚀的影响

硫化氢的存在会促进铁和碳钢的阳极反应，减小阳极极化的极化率（见图 2.16），从而加速铁和碳钢的腐蚀，即对于铁 $I_{c1}<I_{c2}<I_{c3}$，对于碳钢则 $I'_{c1}<I'_{c2}<I'_{c3}$。硫化氢可以是来自于金属相的硫化物，如硫化锰或硫化铁等，也可以是溶液中所含有的。另外需注意的是硫化氢的存在，还往往会引起"氢脆"现象。

3）氧和氰化物对铜腐蚀的影响

铜在无氧的非氧化性酸中不会发生腐蚀，因为析氢反应的电位 $E_{e,H}$ 低于铜溶解反应的电位 $E_{e,Cu}$，即 $E_{e,H}<E_{e,Cu}$。此时，只能发生氧去极化的腐蚀（$E_{e,Cu}<E_{e,O}$），腐蚀电流为 I_{c1}。然而铜在除氧的碱性氰化物溶液中却可能发生氢去极化腐蚀，这是因为虽然此时析氢反应的电位很低，但由于形成铜的氰化络离子 $Cu(CN)_4^{3-}$，使铜溶解的电位更低（见图 2.17），所以铜能发生氢去极化的腐蚀，生成一价铜离子，即 Cu^+ 与 CN^- 生成络离子 $Cu(CN)_4^{3-}$。基于类似原因，由于形成络离子 $Cu(NH_3)_4^+$，铜在氨水中也能发生氢去极化腐蚀。

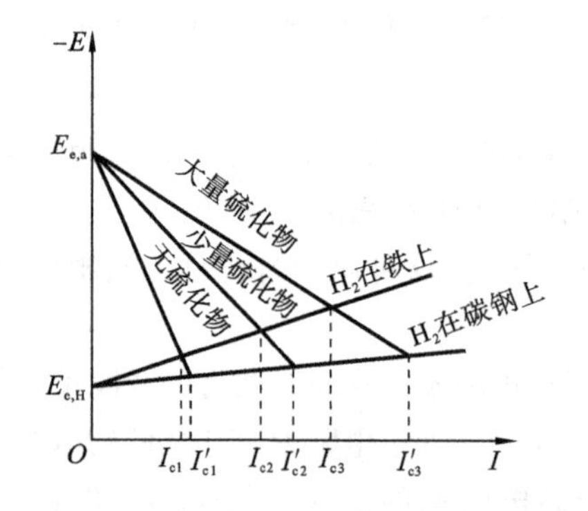

图 2.16　硫化物对铁和碳钢在酸溶液中腐蚀的影响

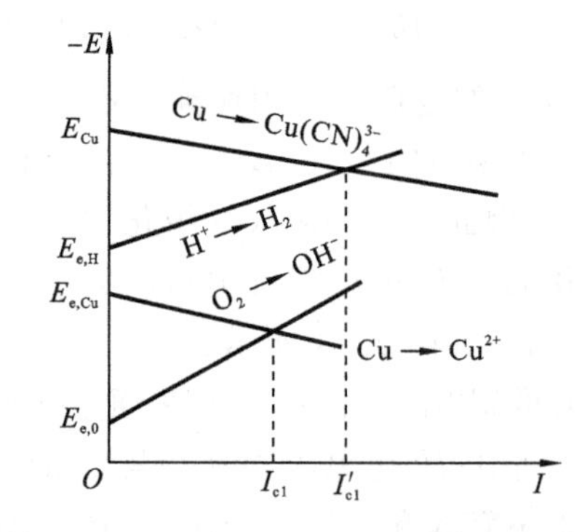

图 2.17　氧和氰化物对铜腐蚀的影响

4）氧和 Cl^- 对铝和不锈钢在稀硫酸中腐蚀的影响

如图 2.18 所示，铝和不锈钢类似，在稀硫酸中的腐蚀属于阳极极化控制的腐蚀过程，因为铝在充气的稀硫酸中能产生钝化现象，使阳极极化率大于阴极极化率，腐蚀速度较小。当溶液除气后，铝的钝化程度显著变低，阳极极化率变小，腐蚀速率也增大。当溶液中含活性 Cl^- 时，由于它能破坏钝态，使阳极极化率变得更小，腐蚀也显著加剧，即 $I_{c1}<I_{c2}<I_{c3}$。

3. 热力学因素和动力学因素对腐蚀的综合影响

一般来说，起始电位差越大（腐蚀倾向越大），腐蚀越严重，腐蚀电流越大，即 $I_{c1}<I_{c2}<I_{c3}$，如图 2.19 所示。但实际上并非完全如此，还需进一步把热力学因素（腐蚀倾向）与动力学因素（腐蚀反应的极化率）结合起来考虑。

腐蚀体系中起始电位差（$E_{e,k}-E_{e,a}$）相同时，因其阴、阳极的极化率不同，则腐蚀情况也不同，即 $I_{c1}<I_{c2}$。甚至起始电位差小，即（$E_{e,k}-E'_{e,a}$）<（$E_{e,k}-E_{e,a}$）时，由于阴、阳极极化率小，所以腐蚀电流反而大，即 $I_{c1}<I_{c2}<I_{c3}$（见图 2.20(a)）。这表明：腐蚀倾向大的腐蚀体系，其腐蚀电流不一定大，腐蚀倾向小的腐蚀体系，其腐蚀电流也不一定小，要具体情况具体分析。

另外，起始电位差相同或起始电位差不同的腐蚀体系，由于各自的阴、阳极极化率不同，可能获得相同的腐蚀电流（见图 2.20(b)）。因此，对于具体的腐蚀体系，应当重视热力学因素，更要重视动力学因素，只有将二者结合，综合考虑，才能得出有价值的结论。

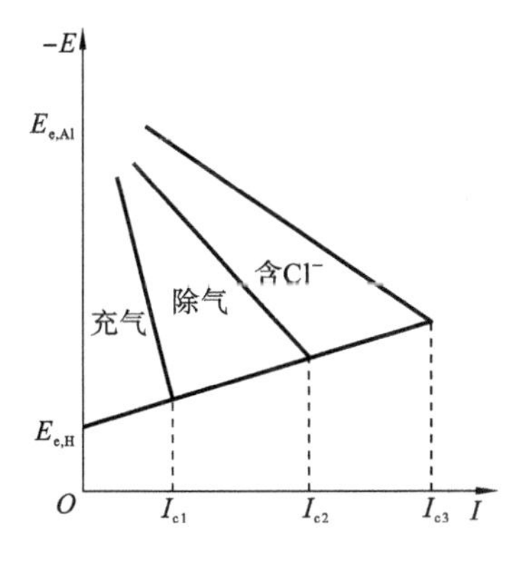

图 2.18 铝在稀硫酸中的腐蚀过程

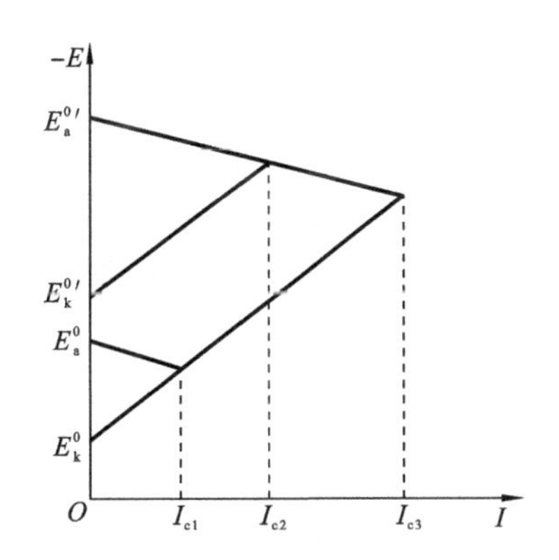

图 2.19 起始电位差对腐蚀的影响

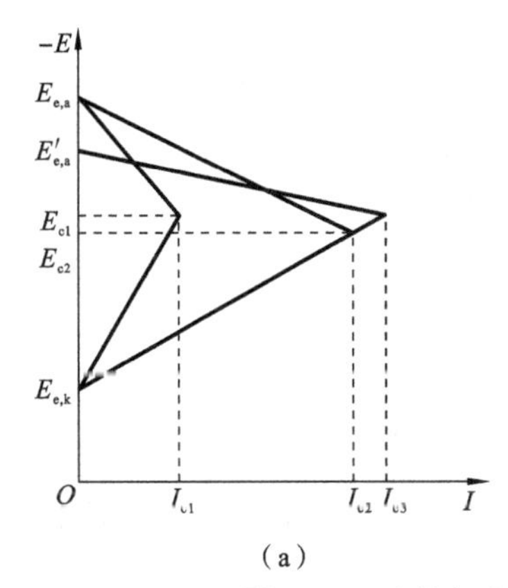

(a)

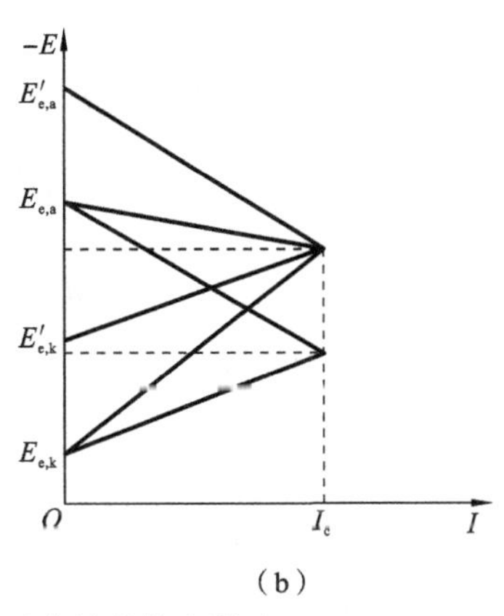

(b)

图 2.20 腐蚀倾向与极化率对腐蚀的综合影响

2.4.4 电化学腐蚀的动力学方程

在以上对腐蚀极化图的介绍中，只是对腐蚀极化图的构成原理做了定性的分析。当深入研究金属的腐蚀动力学时，则需要定量地描述腐蚀极化图中每一个电极反应过程。用数学方程对腐蚀体系中的每一个电极反应过程进行描述，是研究金属电化学腐蚀动力学以及腐蚀电化学测试技术的重要理论基础。

最简单的金属腐蚀电极体系至少存在两个电极反应。一个是金属M的氧化还原反应：

$$M = M^{n+} + ne^- \tag{2-1}$$

另一个是腐蚀介质中去极化剂的氧化还原反应：

$$Ox + ne^- = Re \tag{2-2}$$

金属的氧化还原反应过程一般受电化学极化控制；去极化剂的氧化还原反应在不同的条件下往往具有不同的控制步骤，极化方程式也有所不同。下面分别讨论去极化剂的氧化还原反应受电化学极化控制和浓差极化控制时的金属电化学腐蚀的动力学方程。

2.4.4.1 电化学极化控制下的金属电化学腐蚀的动力学方程

1. 单电极在电化学极化控制下的极化方程

对于单电极的氧化还原反应

$$Ox + ne^- = Re \tag{2-3}$$

其正向阳极反应速度可用电流密度表示为

$$\overleftarrow{i}_{a}=nF\overleftarrow{k}_{a}C_{Re} \tag{2-4}$$

而逆向阴极反应速度为

$$\overrightarrow{i}_{c}=nF\overrightarrow{k}_{c}C_{Ox} \tag{2-5}$$

式中：$\overleftarrow{k}_{a}$、$\overrightarrow{k}_{c}$——氧化和还原电化学反应的速度常数，它们与电极电位密切相关。

速度常数与电极电位之间的关系可定义为

$$\overleftarrow{k}_{a}=k_{a}\exp\left(\frac{\beta nFE}{RT}\right) \tag{2-6}$$

$$\overrightarrow{k}_{c}=k_{c}\exp\left(\frac{-\alpha nFE}{RT}\right) \tag{2-7}$$

式中：k_a、k_c——与电位无关的异相反应速度常数；

α、β——体系的动力学参数或称传递系数，表示电极电位对反应活化能影响的大小，且有 $\alpha+\beta=1$。

根据式(2-4)至式(2-7)，可得到阳、阴极反应电流密度的表达式：

$$\overleftarrow{i}_{a}=nFk_{a}C_{Re}\exp\left(\frac{\beta nFE}{RT}\right) \tag{2-8}$$

$$\overrightarrow{i}_{c}=nFk_{c}C_{Ox}\exp\left(\frac{-\alpha nFE}{RT}\right) \tag{2-9}$$

阳极反应的静电流密度为

$$i_{a}=\overleftarrow{i}_{a}-\overrightarrow{i}_{c}=nFk_{a}C_{Re}\exp\left(\frac{\beta nFE}{RT}\right)-nFk_{c}C_{Ox}\exp\left(\frac{-\alpha nFE}{RT}\right) \tag{2-10}$$

当体系处于平衡状态时，静电流密度 i_a 为零，$\overleftarrow{i}_{a}=\overrightarrow{i}_{c}=i_0$（$i_0$ 称为交换电流密度），相应的电位为平衡电位 E^0，则有

$$k_{a}C_{Re}\exp\left(\frac{\beta nFE^{0}}{RT}\right)=k_{c}C_{Ox}\exp\left(\frac{-\alpha nFE^{0}}{RT}\right) \tag{2-11}$$

$$E^{0}=\frac{RT}{nF(\alpha+\beta)}\ln\frac{k_{c}C_{Ox}}{k_{a}C_{Re}} \tag{2-12}$$

交换电流密度 i_0 可表示为

$$i_{0}=nFk_{a}\left(\frac{k_{c}C_{Ox}}{k_{c}C_{Re}}\right)^{\alpha(\alpha+\beta)} \tag{2-13}$$

将式(2-12)和式(2-13)代入式(2-10)，得到电极反应静电流密度与电极电位、平衡电位相互关系的表达式：

$$i_{a}=i_{0}\left\{\exp\left[\frac{\beta nF}{RT}(E-E^{0})\right]-\exp\left[\frac{-\alpha nF}{RT}(E-E^{0})\right]\right\} \tag{2-14}$$

采用阳极过电位和阴极过电位定义，即 $\eta_a=E-E^0$，$\eta_c=E^0-E$，则式(2-14)可简化为

$$i_{a}=i_{0}\left[\exp\left(\frac{\beta nF}{RT}\eta_{a}\right)-\exp\left(\frac{\alpha nF}{RT}\eta_{c}\right)\right] \tag{2-15}$$

这就是单电极在电化学极化控制下进行阳极反应的电流-电位极化方程，也叫巴特勒-沃尔默(Butler-Volmer)方程。

同理，单电极在电化学极化控制下进行阴极反应时，其阴极静电流密度为

$$i_{a}=i_{0}\left[\exp\left(\frac{\alpha nF}{RT}\eta_{c}\right)-\exp\left(\frac{\beta nF}{RT}\eta_{a}\right)\right] \tag{2-16}$$

在过电位比较大的情况下，对于式(2-15)和式(2-16)，逆过程可以忽略不计，这两个式子可分别简化为

$$i_a = i_0 \exp\left(\frac{\beta n F}{RT}\eta_a\right) \tag{2-17}$$

$$i_c = i_0 \exp\left(\frac{\alpha n F}{RT}\eta_c\right) \tag{2-18}$$

式(2-17)和式(2-18)两边取对数后可得

$$\eta_a = -\frac{2.303RT}{\beta F}\lg i_0 + \frac{2.303RT}{\beta F}\lg i_a \tag{2-19}$$

$$\eta_c = -\frac{2.303RT}{\alpha F}\lg i_0 + \frac{2.303RT}{\alpha F}\lg i_c \tag{2-20}$$

式(2-19)和式(2-20)具有半对数关系，它们是电化学中广泛应用的塔菲尔(Tafel)公式，可以简洁表示为

$$\eta = a + b\lg i$$

2. 电化学极化控制的金属腐蚀速率

当金属腐蚀过程的两个电化学反应(见式(2-1)和式(2-2))由电化学极化控制时，若两个电化学反应的平衡电位 $E_{e,M}$ 和 $E_{e,O}$ 与腐蚀电位 E_{corr} 相差较远，那么可认为金属的氧化还原反应的还原过程和去极化剂的氧化还原过程中的氧化过程不遵从塔菲尔公式。由式(2-17)和式(2-18)可分别得出，金属的氧化反应的极化方程为

$$i_M = i_{M,0}\left\{\exp\left[\frac{\beta_M n_M F}{RT}(E - E_{e,M})\right]\right\} \tag{2-21}$$

氧化剂的还原反应的极化方程为

$$i_O = i_{O,0}\left\{\exp\left[\frac{\alpha_O n_O F}{RT}(E_{e,O} - E)\right]\right\} \tag{2-22}$$

在腐蚀介质中，反应式(2-1)和式(2-2)同时成立，遵循混合电位理论，阳极、阴极电位彼此相向极化：阳极电位向正方向移动，阴极电位向负方向移动，最后达到共同的稳定电位——腐蚀电位 E_{corr}。在此电位下，外电路电流为零，金属阳极的溶解电流密度等于去极化剂的阴极还原电流密度，等于金属腐蚀电流密度 i_{corr}：

$$i_M = i_O = i_{corr} \tag{2-23}$$

将 $E = E_{corr}$ 和式(2-23)代入式(2-21)和式(2-22)则有

$$i_{corr} = i_{M,0}\exp\left[\frac{\beta_M n_M F}{RT}(E_{corr} - E_{e,M})\right] \tag{2-24}$$

$$i_{corr} = i_{O,0}\exp\left[\frac{\alpha_O n_O F}{RT}(E_{e,O} - E_{corr})\right] \tag{2-25}$$

这就是电化学极化控制下的金属腐蚀速率公式。金属在酸性溶液中的腐蚀就是典型的电化学极化控制下的腐蚀，其极化图如图 2.21 所示。

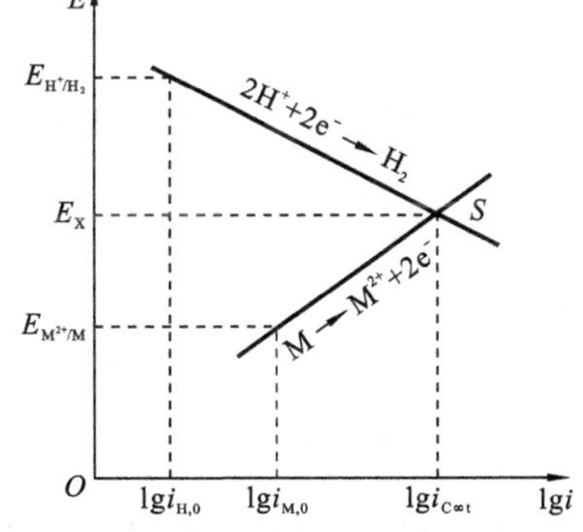

图 2.21　金属在酸性溶液中的腐蚀极化图

2.4.4.2　浓差极化控制下的金属电化学腐蚀的动力学

1. 浓差极化控制下的阴极极化方程

当电极过程为反应物或产物的扩散速度所控制时，就会引起电极的浓差极化。对于受扩散速度控制的阴极反应

$$Ox + e^{n-} \rightarrow Re \tag{2-26}$$

当电极上有电流流过时，氧化态物质 Ox 在电极表面的活度 a_O^s 与在溶液本体中的活度 a_O^0 就会形成一个差值。电极反应达到稳态，即稳态扩散时，根据菲克(Fick)第一定律，电极反应的扩散电流密度为

$$i=nFD_O\frac{a_O^0-a_O^s}{\delta} \tag{2-27}$$

式中：D_O——氧化态物质 Ox 在液相中的扩散系数；

δ——电极表面扩散层的厚度。

若电极反应足够快，则 $a_O^s\to 0$，扩散电流密度 i 可达到极限值 i_d，即

$$i_d=nFD_O\frac{a_O^0}{\delta} \tag{2-28}$$

i_d 也叫稳态极限扩散电流密度。由式(2-27)和式(2-28)可得

$$\frac{a_O^s}{a_O^0}=1-\frac{i}{i_d} \tag{2-29}$$

根据能斯特公式，有

$$E=E^0+\frac{RT}{nF}\ln\frac{a_O^s}{a_R^s} \tag{2-30}$$

若反应产物是独立相，如气相或固相，则 $a_R^s=1$，可得

$$E=E^0+\frac{RT}{nF}\ln a_O^s \tag{2-31}$$

$$E=E^0+\frac{RT}{nF}\ln\left[a_O^0\left(1-\frac{i}{i_d}\right)\right] \tag{2-32}$$

由此，可得到扩散过电位 η_d 为

$$\eta_d=E-E^0=\frac{RT}{nF}\ln\left(1-\frac{i}{i_d}\right)=\frac{RT}{nF}\ln\left(\frac{i_d-i}{i_d}\right) \tag{2-33}$$

式(2-33)也可写为

$$i=i_d\left[1-\exp\left(\frac{nF}{RT}\eta_d\right)\right] \tag{2-34}$$

式(2-33)和式(2-34)均是扩散步骤作为控制步骤时的浓差极化方程。由式(2-33)可分别绘出 E-i 和 E-$\lg\frac{i_d-i}{i_d}$ 极化曲线，如图 2.22(a)、(b)所示。由图可见，具有浓差极化特征的极化曲线有两个重要特征。

(1) 当 $i=i_d$ 时，出现不随电极电位变化的极限扩散电流密度。

(2) 若分别以 E 和 $\lg\frac{i_d-i}{i_d}$ 为纵坐标和横坐标作图，可得到斜率 $b=\frac{2.303RT}{nF}$ 的直线。

2. 浓差极化控制下的金属腐蚀速率和腐蚀电位

显然，当金属腐蚀的阳极溶解过程受电化学极化控制，而去极化剂的阴极过程受浓差极化控制时，金属的腐蚀电流密度为 $i_{corr}=i_d$。将 $i_{corr}=i_d$ 和 $i_d=nFD_O\frac{a_O^0}{\delta}$ 代入式(2-24)可得到在此条件下金属的腐蚀电位表达式：

$$E_{corr}=E_{e,M}+\frac{RT}{\beta_M n_M F}\left[\ln\left(nFD_O\frac{a_O^0}{\delta}\right)-\ln i_{M,0}\right]$$

将常数项合并，可简化表示为

$$E_{corr}=a'+b'\ln a_O^0$$

可见腐蚀电位与去极化剂的活度 a_O^0 的对数呈线性关系，这表明在其他条件不变的情况下，去极化剂的活度越高，腐蚀电位越高，如图 2.23 所示。

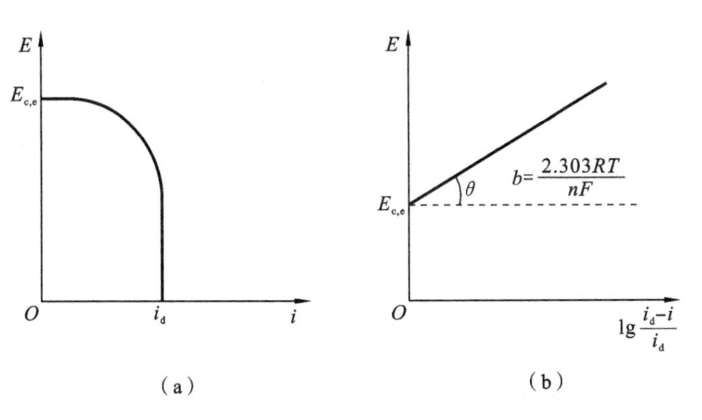

图 2.22　扩散步骤为控制步骤时的极化曲线

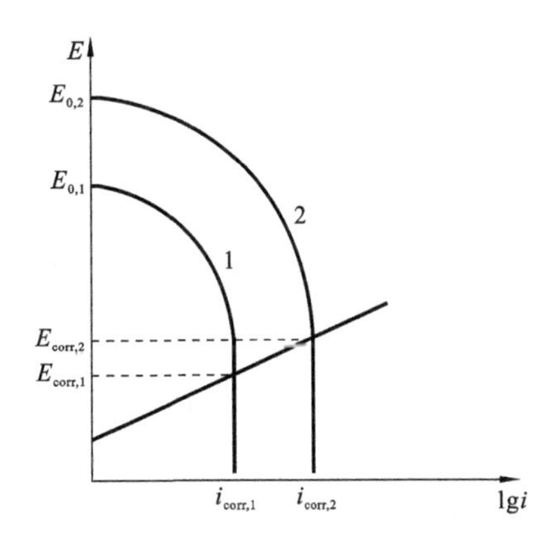

图 2.23　阴极去极化剂活度对腐蚀电位的影响

2.5　析氢腐蚀和吸氧腐蚀

2.5.1　析氢腐蚀

2.5.1.1　析氢腐蚀的必要条件

以氢离子还原反应为阴极反应的金属腐蚀称为析氢腐蚀。产生析氢腐蚀的必要条件是金属的电位低于氢离子的还原反应电位，即 $E_M<E_H$。

氢电极的平衡电位可由能斯特公式求出：

$$E_{0,H}=E_H^0+\frac{RT}{F}\ln a_{H^+}$$

因为 $E_H^0=0$，$pH=-\lg a_{H^+}$，所以

$$E_{0,H}=-\frac{2.3RT}{F}pH$$

2.5.1.2　析氢电位

析氢电位等于氢的平衡电位与析氢过电位之差

$$E_H=E_{0,H}-\eta_H$$

析氢过电位 η_H 与氢离子的阴极去极化过程、电极的材料和溶液组成等因素有关。

氢离子的阴极去极化反应由下述几个连续步骤组成。

(1) 水化氢离子迁移到阴极表面，接受电子发生还原反应，同时脱去水分子，在电极表面形成吸附氢原子 H_{ad}，即

$$H^+\cdot H_2O+e^-\rightarrow H_{ad}+H_2O \tag{2-35}$$

(2) 吸附氢原子除了进入金属内部外，大部分在电极表面扩散并复合形成氢分子。氢分子的形成可以有如下两种方式。

① 两个吸附的氢原子进行化学反应而复合成一个氢分子，发生化学脱附：

$$2H_{ad} \rightarrow H_2 \tag{2-36}$$

这个反应称为化学脱附反应，也称为塔菲尔反应。

② 由一个 H^+ 与一个 H_{ad} 原子进行电化学反应而形成一个氢分子，发生电化学脱附：

$$H^+ + H_{ad} + e^- \rightarrow H_2 \tag{2-37}$$

（3）氢分子形成气泡离开电极表面。

在上述连续步骤中，步骤（1）和（2）决定着析氢反应动力学。由于步骤（2）有两种反应途径，因此，析氢反应的基本反应机理可以有以下四种。

（1）电化学步骤（快），化学脱附步骤（慢）；

（2）电化学步骤（慢），化学脱附步骤（快）；

（3）电化学步骤（快），电化学脱附步骤（慢）；

（4）电化学步骤（慢），电化学脱附步骤（快）。

其中，第（2）和第（4）种为缓慢放电机理，第（1）种为复合机理，第（3）种为电化学脱附机理。反应途径和控制步骤不同，其反应动力学机理就会不同。如果某一控制步骤进行得较缓慢，就会使整个氢去极化反应受到阻滞，由阳极来的电子就会在阴极积累，使阴极电位向负方向移动，产生一定的析氢过电位 η_H。

塔菲尔根据大量试验，发现析氢过电位 η_H 与阴极电流密度 i_c 之间存在下列关系：

$$\eta_H = a_H + b_H \lg i_c \tag{2-38}$$

式中：a_H、b_H——塔菲尔常量。

大量的研究结果表明，对于析氢反应，在电流密度为 10^{-9}～100 A/cm^2 宽广的范围内，塔菲尔公式都成立。由电极过程动力学理论可得到 a_H 和 b_H 值的理论表达式：

$$a_H = \frac{-2.303RT}{\alpha F}\lg i_H^0 \tag{2-39}$$

$$b_H = \frac{2.303RT}{\alpha F} \tag{2-40}$$

塔菲尔公式反映了电化学极化的基本特征，它是由析氢反应的电化学极化引起的。因此，氢去极化反应的控制步骤不可能是化学脱附步骤，只可能是电化学步骤或电化学脱附步骤。迟缓放电理论认为电化学步骤最慢，是整个析氢过程的控制步骤；而迟缓复合理论则强调电化学脱附步骤为控制步骤。根据迟缓放电理论求得的 b_H 值为 118 mV(25 ℃)，与在大多数金属电极上实测所得的 b_H 值大致相同，因此迟缓放电理论具有较普遍的意义。但也有少数金属（如 Pt 等）的析氢过电位用迟缓复合理论解释更合适。

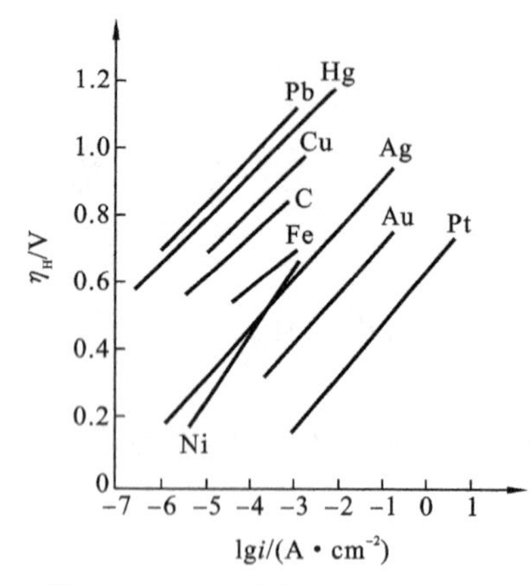

图 2.24　不同金属上的析氢过电位与电流密度的关系

在析氢腐蚀中，析氢过电位对腐蚀速度有很大影响。析氢过电位 η_H 越大，说明阴极过程受阻滞越严重，则腐蚀速度越小。金属或合金在酸中发生均匀腐蚀时，如果作为阴极的杂质或合金相具有较低的析氢过电位，则腐蚀速度较大；反之，若杂质或合金相上的析氢过电位较高，则腐蚀速度较小。

影响析氢过电位的因素很多，主要有电流密度、电极材料、电极表面状态、溶液组成、溶液浓度及温度等。由图 2.24 可看出：析氢过电位 η_H 与阴极电流密度的对数成直线关系，符合塔菲尔公式；不同金属的塔菲尔直线基本平行。对于给定电极，在一定的溶液组成和温度下，a_H 和 b_H 都是常量。a_H 与电极材料性质、表面状况、溶液组成和温度有关，其数值等于单位电流密度下的析氢过电位。a_H 愈大，在给定电流密度下的析氢过电位愈大。常量 b_H 与电极材料无关，各种金属阴极上析氢反应的 b_H 值大致相同，在 0.11～0.12 V 之间(见表 2.1)。

表 2.1　不同金属上析氢反应的塔菲尔常量 a_H 和 b_H 值(25 ℃)

金　属	酸性溶液		碱性溶液	
	a_H/V	b_H/V	a_H/V	b_H/V
Pt	0.10	0.03	0.31	0.10
Pd	0.24	0.03	0.53	0.13
Au	0.40	0.12		
W	0.43	0.10		
Co	0.62	0.14	0.60	0.14
Ni	0.63	0.11	0.65	0.10
Mo	0.66	0.08	0.67	0.14
Fe	0.70	0.12	0.76	0.11
Mn	0.80	0.10	0.90	0.12
Nb	0.80	0.10		
Ti	0.82	0.14	0.83	0.14
Bi	0.84	0.12		
Cu	0.87	0.12	0.96	0.12
Ag	0.95	0.10	0.73	0.12
Ge	0.97	0.12		
Al	1.00	0.10	0.64	0.14
Sb	1.00	0.11		
Be	1.08	0.12		
Sn	1.20	0.13	1.28	0.23
Zn	1.24	0.12	1.20	0.12
Cd	1.40	0.12	1.05	0.16
Hg	1.41	0.114	1.54	0.11
Ti	1.55	0.14		
Pb	1.56	0.11	1.36	0.25

表 2.1 中列出了不同金属上析氢反应的塔菲尔常量 a_H 和 b_H 的值。根据 a_H 值的大小，可将金属大致分成三类。

(1) 高析氢过电位金属，如 Pb、Hg、Cd、Zn、Sn 等，a_H 在 1.0～1.6 V 之间。

(2) 中析氢过电位金属，如 Fe、Co、Ni、Cu、Ag 等，a_H 在 0.6～1.0 V 之间。

(3) 低析氢过电位金属，如 Pt、Pd 等，a_H 在 0.1～0.6 V 之间。

金属材料对 a_H 的影响，主要是因为不同金属上析氢反应的交换电流密度 i_H^0 不同(见式

(2-39)和表 2.2)而发生的,有的则是析氢反应机理不同引起的。例如,低析氢过电位的金属,如 Pt、Pd 等,对氢离子放电有很大的催化活性,使析氢反应的交换电流密度很大(见表 2.2);同时金属吸附氢原子的能力也很强,从而造成氢在这类金属上进行还原反应时,最慢的步骤为吸附氢原子的复合脱附。高析氢过电位金属对氢离子放电反应的催化能力很弱,因而 i_H^0 很小,因此,这类金属上氢离子的迟缓放电构成了氢去极化过程的控制步骤。对于中等析氢过电位的金属,如 Fe、Ni、Cu 等,氢去极化过程中最慢的步骤可能是吸附氢原子的电化学脱附。

表 2.2 金属上析氢反应的交换电流密度

金　属	$\lg i_H^0/(A \cdot cm^{-2})$	金　属	$\lg i_H^0/(A \cdot cm^{-2})$
Pd	−3.0	Nb	−6.8
Pt	−3.1	Ti	−8.3
Rh	−3.6	Zn	−10.3(0.5M H_2SO_4)
Ir	−3.7	Cd	−10.8
Ni	−5.2	Mn	−10.9
Au	−5.4	Ti	−11.0
Fe	−5.8(1.0 $mol \cdot L^{-1}$ HCl)	Pb	−12.0
W	−5.9	Hg	−13.0
Cu	−6.7(0.5 $mol \cdot L^{-1}$ H_2SO_4)		

注:除注明者外,其余为 1 $mol \cdot L^{-1}$ H_2SO_4 中的数据。

电极表面状态对析氢过电位也有影响。相同的金属材料,粗糙表面的析氢过电位比光滑表面的要小,这是因为粗糙表面的真实面积比光滑表面的大。

溶液组成对析氢过电位以及析氢腐蚀的影响要做具体分析。如果溶液中含有铂离子,它们将在腐蚀金属铁上析出,形成附加阴极,而氢在铂上的析出过电位比在铁上小得多,这样就会使铁在酸中的腐蚀加速(见图 2.25)。相反,如果溶液中含有某种表面活性剂,会在金属表面吸附并阻碍氢的析出,将大大提高析氢过电位。这种表面活性剂就可作为缓蚀剂,防止金属在酸中的腐蚀。

溶液的 pH 值对析氢过电位的影响是:在酸性溶液中,析氢过电位随 pH 值的增加而增大;在碱性溶液中,析氢过电位随 pH 值的增加而减小。

若溶液温度升高,则析氢过电位减小。一般温度每升高 1 ℃,析氢过电位约减小 2 mV。

2.5.1.3 析氢腐蚀的类型

析氢腐蚀可根据阴、阳极极化性能,分为阴极控制、阳极控制和混合控制的腐蚀。

1. 阴极控制的析氢腐蚀

图 2.26 为纯锌和含有不同杂质的工业锌在酸中的腐蚀极化图。由于锌的溶解反应的电化学极化程度较低,而氢在锌上的析出过电位非常高,因此锌的析氢腐蚀由阴极控制,腐蚀速度主要取决于析氢过电位的大小。在这种情况下,若锌中含有较低析氢过电位的金属杂质,如 Cu、Fe 等,则阴极极化程度降低,可使腐蚀速度增大。相反,如果锌中加入高析氢过电位的汞可使锌的腐蚀速度大幅度下降。事实上,锌中杂质的性质和含量不同,可使锌在酸中的溶解速度在 3 个数量级之内变化。腐蚀电位的测量表明,随着腐蚀速度降低,腐蚀电位变负,与图 2.26一致,说明锌的腐蚀受阴极控制。

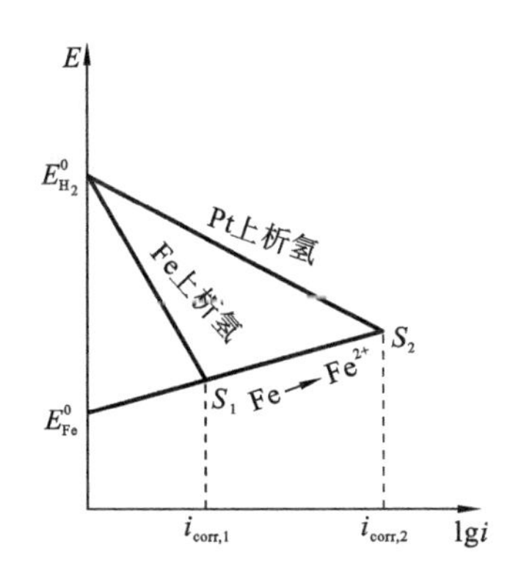

图 2.25　添加铂盐对酸中铁腐蚀的影响

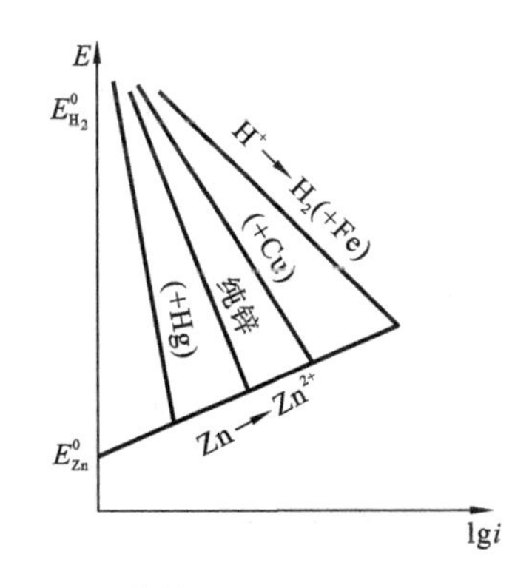

图 2.26　纯锌和含有不同杂质的工业锌在酸中的腐蚀极化图

2. 阳极控制的析氢腐蚀

阳极控制的析氢腐蚀主要是铝、不锈钢等钝化金属在稀酸中的腐蚀。在此情况下，金属离子必须穿透钝化膜才能进入溶液，因此有很高的阳极极化程度。例如铝在弱酸中的析氢腐蚀过程为阳极控制控制。当溶液中存在氧时，铝、钛、不锈钢等材料上钝化膜的缺陷易被修复，因而腐蚀速度降低；当溶液中含有 Cl^- 时，其钝化膜遭到破坏，腐蚀速度将上升。

3. 混合控制的析氢腐蚀

铁和钢在酸性溶液中发生析氢腐蚀时阴、阳极极化程度大致相同，析氢腐蚀由阴、阳极混合控制。图 2.27 为铁和不同成分的碳钢的析氢腐蚀极化图。在给定的电流密度下，碳钢的阳极和阴极极化程度都比纯铁的低，这意味着碳钢的析氢腐蚀速度比纯铁的大。钢中含有杂质 S，可使析氢腐蚀速度增大。这是因为：一方面可形成 Fe-FeS 局部微电池，加速腐蚀；另一方面，钢中的 S 可溶于酸，形成 S^{2-}。S^{2-} 极易吸附在铁表面，强烈催化电化学过程，使阴、阳极极化度都降低，从而会使腐蚀加速。这与少量(数量级为 10^{-6})硫化物加入酸中加速钢的腐蚀的效果类似。

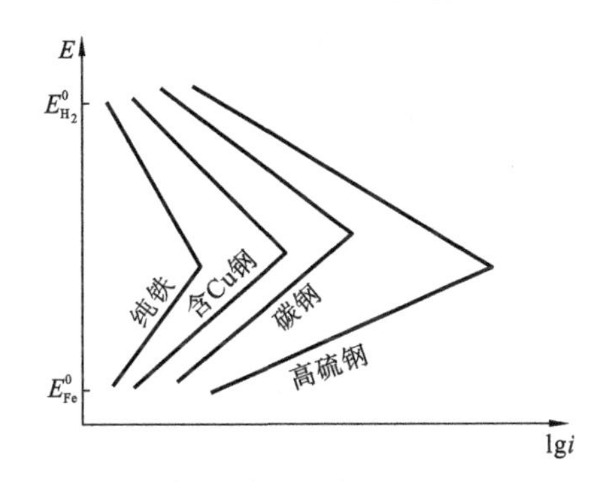

图 2.27　铁和碳钢的析氢腐蚀(混合控制)

在含 S 的钢中加入 Cu 或 Mn 有两方面的作用：一是 Cu 和 Mn 本身是阴极，可加速 Fe 的溶解；二是可以降低 S 的有害作用。因为溶解的 Cu^+ 沉积在 Fe 表面，与吸附的 S^{2-} 形成 Cu_2S，Cu_2S 在酸中不溶(溶度积为 10^{-48})，因此可消除 S^{2-} 对电化学反应的催化作用。加入 Mn 也可降低 S 的有害作用，因为一方面可形成低电导的 MnS，另一方面可减少铁中的含硫量，而且 MnS 比 FeS 更易溶于酸中。

从析氢腐蚀的极化图可看出，腐蚀速度与腐蚀电位的变化没有简单的相关性。同样在使腐蚀速度增加的情况下，阴极控制通常使腐蚀电位正移，阳极控制使腐蚀电位负移，混合控制下腐蚀电位可正移亦可负移，视具体情况而定。

2.5.1.4　减小和防止析氢腐蚀的途径

析氢腐蚀多数为阴极控制或阴、阳极混合控制类型，腐蚀速度主要取决于析氢过电位的大小。因此，为了减小或阻止析氢腐蚀，应设法减小阴极面积，提高析氢过电位。对于阳极控制的析氢腐蚀，则应促进阳极钝化，防止其活化。减小和防止析氢腐蚀的主要途径如下。

(1) 减少或消除金属中的有害杂质，特别是析氢过电位小的阴极性杂质。溶液中若存在贵金属离子，在金属上析出后提供有效的阴极，其析氢过电位很小，则会加速腐蚀，应设法除去。

(2) 加入析氢过电位大的成分，如 Hg、Zn、Pb 等。

(3) 加入缓蚀剂，增大析氢过电位，如酸洗缓蚀剂若丁，其有效成分为二邻甲苯硫脲。

(4) 加入降低活性阴离子成分如 Cl^-、S^{2-} 等。

2.5.2 吸氧腐蚀

2.5.2.1 吸氧腐蚀的必要条件

以氧的还原反应为阴极过程的腐蚀，称为氧还原腐蚀或吸氧腐蚀。发生吸氧腐蚀的必要条件是金属的电位比氧还原反应的电位负，即 $E_M < E_{O_2}$。

在中性和碱性溶液中氧还原反应方程式为

$$O_2 + 2H_2O + 4e^- \rightarrow 4OH^-$$

其平衡电位为

$$E_{O_2} = E^0 + \frac{2.303RT}{4F}\lg\frac{p_{O_2}}{[OH^-]^4} \tag{2-41}$$

$E^0 = 0.401$ V(标准氢电极，SHE)，空气中 $p_{O_2} = 0.021$ MPa，当 pH=7 时，

$$E_{O_2} = 0.401 + \frac{0.0591}{4}\lg\frac{0.21}{(10^{-7})^4} = 0.805\ \text{V}\quad(\text{SHE})$$

在酸性溶液中氧的还原反应方程式为

$$O_2 + 4H^+ + 4e^- \rightarrow 2H_2O$$

其平衡电位为

$$E_{O_2} = E^0 + \frac{2.303RT}{4F}\lg(p_{O_2}[H^+]^4) \tag{2-42}$$

其中 $E^0 = 1.229$ V(SHE)，$p_{O_2} = 0.021$ MPa，故氧化还原反应的平衡电位与 pH 值的关系为

$$E_{O_2} = 1.229 - 0.0591\text{pH}$$

在自然界中，与大气相接触的溶液中溶解有氧。在中性溶液中氧的还原电位为 0.805 V。可见，只要金属在溶液中的电位低于氧的平衡电位，就可能发生吸氧腐蚀。所以，许多金属在中性或碱性溶液如潮湿大气、淡水、海水，以及潮湿土壤中，都能发生吸氧腐蚀，甚至在酸性介质中也会有吸氧腐蚀。与析氢腐蚀相比，吸氧腐蚀具有更普遍更重要的意义。

2.5.2.2 氧的阴极还原过程及其过电位

氧的阴极还原反应方程式中包含 4 个电子，反应机理十分复杂，反应中通常有中间态粒子或氧化物形成。在不同的溶液中，氧的阴极还原反应机理也不一样。

在中性或碱性溶液中，氧还原反应方程式为

$$O_2 + 2H_2O + 4e^- \rightarrow 4OH^-$$

在酸性溶液中，氧还原反应方程式为

$$O_2 + 4H^+ + 4e^- \rightarrow 2H_2O$$

整个吸氧腐蚀的阴极过程可分为以下几个步骤：a. 氧向电极表面扩散；b. 氧吸附在电极表面上；c. 氧离子化。

这三个步骤中的任何一个都会影响到阴极过程，也会在一定程度上影响腐蚀速度。吸氧的阴极过程可分为电化学极化和浓差极化（出现极限扩散电流）。图 2.28 是氧去极化过程的极化曲线图，极化曲线大致可分为三段。

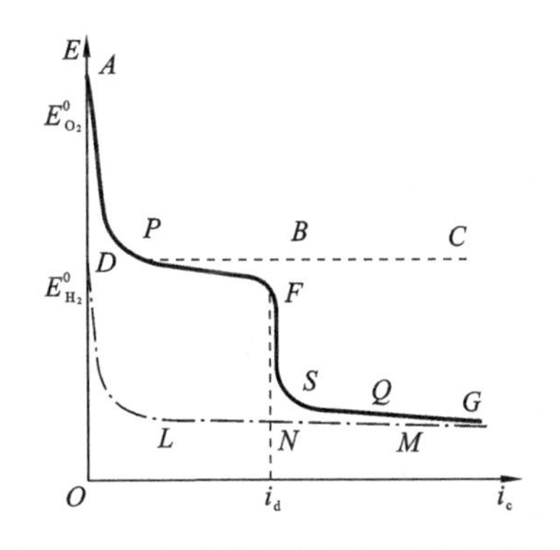

图 2.28　氧去极化过程的极化曲线图

（1）当阴极极化电流 i_c 不太大且供氧充分时，发生电化学极化，则极化曲线（图中 $APBC$ 线）服从塔菲尔关系式：

$$\eta_{O_2}=a'+b'\lg i_c$$

氧离子化的过电位见表 2.3，可见在各种材料表面氧离子化的过电位大不相同。在其他条件相同时，η_{O_2} 愈小，氧与电子结合的反应愈易于进行，腐蚀速率愈大。

表 2.3　氧离子化的过电位（当 $i_c=1\ mA/cm^2$ 时）

电 极 材 料	过电位/V	电 极 材 料	过电位/V
Pt	0.70	Cr	1.20
Au	0.85	Sn	1.21
Ag	0.97	Co	1.25
Cu	1.05	Fe_3O_4	1.26
Fe	1.07	Pb	1.44
Ni	1.09	Hg	1.62
石墨	1.17	Zn	1.75
不锈钢	1.18	Mg	<2.25

（2）当阴极电流 i_c 增大时，由于供氧受阻，会发生明显的浓差极化，如图 2.28 上的 PFN 线所示。此时浓差极化过电位 η_{O_2} 与电流密度 i_c 间的关系为

$$\eta_{O_2}=\frac{RT}{nF}\ln\left(1-\frac{i_c}{i_d}\right)$$

（3）由上所述，当 $i_c\to i_d$ 时，$\eta_{O_2}\to\infty$。但实际上不会发生这种情况。因为当阴极向负极化到一定的电位时，除了氧离子化之外，已可以开始进行某种新的电极反应。例如，当达到氢的平衡电位 $E^0_{H_2}$ 之后，氢的去极化过程（图中 DLM 线）就开始与氧的去极化过程同时进行。两反应的极化曲线互相加合，总的阴极去极化过程如图 2.28 中的 $APFSQG$ 曲线所示。

2.5.2.3　吸氧腐蚀的控制过程及特点

金属发生氧去极化腐蚀时，多数情况下阳极过程发生金属活性溶解，腐蚀过程处于阴极控制之下。氧去极化的速度主要取决于溶解氧向电极表面的传递速度和氧在电极表面上的放电速度。因此，可粗略地将氧去极化腐蚀分为三种情况。

（1）如果腐蚀金属在溶液中的电位较正，腐蚀过程中氧的传递速度又很大，则金属腐蚀速度主要由氧在电极上的放电速度决定。这时阳极极化曲线与阴极极化曲线相交于氧还原反应的活化极化区（交点见图 2.29 中的点 1）。例如，铜在强烈搅拌的敞口溶液中的腐蚀。

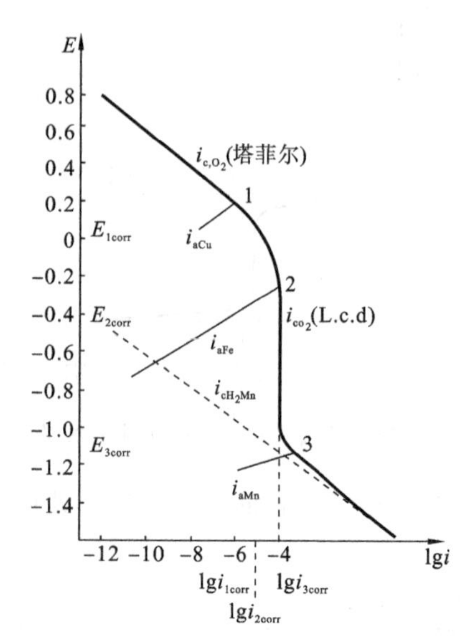

图 2.29 中性溶液中腐蚀的极化示意图

(2) 如果腐蚀金属在溶液中的电位非常负，如 Zn、Mn 等，阴极过程将由氧去极化和氢离子去极化两个反应共同组成。由图 2.29 中交点 3 可知，这时腐蚀电流大于氧的极限扩散电流。例如，镁在中性介质中的腐蚀。

(3) 如果腐蚀金属(如碳钢)在溶液中的电位较负，处于活性溶解状态，而氧的传输速度又有限，则金属腐蚀速度将由氧的极限扩散电流密度决定。在图 2.29 中，阳极极化曲线和阴极极化曲线相交于氧的扩散控制区中的点 2。

实践证明，在大多数情况下，氧向电极表面的扩散决定了整个吸氧腐蚀过程的速度。因为氧在水溶液中的溶解度是有限的，例如，对于水和空气呈平衡状态的体系，水中氧的溶解度仅为 10^{-4} mol/L，在这类介质中，吸氧腐蚀速度往往由氧向金属表面的扩散所控制，而不是由活化控制。

在由扩散控制的腐蚀过程中，腐蚀速度只取决于氧的扩散速度，因而在一定范围内，腐蚀电流将不受阳极极化曲线的斜率和起始电位的影响。如图 2.30 中 A、B、C 三种合金的阳极极化曲线不同，但腐蚀电流都一样。也就是说，这种情况下腐蚀速度与金属本身的性质无关。例如，在海水中，普通碳钢和低合金钢的腐蚀速度没有明显区别。

扩散控制的腐蚀过程中，金属中阴极性杂质或微阴极数量对腐蚀速度的影响较小。因为当微阴极在金属表面分散得比较均匀时，即使阴极的总面积不大，实际上可利用来输送氧的溶液体积基本上都已被用于氧向阳极表面的扩散了(见图 2.31)。因此，继续增加微阴极的数量或面积并不会引起扩散的显著加强，也不会显著增加腐蚀速度。

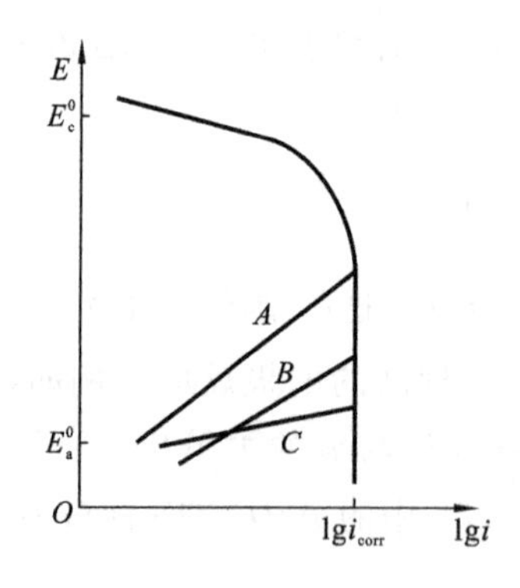

图 2.30 三种合金的阳极极化曲线与腐蚀电流

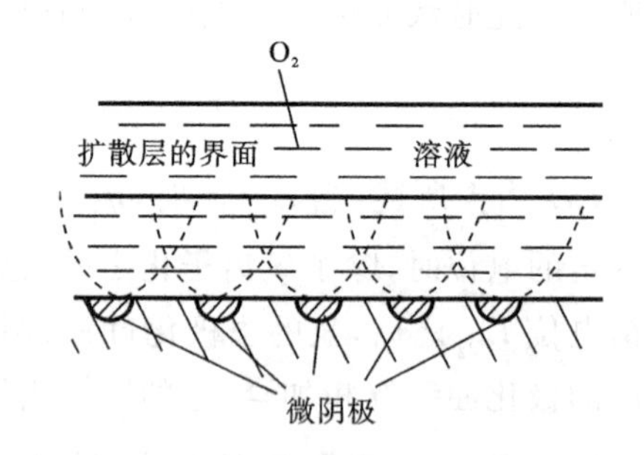

图 2.31 氧向微阴极扩散途径示意图

2.5.2.4 影响吸氧腐蚀的因素

如果腐蚀过程是在供氧速度很大，且腐蚀电流密度较小的情况下进行的，那么金属的腐蚀速度将取决于阴极上吸氧反应的电化学极化过电位的大小。但是大多数情况下，供氧速度有限，吸氧腐蚀过程受氧的扩散控制，金属腐蚀速度就等于氧极限扩散电流密度值。由式(2-28)可知，氧极限扩散电流密度 i_d 为

$$i_{d}=\frac{nFDC}{\delta}$$

因此，凡影响溶解氧扩散系数 D、溶液中溶解氧的浓度 C 以及扩散层厚度 δ 的因素，都将影响腐蚀过程。

（1）溶液温度的影响　溶液温度升高，将使溶液黏度降低，从而使溶解氧的扩散系数 D 增大，故温度升高会加速腐蚀过程。但是，温度升高可使氧的溶解度降低，特别是在接近沸点时，氧的溶解度急剧降低，可减缓腐蚀过程。

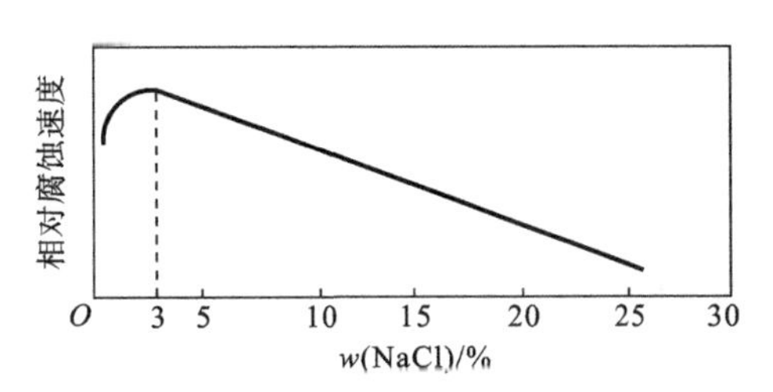

图 2.32　NaCl 浓度对铁在充气溶液中的腐蚀速度的影响

（2）溶液浓度的影响　氧的溶解度随溶液浓度的增大而减小。图 2.32 所示为 NaCl 的浓度对铁在充气溶液中的腐蚀速度的影响。由图可见，在低浓度区，由于 NaCl 浓度增加，溶液的导电性增强，Cl^- 的作用加强，铁的腐蚀迅速加快；当海水中 NaCl 浓度为 3%（质量分数）时，腐蚀速度达到最大值；当 NaCl 浓度超过 3%时，由于氧溶解度降低和扩散速度减小，腐蚀速度会随盐浓度的提高而显著下降。

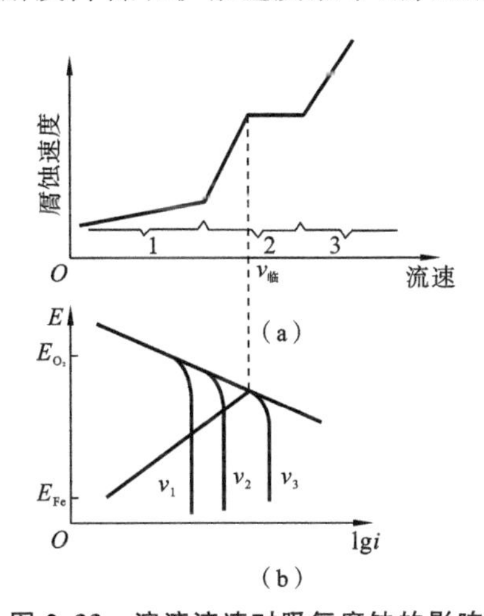

图 2.33　溶液流速对吸氧腐蚀的影响

(a) 流速对腐蚀速度及腐蚀类型的影响；
(b) 不同流速下的吸氧腐蚀极化图
1—层流区（全面腐蚀）；2—湍流区（磨损腐蚀）；
3—高流速区（空泡腐蚀）

（3）溶液流速和搅拌的影响　溶液流速增加和搅拌可使扩散层厚度减小、氧的极限扩散电流增加，因而腐蚀速度增大。如图 2.33(a)所示，在层流区内，腐蚀速度随流速的增加而缓慢上升。当流速增加到开始出现湍流，即达到临界速度 $v_{临}$ 时，湍流液体击穿紧贴金属表面几乎静止的边界层，并使保护膜发生一定程度的破坏，因此腐蚀速度急剧增加。实际上腐蚀类型已由层流下的均匀腐蚀，变成为湍流下的磨损腐蚀（即湍流腐蚀）。当流速上升到某一数值时，阳极极化曲线不再与吸氧反应极化曲线的浓差极化部分相交，而与活化极化部分相交（见图 2.33(b)）。这时腐蚀速度不再受阴极氧的极限扩散电流控制。随着流速的进一步提高还将引起空泡腐蚀。

对易钝化的金属（如不锈钢）而言，适当增加流速或给予搅拌，反而会降低其腐蚀速度。因为增大流速，或加以搅拌，可使金属表面的供氧条件得到改善（氧气更充裕，更均匀），有利于金属的钝化，使金属表面更快地进入钝态。

2.5.3　析氢腐蚀与吸氧腐蚀的比较

表 2.4 中列出了析氢腐蚀与吸氧腐蚀的比较。

表 2.4　析氢腐蚀与吸氧腐蚀的比较

比较项目	析 氢 腐 蚀	吸 氧 腐 蚀
去极化性质	去极化对象为带电氢离子，迁移速度与扩散速度都大	去极化对象为中性氧分子，只能靠扩散和对流传输

续表

比较项目	析氢腐蚀	吸氧腐蚀
去极化浓度	浓度大，酸性溶液中 H^+ 放电，中性或碱性溶液为 $H_2O+e^- \rightarrow H+OH^-$	浓度不大，在一定条件下，溶解度受到限制
阴极控制	主要是活化极化 $\eta_{H_2}=-\frac{2.3RT}{\alpha nF}\lg i_0+\frac{2.3RT}{\alpha nF}\lg i_c$	主要是浓差极化 $\eta_{O_2}=\frac{2.3RT}{nF}\lg\left(1-\frac{i_c}{i_d}\right)$
阴极反应产物	有 H_2 气泡逸出，电极表面溶液得到附加搅拌	产物只能靠扩散或迁移离开，无气泡逸出

第3章 常用的腐蚀防护技术

研究材料腐蚀的各种机理和影响因素，是为了有针对性地发展控制材料腐蚀的技术和方法。目前，普遍采用的控制材料腐蚀的基本方法有如下几种：正确选用耐蚀材料；进行电化学保护，包括阴极保护和阳极保护；加涂层保护，涂层包括金属涂层、化学转化膜、非金属涂层等；改变环境使其腐蚀性减弱，如添加缓蚀剂或去除对腐蚀有害的成分等。

对于具体的材料腐蚀问题，需要根据产品和构件的腐蚀环境、保护的效果、技术难易程度、经济效益和社会效益等进行综合评估，选择合适的防护方法。

3.1 正确选用耐蚀材料

在科技及社会经济高速发展的今天，机械工业的产业结构、产品结构、生产工艺发生了翻天覆地的变化，机械设计及制造的内涵已经逐步扩大，其服务对象也由传统的工业机器生产领域扩大到一般工业品、日用品等轻化工领域，从而使产品设计及制造的选材范围逐渐扩大。目前绝大多数机械工程技术人员在设计、制造工业品时，对材料的选择多是从力学性能、工艺性能、材料及加工的成本方面考虑的，而在涉及要求耐蚀的机械产品（含机器零部件、化工装置、家用电器、装饰装潢用品、工艺品、玩具等）的选材时，则往往会存在考虑上的欠缺（而大多数学化工的防腐蚀工程师又不太熟悉机械设计及工艺）。腐蚀会造成设备运转事故，增加设备或工业品维护成本，降低产品美学价值，从而会影响企业生产及产品的市场竞争力。腐蚀产生于制造、安装或使用等各阶段，而材料的选择是解决问题的关键。

任何一种材料只是在一定的介质和工作条件下才具有特定的耐蚀性。同一类材料也因牌号很多，成分有别，性能也各有差异。显然，耐蚀材料的选择是产品设计中一项细致而复杂的工作。为此，应先了解产品的结构特点、使用性能、使用价值、使用环境（如受力状况、腐蚀介质种类及浓度、温度、物料状态、是否要求导电、绝缘或散热以及密度与磁性要求等）及寿命，再结合所掌握的材料特性或查相关资料或做必要的辅助试验，从材料使用性、加工性、耐用性及经济性（特别是制成的产品的综合经济性）等方面做出综合评价，选出最合理的耐蚀材料。选材时应遵循下列原则。

（1）应先选择对使用介质及工作条件有耐蚀性的材料，这是防止产品失效最积极的措施（特别对易造成重大灾难及不易维护的场合）。此时，应了解不同材料在此介质及工作条件中可能的腐蚀形式，如金属的均匀腐蚀、应力腐蚀、电偶腐蚀、点蚀，陶瓷的化学溶解及塑料的老化、溶胀等，再考虑相关因素选择合适的材料。如：一般碳钢、低合金结构钢在常温硝酸、浓碱液、浓硫酸、浓氢氟酸中耐蚀性好；纯铝耐浓硝酸腐蚀；钛在氧化性介质中比大多数不锈钢耐蚀性好，在海水中耐蚀性更突出（不易产生点蚀及应力腐蚀），是制作海水中热交换器的极佳材料；氮化硅陶瓷能耐除氢氟酸外的各种酸和碱腐蚀，也能抗熔融有色金属的侵蚀。

（2）温度不高及受力状况允许的条件下优先选择塑料（含塑料、橡胶衬里及玻璃钢）。因为塑料对大多数酸、碱、盐的耐蚀性比一般金属好，且成形加工容易，成本也较低，还可节约贵重金属（如铝、铅、不锈钢等），并且不会产生应力腐蚀，也不会产生电偶腐蚀等电化学腐蚀（但相当部分易老化及受部分溶剂影响），制成的装置或产品不用维护或易于维护。如聚丙烯除浓硝酸、浓硫酸等强氧化性介质外，几乎耐各种酸、碱、盐腐蚀（仅少数溶剂可使其溶胀）；耐酸酚醛（用耐酸石棉填充）特别能耐各种浓度盐酸、低中浓度硫酸腐蚀；而聚四乙烯在强酸、强碱、强氧化剂甚至“王水”中都不腐蚀，耐各种溶剂，耐候性特别好，吸水率几乎为零，已广泛应用于各种耐蚀零件、结构及涂层上。另外，塑料在工业中广泛的应用已造成机械设计及工艺的巨大变化，导致传统金属加工业的日益萎缩（如在电器、玩具、建材、装饰装潢、工艺品甚至机器、化工装置、汽车、飞机上），导致产品快速更新换代及市场的激烈竞争，也促使传统机械工业企业的产业结构、产品结构、生产工艺发生调整，机械工业的内涵延伸。

（3）对容易产生腐蚀和不易维护的部位，以及对产品美学价值影响较大的部位，应选耐蚀性强的材料，以减少腐蚀造成的损失（包括美学价值的降低），降低维护成本，如高楼防护栏选不锈钢、轿车雨刮器用不锈钢发黑处理代替碳钢涂饰来制造等。耐蚀性高的材料不一定成本就高，如碳钢常用于制浓硫酸贮罐等，而聚氯乙稀、聚丙稀、耐酸酚醛等原料价格目前在5500～8000 元/吨，用其批量制造产品时，生产成本也不高（不少还低于金属件）。

（4）对金属材料，不仅要注意材料品种牌号，还应选择腐蚀倾向小的热处理方法（如 304 不锈钢的固溶处理等）。因为不同的相及组织可使耐蚀性相差较大。另外，不同材料组合接触时应注意可能产生电偶腐蚀（此时，最好考虑用单一金属品种材料，或做绝缘处理，或选塑料、陶瓷等不导电材料）。

（5）所选材料除应满足耐蚀性要求外，还应满足产品或装置工作时的力学性能、物理性能（如耐热性、绝缘性、密度、导磁性等）、成形加工性能等方面的要求。如高温介质可选不锈钢或陶瓷；高压介质可选钢（含钢衬塑料、钢衬橡胶）或玻璃钢；要求绝缘保温可选塑料或陶瓷；要求质轻无磁性可选塑料、铝、钛等；要拼焊大型工程结构选可焊性好的低碳合金钢、奥氏体不锈钢或玻璃钢等。

（6）对于受力较大的结构或产品的材料，选择时还应注意防止应力腐蚀开裂或腐蚀疲劳（主要针对金属材料）。不少材料不受力时耐腐蚀，但受一定拉应力或交变应力后，力学性能会明显下降，易产生应力和介质共同作用下的腐蚀脆性断裂，从而造成意外灾难。不同金属材料的应力腐蚀开裂有其产生的特定介质，还与成分有关（如含钼的奥氏体不锈钢、高铬高镍不锈钢、双相不锈钢的抗应力腐蚀性就比其他不锈钢好得多），可通过查阅有关资料确定。

（7）所选材料具备经济性，可获得最高的综合效益。包含以下几方面。

① 所选材料易购价廉，成形加工费用低，用其制造的装置或产品在使用周期内维护费用低，在这几项之间做权衡，以使成本最低。这样的选材思想在强调“经济实用”（功能）、不注重视觉效果的工厂内部生产装置、大型结构、产品内部零部件选材等场合表现最突出。此时，耐蚀材料的选择应注意与各种防腐蚀工艺措施——镀层保护、涂层保护、缓蚀剂使用、电化学保护及临时性保护等合理配合（特别是对一般钢铁材料），并考虑设备或装置维护费、停产检修可能造成的产值损失及其他附带损失，以及银行利息等因素，在使用周期内选择综合成本最低的耐蚀机械产品材料。在弱腐蚀条件下及某些不易造成重大腐蚀灾难的场合，或产品的使用寿命不长时，优先选用力学性能、物理性能及成形加工性好而价格又低的材料，如能采取经济合理的防腐蚀措施（如电化学保护、涂层保护、镀层保护等）来达到耐蚀目的，或在使用寿命内能满足产品功能，即使材料不太耐蚀，也是可以的。

② 所选材料能使制造的产品利润最高，有最大的市场回报，或有很高的社会价值。此时，

不过分计较材料成本费用及加工费用，也不太计较产品的功能与材料耐蚀性的合理匹配。这样的选材设计思想在设计、制造一些时尚、高端的会影响消费者视觉或心理感受的产品上表现突出，如对于小轿车内外饰件、家电、工艺品、建筑装饰装潢件等方面常选保光保色性特别好（即特别耐蚀）的材料（甚至贵重材料）来制造。这样也利于保持产品长期价值，刺激购买力或维护企业形象。

重要的是，对工业装置的材料选择，不能只注意到某种材料与环境作用可能产生的腐蚀。因为我们实际遇到的设备装置常由多种材料组成，并受各种力及不同热作用，是一个复杂的系统，结构设计、安装、使用及维护是否合理都会对设备或产品的耐蚀性产生影响。此时，除应注意借鉴以往类似的经验资料外，还可进行相应的腐蚀试验甚至现场试验来选择最合适的耐蚀材料。

表 3.1 为耐蚀材料一览表。

表 3.1　耐蚀材料一览表

牌　　号	名称或常用代号	主 要 性 能
STSi15	高硅铸铁	耐全浓度硝酸、硫酸及较强腐蚀液腐蚀
Cr28	高铬铸铁	耐浓硝酸、高温等腐蚀
NiCr202	镍铸铁	耐烧碱等腐蚀
NiCr303	镍铸铁	耐烧碱等腐蚀
PbSb10-12	硬铅	耐全浓度硝酸等腐蚀
12Cr13	403	耐大气、石油及食品腐蚀
20Cr13	420	同上，硬度高于 12Cr13
0Cr13Ni7Si4	S-05	耐浓硝酸、浓硫酸等腐蚀
06Cr26Ni5Mo2		耐稀硫酸、磷酸腐蚀，抗磨等
0Cr26Ni5Mo2Cu3	CD-4MCu	同上
12Cr18Ni9	302	耐稀硫酸、有机酸等腐蚀
06Cr19Ni10	304，CF-8	同上，耐蚀性优于 B
022Cr18Ni10	304L，CF-3	同上，耐晶间腐蚀
06Cr17Ni12Mo2Ti	316Ti	耐稀硫酸、磷酸、有机酸等腐蚀
06Cr17Ni12Mo2	316，CF-8M	同上，耐蚀性优于 Mo2Ti
022Cr17Ni12Mo2	316L，CF-3M	同上，耐晶间腐蚀
06Cr17Ni12Mo3Ti		耐蚀性优于 316 不锈钢
06Cr19Ni13Mo3	317	同上
0Cr13Ni25Mo3Cu3Nb	941	耐稀硫酸等腐蚀
0Cr24Ni20Mo2Cu3	K 合金 Kalloy	同上
0Cr20Ni25Mo5Cu2	904	同上
0Cr20Ni30Mo2Cu3	20 号合金，CN-7M	同上
0Cr25Ni25MoNb		耐硫酸铵母液腐蚀
0Cr28Ni30Mo4Cu2	28 号合金	耐磷酸等腐蚀
Cr30		耐磷酸腐蚀
0Cr20Ni42Mo3Cu2	825	适用于 904 不锈钢仍不耐腐蚀场合
0Cr30Ni42Mo3Cu2	804	适用于烧碱蒸发场合及 904 不锈钢仍不耐腐蚀场合
00Ni65Cu28	蒙乃尔 M-35	耐氢氟酸、硅氟酸等腐蚀
00Ni65Mo28	哈氏 B(Hastelloy BN-12M)	耐全浓度盐酸等腐蚀
00Ni57Cr15Mo17	哈氏 C(Hastelloy C CW-12M)	耐盐酸腐蚀

续表

牌　　号	名称或代号	主 要 性 能
TA2TA3TA4	铸钛 ZT	耐纯碱、海水腐蚀等
0Cr18Ni5Mo5	NH55	耐海水腐蚀
ZG1Cr25Ni6 ZG1Cr25Ni6Mo2 ZG1Cr25Ni6Mo2Cu3	PH50 PH51 PH52	

3.2　表面处理与涂镀层技术

表面处理与涂镀层技术是从金属材料与腐蚀介质的界面着手，来达到防腐蚀的目的的，主要包括金属涂镀层、非金属涂层和金属表面处理技术。

3.2.1　金属镀层保护

3.2.1.1　金属镀层保护原理

金属镀层根据其在腐蚀电池中的极性可分为阳极性镀层和阴极性镀层。锌镀层就是一种阳极性镀层。在电化学腐蚀过程中：锌镀层的电位比较低，因此是腐蚀电池的阳极，受到腐蚀；铁是阴极，只起传递电子的作用，受到保护。阳极性镀层如果存在孔隙，并不影响它的防蚀作用，阴极性镀层则不然。例如锡镀层，在大气中发生电化学腐蚀时，它的电位比铁高，因此是腐蚀电池的阴极。锡镀层若存在孔隙，露出小面积的铁，则锡和铁构成电池，将加速露出的铁的腐蚀，并造成穿孔。因此，阴极性镀层只有在没有缺陷的情况下，才能起机械隔离环境的保护作用。

阳极性镀层在一定的条件下会转变为阴极性镀层。例如，当溶液的温度升高到某一临界值，锌镀层和铝镀层将由阳极性镀层转变为阴极性镀层。发生这种转变，是由于金属镀层表面形成了化合物薄膜，使镀层的电位升高了。

为了提高阴极性镀层的耐蚀性，发展了多层金属镀层。例如，铬电镀层具有高硬度和漂亮的外观，但耐蚀性很差，是一种典型的阴极性镀层，而铜-镍-铬三层电镀层是最常用的防护装饰镀层。镀铜底层可以提高镀层与钢基体的结合力，降低镀层内应力，还可提高镀层覆盖能力，降低镀层孔隙率；铬镀层相对铜镀层是阳极性镀层。因此铜-镍-铬三层镀层可以显著提高镀层的耐蚀性。

合金化可以提高镀层的耐蚀性。例如，在金属锌镀层中加入一定量的 Fe(10%～20%)、Ni(3%～13%)、Co(0.3%～1%)，形成锌-铁、锌-镍、锌-钴等合金镀层。Fe、Ni、Co 加入锌镀层后镀层电位变正，更接近钢基体的电位，镀层与基体构成的腐蚀电池的电动势变小，腐蚀速率显著下降。因此，合金化是提高镀层耐蚀性的有效途径之一。

为了提高镀层的耐蚀性能、耐冲刷性能、结合力等综合性能，发展了微晶镀层、纳米镀层、非晶镀层、梯度镀层、复合镀层等。

3.2.1.2　金属涂镀层技术

金属涂镀层的制造方法，主要有热浸镀、渗镀、电镀、刷镀、化学镀、包镀、机械镀、热喷涂

(火焰、等离子、电弧)等。

(1) 热浸镀　热浸镀是指把金属构件浸入熔化的镀层金属液，经过一段时间后取出，在金属构件表面形成一层镀层。热浸镀的工艺可以简单地概括为以下程序：预镀件→前处理→热浸镀→后处理→制品。

前处理是将预镀件表面的油污、氧化铁皮等清除干净，从而得到一个适于热浸镀的表面；热浸镀是使基体金属表面与熔融金属接触，镀上一层均匀、表面光洁、与基体牢固结合的金属镀层；后处理包括化学处理和必要的平整矫直与涂油等工序。

热浸镀层的特点是：形成的镀层较厚，具有较长的耐蚀寿命；镀层和基体之间形成合金层，具有较强的结合力。热浸镀可以进行高效率大批量生产。目前，热浸镀锌、铝、锌-铝合金、锌-铝稀土合金和铅-锡合金等技术得到了广泛应用，如高速公路的护栏、输电线路的铁塔、建筑的屋顶等就大量采用了热浸镀层。

(2) 渗镀　渗镀法是把金属部件放进含镀层金属或金属化合物的粉末混合物、熔盐浴及蒸汽等环境中，通过热分解或还原等反应使析出的金属原子在高温下扩散到金属中去，在其表面形成合金化镀层。因此，此法也称表面合金化或扩散镀。渗镀层一般不会因温度急剧变化而造成镀层脱落现象。目前，用于钢铁防蚀目的的渗镀层主要有锌、铝、铬、硅、硼渗镀层以及铝-铬、铝-硅、铝-钛、铝-稀土、铬-镍、铬-硅、铬-钛、铬-硅-铝等二元和三元共渗镀层。

(3) 电镀　电镀是指在直流电的作用下，电解液中的金属离子还原，并沉积到零件表面形成有一定性能的金属镀层的过程。电解液主要是水溶液，也有有机溶液和熔融盐。从水溶液和有机溶液中电镀称为湿法电镀，从熔融盐中电镀称为熔融盐电镀。水溶液电镀目前已获得广泛的工业应用，非水溶液、熔融盐电镀虽已部分获得工业化应用，但不普遍。

在水溶液中，还原电位较正的金属离子(如金离子、银离子、铜离子等)很容易实现电沉积；若金属离子还原电位比氢离子的还原电位负，则电镀时电极上将大量析出氢气，金属沉积的电流效率较低；若金属离子还原电位比氢离子的还原电位负得多，则很难实现电沉积，甚至不可能发生单独电沉积，如钠、钾、钙、镁离子等，但有些金属有可能与其他元素形成合金，实现电沉积，如钼、钨等。元素周期表上的70多种金属元素中，约有30多种金属可以在水溶液中进行电沉积。大量用于防腐蚀电镀层的金属有锌、镉、镍、铬、锡及其合金等。

金属离子具有还原析出的可能性是获得镀层的首要条件，但要获得质量优良的镀层，还要有合理的镀液和工艺。通常镀液由如下成分构成。

① 主盐　被镀金属的盐类。有单盐，如硫酸铜、硫酸镍等；有络盐，如锌酸钠、氰锌酸钠等。

② 配合剂　配合剂与沉积金属离子形成配合物，可改变镀液的电化学性质和金属离子沉积的电极过程，对镀层质量有很大影响。常用配合剂有氰化物、氢氧化物、焦磷酸盐、酒石酸盐、氨三乙酸、柠檬酸等。

③ 导电盐　其作用是提高镀液的导电能力，降低槽端电压，提高工艺电流密度，例如镀镍液中加入的 Na_2SO_4。导电盐不参加电极反应，酸或碱也可作为导电物质。

④ 缓冲剂　加入缓冲剂可使弱酸或弱碱性镀液具有自行调节 pH 值的能力，以便在电镀过程中保持 pH 值稳定。

⑤ 添加剂　其作用有：使阳极保持正常溶解，处于活化状态；稳定溶液，避免沉淀的发生；提高镀层的质量，如光亮性、平整性等。

电镀法的优点是镀层厚度容易控制、镀层均匀和沉积金属用量较少等。电镀法广泛用于处理各种五金零件和带钢。

(4) 化学镀　化学镀是利用合适的还原剂，使溶液中的金属离子还原并沉积在具有催化活性的基体表面上，形成金属镀层的方法。化学镀也可称为异相表面自催化沉积镀层。

化学镀镍-磷合金是应用最早、最广的化学镀层，可通过次磷酸盐还原镍盐得到。现在已经获得镍-磷、镍-硼、铜等化学镀层，以及弥散有陶瓷相的镍-磷、镍-硼复合化学镀层。与电镀相比，化学镀具有镀层厚度均匀、针孔少、不需要电源设备、能在非导体上沉积、具有某些特殊性能等优点。其缺点是：成本高，溶液稳定性差，维护、调整和再生困难，镀层脆性大。因此，目前化学镀主要用在特殊用途的设备上，如石油钻井钻头、发动机的叶轮叶片、液压缸、摩擦轮等要求耐蚀、耐磨的部件。另外化学镀也用于制造磁盘、太空装置上的电缆接头、人体用医学移植器等。

(5) 包镀　将耐蚀性好的金属，通过碾压的方法包覆在被保护的金属或合金上，形成包覆层或双金属层，如高强度铝合金表面包覆纯铝层，形成有包铝层的铝合金板材。

(6) 机械镀　机械镀是指把冲击料(如玻璃球)、表面处理剂、镀覆促进剂、金属粉和零件一起放入镀覆用的滚筒中，通过滚筒滚动时产生的动能，把金属粉冷压到零件表面上形成镀层。若用一种金属粉，将得到单一镀层；若用合金粉末，可得合金镀层；若同时加入两种金属粉，可得到混合镀层；若先加入一种金属粉，镀覆一定时间后，再加另一种金属粉，则可得多层镀层。表面处理剂和镀覆促进剂可使零件表面保持无氧化物的清洁状态，并控制镀覆速度。

机械镀的优点是厚度均匀，无氢脆，室温操作，耗能少，成本低等。适于机械镀的金属有锌、镉、锡、铝、铜等软金属。适于机械镀的零件有螺钉、螺母、垫片、铁钉、铁链、簧片等小零件，零件长度一般不超过 150 mm，质量不超 0.5 kg。机械镀特别适于对氢脆敏感的高强钢和弹簧。但零件上孔不能太小、太深；零件外形不得使其在滚筒中互相卡死。

(7) 热喷涂　热喷涂是一种使用专用设备，利用热能和电能把固体材料熔化并加速喷射到构件表面上形成沉积层，以提高构件耐蚀、耐磨、耐高温等性能的涂层技术。按照能源的种类、喷涂材料形状以及工作环境特点，热喷涂可以按图 3.1 进行分类。

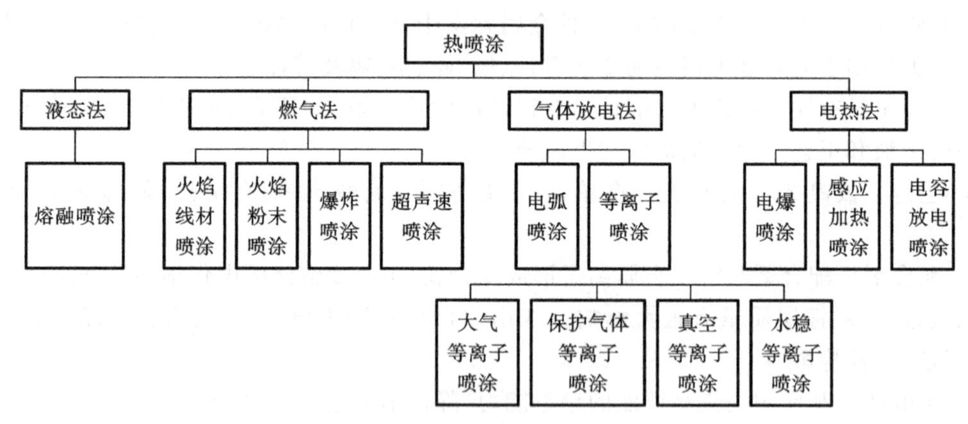

图 3.1　热喷涂的方法分类

熔融喷涂法和火焰线材喷涂法是最早发明的喷涂法。熔融喷涂法是使金属在坩埚内熔化，再用高压气体把金属吹射出去而实现喷涂，该法目前已很少采用。火焰线材喷涂法是将金属线以一定的速度送进喷枪里，使其端部在高温火焰中熔化，随即用压缩空气将其雾化喷出而实现喷涂。等离子喷涂是最重要的热喷涂法，已获得广泛的应用。爆炸喷涂是继等离子喷涂之后发展起来的一种新工艺，其熔融粉末的喷射速度可达 700～760 m/s。超声速喷涂是继爆炸喷涂之后在近十几年内发展起来的新工艺，速度与爆炸喷涂相近，可获得高质量涂层。电弧喷涂也是世界上较早的金属线材喷涂法，该方法是先用电弧使丝材熔化，再用高压气使熔融材料雾化并加速，成本低，生产效率高，目前仍有广泛的应用。电爆喷涂是在线材的两端通以瞬间大电流，使线材熔化并发生爆炸，专用来喷涂气缸等内表面。感应加热喷涂和电容放电喷涂分别是采用高频涡流和电容放电将线材加热，然后用高压气体雾化并加速的喷涂法，应用不普遍。激光热喷涂采用激光作为加热源，但至今仍处于研究阶段。

热喷涂技术的特点是：喷涂效率高；可以喷涂金属、合金、陶瓷、塑料等有机高分子材料；可赋予普通材料以特殊的表面性能，使材料满足耐蚀、抗高温氧化、耐磨、隔热、密封、耐辐射、导电、绝缘等性能要求；可在金属、陶瓷、玻璃、石膏、木材、布、纸等几乎所有固体材料表面喷涂涂层；可使基体保持在较低的温度，一般温度可控制在 30～200 ℃之间，保证基体不变形；适用于各种尺寸工件的喷涂；涂层厚度较易控制等。目前该技术正在发展中，还有许多问题有待解决，如结合力较低、孔隙率较高、均匀性较差等。

(8) 真空镀　真空镀包括真空蒸镀、溅射镀和离子镀，是在真空中镀覆的工艺方法。真空镀具有无污染，无氢脆，适于金属和非金属多种基材且工艺简单等优点。但有镀层薄、设备贵、镀件尺寸受限的缺点。

真空蒸镀是在真空(真空度在 10^{-2} Pa 以上)中将镀料加热，使其蒸发或升华，并沉积在镀件上的工艺。加热方法有电阻加热、电子束加热、高频感应加热、电弧放电或激光加热等，常用的是电阻加热。真空蒸镀可用来镀覆铝、黄铜、锑、锌等防护或装饰性镀层，如电阻、电容等电子元件用的金属或金属化合物镀层，镜头等光学元件用的金属化合物镀层。

溅射镀是利用荷能粒子(通常为气体正离子)轰击靶材，使靶材表面某些原子逸出，溅射到靶材附近的零件上形成镀层。溅射室内的真空度(0.1～1.0 Pa)比真空蒸镀法的低。溅射镀分为阴极溅射、磁控溅射、等离子溅射、高频溅射、反应溅射、吸气剂溅射、偏压溅射和非对称交流溅射等。

溅射镀的最大特点是能镀覆与靶材成分完全相同的镀层，因此特别适用于高熔点金属、合金、半导体和各类化合物的镀覆。缺点是镀件温升较高(150～500 ℃)。目前溅射镀主要用于制备电子元器件上所需的各种薄膜；也可用来镀覆 TiN 仿金镀层以及在切削刀具上镀覆 TiN、TiC 等硬质镀层，以提高其使用寿命。

离子镀需要首先将真空室抽至 10^{-3} Pa 的真空度，再从针形阀通入惰性气体(通常为氩气)，使真空度保持在 0.1～1.0 Pa；接着接通负高压，使蒸发源(阳极)和镀件(阴极)之间产生辉光放电，建立起低气压气体放电的等离子区和阴极区；然后将蒸发源通电，使镀料金属气化并进入等离子区；金属气体在高速电子轰击下，一部分被电离，并在电场作用下被加速射在镀件表面而形成镀层。

离子镀的主要特点是镀层附着力大和绕镀性好。附着力大的原因是已电离的惰性气体不断地对镀件进行轰击，使镀件表面得以净化。绕镀性好则是由于镀料被离子化，成为正离子，而镀件带负电荷，且镀料的气化粒子相互碰撞，分散在镀件(阴极)周围空间，能镀在零件的所有表面上。真空蒸镀和溅射镀则只能在蒸发源或溅射源可直射的表面进行镀覆。另外，离子镀对零件镀前清理的要求也不是很严格。离子镀可用于装饰(如镀覆 TiN 仿金镀层)、表面硬化、镀覆电子元器件用的金属或化合物镀层以及光学用镀层等。

(9) 高能束表面改性　采用激光束、离子束、电子束这三类高能束对材料表面进行改性是近十几年来迅速发展起来的材料表面改性新技术，可用于提高金属的耐蚀性和耐磨性。高能束流技术对材料表面的改性是通过改变材料表面的成分或结构来实现的。成分的改变包括表面的合金化和熔覆，结构的变化包括组织和相的变化，由此可以赋予金属表面新的特性。

3.2.2 非金属涂层

非金属涂层可分为无机涂层和有机涂层。

1. 无机涂层

无机涂层包括化学转化涂层、搪瓷或玻璃覆盖层等。其中，应用比较广泛的是化学转化涂层。

1）金属的化学转化膜

金属的化学转化膜是金属表层原子与介质中的阴离子反应而在金属表面生成的附着性好、耐蚀性优良的薄膜。反应方程式为

$$mM + nA^{Z-} \rightarrow M_m A_n + nZe^- \tag{3-1}$$

式中：M——金属原子；

A^{Z-}——介质中价态为 Z 的阴离子。

式(3-1)表明，金属的化学转化膜的形成过程既可以是金属-介质间的化学反应过程，也可以是在施加外电源的条件下所进行的电化学反应过程。用于防蚀的金属的化学转化膜主要有以下几种。

（1）铬酸盐膜　将金属或镀层浸没在含有铬酸、铬酸盐或重铬酸盐的溶液中，用化学或电化学方法进行钝化处理时，在金属表面上将形成由三价铬和六价铬的化合物组成的钝化膜，其厚度一般为 0.01～0.15 μm。随钝化膜厚度不同，铬酸盐的颜色可从无色透明转变为金黄色、绿色、褐色甚至黑色。在铬酸盐钝化膜中，不溶性的三价铬化合物构成膜的骨架，使膜具有一定的厚度和机械强度；六价铬化合物则分散在膜的内部，起填充作用。当钝化膜受到轻度损伤时，六价铬会从膜中溶入凝结水中，使露出的金属表面再钝化，起到修补钝化膜的作用。因此，铬酸盐膜的有效防蚀期主要取决于膜中六价铬溶出的速率。铬酸盐钝化膜广泛用于锌、锌合金、镉、锡及其镀层的表面处理，可以使其耐蚀性能得到进一步的提高。

（2）磷化膜　磷化膜是钢铁零件在含磷酸和可溶性磷酸盐的溶液中，通过化学反应在金属表面上生成的不可溶的、附着性良好的保护膜。磷化膜成膜过程通常称为磷化或磷酸盐处理。磷化工艺分为高温(90～98 ℃)、中温(50～70 ℃)和常温(15～35 ℃)磷化，其中常温磷化又叫冷磷化。工业上应用最广泛的有三种磷化膜：磷酸铁膜、磷酸锰膜和磷酸锌膜。磷化膜厚度较薄，一般仅 5～6 μm。由于磷化膜孔隙较大，故其耐蚀性较差，因此金属磷化后必须用重铬酸钾溶液钝化或浸油进行封闭处理。这样处理的金属表面在大气中有很高的耐蚀性。另外，用磷化膜作油漆的底层，可大大提高油漆的附着力。

（3）钢铁的化学氧化膜　利用化学方法可以在钢铁表面生成一层保护性氧化膜(Fe_3O_4)。碱性氧化法可使钢铁表面生成蓝黑色的保护膜，故又称为发蓝。碱性发蓝是指将钢铁制品浸入含 NaOH、$NaNO_2$ 或 $NaNO_3$ 的混合溶液中，在 140 ℃左右进行氧化处理，以得到 0.6～0.8 μm 厚的氧化膜。除碱性发蓝外，还有酸性常温发黑等钢铁氧化处理法。钢铁化学氧化膜的耐蚀性较差，通常要涂油或涂蜡才有良好的耐大气腐蚀作用。

（4）铝及铝合金的阳极氧化膜　将铝及铝合金浸入硫酸、铬酸或草酸溶液进行阳极氧化处理，可得到几十到几百微米厚的多孔氧化膜，其结构如图 3.2 所示。经进一步封闭处理或着色后，可得到耐蚀和耐磨性能很好的保护膜。这一技术在航空、汽车和民用工业上得到了广泛

应用。将阳极氧化处理的电压提高到一定值后，电极表面将产生微弧。在微弧的作用下，可以生成结构更致密、更厚、性能更好的氧化铝膜。此即所谓的微弧阳极氧化。该技术是一种新的正在迅速发展的技术。

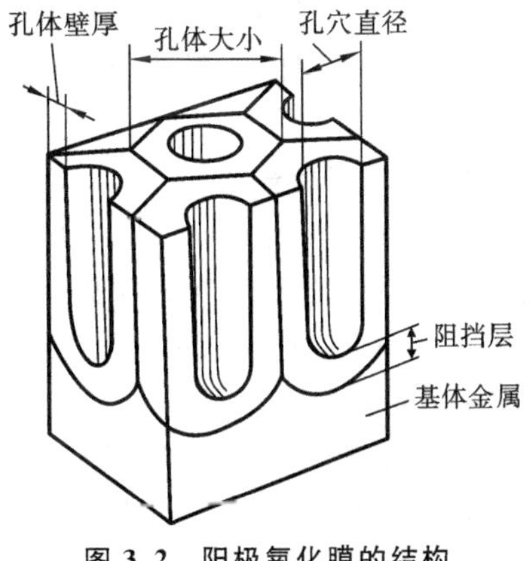

图 3.2　阳极氧化膜的结构

2）搪瓷涂层

搪瓷又称珐琅，是类似玻璃的物质。搪瓷涂层是在钾、钠、钙、铝等金属的硅酸盐中加入硼砂等焙剂，喷涂在金属表面上烧结而成的。为了提高搪瓷的耐蚀性，可将其中的 SiO_2 成分适当增加（例如大于 60%），这样的搪瓷耐蚀性很好，故称为耐酸搪瓷。耐酸搪瓷常用作各种化工容器衬里。它能抗高温高压下有机酸和无机酸（氢氟酸除外）的侵蚀。由于搪瓷涂层没有微孔和裂缝，所以能将钢材基体与介质完全隔开，起到防护作用。

3）硅酸盐水泥涂层

将硅酸盐水泥浆料涂覆在大型钢管内壁，固化后即形成涂层。由于硅酸盐水泥浆料价格低廉，使用方便，而且所形成涂层的膨胀系数与钢接近，不易因温度变化而开裂，因此广泛用于水和土壤中的钢管和铸铁管线，防蚀效果良好。涂层厚度为 0.5～2.5 cm，使用寿命最高可达 60 年。

4）陶瓷涂层

陶瓷涂层在许多环境中具有优异的耐蚀、耐磨性能。采用热喷涂技术可以获得各种陶瓷涂层。近年来采用湿化学法获得陶瓷涂层的技术得到了迅速的发展，其典型方法是溶胶-凝胶法。在金属表面涂覆氧化物的凝胶，可以在几百度的温度下烧结得到陶瓷薄膜和不同薄膜的微叠层，具有广泛的用途。

2. 有机涂层

1）涂料涂层

涂料涂层也叫油漆涂层，因为涂料俗称为油漆。涂料的基本组成有四部分。

（1）成膜物质　如合成高分子材料，天然树脂，植物油脂，无机硅酸盐、磷酸盐等，主要作用是作为涂料的基础，黏结其他组分，牢固附着于被涂物的表面，形成连续的固体涂膜。

（2）颜料及固体填料　如钛白粉、滑石粉、铁红、铅黄、铝粉、锌粉等，具有着色、遮盖、装饰作用，并能改善涂膜的性能。

（3）分散介质　如水、挥发性有机溶剂，可使涂料分散成黏稠的液体，调节涂料的流动性、干燥性和施工性。

（4）助剂　包括固化剂、增塑剂、催干剂等，可改善涂料制造、储存、使用中的性能。

常用的有机涂料有油脂漆、醇酸树脂漆、酚醛树脂漆、过氯乙烯漆、硝基漆、沥青漆、环氧树脂漆、聚氨酯漆、有机硅耐热漆等。涂料除了可以把金属与腐蚀介质隔开外，借助于涂料中的某些颜料（如铅丹、铬酸锌等）还能使金属钝化，富锌涂料中的锌粉可对钢铁起到阴极保护作用，从而提高涂料的防护性能。

2）塑料涂层

将塑料粉末喷涂在金属表面，经加热固化可形成塑料涂层（喷塑法）。采用层压法将塑料薄膜直接黏结在金属表面，也可形成塑料涂层。有机涂层金属板是近年来发展最快的钢铁产品，不仅能提高耐蚀性，而且可制成各种颜色、各种花纹的板材（彩色涂层钢板），用途极为广泛。常用的塑料薄膜有丙烯酸树脂薄膜、聚氯乙烯薄膜、聚乙烯薄膜和聚氟乙烯薄膜等。

3）硬橡皮覆盖层

在橡胶中混入30%～50%的硫进行硫化，可制成硬橡皮。它具有耐酸、碱腐蚀的特性，可用于覆盖钢铁或其他金属的表面。许多化工设备采用硬橡皮作衬里。其主要缺点是加热后易老化变脆，只能在50 ℃以下使用。

4）防锈油脂

防锈油脂用于金属机械加工过程中对加工金属零件的暂时保护。防锈油脂由基础油、油溶性防锈剂及其他辅助剂组成。

（1）基础油　主要是矿物油、润滑油、合成油、凡士林、煤油、机油、地蜡、石蜡、石油脂等。由于基础油或成膜材料的不同，形成的膜性质也不同，可以是溶剂稀释型硬膜或软膜、润滑油型油膜，也可以是脂型厚膜。

（2）防锈剂　其分子是由极性、非极性基团组成，溶于基础油中的防锈剂在防锈油脂中起主要防锈作用。防锈剂按其极性基团结构大致分为六大类：磺酸盐及其含硫化合物，高分子羧酸及其金属皂类，酯类，胺类及含氮化合物，磷酸酯、亚磷酸酯和其他含磷化合物等。

（3）辅助剂　在防锈油脂中，往往还加入不同特性的添加剂以提高使用性能。如：为提高防锈剂在油中的溶解度，加入醇类、酯类、酮类等助溶剂；加入二苯胺等抗氧化剂以减缓防锈油脂的氧化变质；添加高分子树脂以改善成膜性能等。

通过采用不同组成的防锈油脂，可以满足各种不同工作条件下防止零件锈蚀的需要。

3.2.3　金属表面处理

主要包括铝及铝合金的氧化、钢铁的氧化和磷化以及不锈钢的钝化三部分。这里主要介绍铝及铝合金的氧化、钢铁的氧化和磷化。

3.2.3.1　铝及铝合金的氧化

1. 氧化膜特性

铝及铝合金在大气中虽然能够自然形成一层氧化膜，但膜薄（4～5 mm）而疏松多孔，为非晶态、不均匀、不连续的膜层，不能作为可靠的防护、装饰性薄膜。

随着铝制品加工工业的不断发展，越来越广泛地采用化学氧化或阳极氧化的方法，在铝及铝合金制件表面形成一层氧化膜，来达到防护、装饰目的。

经化学氧化处理获得的氧化膜，厚度一般为0.3～4 μm，质地柔软，耐磨和耐蚀性能均低于阳极氧化膜，所以除有特殊用途外，很少单独使用。但因为化学氧化膜多孔且具有较好的吸附能力，在其表面再涂漆可以有效地增强铝及铝合金制品的耐蚀性和装饰性。

经阳极氧化处理获得的氧化膜，厚度一般为5～20 μm，硬质阳极氧化膜厚度可达60～250 μm。膜层具有以下特性。

（1）硬度较高。纯铝氧化膜的硬度比铝合金氧化膜的硬度高（见表3.2）。通常它的硬度大小与铝合金的成分、电解液组成及阳极氧化时的工艺条件有关。阳极氧化膜不仅硬度高，而且具有较好的耐磨性，尤其是表面层多孔的氧化膜具有吸附润滑剂的能力，可进一步改善表面的润滑性能。

表 3.2　几种材料的硬度比较

材料名称	显微硬度/HV	材料名称	显微硬度/HV
未经氧化的纯铝	30～40	经淬火的工具钢	1 100
铝合金的阳极氧化膜	400～600	硬铬镀层	600～800
纯铝合金氧化膜	1 200～1 500	刚玉	2 200

（2）有较强的耐蚀性。这是由于阳极氧化膜有较高的化学稳定性。经测试，纯铝的阳极氧化膜比铝合金的阳极氧化膜耐蚀性好。这是由于合金成分夹杂或形成的金属化合物不能被氧化或被溶解，使得氧化膜不连续或存在孔隙，从而导致氧化膜耐蚀性降低。所以一般经阳极氧化后所得膜必须进行封闭处理其耐蚀性才能提高。

（3）有较强的吸附能力。铝及铝合金的阳极氧化膜为多孔结构，具有很强的吸附能力，向孔内填充各种颜料、润滑剂、树脂等可进一步提高铝制品的防护、绝缘、耐磨和装饰性能。

（4）有很好的绝缘性能。铝及铝合金的阳极氧化膜不具备金属的导电性质，因而成为良好的绝缘材料。

（5）抗热性能好。这是因为阳极氧化膜的导热系数大大低于纯铝。阳极氧化膜可耐 1 773 K高温，而纯铝只能耐 933 K 的温度。

综上所述，铝及铝合金经氧化处理，特别是阳极氧化处理后，其表面形成的氧化膜具有良好的防护、装饰等特性。因此被广泛用于航空、电器、机械制造和轻工业等方面，汽车工业也趋于采用轻质的铝及铝合金。

2. 阳极氧化工艺

下面介绍几种阳极氧化的工艺特点。

1）硫酸阳极氧化

由硫酸阳极氧化工艺获得的铝氧化膜外观呈无色透明状，厚度为 5～20 μm，硬度较高，孔隙较多(一般孔隙率在 10%～15%之间)，吸附力强，有利于染色。经封闭处理后，具有较高的抗蚀能力，主要用于防护和装饰。

硫酸阳极氧化工艺简单，操作方便；溶液稳定，成本低廉；不需要高压电源，电能消耗较少；氧化时间短，氧化效率高；适用范围广。除不适合孔隙率大的铸件、点焊件和铆接组合件外，对其他铝合金都适用。

该工艺的缺点是氧化过程中会产生大量的热，槽温升高太快，生产时需要降温装置。

2）铬酸阳极氧化

铬酸阳极氧化得到的氧化膜较薄，一般为 1～5 μm，膜层质地较软，弹性好，具有不透明的灰白色至深灰色外观。氧化膜孔隙极少，染色困难。其耐磨性不如硫酸阳极氧化膜，但在同样厚度条件下，它的耐蚀能力比不经封闭处理的硫酸阳极氧化膜高。铬酸阳极氧化膜层与有机涂料的结合力良好，是油漆等有机涂料的良好底层。

由于铝在铬酸氧化液中不易溶解，形成氧化膜后，仍能保持原来零件的精度和表面粗糙度，因此铬酸阳极氧化工艺适用于容差小、表面粗糙度低的零件以及铸件、铆接件和点焊件等，不适用于含铜量大于 4%和含硅量较高的铝合金零件。

铬酸阳极氧化工艺还可以用来检查铝及铝合金材料的晶粒度、纤维方向、表面裂纹等冶金缺陷。

3）硬质阳极氧化

硬质阳极氧化是一种厚层阳极氧化工艺，氧化膜最大厚度可达 250～300 μm，镀层硬度很高，在铝合金上显微硬度可达 2 452～4 903 HV，而在纯铝上可达 11 768～14 710 HV，且其内层硬度大于外层。因膜层有孔隙，可吸附各种润滑剂，从而使耐磨能力增强。膜层导热性很差，其熔点高达 2 323 K。电阻系数较大，经过封孔处理（浸绝缘油漆或石蜡），击穿电压高达 2 000 V，在大气中有较强的抗蚀能力。因此，硬质阳极氧化方法在国防工业和各种机械制造工业上获得了广泛应用。其主要用于要求耐磨、耐热、绝缘的铝合金零件，如活塞、汽缸、轴承、飞机货轮的地板、滚棒、导轨等。其缺点是当膜厚度大时，对铝合金的疲劳强度有影响。

可用来获得硬质阳极氧化膜的溶液很多，如硫酸、草酸、丙二酸、磺基水杨酸及其他无机酸和有机酸等，所用电源有直流电源、交流电源、交流直流叠加电源以及各种脉冲电流电源。硬质阳极氧化工艺中，以直流、低温硫酸硬质阳极氧化工艺应用最广，其次是混合酸硬质阳极氧化。下面分别做简单介绍。

（1）硫酸硬质阳极氧化工艺特点。硫酸硬质阳极氧化工艺具有溶液成分简单、稳定、操作方便、成本低、能用于多种铝材等优点，与普通硫酸阳极氧化工艺基本相同。所不同的是，在氧化过程中零件和镀液保持低温，一般在 －10～10 ℃，这样得到的氧化膜镀层厚、硬度高。为此需要采取人工强制冷却和用压缩空气强力搅拌等办法。

（2）混合酸硬质阳极氧化工艺特点。混合酸硬质阳极氧化所用的电解液是在硫酸或草酸溶液的基础上，加入一定量的有机酸或少量无机盐，如丙二酸、乳酸、苹果酸、甘油、酒石酸、硼酸、硫酸锰等形成的，这样就可以在常温下获得较厚的硬质阳极氧化膜，而且可提高氧化膜质量。

4）瓷质阳极氧化

瓷质阳极氧化得到的氧化膜呈不透明的浅灰白色，外观与搪瓷釉层相似，所以称为仿釉阳极氧化；膜层致密，具有较高的硬度、耐磨性和良好的热电绝缘性，其耐蚀性比硫酸阳极氧化膜好；膜具有吸附力，能染色，色泽美观，有良好的装饰效果。可用于各种仪表及电子仪器零件表面的防护和日用品、食品用具的表面精饰。

另外，草酸阳极氧化获得的氧化膜较厚，一般为 8～20 μm，最厚达 60 μm，弹性好，具有良好的电绝缘性，但是所需成本高，电力消耗大，且需要冷却装置，因此其应用受到了限制。其他的还有高效阳极氧化、宽温度范围阳极氧化、光亮阳极氧化和磷酸阳极氧化等。

3. 染色或着色

铝及铝合金经氧化后，往往要经过染色或着色，以得到色彩鲜艳，耐光、耐候性好的精饰表面。根据着色物质和色素体在氧化膜中分布的不同，可以把铝阳极氧化膜着色方法分为三类，即吸附染色、整体发色和电解着色。

4. 封闭处理

由于阳极氧化膜的多孔结构和强吸附能力，其表面易被污染，尤其处于腐蚀环境时，腐蚀介质进入孔内容易引起腐蚀。因此，经阳极氧化后的膜无论着色与否，均需进行封闭处理，以提高氧化膜的抗蚀、绝缘和耐磨性能，减弱其对杂质或油污的吸附能力。

氧化膜封闭的方法很多，常用的方法有热水封闭法、蒸汽封闭法和盐溶液封闭法，另外还有石蜡、油类和树脂封闭法等。下面对三种常用的封闭方法分别加以介绍。

1）热水封闭

热水封闭或蒸汽封闭的原理是：氧化膜表面和孔壁的 Al_2O_3 在热水中会发生水化反应，

生成水合氧化铝，使得原来氧化膜的体积增加33%～100%，氧化膜体积的膨胀使得膜孔显著缩小，从而达到封孔的目的。反应式为

$$Al_2O_3 \xrightarrow{H_2O\ 加热} Al_2O_3 \cdot H_2O$$

热水封闭宜采用蒸馏水或去离子水，而不用自来水，主要是为了防止水垢吸附在氧化膜中，使氧化膜透明度下降。

实践证明，采用中性蒸馏水封闭，制品易产生雾状块外观，影响表面光亮度；采用微酸性的蒸馏水封闭，可以得到良好的表面状态。其封闭工艺参数如下：

① 温度：95～100 ℃。

② pH值：5.5～6。

③ 时间：10～30 min。

2）蒸汽封闭

蒸汽封闭要比热水封闭效果好，但成本较高。一般适用于封闭要求高的装饰性零件。蒸汽封闭还可以防止某些染料在水封闭中的流色现象，而且利用水蒸气压力对氧化膜的压缩作用，可提高膜层的致密程度。工艺条件如下：

① 温度：100～110 ℃。

② 压力：0.05～0.1 MPa。

③ 时间：4～5 min。

3）盐溶液封闭

（1）重铬酸盐封闭。重铬酸盐封闭法俗称填充法，其原理是：在重铬酸盐的水溶液中，氧化膜吸附重铬酸盐后发生化学反应，生成碱式铬酸铝和重铬酸铝。这些生成物可将皮膜孔隙填满，起到封孔的作用。经重铬酸盐封闭后的制品表面呈金黄色。

零件在封闭前需用冷水清洗干净，避免将硫酸带入封闭槽，破坏膜层的色泽。另外，要防止零件与槽体接触，破坏氧化膜。

当封闭液中硫酸根浓度大于0.2 g/L时，膜层色泽变淡、发白，加入适量铬酸钙可将硫酸根除去。当硅酸根浓度大于0.2 g/L时，膜层色泽发白、颜色发花，耐蚀能力下降，可添加硫酸钾铝来解决。当氯离子浓度大于1.5 g/L时，封闭溶液必须更换或稀释后再用，因为氯离子能腐蚀氧化膜。

（2）水解盐类封闭。在某些金属盐溶液中，金属盐被氧化膜吸附后会发生水解反应，生成的氢氧化物沉淀填充在孔隙内，可起到封孔效果。常用的水解盐类有Co、Ni盐类。具体反应式举例：

$$NiSO_4 + 2H_2O \xrightarrow{加热，水解} Ni(OH)_2 \downarrow + H_2SO_4$$

由于此类氢氧化物几乎无色透明，且能与有机染料分子形成配合物，因此水解盐封闭法特别适用于防护装饰性氧化膜的着色处理。

3.2.3.2　钢铁的氧化和磷化

1. 钢铁的氧化

钢铁的氧化处理又称发蓝，其具体工艺流程如下：

有机溶剂除油→化学除油→热水洗（70～100 ℃）→流动冷水洗→工业盐酸洗→流动冷水洗→化学氧化→回收槽浸洗→流动冷水洗→钝化处理（用3%～5%的肥皂液在80～90 ℃温度下处理3～5 min，或者用0.2%的铬酐＋0.1%的磷酸在80～90 ℃温度下处理3～5 min）→

热水洗(70～100 ℃)→干燥(热风吹干或室温干燥)→检验→浸油(在 105～110 ℃的机油、锭子油或变压器油中浸泡 3～5 min)。

氧化后的零件表面生成一层厚度为 0.5～1.5 μm 的氧化膜,氧化处理时不析氢,因此不会产生氢脆现象,对零件尺寸和精度无显著影响。

氧化膜的主要组成部分是 Fe_3O_4,膜层的色泽取决于零件的表面状态和材料的合金成分以及氧化处理的工艺操作条件。一般呈蓝黑色或深黑色,含硅量较高的钢铁件氧化膜呈灰褐色或黑褐色。钢铁零件经氧化处理虽然能够提高耐蚀性,但其防护能力仍然较差,需用肥皂液、油或重铬酸溶液处理,以提高氧化膜的抗蚀性和润滑性。

钢铁的氧化处理广泛应用于机械零件、电子设备、精密光学仪器、弹簧和兵器等的防护、装饰方面。使用过程中应定期涂油。

钢铁的氧化处理一般可用化学、电化学等方法,目前生产中普遍采用的是碱性化学氧化法。表 3.3 所示是碱性化学氧化溶液的成分和工艺条件。

表 3.3 碱性化学氧化溶液的成分和工艺条件

溶液成分和工艺条件		1 号溶液	2 号溶液	3 号溶液	4 号溶液	
					第一槽	第二槽
成分含量/($g\cdot dm^{-3}$)	NaOH	600～700	600～700	550～650	550～650	750～850
	$NaNO_3$	200～250	55～65	150～200	100～150	150～200
	Na_3PO_4		20～30			
	$K_2Cr_2O_7$	25～35				
工艺条件	温度/℃	130～137	130～137	135～140	130～135	140～150
	时间/min	15	60～90	60～90	10～20	40

注:1 号溶液含有重铬酸盐,氧化处理速度较快,氧化膜致密但光亮度稍差。
2 号溶液含有 Na_3PO_4,当溶液中铁含量增加时可起有益作用,利于提高氧化膜性能。
3 号溶液为一般通用液,所得膜层美观光亮。
4 号溶液在采用双槽氧化法时使用,从第一槽氧化取出后可以直接进入第二槽氧化,不必清洗。应用这种方法可以获得防护性较好的蓝黑色光亮氧化膜,厚度一般为 1.5～2.5 μm。

2. 钢铁的磷化

将钢铁浸入某些酸式磷酸盐(如锌系、锰系、铁系、钙系磷酸盐等)为主的溶液进行处理,使其表面上沉积出一层不溶于水的结晶型磷酸盐转化膜的过程称为钢铁的磷化。

1) 磷化膜的组成及性质

根据基本材质、工件的表面状态、磷化液组成及磷化处理时采用的工艺条件等的不同,可以得到不同种类、不同厚度、不同表面密度和不同结构、不同颜色的磷化膜(见表 3.4)。

表 3.4 磷化膜分类及性质

分类	磷化液组成	磷化膜主要成分	膜层外观	膜重/($g\cdot m^{-2}$)
锌系	$Zn(H_2PO_4)_2$	磷酸锌[$Zn_3(PO_4)_2\cdot 4H_2O$]和磷酸锌铁[$Zn_2Fe(PO_4)_2\cdot 4H_2O$]	浅灰至深灰,结晶状	1～60
锌钙系	$Zn(H_2PO_4)_2$ 和 $Ca(H_2PO_4)_2$	磷酸锌钙[$Zn_2Ca(PO_4)_2\cdot 4H_2O$]和磷酸锌铁[$Zn_2Fe(PO_4)_2\cdot 4H_2O$]	浅灰至深灰,细结晶状	1～15

续表

分类	磷化液组成	磷化膜主要成分	膜层外观	膜重/($g \cdot m^{-2}$)
锰系	$Mn(H_2PO_4)_2$ 和 $Fe(H_2PO_4)_2$	磷酸锌锰铁的混合物[$ZnFeMn(PO_4)_2 \cdot 4H_2O$]	灰至深灰，结晶状	1～60
铁系	$Fe(H_2PO_4)_2$	磷酸铁[$Fe_3(PO_4)_2 \cdot 8H_2O$]	深灰，结晶状	5～10

磷化膜由一系列大小不同的晶体组成，在晶体的连接点处将会形成细小裂缝的多孔结构，这种多孔的晶体结构能使钢铁工件表面的耐蚀性、吸附性及耐磨性得到改善。

磷化膜的厚度一般为 1～5 μm，根据单位面积的膜层质量一般分为薄膜(单位面积质量<1 $g \cdot m^{-2}$)、中等膜(单位面积质量为 1～10 $g \cdot m^{-2}$)和厚膜(单位面积质量>10 $g \cdot m^{-2}$)三种。

磷化膜在 200～300 ℃时仍然具有一定的耐蚀性，温度大于 450 ℃时，耐蚀能力显著下降。磷化膜在大气、矿物油、动植物油、苯、甲苯等介质中具有很好的耐蚀性，但在酸、碱、海水及水蒸气中耐蚀性差。

磷化处理后，基体金属的硬度、磁性等均保持不变，但对高强度钢(强度大于 1 000 N/mm^2)在磷化处理后必须进行除氢处理(温度为 130～230 ℃，时间为 1～4 h)。

2）钢铁磷化的用途

(1) 耐蚀防护用磷化膜。

① 防护用磷化膜。常用于钢铁工件的耐蚀处理，可以选用锌系或锰系磷化膜，磷化膜单位面积质量为 10～40 $g \cdot m^{-2}$，磷化后需涂防锈油、防锈脂或防锈蜡等。

经不同磷化工艺处理的膜层，在中性盐雾试验中，出现第一锈点的时间见表 3.5。

表 3.5　磷化处理工艺对出现第一锈点的时间的影响

处理工艺	出现第一锈点时间
钢铁工件涂防锈油	15 h
钢铁工件＋硫酸磷酸锌膜(16 $g \cdot m^{-2}$)＋防锈油	550 h
钢铁工件＋硫酸磷酸锌膜(40 $g \cdot m^{-2}$)＋防锈油	800 h

② 油漆底层用磷化膜。这种磷化膜用于增强漆膜与钢铁工件的附着力及工件的防护性，提高钢铁工件的涂漆质量，可选用锌系或锌钙系磷化膜。

磷化膜单位面积质量为 0.2～1.0 $g \cdot m^{-2}$时，用作较大形变钢铁工件的油漆底层。

磷化膜单位面积质量为 1～5 $g \cdot m^{-2}$时，用作一般钢铁工件的油漆底层。

磷化膜单位面积质量为 5～10 $g \cdot m^{-2}$时，用作无形变钢铁工件的油漆底层。

(2) 冷加工润滑用磷化膜。采用锌系磷化膜有助于冷加工成形，单位面积的膜层质量依据使用目的而定。例如：用于钢丝、焊接钢管的拉拔，磷化膜单位面积质量为 1～10 $g \cdot m^{-2}$；用于精密钢管拉拔，磷化膜单位面积质量为 4～10 $g \cdot m^{-2}$；钢铁工件冷挤压成形，磷化膜单位面积质量大于 10 $g \cdot m^{-2}$；用于非减壁深冲成形，磷化膜单位面积质量为 4～10 $g \cdot m^{-2}$。

(3) 减摩用磷化膜。对于两相对滑动表面，除使用较好的润滑剂(如 MoS_2)外，磷化膜也能起到润滑作用，从而降低摩擦因数。一般优先选用锰系磷化膜，也可用锌系磷化膜。对于具有较小配合间隙的工件，磷化膜单位面积质量一般为 1～3 $g \cdot m^{-2}$；对于具有较大配合间隙的工件(如减速齿轮箱),磷化膜单位面积质量一般为 $2\sim20\ g\cdot m^{-2}$。

(4) 电绝缘用磷化膜。电极及变压器用的硅钢片经磷化处理可提高电绝缘性能,一般选用锌系磷化膜。

一般钢铁工件的磷化处理流程如下:

化学除油→热水洗→冷水洗→酸洗→冷水洗→磷化处理→水洗→磷化后处理→冷水洗→去离子水洗→干燥。

工件若经喷砂处理,所得磷化膜质量更佳。喷砂过的工件为防止重新锈蚀,应在 6 h 内进行磷化处理。用于磷化前处理的酸洗液中不宜加若丁、乌洛托品之类的缓蚀剂,因为它们会吸附于钢铁工件表面,抑制磷化反应,使得磷化膜不均匀。为使磷化膜结晶化致密,在磷化处理前可增加表面调整工序,一般用钛盐溶液作为调整剂。

3.3 腐蚀介质的处理——缓蚀剂的应用

3.3.1 腐蚀介质处理的目的与分类

腐蚀介质处理的目的在于改变介质的性质,降低或消除腐蚀介质对金属的腐蚀作用。这个方法,只能在腐蚀介质的体积量有限的条件下才能应用。一般可将腐蚀介质的处理分为两大类。

(1) 去除介质中的有害成分,改变介质的性质。典型实例是锅炉内用水的除氧。由于锅炉用水中总会溶解一些氧气,而引起氧去极化腐蚀,在这种情况下氧便成为极其有害的成分。锅炉用水除氧是防止锅炉腐蚀的有效措施,它包括热法除氧和化学法除氧。热法除氧是在减压条件下加热使水沸腾,除去水中的大部分氧。化学法是利用化学药品与氧作用的方法除氧。如在锅炉内的水中加入 Na_2SO_3,使其与氧作用,其反应如下:

$$2Na_2SO_3+O_2\rightarrow 2Na_2SO_4$$

近年来为了实现高压锅炉给水除氧,常采用联胺 N_2H_4 作除氧剂。在锅炉工作的高温条件下,联胺与氧会发生如下反应:

$$NH_2\cdot NH_2+O_2\rightarrow 2H_2O+N_2$$

联胺的优点在于反应产物为 H_2O 和 N_2,在锅炉内不会生成杂质。

其他方法还有:在天平罩内放入吸水性强的硅胶或在存放金相试样的干燥器中放入干燥的氯化钙以除去水分,保护天平或金相试样不受腐蚀。

(2) 在腐蚀介质中加入能减缓腐蚀速度的物质——缓蚀剂。在腐蚀介质中加入某种缓蚀剂以减缓金属腐蚀速度,这对金属腐蚀控制具有很重要的意义。下面着重介绍缓蚀剂的分类、作用机理和应用。

3.3.2 缓蚀剂

3.3.2.1 缓蚀剂的定义、缓蚀效率和效应

1. 缓蚀剂的定义

缓蚀剂是指在腐蚀介质中具有抑制金属腐蚀功能的一类无机物或有机物的总称。其特点是在腐蚀介质中加入很少量就能有效地阻止或减缓金属的腐蚀速度,一般缓蚀剂添加量在

0.1%～1.0%之间。添加缓蚀剂保护金属的方法称为缓蚀剂保护。缓蚀剂的优点是设备简单、使用方便、加入量少、见效快、成本低，目前已广泛应用于石油、化工、钢铁、机械、动力和运输等行业。缓蚀剂保护已成为十分重要的腐蚀控制措施。但是缓蚀剂保护也有缺点，即只能在腐蚀介质的体积量有限的条件下采用，因此一般用于有限的封闭或循环系统，以减少缓蚀剂的流失。同时，在应用中还应考虑缓蚀对产品质量有无影响，在生产过程中是否会造成堵塞、起泡等现象。缓蚀剂的保护效果与腐蚀介质的性质、浓度、温度、流动情况以及被保护金属材料的种类与性质等有密切关系。也就是说，缓蚀剂保护法有严格的选择性，对一种腐蚀介质和被保护金属能起缓蚀作用，但对另一种介质或另一种金属不一定有同样效果，甚至还可能加速腐蚀。

2. 缓蚀效率

缓蚀剂的保护效果，用缓蚀效率来表示

$$Z=\frac{K^0-K}{K^0}\times 100\%$$

式中：Z——缓蚀率（%）；

K^0——未加缓蚀剂时金属的腐蚀速度（mm/a）；

K——加缓蚀剂后金属的腐蚀速度（mm/a）。

缓蚀率达到100%，表明缓蚀剂能实现完全保护；缓蚀率达到90%以上的缓蚀剂为良好的缓蚀剂；若缓蚀率为零，则说明缓蚀剂无作用。

3. 协同效应与拮抗效应

有时单用一种缓蚀剂其缓蚀效果并不好，而采用不同类型的缓蚀剂配合使用，可显著地增强保护效果。这种作用称为协同效应。相反，如果不同类型缓蚀剂共同使用，反而会降低各自的缓蚀效率，这种作用称为拮抗效应。

由于金属在电解质溶液中的腐蚀是腐蚀电池的阴、阳极过程同时进行的结果，因此缓蚀剂的作用实质上就是使阴、阳极过程发生阻滞，从而使腐蚀速度减慢。评定缓蚀效果最简便的方法是挂片试验。对于在较宽电位范围内电极过程服从塔菲尔关系式的腐蚀体系来说，测定极化曲线是一种很有用的评定缓蚀剂的方法。对于钝化型缓蚀剂，可用恒电位仪测定阳极极化曲线来研究其缓蚀作用，还可采用线性极化法连续记录缓蚀剂的保护效果。

3.3.2.2　缓蚀剂的分类

由于缓蚀剂应用广泛，种类繁多，并且缓蚀机理复杂，一般可按其化学成分、作用机理、所形成的保护膜的特征、物理状态和用途对缓蚀剂进行分类。

1. 按化学成分分类

按化学成分分类是比较传统的分类方法，可分为以下两种。

（1）无机缓蚀剂　无机缓蚀是使金属表面发生化学变化，即发生所谓钝化作用以阻止阳极溶解的过程。典型的无机缓蚀剂有聚磷酸盐、硅酸盐、铬酸盐、亚硝酸盐、硼酸盐、亚砷酸盐、钼酸盐等。

（2）有机缓蚀剂　有机缓蚀剂是在金属表面上进行物理的或化学的吸附，从而阻止腐蚀性物质接近金属表面的有机物。典型的有机缓蚀剂有含氧有机化合物、含氮有机化合物、含硫有机化合物以及氨基、醛基类、杂环化合物、咪唑啉化合物等。

2. 按作用机理分类

根据缓蚀剂在电化学腐蚀过程中，主要抑制阳极反应还是抑制阴极反应或阴、阳极反应同时抑制，可将缓蚀剂分为三类。

（1）阳极型缓蚀剂（又称为阳极抑制型缓蚀剂） 它们能抑制阳极反应，增大阳极极化程度而使腐蚀电位正移。阳极型缓蚀剂的作用机理通常是使缓蚀剂的阴离子移向金属表面，导致金属发生钝化。非氧化型缓蚀剂（如苯甲酸钠等）只有在溶解氧存在时才起抑制腐蚀作用。典型的阳极型缓蚀剂有铬酸盐、重铬酸盐、硝酸盐、亚硝酸盐、硅酸钠、磷酸钠、碳酸钠、苯甲酸钠等。

（2）阴极型缓蚀剂（又称为阴极抑制型缓蚀剂） 它们能抑制阴极反应，使阴极过程变慢，增加酸性溶液中氢析出的过电位，促进阴极极化而使腐蚀电位负移。阴极型缓蚀剂的作用机理通常是缓蚀剂阳离子移向阴极表面，并形成化学或电化学的沉淀保护膜，或者是由于 As^{3+}、Sb^{3+} 之类阳离子在阴极表面还原，析出元素 As 和 Sb 而形成覆盖层，使氢过电位大大增加，抑制金属腐蚀。典型的阴极型缓蚀剂有酸式碳酸钙、聚磷酸盐、$ZnSO_4$、$AsCl_3$、$SbCl_3$、$Bi_2(SO_4)_3$ 以及多数有机缓蚀剂。

（3）混合型缓蚀剂（又称为混合抑制型缓蚀剂） 这类缓蚀剂对阴、阳极过程同时起抑制作用，使得腐蚀电位虽然变化不大，腐蚀电流却减小很多。典型的有含氮有机化合物（如胺类、有机胺的亚硝酸盐等），含硫有机化合物（如硫醇、硫醚、环状含硫化合物等），含氮、硫的有机化合物（如硫脲及其衍生物等）。

3. 按缓蚀剂所形成的保护膜特征分类

按缓蚀剂所形成的保护膜特征可将缓蚀剂分为三类。

（1）氧化膜型缓蚀剂 这类缓蚀剂能使金属表面生成致密、附着力好的氧化物膜，从而抑制金属的腐蚀。由于它具有钝化作用，故又称钝化剂。它又可分为阳极抑制型缓蚀剂（如铬酸盐、重铬酸盐等）和阴极去极化型缓蚀剂（如亚硝酸盐等）两类。应注意的是如果用量不足，则因不能形成完整保护膜，反而会加速腐蚀。

（2）沉淀膜型缓蚀剂 这类缓蚀剂能与腐蚀介质中的有关离子反应并在金属表面形成防腐蚀的沉淀膜。沉淀膜的厚度比钝化膜厚（为 10～100 nm），其致密性和附着力比钝化膜差。这类缓蚀剂典型的有 $SnSO_4$、$CaHCO_3$、聚磷酸钠、2-巯基苯并噻唑（MBT）、苯并三唑（BTA）等。

（3）吸附膜型缓蚀剂 这类缓蚀剂能吸附在金属表面，改变金属表面性质，从而防止腐蚀。根据吸附机理的不同，它又可分为物理吸附型（如胺类、硫醇和硫脲等）和化学吸附型（如吡啶衍生物、苯胺衍生物、环亚胺等）两类。为了能形成良好的吸附膜，金属必须有洁净的（活性的）表面，在酸性介质中常采用这类缓蚀剂。

4. 按物理状态分类

按物理状态可将缓蚀剂分成四类。

（1）油溶性缓蚀剂 一般作为防锈油添加剂，它只溶于油而不溶于水。其之所以会有防锈作用，一般认为是由于这类缓蚀剂分子中存在着极性基团，极性基团被吸附在金属表面上，从而在金属和油的界面上隔绝了腐蚀介质。这类缓蚀剂品种很多，主要有石油磺酸盐、羧酸和羧酸盐类、酯类及其衍生物、氮和硫的杂环化合物等。

（2）水溶性缓蚀剂 这类缓蚀剂只溶于水而不溶于矿物润滑油中。常用于冷却液中，要求能防止铸铁、钢、铜、铜合金、铝合金等表面处理和机械加工时的电偶腐蚀、点蚀、缝隙腐蚀等。无机类（如硝酸钠、亚硝酸钠、铬酸盐、重铬酸盐、硼砂等）和有机类（如苯甲酸盐、乌洛托品、亚硝酸二环已胺、三乙醇胺等）物质均可用作水溶性缓蚀剂。

（3）水油溶性缓蚀剂 水油溶性缓蚀剂既溶于水又溶于油，是一种强乳化剂。在水中能使有机烃化合物发生乳化，甚至使其溶解。这类缓蚀剂有石油磺酸钡、羊毛脂镁皂、苯并三唑等。

(4) 气相缓蚀剂　气相缓蚀剂是在常温下能挥发成气体的金属缓蚀剂。如果是固体，就必须有升华性；如果是液体，必须具有大于一定数值的蒸汽分压。气相缓蚀剂能分离出具有缓蚀性的基团，吸附在金属表面上，从而阻止金属腐蚀过程的进行。典型的有无机酸或有机酸的胺盐（如亚硝酸二环己胺，苯甲酸三乙醇胺等）、硝基化合物及其胺盐（如2-硝基氧氮茂、二硝基酚胺盐等）、酯类（如邻苯二甲酸二丁酯、甲基肉桂酸酯等）、混合型气相缓蚀剂（如亚硝酸钠和苯甲酸钠的混合物等），其他还有苯并三唑、6-次甲基四胺等。

5. 按用途分类

按用途的不同可分为油气井缓蚀剂、冷却水缓蚀剂、酸洗缓蚀剂、石油化工缓蚀剂、锅炉清洗缓蚀剂和封存包装缓蚀剂等。

此外，按被保护金属种类不同，可分为钢铁缓蚀剂、铜及铜合金缓蚀剂、铝及铝合金缓蚀剂等。按使用的pH值不同，可分为酸性介质中的缓蚀剂、中性介质中的缓蚀剂和碱性介质中的缓蚀剂。

3.3.2.3　缓蚀剂的作用机理

有关缓蚀剂的保护作用的机理至今尚无公认的见解。一种认为缓蚀剂与金属作用生成钝化膜或缓蚀剂，与介质中的离子反应形成沉淀膜而使金属腐蚀减缓，此即成相膜理论。另一种从电化学观点出发，认为缓蚀剂的作用机理是对电极过程起阻滞作用，此即电化学理论。还有一种认为缓蚀剂在金属表面具有吸附作用，生成了一种吸附在金属表面的吸附膜，从而使金属腐蚀减缓，此即吸附理论。实际上这三种理论都有着相互的内在联系。由于缓蚀剂种类繁多、作用机理也各不相同，因此要正确了解缓蚀机理，必须根据缓蚀剂的种类和介质的性质全面考虑并加以分析确定。下面主要按缓蚀剂作用机理结合有关不同的缓蚀剂保护类型及其理论进行讨论。

1. 阳极型缓蚀剂缓蚀机理

阳极型缓蚀剂有两种不同的作用。一种是使金属的阳极产生钝态，它可以是缓蚀剂本身作为氧化剂或以介质中溶解氧作为氧化剂，使金属阳极表面形成钝态的氧化膜，这类阳极型缓蚀剂又称为氧化膜型缓蚀剂或称钝化剂。氧化膜型缓蚀剂按其电极反应又分为阳极抑制型与阴极去极化型。另一种阳极型缓蚀剂是非氧化性物质，它与阳极溶解下来的金属离子，生成难溶性化合物膜，沉积在阳极表面，抑制阳极反应，称为沉淀膜型阳极抑制缓蚀剂。它们大部分是无机化合物，少数为有机化合物（如苯甲酸钠、肉桂酸钠等）。因此阳极型缓蚀剂有三种可能的缓蚀机理。

1）阳极抑制型缓蚀剂的作用机理

阳极抑制型缓蚀剂一般是无机氧化性物质。如在中性水溶液中添加少量的铬酸盐或重铬酸盐缓蚀剂，可使浸没在该水溶液中的钢内的铁氧化成$\gamma\text{-}Fe_2O_3$，并与还原产物Cr_2O_3一起形成氧化物保护膜，即

$$2Fe + 2Na_2CrO_4 + 2H_2O \rightarrow Fe_2O_3 + Cr_2O_3 + 4NaOH$$

$$4Fe + 2K_2Cr_2O_7 + 2H_2O \rightarrow Fe_2O_3 + 2Cr_2O_3 + 4KOH$$

所形成氧化物保护膜使钢的腐蚀速度减小。由图3.3可见，当未加缓蚀剂时，钢的阳极极化曲线为ABC，阴极极化曲线为EK，两条极化曲线相交于曲线ABC的活化区中的S点，相应的腐蚀电位为E_k，腐蚀电流密度为i_k。当加入足够量的铬酸钠或重铬酸钾时，钢的钝化性

能提高，促使阳极极化曲线由 ABC 变成了 $A'DC$，这样显然会降低致钝电流密度 i_{pp} 和维钝电流密度 i_p，并扩大钝化区。而阴极极化曲线 EK 并无变化，两条极化曲线相交于曲线 $A'DC$ 钝化区中的 S' 点，此时金属处于钝态，腐蚀电位为 E'_k，腐蚀电流密度降低到 i'_k。由图 3.3 可见，$i'_k < i_k$，这表明加入缓蚀剂之后，钢的腐蚀速度明显降低了。但是应当指出，这种阳极抑制型缓蚀剂若用量不足，会使阳极上钝化膜覆盖不完全而使钢表面产生点蚀，使用时应充分注意。铬酸盐是循环冷却水或冷冻盐水中常用的钝化剂，可用在水中或盐溶液中保护铁、铝、锌、铜等多种金属不受腐蚀。$K_2Cr_2O_7$ 在水中加入量为 0.2%～0.5%，而在盐溶液中加入量应提高到 2%～5%。

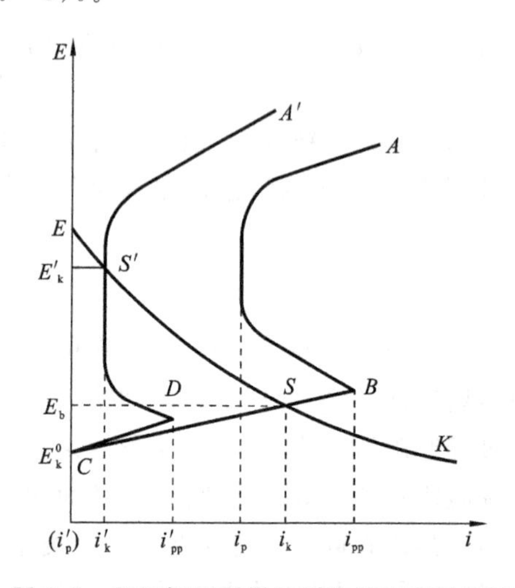

图 3.3　阳极抑制型缓蚀剂作用机理示意图

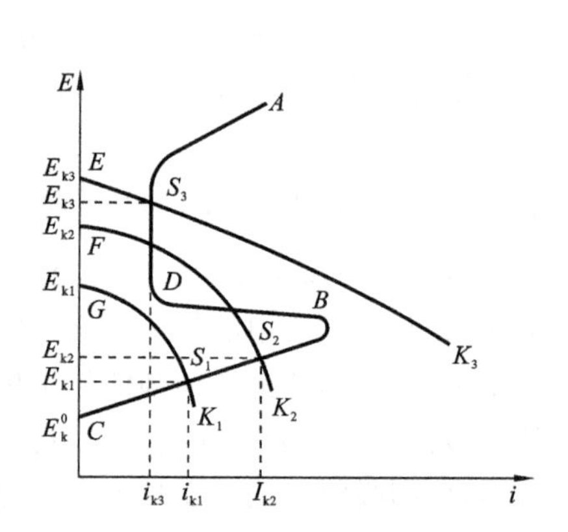

图 3.4　阴极去极化型缓蚀剂作用机理示意图

2）阴极去极化型缓蚀剂作用机理

在近中性含氧水溶液中加入的亚硝酸盐和在酸性介质中加入的抑制钢的腐蚀的钼酸盐，均属阴极去极化型缓蚀剂。亚硝酸盐虽然也是氧化剂，但它不像铬酸盐那样对阳极起作用，而是促进阴极反应。在酸性介质中亚硝酸钠的阴极反应如下：

$$NO_2^- + 8H^+ + 6e^- \rightarrow NH_4^+ + 2H_2O$$

因此阴极电流密度将增大，从而引起金属钝化。由图 3.4 可见，钢在介质中的阳极极化曲线为 AS_3DBC，在未加缓蚀剂时，阴极极化曲线为 GK_1，阴、阳极极化曲线相交于曲线 AS_3DBC 的活化区中的 S_1 点，相应的腐蚀电位为 E_{k1}，腐蚀电流密度为 i_{k1}。当腐蚀介质中有足够量的亚硝酸盐存在时，虽然阳极极化曲线 AS_3DBC 未变化，但阴极极化曲线却因缓蚀剂对阴极的去极化作用而由曲线 GK_1 变成曲线 EK_3。此时阴、阳极极化曲线相交于曲线 AS_3DBC 的钝化区中的 S_3 点，使钢处于钝态，相应的腐蚀电位为 E_{k3}，腐蚀电流密度为 i_{k3}，由图可见 $i_{k3} < i_{k1}$，从而使金属得到保护。但应特别指出，当阴极去极化型缓蚀剂用量不足时，阴极极化曲线将由 GK_1 变成 FK_2，此时阴、阳极极化曲线相交于曲线 AS_3DBC 的活化区中的 S_2 点上，腐蚀电流密度由 i_{k1} 增加到 i_{k2}，从而使腐蚀加剧。故这类缓蚀剂用量不足是危险的。一般钢在 pH>6 的介质中时，$NaNO_2$ 投入量应大于 2 g/L。

3）沉淀膜阳极抑制型缓蚀剂作用机理

沉淀膜阳极抑制型缓蚀剂一般是非氧化性物质，如 $NaOH$、Na_2CO_3、Na_2SiO_3、Na_3PO_4、C_6H_5COONa等。非氧化性物质与上述氧化物性质不同，需要溶液中有溶解氧才能促使金属钝化。这一类缓蚀剂的缓蚀作用在于它们能与金属表面阳极部分溶解下来的金属离子生成难溶性化合物沉积于阳极表面，抑制阳极反应。例如上述缓蚀剂中某些阴离子(OH^-、PO_3^{3-}、$C_6H_5COO^-$等)能与亚铁离子形成沉淀：

$$Fe^{2+} + 2OH^- \rightarrow Fe(OH)_2 \downarrow$$

$$3Fe^{2+} + 2PO_3^{2-} \rightarrow Fe_3(PO_4)_2 \downarrow$$

$$Fe^{2+} + 2C_6H_5COO \rightarrow Fe(C_6H_5COO)_2 \downarrow$$

值得注意的是，虽然苯甲酸钠也是一种阳极型缓蚀剂，但它是相对安全的，即使用量不足也不会带来点蚀的危险。近年来，有应用混合缓蚀剂的趋势，因为其缓蚀效果比单独使用一种缓蚀剂要好得多。例如并用苯甲酸钠与亚硝酸钠作为缓蚀剂，对钢铁、铝、铜、铅、锡等金属的防蚀有显著的效果。

2. 阴极型缓蚀剂作用机理

阴极型缓蚀剂在腐蚀过程中能抑制阴极过程，促进阴极极化，且不改变阳极面积，从而使腐蚀速度减小。这类缓蚀剂即使用量不足也不会加速腐蚀，故称为安全缓蚀剂。但使用阴极型缓蚀剂的浓度比阳极型缓蚀剂要大一些，而缓蚀效率也比较低。阴极型缓蚀剂作用机理可分为三种类型。

1）沉淀膜型阴极抑制缓蚀剂作用机理

在腐蚀过程中，缓蚀剂能与阴极反应产物(OH^-)反应，在金属表面上生成难溶的氢氧化物或碳酸盐的保护性沉淀膜。这种沉淀膜成为氧扩散层的阻挡层，使阴极面积缩小，因而可使阴极过程受到阻滞，增强阴极极化作用，起到保护金属的作用。沉淀膜型阴极抑制缓蚀剂有硫酸锌、碳酸氢钙和聚磷酸盐等。

(1) 硫酸锌　在中性含氧水溶液中，硫酸锌对铁能起缓蚀作用是由于Zn^{2+}可与阴极反应产物OH^-反应生成难溶的$Zn(OH)_2$沉淀膜而抑制阴极过程的进行。

阴极反应：　$$O_2 + 2H_2O + 4e^- \rightarrow 4OH^-$$

沉淀反应：　$$Zn^{2+} + 2OH^- \rightarrow Zn(OH)_2 \downarrow$$

(2) 碳酸氢钙　也能与阴极反应产物OH^-反应，生成碳酸钙沉淀保护膜，其沉淀反应如下：

$$Ca(HCO_3)_2 + OH^- \rightarrow CaCO_3 \downarrow + HCO_3^- + H_2O$$

由于硬水中的$Ca(HCO_3)_2$比软水中多，故硬水的腐蚀作用要小于软水。

(3) 聚磷酸盐　它是循环冷却水和锅炉用水的常用缓蚀剂。它具有保护作用是由于它能与水中的Ca^{2+}形成络合离子$(Na_5CaP_6O_{18})^{n+}$，这种大的胶体阳离子能在阴极表面上放电，形成比较厚实的沉淀膜，阻碍阴极过程。因此对于含有一定钙质的硬水，聚磷酸盐(如$Na_7P_6O_{18}$)是一种有效的缓蚀剂。聚磷酸盐沉淀膜中的钙与钠的比例为1∶5较为合适。

2）增加氢过电位的阴极抑制缓蚀剂作用机理

在酸性溶液中，某些缓蚀剂的阳离子在阴极上放电还原为单质，它们能提高氢离子放电过电位，从而阻止阴极过程。例如$AsCl_3$或$Bi_2(SO_4)_3$，在酸性溶液中，其阳离子将在阴极表面上放电，并还原成As或Bi的覆盖层，使氢过电位显著地提高，从而能抑制金属的腐蚀。这些物质在酸性溶液中发生氢去极化腐蚀的情况下，作为缓蚀剂是有效的，而对于氧去极化腐蚀的情况则是无效的。又例如将0.045%As(以As_2O_3的形式)加入不同浓度的硫酸，可大大降低钢在硫酸中的腐蚀速度。

3）氧吸收型阴极抑制缓蚀剂作用机理

氧吸收型阴极抑制缓蚀剂的加入能减少溶液中氧(去极化剂)的含量而抑制阴极过程。常用的氧吸收型阴极抑制剂有亚硫酸钠、联氨等。它们仅适用于封闭系统中的中性和碱性介质。

3. 混合抑制型缓蚀剂作用机理

混合抑制型缓蚀剂是对阴、阳极过程同时起抑制作用的一类物质。在混合型缓蚀剂作用下，虽然腐蚀电位变化不大，但腐蚀电流却减小很多。这类缓蚀剂多数是有机化合物，它们也能生成沉淀膜，这些膜是由于缓蚀剂的反应基团与腐蚀反应中生成的金属离子相互作用而形成的。例如 8-羟基喹啉在碱性介质中对铝腐蚀具有抑制作用，是由于其与铝离子发生反应，在铝表面形成了络合物沉淀膜，其反应方程式为

$$3\ \text{(8-羟基喹啉)—OH} + Al^{3+} \longrightarrow \left[\text{(喹啉)—O—}\right]_3 Al\downarrow + 3H^+$$

除此之外，这类缓蚀剂中也有先通过吸附作用，然后在金属表面进一步聚合而形成沉淀保护膜的。此聚合物膜对阳极和阴极过程均会产生抑制作用。又如，丙炔醇在酸性介质中也能在金属表面形成聚合物膜。

4. 吸附膜型缓蚀剂的作用机理

能形成吸附膜的缓蚀剂大多是有机缓蚀剂，因而在讨论缓蚀剂的吸附理论时，主要考虑有机缓蚀剂。有机缓蚀剂的分子由两部分组成：一部分是容易被金属吸附的亲水极性基团，另一部分是憎水或亲油的非极性基团。如图 3.5 所示，缓蚀剂分子极性基团一端被金属表面吸附，而憎水的非极性基团一端向上，形成定向排列，这样缓蚀剂分子就能使介质与金属表面分隔开来，从而起到保护金属的作用。

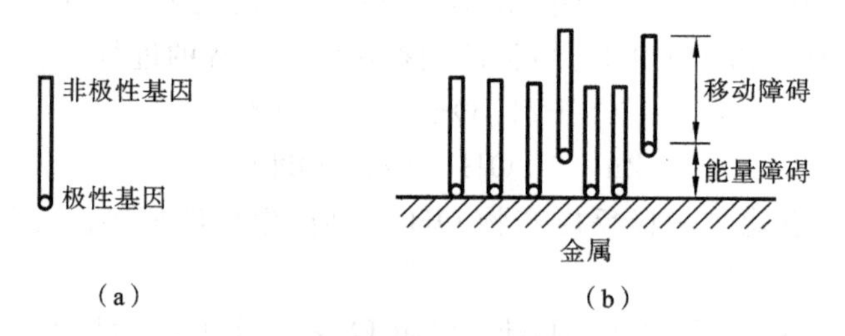

图 3.5　吸附型缓蚀剂作用示意图

(a) 缓蚀剂模型；(b) 吸附膜模型

因此，吸附型有机缓蚀剂实际上是一种表面活性剂。当有机缓蚀剂分子的亲水性较强时，表现出较强的吸附力，但分散性差；反之，当分子的亲油性较强时，则分散性好，但吸附性差。故对不同的使用条件要求有不同的亲水和亲油平衡关系（即要求适当的亲水亲油平衡值 HLB，$\text{HLB}=\dfrac{\text{亲水基团部分的分子量}}{\text{表面活性物质的分子量}}\times\dfrac{100}{5}$）。此外，有机缓蚀剂不只是能吸附，有时还能与金属离子形成难溶而又致密的覆盖层，提高缓蚀效果。

有机缓蚀剂的吸附又可分为物理吸附与化学吸附。物理吸附是由缓蚀剂离子与金属的表面电荷产生静电吸引力和范德华引力所引起的，这种吸附快而可逆；化学吸附则是由于中性缓蚀剂分子与金属形成了配位键而产生的，化学吸附力比物理吸附力大而不可逆，但吸附速度却较慢。如有机胺在酸性溶液中对铁有很好的缓蚀效果就是因为物理吸附作用。胺类物质中有的 N 原子具有非共价电子对，在酸性溶液中它和氢离子配位，能形成带正电荷的胺阳离子：

$$RNH_2 + H^+ \rightarrow RNH_3^+$$

这种阳离子在静电作用下可被吸附到局部阴极上，从而抑制氢离子放电，如图 3.6(a)所示。若缓蚀剂是季铵盐，本身就带有季铵盐正离子 R_4N^+，在溶液中自然很容易在金属表面进行物理吸附。而化学吸附理论认为，有机缓蚀剂分子中大都含有氧、氮、硫和磷，它们具有非共价电子对，因此成为电子供给体，而金属成为电子接收体，使缓蚀剂和金属表面电子之间构成配位键，如图 3.6(b)所示。例如胺在酸中具有缓蚀作用，是由于胺分子中的极性基(NH_2^-)中心 N 原子含有独对电子，它可与 Fe 的 d 电子空轨道进行以下配位结合。

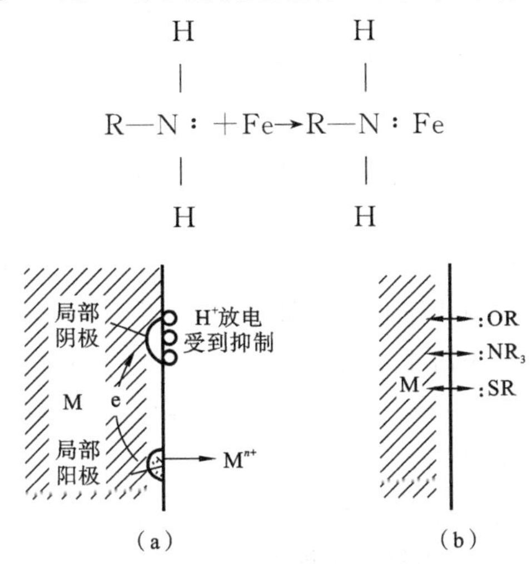

图 3.6　有机缓蚀剂物理吸附和化学吸附示意图

(a) 物理吸附；(b) 化学吸附

有些有机缓蚀剂分子中含有双键、三键或苯基，有人认为这些双键、三键以及苯基上的 π 电子也可起到和独对电子同样的作用，所以这些缓蚀剂在金属表面上进行的吸附也属于化学吸附，因而它有利于抑制阳极反应。

目前较新的看法认为物理吸附是化学吸附的初始阶段，它对完成后续的化学吸附起着重要的作用。例如有机胺等缓蚀剂在酸性介质中会与 H^+ 结合生成阳离子，因而可在阴极发生物理吸附，抑制阴极反应。但是整个过程并不局限于此，吸附在阴极区的阳离子还会被还原成中性分子，继而发生化学吸附。整个吸附反应过程表示如下：

$$R\text{—}NH_2\!: + H^+ \longrightarrow R\text{—}NH_2\!:H^+ \xrightarrow{\text{物理吸附}} R\text{—}NH_2\!:H^+\,M + e \longrightarrow \tfrac{1}{2}H_2 + R\text{—}NH_2\!: + M \xrightarrow{\text{化学吸附}} R\text{—}NH_2\!:M$$

事实上许多有机缓蚀剂也确实都能同时抑制阴、阳极反应。例如酸性介质中的有机胺、苄硫醇、苯腈等。

最后还应指出，在酸性介质中胺类缓蚀剂若用量不足，也会促进腐蚀反应，这是由于少量的胺阳离子(RNH_3^+)容易在阴极区放电，而使阴极反应加速。其反应式为

$$RNH_3^+ + e^- \rightarrow RNH_2 + \frac{1}{2}H_2\uparrow$$

5. 气相缓蚀剂作用机理

气相缓蚀剂大多是由有机酸的胺盐或无机酸盐所组成的。它的缓蚀作用机理是:缓蚀剂汽化到密封空间,与潮湿空气中的湿气一起凝附在金属表面,然后被水解成相应的缓蚀性基团,再按水溶液中的缓蚀机理抑制金属腐蚀。例如,亚硝酸二环己胺与凝结在金属表面上的水发生水解作用,反应式为

$$(C_6H_{11})_2NH_2—NO_2 \ +H_2O \longrightarrow (C_6H_{11})_2NH_2^+ \ +NO_2^- +OH^- +H^+$$

反应生成的 NO_2^- 和 OH^- 使金属表面钝化,同时从测量润湿接触角的数据表明,有机胺阳离子吸附在金属表面上,形成了一层憎水膜,因而抑制了钢铁的腐蚀。再如,苯并三唑是用于铜、铜合金和银的气相缓蚀剂,其作用机理是苯并三唑先汽化并溶解在铜表面上的湿气凝结水中,接着铜置换苯并三唑中的一个氢离子且以共价键连接,并与另一个苯并三唑分子上的氮原子的独对电子以配位键连接生成不溶于水的共聚物。

此聚合物膜薄而致密,而且不溶于水,因而可抑制铜的腐蚀。

3.3.2.4 缓蚀剂的应用

采用缓蚀剂保护应考虑其适用的条件,主要有保护对象(包括适合采用缓蚀剂的金属、合金和镀层,对于多种金属构件应采用复合缓蚀剂等)、腐蚀环境(包括中性、酸性、碱性环境,石油化工环境、有机介质和大气介质等)、环境保护(包括缓蚀剂毒性、细菌和藻类的繁殖问题)、经济效果(包括设备、产品保护价值和缓蚀剂消耗费用等)和联合保护措施(如采用阴极保护、涂层与缓蚀剂联合保护,可大大提高缓蚀效率)等。

缓蚀剂的应用主要有四个方面:石油与化工设备防蚀、化学清洗、冷却水处理和防止大气腐蚀等。

1. 在石油与化学设备防蚀中的应用

在石油工业中,缓蚀剂广泛被用于采油、采气、炼油、储存、输送等方面。

1) 采油、采气工业中的应用

一般原油、气井内都含有 H_2S、CO_2 等腐蚀性介质,与浓盐的水溶液混合在一起,会对设备造成严重腐蚀,其中以 H_2S 的腐蚀最为严重。目前抑制 H_2S 腐蚀的措施以采用有机缓蚀剂为主。我国已经生产和使用的部分抗 H_2S 腐蚀的缓蚀剂见表 3.6。其一般用量在 0.3%,缓蚀率可达 90%左右。为了增产原油,在采油工艺中已采用高温高压酸化压裂技术。我国研制和应用的部分油、气井酸化缓蚀剂见表 3.7。一般可在 80~110 ℃(有的可在 150 ℃以上)使用,用量为 2%~4%,缓蚀效率可达 90%左右。

表 3.6 部分国产抗 H_2S 腐蚀缓蚀剂

缓蚀剂名称	主要成分
7019	蓖麻油酸、有机胺和冰醋酸的缩合物
兰 4-A	油酸、苯胺、乌洛托品缩合物
1011	聚氧乙烯、N-油酸乙二胺
1017	多氧烷基咪唑啉的油酸盐
7251(G-A)	氯化-4-甲基吡啶季铵盐同系物的混合物

表3.7 部分国产油、气井酸化缓蚀剂

缓蚀剂名称	主要成分
7623	烷基吡啶盐酸盐
7701	氯化苄与吡啶类化合物形成的季铵盐
天津若丁-甲醛	若丁、甲醛、EDTA、醋酸、烷基磺酸
407-甲醛、411-甲醛	4-甲基吡啶、甲醛、烷基磺酸、醋酸
若丁-A	硫脲衍生物、乌洛托品、Cu^{2+}、醋酸、烷基磺酸
7215(G-A)	氯化-4-甲基吡啶季铵盐同系物的混合物

2）炼油工业中的应用

炼油的常压、减压装置设备及其附属设备(油泵、管线等)发生腐蚀，主要原因是原油中含有HCl、H_2S、H_2O，可造成HCl-H_2S-H_2O联合腐蚀。我国用于炼油的缓蚀剂有4052、1017、7019、兰4-A、尼凡丁-18等(见表3.8)。一般首次成膜剂量采用20～40 mg/L，持续补膜剂量为5～15 mg/L。

表3.8 部分国产炼油缓蚀剂

缓蚀剂名称	主要成分	备注
1017	多氧烷基咪唑啉油酸盐	油溶性好，相变处缓蚀率较高
7019	蓖麻油酸、有机胺和冰醋酸缩合物	相变处缓蚀率高
兰4-A	油酸、苯胺、乌洛托品缩合物	抗氧化能力低
尼凡丁-18	聚氧乙烯十八烷基胺、异丙醇	对液相部位缓蚀率较高

3）在化学工业中的应用

烧碱生产中的铸铁熬碱锅腐蚀严重，可能引起危险的碱脆。实践证明，加0.03%左右的硝酸钠后，铸铁锅的腐蚀速度可从每年几毫米降低到每年1 mm以下，缓蚀效率达80%～90%，设备使用寿命延长。为避免碳酸氢铵生产中碳化塔体及冷却水箱的腐蚀，采用3%Na_2S进行缓蚀，效果良好。农用碳化氨水对储槽和运输容器的腐蚀采用过磷酸钙作为缓蚀剂，用量为3%～7%时，缓蚀率可达51%～85%。在含饱和CO_2的40%～50%K_2CO_3溶液中加入0.2%K_2CrO_4，可抑制碳钢及碳钢-不锈钢组合件的电偶腐蚀。

2. 在化学清洗中的应用

化学清洗主要借助于盐酸、硫酸和一些有机酸除去钢材表面在高温下生成的氧化皮(俗称铁鳞)，锅炉和热交换器中的水垢，以及电镀、搪瓷和金属表面处理前的除锈等，所以化学清洗是一个酸洗过程。为防止酸洗过程中金属材料的过腐蚀和氢脆现象，需要在酸洗液中加入酸洗缓蚀剂。

对于在酸洗过程中添加的缓蚀剂，应特别重视经济效益和环保问题。添加高效酸洗缓蚀剂，不但要尽量地降低金属的腐蚀速度，而且要大大降低酸的消耗(用酸量为没加缓蚀剂时的$\frac{1}{5}$～$\frac{1}{4}$)、减少车间酸雾的污染以及防止金属的氢脆。

采用酸洗除锈去垢要根据设备要求，采用合适的酸洗工艺和添加适当的酸洗缓蚀剂。这里仅对机械设备和金属材料的酸洗缓蚀剂做介绍。

1）机械设备酸洗缓蚀剂

根据各种机械设备(包括锅炉、热交换器等)的结构及其构成的材料的不同，有的可使用盐酸、硫酸、氢氟酸以及硝酸等无机酸，有的可使用柠檬酸、羟基乙酸、乙二胺四乙酸和蚁酸等有机酸作为酸洗剂。一般采用盐酸，它能清除锅炉污垢（主要成分是 Fe，其次是 Cu、Si 以及油脂）中的金属微粒 Fe 和溶解含 Ca、Mg 的污垢，但对设备基体也会造成侵蚀，对溶解硅酸盐效果较差。对于那些清洗液难以从设备中完全排出、残留的 Cl^- 可能引起应力腐蚀的场合宜采用柠檬酸等有机酸作清洗剂，它具有除垢速度快、不形成悬浮物和沉渣的优点，但也存在药品贵，除垢力比盐酸小，对含 Cu、Ca、Mg 的污垢及硅酸盐溶解力差的缺点。氢氟酸主要用于清除硅化物，例如：

$$SiO_2 + 6HF \rightarrow H_2SiF_6 + 2H_2O$$

氢氟酸能作为清洗剂更重要的原因是它对 $\alpha\text{-}Fe_2O_3$ 和 Fe_3O_4 有良好的溶解性。氢氟酸虽然是弱酸，但低浓度氢氟酸却比盐酸和柠檬酸等对氧化铁有更强的溶解能力，这主要是由于 F^- 的络合作用。应根据不同金属酸洗中采用的酸来选择适当的缓蚀剂，常用的有若丁、乌洛托品、粗吡啶、页氮等，如表 3.9 所示。它们中大多是炼焦厂和制药厂的副产品。这类缓蚀剂的特点是价格便宜、缓蚀效率高（可达 99%），可减少酸的用量和金属的损失，有利于环境保护和防止金属氢脆。由于机械设备酸洗用量大，酸洗废液一次排出量很大，必须降低缓蚀剂本身的 COD（化学耗氧量）值、BOD（生化耗氧量）值及毒性。

表 3.9　部分国产酸洗缓蚀剂

缓蚀剂名称	主要成分	适用酸种	作　用
天津若丁（五四若丁）	二邻甲苯硫脲、食盐、糊精、皂角粉	硫酸、盐酸	黑色金属酸洗
天津若丁（新）	二邻甲苯硫脲、食盐、淀粉、平平加	硫酸、盐酸、磷酸、氢氟酸、柠檬酸	黑色金属、黄铜酸洗
乌洛托品	六亚甲基四胺	硫酸、盐酸	黑色金属酸洗
兰-5	乌洛托品、苯胺、硫氰酸钠	硝酸	碳钢、铜及铜合金、碳钢与不锈钢焊缝
粗吡啶	焦化或油页岩干馏副产物	7%盐酸、6%氢氟酸	锅炉酸洗
页氮	油页岩干馏副产物	7%盐酸、6%氢氟酸	锅炉酸洗
工读-3 号	苯胺与乌洛托品缩合物	盐酸	锅炉及换热器除垢
沈 1-D	苯胺与甲醛缩合物	盐酸	黑色金属酸洗
云南工业硝酸除垢缓蚀剂	硫代硫酸钠、尿素、乌洛托品	硝酸	钢铁、黄铜、不锈钢酸洗
氢氟酸酸洗缓蚀剂	α-巯基苯并噻唑平平加	氢氟酸	锅炉及配管除垢
高温盐酸缓蚀剂	页氮＋碘化钾	100 ℃以上盐酸	黑色金属酸洗
仿依比特-30A	1,3-二正丁基硫脲、异丙醇、一缩二丙二醇等	柠檬酸铵	20 钢、15CrMn、16Mn 等酸洗
MBT（又名 M）	2-巯基苯并噻唑	盐酸	黄铜、钢铁酸洗

2）钢材酸洗缓蚀剂

在带钢或线材冷轧和冷拉前，需要除去钢材表面在高温下生成的氧化皮。一般采用高温和较高浓度的硫酸、盐酸连续酸洗工艺处理。为防止钢材在酸洗中过腐蚀，常加入适量的缓蚀剂。其工艺规范见表3.10。有的连续酸洗槽全长100 m,采用硫酸溶液连续酸洗。可采用95 ℃左右、10%～25%的硫酸溶液。为保证酸洗生产能力,目前大多使用盐酸连续酸洗,使带钢或线材表面氧化皮完全除净。

表3.10 硫酸或盐酸酸洗工艺规范

种类/浓度/参数	硫酸连续酸洗		盐酸连续酸洗	
	H_2SO_4/%	Fe^{2+}/%	HCl/%	Fe^{2+}/%
1	4～8	8～10	1～5	12～15
2	8～15	6～8	3～8	7～8
3	15～20	5～6	8～10	7～8
4	20～25	3～5	10～15	4～5
缓蚀剂	适量		适量	
温度/℃	95～100以上		80～90以上	
时间/min	(酸洗槽系列全长100 m)1～2		1～3	

对酸洗缓蚀剂有以下要求:a. 缓蚀剂在高温、高浓度酸洗液中是稳定的。b. 缓蚀剂的缓蚀效率高,不发生氢脆断裂。c. 缓蚀剂发泡倍率低,没有干扰成分。d. 缓蚀剂的浓度容易控制,不影响酸洗去除氧化皮的速度,能满足连续、快速生产的要求。如高温盐酸连续酸洗,可使用页氮加KI缓蚀剂,其用量为纯酸的0.3%,酸洗时间为1～3 min。

不锈钢的酸洗,通常使用硝酸或硝酸和氢氟酸的混合液。该场合如果采用吸附型有机缓蚀剂,会导致氧化皮不能除净,而且随时间延长,还会由于硝酸作用引起缓蚀剂分解,反而加速钢材腐蚀。所以,对于硝酸体系的酸洗液,不锈钢酸洗缓蚀剂的研制,仍是亟待解决的课题。我国在这方面研究已取得一定的成果。如表3.9中兰-5和云南工业硝酸除垢缓蚀剂都是硝酸缓蚀剂,可用于不锈钢焊缝、不锈钢、碳钢和铜及其合金的酸洗。

3. 在冷却水系统中的应用

使用冷却水的方式有两种:直流式和循环式冷却水。直流式冷却水系统采用的是热交换水直接排放不再使用的形式。在大型工厂中,一般使用海水冷却,使用淡水直流式冷却水系统很少。直流式冷却水系统用水量大,缓蚀剂的投加量有一定限制,一般每升海水添加几毫米聚磷酸盐可防止钙的析出和Fe^{3+}的沉积。为了节约用水,提高水的利用率,在工业生产中大量使用循环式冷却水系统,它又可分为敞开式和密闭式两种。敞开式系统是指把经热交换的水引入冷却水塔冷却后再返回循环系统。这种水由于与空气充分接触,水中溶氧量高,具有较强的腐蚀性。而且,由于冷却水经多次循环,水中的重碳酸钙和硫酸钙等无机盐逐渐浓缩,再加上微生物的生长,水质不断变坏。为控制由此而产生的局部腐蚀、水垢下腐蚀和细菌腐蚀,一般加入300～500 mg/L的重铬酸钾和30～50 mg/L的聚磷酸盐的混合物,这样效果最佳,目前正在广泛使用。密闭循环式冷却水系统,以内燃机等的冷却系统为代表,它处于比敞开式系统更为苛刻的腐蚀环境下。采用的缓蚀剂有铬酸盐(投加量为0.05%～0.3%)、亚硝酸钠(加0.1%)、锌盐、钼盐、硅酸盐,以及含硫、氮的有机化合物等。

4. 在防止大气腐蚀方面的应用

常用于防止大气腐蚀的缓蚀剂多半是挥发性的气相缓蚀剂。前面已经介绍,气相缓蚀剂是指本身具有一定蒸汽压并在有限空间内能防止气体或蒸汽腐蚀金属的缓蚀剂。气相缓蚀剂，又称挥发性缓蚀剂(VCI)。它是近几十年发展起来的新型防锈产品，现在广泛应用于军械器材、机车、飞机、船舶、汽车、仪表、轴承、量具、模具和精密仪器等工业部门。它的优点在于：能借助气体达到防锈目的，适用于结构复杂、不易为其他涂层所保护的制件；使用方便，适用于武器封存、适应战备要求；封存期较长，用它保护金属有效期可达10年之久；用量少，比较经济便宜；包装外观精美、干净。其缺点是现在适用于多种金属和镀层的气相缓蚀剂还不多，许多气相缓蚀剂还不能用于多种金属的组合件。另外，气相缓蚀剂气味大，对手汗抑制能力差。因此，尽管气相缓蚀剂有很大的发展，但不能完全代替其他防锈方法。特别在既需要防锈，又需要润滑的地方，还必须用防锈油。

气相缓蚀剂种类很多。据不完全统计，对大气腐蚀环境有缓蚀作用的物质有二三百种。大致可分为如下几种。

(1) 无机酸或有机酸的胺盐　如亚硝酸二环己胺、亚硝酸二异丙胺、碳酸环己胺、磷酸二异丁胺、铬酸环己胺、碳酸苄胺、磷酸苄胺、苯甲酸单乙醇胺、苯甲酸三乙醇胺、苯甲酸铵、碳酸铵等，以上胺盐大多数对钢铁有缓蚀作用，但少数对铜、铝等有色金属有加速腐蚀作用。

(2) 硝基化合物及其胺盐　如硝基甲烷、2-硝基氧氮茂、间硝基苯酚、3,5-二硝基苯甲酸环己胺、2-硝基-4-辛基苯酚四乙烯五胺、2,4-二硝基酚二环己胺、邻硝基酚三乙醇胺。在这类化合物中，有些是适用于黑色金属、有色金属等多种金属的通用气相缓蚀剂。

(3) 酯类　如邻苯二甲酸二丁酯、己二酸二丁酯、醋酸异戊酯、叔丁醇铬酸酯、甲基肉桂酯、异苯基甲酸酯、丁基苯甲酸酯等。这类化合物中有些能对有色金属起缓蚀作用。

(4) 混合型　它是由几种化合物混合后产生的具有缓蚀作用的挥发性物质，如亚硝酸钠、磷酸氢二铵和碳酸氢钠的混合物；亚硝酸钠和苯甲酸的混合物；亚硝酸钠和乌洛托品的混合物；亚硝酸钠和尿素的混合物；苯甲酸、三乙醇胺和碳酸钠的混合物等。这些混合型气相缓蚀剂都适用于黑色金属防锈，并对钢件磷化和氧化以及钢件镀镍、铬、锌、锡等也有良好的缓蚀作用。但对铜可生成易溶于水的铜氨络合物，故对铜及铜合金有腐蚀作用。

(5) 其他类型的气相缓蚀剂　如六亚甲基四胺、苯并三唑、吗啉等。其中苯并三氮唑对铜、铜合金、银有良好的缓蚀作用。

作为气相缓蚀剂的物质必须具备两个条件：一是挥发性强，具有较高的蒸汽压(在常温下为0.1～1 Pa，即10^{-3}～10^{-4} mm汞柱较为合适，见表3.11)。二是能分离出具有缓蚀性的基团(见表3.12)，适用于不同的金属。

表3.11　某些气相缓蚀剂蒸汽压(21 ℃)

名　称	蒸汽压/Pa	名　称	蒸汽压/Pa	名　称	蒸汽压/Pa
环己胺	>133	亚硝酸环己胺	0.36	苯甲酸乙醇胺	～0.02
碳酸环己胺	53.2	亚硝基苯乙酸	0.25	亚硝酸二环己胺	0.016
碳酸二环己胺	51.9	亚硝基酸二苄胺	0.12	邻-硝基酚	0.04(35 ℃)
碳酸吗啉	1.02	亚硝酸呱啶	0.76	2,4-二硝基酚二环己胺	0.003(35 ℃)
亚硝酸二异丙胺	0.86	辛酸二环己胺	0.07	铬酸胍	<0.001
亚硝酸丁基二胺	0.05	亚硝酸三甲基苄胺	0.04	苯甲酸环己胺	0.01
亚硝酸吗啉	0.40	铬酸丁酯	0.02		

表 3.12　几种气相缓蚀剂的结构与缓蚀性能

序号	名　　称	结构式或化学式	缓 蚀 基 团	缓蚀性能
1	亚硝酸二环己胺	(环己基)$_2$N(H)(H)—NO_2	NO_3^-，(环己基)$_2NH_2^+$	对镍、铬、铝缓蚀；对黄铜、镉、锌、镁加速腐蚀
2	碳酸环己胺	(环己基)—NH—C(=O)—O—NH_2—(环己基)	—COO^-，(环己基)—NH_3^+	对钢、铸铁、铬、锌缓蚀；对铜、黄铜、镁加速腐蚀
3	碳酸苄胺	(苯基)—CH_2NH—COO—NH_3CH_2—(苯基)	—COO^-，(苯基)—$CH_2NH_3^+$	对钢、铸铁、铝、锌缓蚀；对钢及铜合金、镁加速腐蚀
4	叔丁醇铬酸酯	$[H_3C—C(CH_3)_2—]_2CrO_4$	CrO_4^{2-}，有机阳离子	对锌、铝、铜、钢缓蚀
5	磷酸二异丁胺	$[H_3C—C(CH_3)_2—NH]_2HPO_4$	PO_4^{3-}，有机阳离子	对钢、铜缓蚀
6	苯甲酸单乙醇胺	(苯基)—COO—$NH_3CH_2CH_2OH$	(苯基)—COO^-，$HOCH_2CH_2NH_3^+$	对铜、铝、镍缓蚀
7	3,5-二硝基苯甲酸环己胺	3,5-(O_2N)$_2$(苯环)—COO—NH_3—(环己基)	3,5-(O_2N)$_2$(苯环)—COO^-，(环己基)—NH_3^+	对多种金属缓蚀
8	2-硝基-4辛基苯酚四乙烯五胺	$H_{17}C_8$—(苯环，2-NO_2)—O—$NH_3CH_2CH_2NH$—$CH_2CH_2NH \cdot CH_2$—$CH_2NHCH_2CH_2NH_2$	硝基酚，有机胺离子	对铜、钢、锌、镉、铝等多种金属缓蚀
9	2,4-二硝基酚二环己胺	O_2N—(苯环，NO_2)—O—H_2N(环己基)$_2$	O^-—(苯环，2,4-NO_2)，(环己基)$_2NH_2^+$	对钢、铜、锌、镉、铝等多种金属缓蚀
10	邻硝基酚三乙醇胺	(苯环，2-NO_2)—O—$NH(CH_2CH_2OH)_3$	O^-—(苯环)—NO_2，$(CH_2CH_2OH)_3NH^+$	对钢、铜、锌、镉、铝等多种金属缓蚀

续表

序号	名　　称	结构式或化学式	缓蚀基团	缓蚀性能
11	吗啉	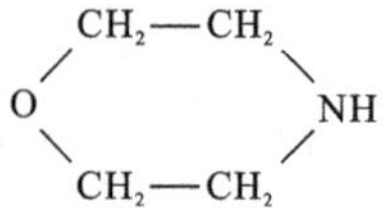 O(CH$_2$—CH$_2$)$_2$NH（环状结构）	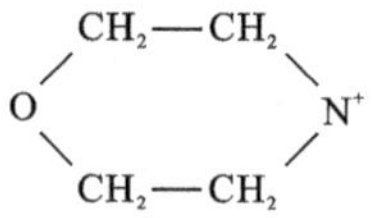 O(CH$_2$—CH$_2$)$_2$N$^+$（环状结构）	对钢、铝、镍缓蚀
12	苯并三唑	 苯环并三唑环（N=N—N—H）	N原子	对钢、铜合金、银缓蚀
13	邻苯二甲酸二丁酯	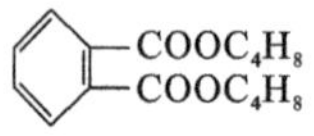 $C_6H_4(COOC_4H_8)_2$	双羧基	对锌、镉缓蚀
14	己二酸二丁酯	$CH_2CH_2COOC_4H_8$ | $CH_2CH_2COOC_4H_8$	双羧基	对锌、镉、铝缓蚀

气相缓蚀剂的使用方法有：粉末法、气相纸法、溶液法、气相油法、粉末喷射法、复合材料法等。例如亚硝酸二环己胺，它是国内外研究最多，应用最广的一种气相缓蚀剂，呈白色至淡黄色结晶状，在 175 ℃时会分解，能溶于水，水溶液的 pH 值约为 7；它的蒸汽压很低，21 ℃时为 0.016 Pa(0.00012 mm 汞柱)，随温度增加其蒸汽压也增加；它对黑色金属钢、铸铁及钢件(经发蓝、磷化处理)等具有优良的防锈能力；它对大多数非金属材料，如塑制品、油漆涂层、黏结剂、干燥剂、包装材料等无影响。它可以粉末法、气相纸法或溶液法使用。单独以粉末法使用时，用量为 50～70 g/m^2，可将粉末均匀地撒在金属制件表面，或装入纸袋、纱布袋中，也可制成片剂或丸剂装入包装袋中。气相缓蚀剂的有效作用半径(金属表面离气相缓蚀剂发挥作用的距离)应小于 30 cm。采用气相纸法时，涂布量为 15～25 g/m^2，先将亚硝酸二环已胺溶解在蒸馏水中，然后浸涂于防锈原纸(如牛皮纸、石蜡纸、仿羊皮纸等)上，最后再进行干燥。溶液法采用0.5%～1%的水溶液(pH 值在 7～7.2 之间)，使用时将该水溶液浸涂或喷涂于金属表面，溶剂挥发后，即在金属表面形成一层缓蚀薄膜，起到缓蚀作用。

综上所述，气相缓蚀剂有良好的防锈性能，使用方便，但在使用时还必须注意以下问题。

(1) 必须了解各种气相缓蚀剂的使用范围。如适用于黑色金属的亚硝酸二环已胺，就不能用于铜及铜合金。对于多金属的组合件的防锈，应选用多种金属通用的缓蚀剂。

(2) 要注意气相缓蚀剂有效作用半径和死角。一般取有效半径为 30 cm，超过这个距离的金属可能失去保护作用，会产生死角。

(3) 注意使用环境的温度和湿度。温度过高会使缓蚀剂分解而失效；湿度过大会引起保护膜溶解。因此，应避免温度高于 60 ℃和阳光直接照射，相对湿度应低于 85%。

(4) 避免与酸碱接触。微量的无机酸能使亚硝酸盐变成亚硝基胺而失效，而过量的碱则会形成游离胺。为了得到满意的缓蚀效果，还必须控制缓蚀剂的酸碱度(pH 值)。因此，在实际应用时，必须控制包装纸、洗涤剂、溶剂、包装缓冲材料、包装箱等可能挥发出来的酸、碱性物质。

除上述方面外，缓蚀剂还在工业生产中的工序间防锈和长期贮存，运输过程中所涉及的防锈水、防锈油，以及油封包装、气相封存等方面得到了广泛的应用。

3.4　电化学保护

电化学保护是利用外部电流使金属电位发生改变从而控制腐蚀的一种方法。金属在外电流的作用下可以极化到非腐蚀区或钝化区而获得保护。

电化学保护是防止金属腐蚀的有效方法，具有良好的社会效益和经济效益。电化学保护广泛应用于各种地下构筑物、水下构筑物、海洋工程、化工和石油化工设备的腐蚀防护上。如地下油、气、水管道，船舶，码头，海上平台等，均采用了电化学保护措施。电化学保护是一种极为经济的保护方法。例如，一条海轮在建造费中，涂装费高达5%，而阴极保护的费用不到1%。一座海上采油平台的建造费高达1亿元，不采取保护措施，平台的寿命只有5年，采用阴极保护其费用为100～200万元，而平台寿命延长到20年以上。地下管线的阴极保护费只占总投资的0.3%～0.6%，使用寿命却大大延长。采用阳极保护所需的费用为设备造价的2%左右。

3.4.1　阴极保护

金属在外加阴极电流的作用下，发生阴极极化，使金属的阳极溶解速度降低，甚至极化到非腐蚀区，使金属完全不腐蚀，这种方法称为阴极保护。

1. 阴极保护原理

根据腐蚀电化学原理，腐蚀的金属是一个多电极耦合体系。在最简单的情况下，腐蚀的金属电极上同时存在两个电化学反应，即金属的阳极溶解反应和氧化剂的阴极还原反应。当外电流流经金属表面时，其表观极化曲线与腐蚀原电池阴、阳极过程的理论极化曲线之间的关系如图3.7所示。其中，$ABKC$ 和 $FKED$ 分别为理论阳极极化曲线和阴极极化曲线。其起始电位分别为阳极反应和阴极反应的平衡电位 E_a^0 和 E_c^0。理论阳极极化曲线和阴极极化曲线的交点 K 所对应的电位即自腐蚀电位 E_{corr}，对应的电流即腐蚀电流密度 i_{corr}。在电位 E_{corr} 处阳极和阴极的电流相等，外电流为零。

IJC 和 IHD 分别为表现阳极极化曲线和表现阴极极化曲线。当体系外加阴极电流时，电极电位将由 E_{corr} 沿 IHD 朝负方向移动。若外加阴极电流密度为 i_1，电位由 E_{corr} 负移到 E_1，则腐蚀电流密度 i_{corr} 减小到 i_{a1}，$i_{corr}-i_{a1}$ 表示阴极极化后腐蚀电流密度的减小值（阴极极化后腐蚀电流密度减小称为保护效应）；阴极电流密度相应增加到 i_{c1}，且有 $i_1=i_{c1}-i_{a1}$。如果使金属进一步阴极极化，当电位达到阳极反应的平衡电位 E_a^0 时，外电流 i_2 全部消耗于氧化剂的阴极还原，则腐蚀原电池阳极过程的速度降为零，腐蚀停止，实现完全的阴极保护。E_a^0 即为理论上的最小保护电位。金属达到最小保护电位所需要的外加电流密度为最小保护电流密度。

在不同的环境中金属腐蚀的极化图有很大的差异。在酸性介质中，金属腐蚀全部由氢的去极化引起时，其极化曲线便类似于图3.7。在中性或微酸性介质中，当阴极极化全部是氧的去极化或以氧的去极化为主、氢的去极化为辅时，极化曲线如图3.8所示，氧的去极化呈现浓差极化的特征：在中性介质中，由于阴极极化主要是氧的去极化，阴极保护的效果最为理想。当阴极保护电流等于氧的浓差电流时，即可达到 E_M^0，实现完全的阴极保护；阴极保护电流过大（如图3.8中的 i_1）并无好处，因为这时非但不可能继续降低金属的腐蚀速度，反而还会引起氢的析出。

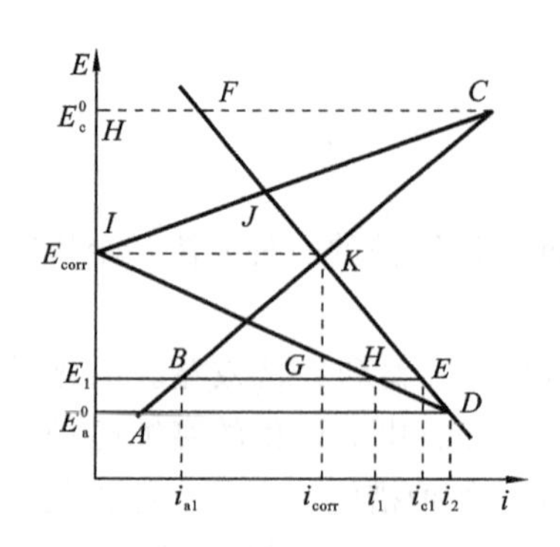

图 3.7　外加电流的极化与阴极保护

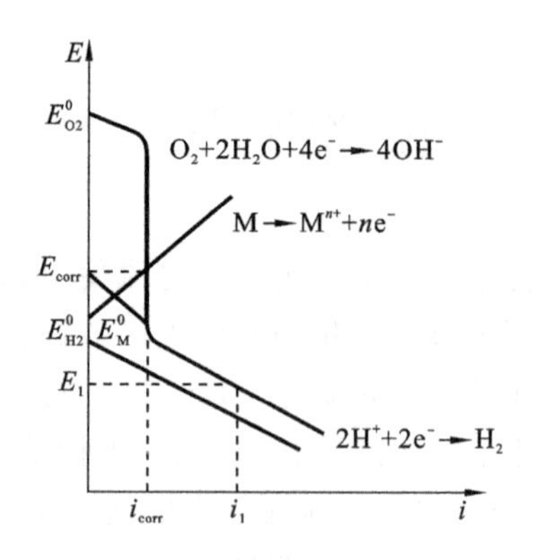

图 3.8　中性或酸性介质中极化曲线图

2. 阴极保护参数

在阴极保护工程中，可以通过测定金属是否达到保护电位来判断金属的保护效果。

1）保护电位

阴极保护时通过对被保护的金属结构施加阴极电流，使其发生阴极极化，电位负移，可以使腐蚀过程完全停止，实现完全保护，或使腐蚀速度降低到人们可以接受的程度，达到有效保护。被保护金属结构的电位是判断阴极保护效果的关键参数和标准，也是实施现场阴极保护控制和监测、判断阴极保护系统工作是否正常的重要依据。

保护电位是指通过阴极极化使金属结构达到完全保护或有效保护所需达到的电位值，习惯上把前者称为最小保护电位，后者称为合理保护电位。当被保护金属结构的电位太负，不仅会造成电能的浪费，而且还可能由于表面析出氢气，造成涂层严重剥落或金属产生氢脆的危险，出现“过保护”现象。

保护电位的数值与被保护金属的种类及其所处的环境等因素有关。许多国家已将保护电位列入了各种标准和规范，可供阴极保护设计参考。表 3.13 摘自英国所制定的《阴极保护实施规范》，给出了一些金属在海水和土壤中进行阴极保护时的保护电位值。美国腐蚀工程师协会（NACE）在《埋地或水下金属管线系统外腐蚀控制推荐规范》（NACE-RP0169—2002）中，对阴极保护准则做出了某些规定：对于在天然水和土壤中的钢和铸铁构筑物，规定保护电位至少应为−0.85 V（相对于饱和 $Cu/CuSO_4$ 参比电极，即 SCSE）。同时提出有关阴极保护的电位移动原则，即施加阴极电流使被保护结构的电位由其开路电位朝负方向移动 300 mV，便可使中性水溶液和土壤中的钢铁结构得到有效保护。如果在中断保护电流的瞬间测量，则电位负偏移值应大于 100 mV。断电流电位测量的结果由于不包括电流通过电解质所造成的 IR 电位降，

表 3.13　一些金属的保护电位

金属或合金		相对于参比电极的电位/V			
		Cu/饱和 $CuSO_4$	Ag/AgCl/海水	Ag/AgCl/饱和 KCl	Zn/洁净海水
铁与钢	含氧环境	−0.85	−0.80	−0.75	0.25
	缺氧环境	−0.95	−0.90	−0.85	0.15
铅		−0.60	−0.55	−0.50	0.50
铜合金		−0.50～−0.65	−0.45～−0.60	−0.40～−0.55	0.60～0.45
铝	上限值	−0.95	−0.90	−0.85	0.15
	下限值	−1.20	−1.15	−1.10	−0.10

所以保护条件更易确定。在我国：埋设在土壤中的钢管道，其保护电位通常为 −0.85 V (SCSE)；在厌氧的硫酸盐还原菌存在的土壤中，钢管道保护电位为 −0.95 V(SCSE)；在土壤中钢管道的自然腐蚀电位相当负时，以负移 300 mV 的电位为其保护电位。

对于海水和土壤等介质，国内外已有多年的阴极保护实际经验，保护电位值可根据有关标准或经验选取。但是对于某些体系，特别是在化工介质中，积累的经验和数据较少，经常需要通过试验确定保护参数。

2）保护电流密度

在阴极保护中，可使被保护结构达到最小保护电位所需的阴极极化电流密度称为最小保护电流密度。保护电流密度也是阴极保护的重要参数之一。

保护电流密度的大小与被保护金属的种类、表面状态、有无保护膜，漆膜的损失程度，腐蚀介质的成分、浓度、温度、流速等条件，以及保护系统中电路的总电阻等因素有关，因此保护电流密度可在很宽的范围内不断地变化。例如：在土壤中未加涂层的钢结构，其保护电流密度为 10～100 mA/m^2；在淡水中的为 20～50 mA/m^2；在静止海水中的为 50～150 mA/m^2；在流动海水中的为 150～300 mA/m^2。

采用涂层和阴极保护措施联合保护时，保护电流密度可降低为裸钢的几十分之一到几分之一。在含有 Ca^{2+}、Mg^{2+} 的海水等介质中，金属表面碱度增大会促进 $CaCO_3$ 在表面沉积；在较高的电流下，Mg^{2+} 会以 $Mg(OH)_2$ 的形式沉积出来。这些沉积物也会降低所需的保护电流密度。介质的流动速度也会影响保护电流密度。如海水流动速度增大或船舶的航速增大时，会促进氧的去极化，所需的保护电流密度随之增加。实践表明，航行中的船舶的保护电流密度约为停航时的两倍，高速航行的舰艇的保护电流密度则可达停航时的 3～4 倍。因此，在阴极保护设计中，保护电流密度的选择除了根据有关标准的规定外，还要综合考虑各种因素。

3）最佳保护参数

阴极保护最佳保护参数的选择应既能达到较高的保护程度，又能达到较高的保护效率。保护程度 P 定义为

$$P=\frac{i_{corr}-i_a}{i_{corr}}\times 100\%=\left(1-\frac{i_a}{i_{corr}}\right)\times 100\%$$

式中：i_{corr}——未做阴极保护时的金属腐蚀电流密度；

i_a——做阴极保护时的金属腐蚀电流密度。

保护效率 Z 定义为

$$Z=\frac{P}{i_{appl}/i_{corr}}\times 100\%=\frac{i_{corr}-i_a}{i_{appl}}\times 100\%$$

式中：i_{appl}——做阴极保护时外加的电流密度。

在阴极保护的工程实际中，往往随着 i_a/i_{corr} 的减小，i_{appl}/i_{corr} 增大，电位负移值增大，保护程度 P 不断提高，保护效率 Z 却随之下降。另外，在被保护的金属结构上电流密度的分布往往是不均匀的，所以在靠近阳极和远离阳极的地方，保护程度和保护效率会有显著的差异。因此，需要根据实际情况确定最佳的保护程度和保护效率，并不是在所有的情况下都要达到完全保护。

3. 阴极保护的两种方法

根据提供极化电流的方法不同，阴极保护可以分为牺牲阳极保护和外加电流阴极保护两种。阴极保护方法的选择应根据供电条件、介质电阻率、所需保护电流的大小、运行过程中工艺条件变化情况、寿命要求、结构形状等决定。通常情况下，对无电源、介质电阻率低、条件变

化不大、所需保护电流较小的小型系统，宜选用牺牲阳极保护。相反，对有电源、介质电阻率大、所需保护电流大、条件变化大、使用寿命长的大系统，应选用外加电流阴极保护。

1）牺牲阳极保护

牺牲阳极保护方法是在被保护金属上连接电位更负的金属或合金作为牺牲阳极，依靠牺牲阳极不断腐蚀溶解产生的电流对被保护金属进行阴极极化，达到保护的目的。

牺牲阳极保护方法的主要特点如下。

（1）不需要外加直流电源。

（2）驱动电压低，输出功率低，保护电流小且不可调节。阳极有效保护距离小，使用范围受介质电阻率的限制。但保护电流的利用率较高，一般不会造成过保护，对邻近金属设施干扰小。

（3）阳极数量较多，电流分布比较均匀。但阳极重量大，会增加结构重量，且阴极保护的时间受牺牲阳极寿命的限制。

（4）系统牢固可靠，施工技术简单，单次投资费用低，不需专人管理。

在阴极保护工程中，牺牲阳极必须满足下列要求。

（1）电位足够负且稳定。牺牲阳极不仅要有足够负的开路电位，而且要有足够负的闭路电位，可使阴极保护系统在工作时保持足够的驱动电压。所谓驱动电压是指在有负载的情况下阴、阳极之间的有效电位差。由于保护系统中总有电阻存在，所以只有具有足够的驱动电压才能克服回路中的电阻，向被保护的结构提供足够大的阴极保护电流。性能好的牺牲阳极的阳极极化率必须很小，电位可长时间保持稳定，这样才能具有足够长的工作寿命。

（2）电流效率高且稳定。牺牲阳极的电流效率是指实际电容量与理论电容量的百分比。理论电容量是根据法拉第定律计算得出的消耗单位质量牺牲阳极所产生的电量，单位为A·h/kg。由于牺牲阳极本身存在局部电池作用，则有部分电量消耗于牺牲阳极的自腐蚀。因此，牺牲阳极的自腐蚀电流小，则电流效率高，使用寿命长，经济性好。

（3）表面溶解均匀，腐蚀产物松软、易脱落，不致形成硬壳或致密高阻层。

（4）来源充足，价格低廉，制作简易，污染轻微。

牺牲阳极的性能主要由材料的化学成分和组织结构决定。对于钢铁结构，能满足以上要求的牺牲阳极材料主要是镁及其合金、锌及其合金和铝合金。常用的牺牲阳极材料有纯镁、Mg-6%Al-3%Zn-0.2%Mn、纯锌、Zn-0.6%Al-0.1%Cd、Al-2.5%Zn-0.02%In等。

镁及镁合金阳极的优点是：工作电位很负，不仅可以保护钢铁，也可保护铝合金等较活泼的金属；密度小，单位质量发生电量较锌阳极大，用作牺牲阳极时安装支数较少；工作电流密度大，可达1～4 mA/m^2；阳极极化率小，溶解比较均匀；可用于电阻率较高的介质（如土壤和淡水）中金属设施的保护。由于镁的腐蚀产物无毒，也可用于热水槽的内保护和饮水设备的保护。镁阳极的缺点在于：自腐蚀较严重，电流效率只有50%左右，消耗快；与钢铁的有效电位差大，故容易造成过保护，使用过程中会析出氢气；镁阳极与钢结构撞击时容易诱发火花。因此，在海水等电阻率低的介质中，镁阳极已逐渐被淘汰，在油轮等有爆炸危险的场合严禁使用镁阳极。

锌及锌合金阳极的开路电位较正，与被保护钢铁结构的有效电位差只有0.2 V左右，保护时不会发生析氢现象，且具有自然调节保护电流的作用，不会造成过保护。这类阳极自腐蚀程度轻，电流效率高，寿命长，适于长期使用，所以安装总费用较低。此类阳极与钢铁构件撞击时，没有诱发火花的危险。但锌及锌合金阳极的有效电位差小，密度大，发生的电流量小，实际应用时个数多，分布密，重量大，而且不适合用在电阻较高的土壤和淡水中。锌基合金阳极目前广泛用于海上舰船外壳，油轮压载舱，海上、海底构筑物的保护。在电阻率低于 15 Ω·m 的土壤环境中保护钢铁构筑物具有良好的技术经济性，故获得了较普遍的应用。

铝具有足够负的电位和较高的热力学活性，而且密度小，发生的电量大，原料容易获得，价格低廉，是制造牺牲阳极的理想材料。但纯铝容易钝化，具有比较正的电位，在阳极极化下电位变得更正，以致不能实现有效的保护。因此纯铝不能作为牺牲阳极材料。

铝合金阳极的主要优点是：理论发生电量大，为 2970 A·h/kg，按输出电量的价格比，具有镁和锌无可比拟的优势；由于发生的电量大，可以制造长寿命的阳极；在海水及其他含氯离子的环境中，铝合金阳极性能良好，电位保持在 −0.95～1.1 V(SCE)；保护钢结构时有自动调节电流的作用；密度小，安装方便；铝的资源丰富。铝合金阳极的不足之处是：电流效率比锌阳极低，在污染海水中性能有下降趋势，在高阻介质（如土壤）中阳极效率很低，性能不稳定；溶解性能差；与钢结构撞击有诱发火花的可能。铝合金阳极广泛用于海洋环境和含氯离子的介质中，用于保护海上钢铁构筑物及海湾、河口的钢结构。

牺牲阳极保护系统的设计，包括保护面积的计算，保护参数的确定，牺牲阳极的形状、大小、数量、分布和安装，以及阴极保护效果的评定等环节。

2）外加电流阴极保护

外加电流阴极保护是利用外部直流电源对被保护体提供阴极极化，实现对被保护体的保护的方法。

外加电流阴极保护系统主要由三部分组成：直流电源、辅助阳极和参比电极。直流电源通常是大功率的恒电位仪，可以根据外界的条件变化，自动调节输出电流，将被保护的结构的电位始终控制在保护电位范围内。辅助阳极用来把电流输送到阴极（即被保护的金属）。辅助阳极应：导电性好，耐蚀，寿命长，排流量大（即一定电压下单位面积通过的电流大），而极化率小；有一定的机械强度，易于加工；来源方便，价格便宜等。辅助阳极材料按其溶解性能可分为三类：可溶性阳极材料，如钢和铝；微溶性阳极材料，如高硅铸铁、铅银合金、Pb/PbO_2、石墨和磁性氧化铁等；不溶性阳极材料，如铂、铂合金、镀铂钛和镀铂钽等。这些阳极材料除钢外都耐蚀，可供长期使用。钛上镀一层 2～5 μm 的铂作为阳极，使用工作电流密度为 1000～2000 A/m^2，而铂的消耗率只有 4～10 mg/(A·a)，一般可使用 5～10 年。参比电极用来与恒电位仪配合，测量和控制保护电位，因此要求参比电极可逆性好，不易极化，长期使用中可保持电位稳定、准确，灵敏，坚固耐用等。阴极保护工程中常用的参比电极有铜/硫酸铜电极、银/氯化银电极、甘汞电极和锌电极等。

外加电流阴极保护方法的主要特点如下。

(1) 需要外部直流电源，其供电方式主要为恒电流和恒电位两种。

(2) 驱动电压高，输出功率和保护电流大，能灵活调节、控制阴极保护电流，有效保护半径大；适用于恶劣的腐蚀环境和高电阻率的环境；有产生过保护的可能性，也可能对附近金属设施造成干扰。

(3) 采用难溶和不溶性辅助阳极的消耗低，寿命长，可实现长期的阴极保护。

(4) 由于系统使用的阳极数量有限，保护电流分布不够均匀，因此被保护的设备形状不能太复杂。

(5) 外加电流阴极保护与施加涂料联合，可以获得最有效的保护效果，被公认为最经济的防护方法。

外加电流保护系统的设计，主要包括：选择保护参数，确定辅助阳极材料、数量、尺寸和安装位置，确定阳极材料和尺寸，计算供电电源的容量等。由于辅助阳极是绝缘地安装在被保护体上的，故阳极附近的电流密度很高，易引起"过保护"，使阳极周围的涂料遭到破坏。因此，必须在阳极附近一定范围内涂覆阳极屏蔽层或安装特殊的屏蔽屏。它应具有与钢结合力高、绝缘性优良的特点，以及良好的耐碱、耐海水性能。用于海船阳极屏蔽的有玻璃钢阳极屏、氯化橡胶厚浆型涂料和环氧沥青聚酰胺涂料屏蔽层。

阴极保护简单易行，经济，效果好，且对应力腐蚀、腐蚀疲劳、孔蚀等特殊腐蚀均有效。阴极保护的应用日益广泛，主要用于保护中性、碱性和弱酸性介质（如海水和土壤）中的各种金属构件和设备，如海洋中的舰船、码头、桥梁、水闸、浮筒、海洋平台、海底管线，工厂中的冷却水系统、热交换器、污水处理设施，核能发电厂的各类给水系统，地下油、气、水管线，地下电缆等。

3.4.2 阳极保护

在外加阳极电流作用下，使金属在腐蚀介质中发生钝化，从而使腐蚀速度显著下降的保护方法称为阳极保护法。

1. 阳极保护的原理

阳极保护的基本原理在第2章中已讨论过了。如图3.9所示，对于具有钝化行为的金属设备和溶液体系，用外电源对它进行阳极极化，使其电位进入钝化区并维持钝态，将使金属腐蚀速度变得极其微小，从而实现阳极保护。

2. 阳极保护系统

阳极保护系统主要由恒电位仪（直流电源）、辅助阴极以及测量和控制保护电位的参比电极组成。图3.10所示为一个典型的阳极保护系统。阳极保护对辅助阴极材料的要求是：在阴极极化下耐蚀，有一定的机械强度，来源广泛，价格便宜，容易加工。在浓硫酸中可用铂或镀铂电极作辅助阴极，也可采用金、钽、钢、高硅铸铁或普通铸铁电极等；对稀硫酸可用银、铝青铜、石墨电极等；在碱溶液中可用高镍铬合金或普通碳钢电极。

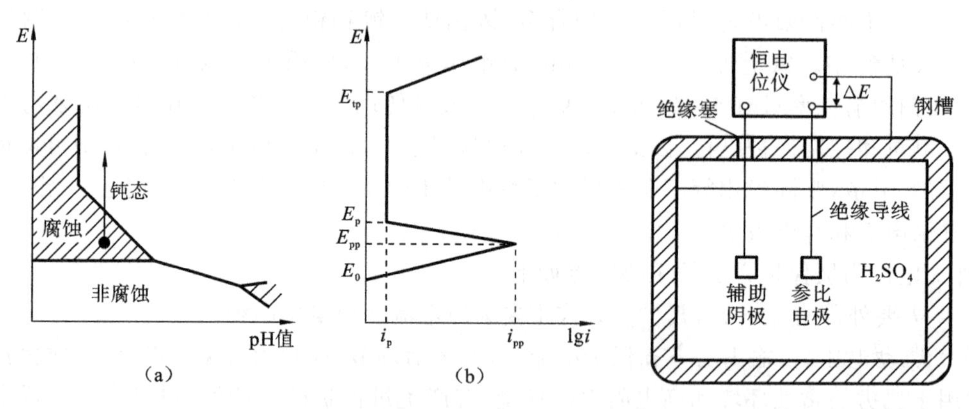

图3.9 阳极保护原理示意图

图3.10 硫酸槽的阳极保护系统

3. 阳极保护参数

为了判断给定腐蚀体系是否可以采用阳极保护方法，首先要根据采用恒电位法测得的阳极极化曲线来分析。在实施阳极保护时，主要考虑下列三个基本参数。

（1）致钝电流密度 i_{pp}　即金属在给定介质中达到钝态所需要的临界电流密度。一般 i_{pp} 越小越好，否则就需要容量大的直流电源，使设备费用提高，而且会增大钝化过程中金属设备的阳极溶解速率。

(2) 钝化区电位范围　即开始建立稳定钝态的电位 E_p 与过钝化电位 E_{tp} 间的电位范围 $E_p \sim E_{tp}$，在可能发生点蚀的情况下为 E_p 与点蚀电位 E_{br} 间的范围 $E_p \sim E_{br}$。显然钝化区电位范围越宽越好，一般不得小于 50 mV。否则，若恒电位仪控制精度不高使电位超出这一区域，可造成严重的活化溶解或点蚀。

(3) 维钝电流密度 i_p　代表金属在钝态下的腐蚀速度。i_p 越小，防护效果越好，耗电也越少。

上述三个参量与金属材料和介质的组成、浓度、温度、压力、pH 值有关。因此要先测定出给定材料在腐蚀介质中的阳极极化曲线，找出这三个参量作为阳极保护的工艺参数或以此判断阳极保护应用的可能性。表 3.14 列出了一些金属材料在不同介质中阳极保护的主要参数。

表 3.14　一些金属材料在不同介质中的阳极保护参数

材　　料	介　　质	温度/℃	$i_{致钝}$ /(A/m)	$i_{维钝}$ /(A/m)	钝化区电位范围[①]/mV
碳素钢	发烟硫酸溶液	25	26.4	0.038	—
	105%硫酸溶液	27	62	0.31	+1000 以上
	97%硫酸溶液	49	1.56	0.155	+800 以上
	67%硫酸溶液	27	930	1.55	+1000～+1600
	75%磷酸溶液	27	232	23	+600～+1400
	50%硝酸溶液	30	1500	0.03	+900～+1200
	30%硝酸溶液	25	8000	0.2	+1000～+1400
	25%氢氧化铵溶液	室温	2.65	<0.3	−800～+400
	60%硝酸铵溶液	25	40	0.002	+100～+900
	44.2%氢氧化钠溶液	60	2.6	0.045	−700～−800
	20% NH_3 2% $CO(NH_2)_2$ 2% CO_2，pH=10	室温	26～60	0.04～0.12	−300～+700
304 不锈钢	80%硝酸溶液	24	0.01	0.001	—
	20%氢氧化钠溶液	24	47	0.1	+50～+350
	氢氧化锂溶液(pH=9.5)	24	0.2	0.0002	+20～+250
	硝酸铵	24	0.9	0.008	+100～+700
316 不锈钢	67%硫酸溶液	93	110	0.009	+100～+600
	115%磷酸溶液	93	1.9	0.0013	+20～+950
铬锰氮钼钢	37%甲酸溶液	沸	15	0.1～0.2	+100～+500(Pt 电极)
Inconel X-750	0.5 mol/L 硫酸溶液	30	2	0.037	+30～+905
	0.5 mol/L 硫酸溶液	50	14	0.40	+150～+875
HastelloyF	1 mol/L 盐酸溶液	室温	−8.5	−0.058	+170～+850
	5 mol/L 硫酸溶液	室温	0.30	0.052	+400～+1030
	0.5mol/L 硫酸溶液	室温	0.16	0.012	+90～+800
锆	10%硫酸溶液	室温	18	1.4	+400～+1600
	5%硫酸溶液	室温	50	22	+500～+1600

注：①除特别注明的以外，表中电位值均为相对饱和甘汞电极的电位值。

4. 阳极保护的实施方法

阳极保护的实施过程主要包括金属致钝和金属维钝两个步骤。

1）金属的致钝

致钝操作是实施阳极保护的第一步骤。为避免金属在活化区长时间停留，引起明显的电解腐蚀，应使体系尽快进入钝态，为此发展了多种致钝方法。

（1）整体致钝法　整体致钝法是使被保护设备一次性全部致钝的方法。被保护设备内事先充满工作介质，然后合闸通入强大的电流使设备表面钝化。这种方法适用于致钝电流密度较小，被保护面积也不是很大的体系，需要有容量较大的直流电源，一般致钝时间比较长。

（2）逐步致钝法　逐步致钝法适用于电源容量较小，需要保护的面积大且致钝电流密度大的体系。操作时，先合闸送电，再向设备中注入溶液，使液面逐步升高，被溶液浸没的部分设备表面先行钝化。钝化后的表面只需要很少的电流维钝，富余的电流可用于新浸没表面的致钝。当液面逐步达到工作高度时，整个设备致钝完毕，待钝态稳定后便可降低电流，转入正常维钝。

（3）低温致钝法　降低温度往往可以使体系的致钝电流密度减小，所以，可以在低温下完成致钝操作，钝化后再提高到工艺要求的温度运行。

（4）化学致钝法　化学致钝法的原理是：采用其他非工艺化学介质，使设备自钝化或减小体系的致钝电流密度；然后排出上述介质，换入实际工艺介质，同时向设备供电，转入正常的维钝操作。

（5）涂料致钝法　采用适当的涂料对设备内表面进行涂装，由于裸表面积减小，可以大幅度降低致钝电流强度。

（6）脉冲致钝法　利用材料表面阳极极化后的残余钝性，用一定频率的较小的电流密度反复多次极化致钝的方法称为脉冲致钝法。脉冲致钝法比恒电流致钝节省总电流，直流电源的容量可以减小。

2）金属的维钝

金属致钝后，进入维钝过程。阳极保护维钝方法可分为两大类：第一类是手动控制，通过手动调节室流电源的电压获得维钝所需要的电流，例如固定槽压法；第二类是自动控制维钝方法，采用电子技术将设备的电位自动维持在选定的电位值或电位域内，包括恒电位法、区间控制法、间歇通电法和循环极化法等多种维钝方法。

（1）固定槽压法　人为地调整输出电压，槽压会发生变化，保护电流随之变化，设备的电位也相应变化。对于致钝电流密度比较小、稳定钝化电位区间很宽的体系，采用固定槽压法能够可靠地维持设备的钝态。固定槽压法不适于致钝电流密度很大、阳极面积比阴极面积大许多倍的体系。

（2）恒电位法　利用恒电位仪对设备实行维钝。确定了最佳控制电位点以后，恒电位仪便能自动地将设备与参比电极之间的电位维持在选定的数值上或一定的范围内。必须选用高稳定性的参比电极，否则，会影响保护效果。

需要特别强调的是，由于阳极保护存在危险性，实际工程中多采用固定槽压法和恒电位法；采用区间控制法、间歇通电法和循环极化法进行维钝时必须谨慎从事，设计必须保证充分的可靠性。

5. 阳极保护法的应用

目前，阳极保护法主要用于硫酸和废硫酸槽、贮罐，硫酸槽加热段管，纸浆蒸煮锅，碳化塔冷却水箱，铁路槽车，有机磺酸中和罐等的保护。对于不能钝化的体系或者含 Cl^- 的介质，阳极保护法不能应用，因而阳极保护法的应用还是有限的。

第 4 章　船舶防腐及涂装

钢铁在不同的腐蚀环境中会受到不同程度的腐蚀，海洋环境就是一个极为严酷的腐蚀环境，以钢铁为主要结构材料的船舶，在海洋大气及海水中，时时处处都面临着腐蚀的危险。

4.1　钢铁在海洋环境中的腐蚀

4.1.1　海洋大气区的腐蚀

钢铁在潮湿的大气中，会在表面形成一层薄水膜，这层水膜会导致钢铁表面产生电化学腐蚀。钢铁腐蚀的产物，是铁的氧化物的水合物（铁锈），其质地疏松，不能隔绝钢铁与氧和水的继续接触，因此，在潮湿的大气中，钢铁腐蚀会不断地继续发展。

钢铁表面是否会形成引起腐蚀的水膜与空气的相对湿度有关，当空气的相对湿度达到100%或者钢铁表面温度低于露点时，潮气就会在钢铁表面结露。但当钢铁表面存在着疏松的铁锈或易吸湿的固体粒子时，即使不满足上述条件，只要空气的相对湿度超过某一临界值，钢铁的腐蚀也会加速。表 4.1 列出了在不同条件下引起铁的腐蚀速度剧增的临界相对湿度值。

表 4.1　引起钢铁腐蚀速度剧增的临界相对湿度

表面状态	临界湿度/%
干净表面在干净的空气中	接近 100
干净表面在含 0.01%二氧化硫的空气中	70
在水中预先轻微腐蚀的表面	65
在 3%氯化钠溶液中预先腐蚀的表面	55

海洋大气的相对湿度较大，而且海水尘沫中含有氯化钠粒子，所以对船舶来说，无论是在甲板结构上，还是在舱内结构上，空气的相对湿度都高于引起钢铁腐蚀速度剧增的临界值。因此，在钢铁表面很容易形成有腐蚀性的水膜。

在海洋大气中，薄水膜对钢铁发生作用、致使其腐蚀的过程，符合电解质中电化学腐蚀的规律。这个过程的特点是氧特别容易到达钢铁表面，钢铁腐蚀速度受到氧去极化过程的控制。

空气中所含杂质对大气腐蚀速度影响很大。海洋大气中含有大量的海盐粒子；在工业区，空气被二氧化硫所污染；在某些化工区域，空气中甚至含有强腐蚀性的酸性介质。这样的空气中的杂质溶于钢铁表面的水膜中，将使这层水膜变为腐蚀性很强的电解质，从而加速钢铁的腐蚀。例如，与干净大气的冷凝水膜相比，被 0.1%的二氧化硫所污染的空气能使钢的腐蚀速度增大 5 倍，而在海雾天气条件下的饱和空气能使钢的腐蚀速度增大 8 倍。

不同大气条件下，钢铁腐蚀速度相差很大。表 4.2 给出了低碳钢在不同大气条件下的腐蚀速度。

表 4.2 低碳钢在不同大气条件下的腐蚀速度

大气条件	腐蚀速度/(g/(m^2·h))	大气条件	腐蚀速度/(g/(m^2·h))
低湿度	10.03	中等工业区	401.5
炎热干燥	80.3	大工业区	1003.8
乡村	200.8	热带海洋近岸处	5018.8
海洋	301.1		

4.1.2 飞溅区的腐蚀

在海洋环境中,飞溅区是指因受潮汐和波浪作用而干湿交替的区域。

船舶上船体外板轻、重载水线之间及其附近的部位,即船舶的间浸部位,所处的区域即为飞溅区。

飞溅区是一个特殊的腐蚀环境。在这一区域,钢铁表面由于受到海水的长期润湿,风浪冲击,经常处于干湿交替状态。由于腐蚀介质层的厚度较小,而蒸发过程加强了介质的混合,因此向钢铁表面供氧的速度大大加快,从而使钢铁腐蚀的阴极过程加速。另外,在飞溅区的船舶间浸部位形成的腐蚀产物二价铁,在海水薄膜和空气中将发生强烈氧化,变成三价铁。这样,这个部位的腐蚀产物不仅不能抑制腐蚀过程,由于三价铁的还原,还会导致阴极过程的去极化,从而对腐蚀过程起到促进作用。这些原因致使在飞溅区的腐蚀特别严重。

在飞溅区的不同部位,钢铁的腐蚀速度也是不同的。腐蚀最严重的部位,往往位于高潮位以上 1～2 m 的范围内;在平均中潮位附近部位,因为充气不同所造成的氧浓差电池的作用,会受到充气差的全浸区的阴极保护,因而腐蚀速度较低;低潮位稍下部位,则又会受到严重的腐蚀。

4.1.3 全浸区的腐蚀

海水是具有多种盐类的天然电解质溶液,其中还含有生物、悬浮泥沙、溶解的气体、腐败的有机物等。影响海水腐蚀性的,既有化学因素,又有物理因素和生物因素,因而它比单纯的盐溶液要复杂得多。海水腐蚀性主要影响因素如下。

(1) 盐度　海水的特性首先是含盐量相当大。海水中的主要盐类见表 4.3,其中氯化钠的含量最多,占总盐量的 77.8%。

表 4.3 海水中主要盐类的含量

成　分	100 g 海水中盐的克数/g	占总盐量百分比/%
NaCl	2.7123	77.8
$MgCl_2$	0.3807	10.9
$MgSO_4$	0.1658	4.7
$CuSO_4$	0.1260	3.6
K_2SO_4	0.0863	2.5
$CaCO_3$	0.0123	0.3
$MgBr_2$	0.0076	0.2

海水的含盐总量通常以盐度，用1000 g海水中溶解的固体物质的总克数来表示。一般来说，在公海的表层海水中，正常盐度变化在32‰～37‰。

海水的盐度直接影响到海水的电导率。从侵蚀性的观点来看，海水的电导率是影响钢铁腐蚀速度的重要因素之一。随着电导率的增大，宏观电池的腐蚀电流强度将增大。一般来说，海水的电导率约为30 S/cm。

另外，海水中含有的大量氯离子会妨碍或破坏金属的钝化，促进金属的腐蚀，特别是容易引起某些不锈钢和合金的点蚀。

(2) 溶氧量　由于钢铁在海水中的腐蚀过程主要受阴极氧去极化过程控制，因此海水的溶氧量是影响腐蚀性的另一重要因素。

海水中溶氧量与盐度密切相关。随着盐度增大和温度升高，溶氧量会有所降低。表4.4给出了常压下海水的溶氧量。

表4.4　常压下海水溶氧量

盐度/%	溶氧量/(mg/L)			
	0 ℃时	10 ℃时	20 ℃时	30 ℃时
1.0	9.32	7.21	5.85	4.92
2.0	8.73	6.77	5.52	4.70
3.0	8.14	6.34	5.18	4.41
3.5	7.85	6.12	5.02	4.27
4.0	7.55	5.90	4.85	4.17

实际上，海水中的氧浓度在水深50 m左右范围内都保持稳定，并且相当于该盐度和该温度下的饱和状态，溶氧量随着深度增大逐渐降低。

水的侵蚀性随盐度的增大而增强，同时又随着氧浓度的降低而减弱。

(3) 温度　钢铁在海水中的腐蚀速度随着温度的升高而迅速增大。一般认为，海水温度每上升10 ℃，钢铁腐蚀速度将增大1倍。海水温度是随纬度、季节和深度不同而变化的。我国海域辽阔，南海和渤海的水温相差就很大，所以钢结构腐蚀速度也相差很大。

(4) 流速　海水的流动可使空气中的氧扩散到钢铁表面的速度加快，同时，它能冲刷掉钢铁表面由腐蚀产物所形成的各种保护膜。因此，随着海水运动速度的增大，腐蚀速度也会增大。

有些特殊的腐蚀形式还与海水的流速有关。例如：磨蚀是由于夹带泥沙的海水高速流动对金属表面冲刷而产生的；当流速很大时，还要考虑钢铁的空泡腐蚀破坏。

(5) 海洋生物　在海水中还进行着各种生物作用过程，这些过程对金属腐蚀也存在一定的影响。各种固定在金属表面上的附着生物，如藤壶、贻贝、苔藓等，以及在海水中存在的微生物对海水中的金属结构都会发生作用。当附着生物均匀密布于金属表面时，金属腐蚀速度会明显降低。但是当这些生物局部附着时，由于金属表面被附着部位难以与氧气接触，会形成氧浓差电池，从而引起附着物下面金属的强烈腐蚀。

从微生物对腐蚀过程的影响来看，生活在海水里的微生物可以分为亲氧微生物和厌氧微生物。

亲氧微生物通常在金属上均匀地覆盖一层，它对腐蚀的影响在于氧的大量消耗，会降低水中氧的浓度，使钢铁的腐蚀速度有所减慢。

厌氧微生物，如硫酸盐还原菌，可以在较深的没有氧的海水中生长。钢铁在硫酸盐还原菌的作用下，腐蚀速度可加快50％～60％。在硫酸盐还原菌作用下腐蚀的典型特征是腐蚀产物呈黑糊状覆盖于钢铁表面。船体的水下部分有时也会受到硫酸盐还原菌的作用而发生剧烈腐蚀。

4.2 船舶的腐蚀

船舶腐蚀情况根据船体各部位所处的腐蚀环境、船舶航行海域、船龄以及维护保养程度不同而有很大差别。

4.2.1 船体水下部分及水线区的腐蚀

船体水下部分，根据腐蚀介质的作用条件，可分为艏部、艉部、船舷和船底四部分。

在艏部，海水会对壳体产生较大的流体动力作用，特别是对速度比较高的船舶，这种流体动力作用尤为明显，使得涂层的工作条件变得十分恶劣。在艏部泡沫翻滚的波浪区，涂层首先遭到破坏；另外，艏部的涂层还经常受到锚链和漂浮物的撞击。

船体中部的船舷外壳表面受到的流体动力作用比艏部小，但这个区域的涂层在船靠码头时特别容易遭到破坏。

在螺旋桨所产生的强烈水流作用下，艏部壳板和舵叶会遭到明显的局部流体动力的作用，在许多情况下，这会引起结构的冲刷腐蚀破坏。由于船体和由铜合金制成的螺旋桨接触，船尾，特别是在端部，所发生的阳极极化是引起腐蚀破坏的重要因素，而氧向桨叶（阴极）的充分供给将增加腐蚀电池的工作效率。

在船底部位，由于附着海洋生物，极易产生氧浓差电池而引起点蚀。同时，海洋生物的排泄物除了助长腐蚀之外，随其积累还会侵入船底涂膜中，破坏涂膜而造成严重后果。此外，由于海洋生物排泄物和水翼、声呐罩等不锈钢结构的接触，也可能出现局部的阳极极化而造成的腐蚀现象。

水线区的船体外壳处于特别严酷的条件之下。在这个区域，涂层破损的可能性最大。除了各种漂浮物和系泊设备会破坏涂层之外，在港口水面上经常存在的石油产物层也会促使涂层破坏。船体这个区域所用的许多涂料都对石油产物不稳定。如前所述，这个区域的外壳处于干湿交替环境，水和空气的交变作用，大大增强了腐蚀介质的侵蚀性。

水下船体结构的焊缝部位常常发生严重的腐蚀。当焊缝金属的电位低于船体壳板的电位时，焊缝金属成为腐蚀电池的阳极，而面积较大的外壳成为有效的阴极，从而导致焊缝金属腐蚀速度大大加快。在许多情况下，出于这种原因，进坞时会发现焊缝的加强处低于外壳表面。但是，随着焊条性能的改进，从材质本身来说，多数情况下焊缝金属并不比母材更容易腐蚀。这时，焊接的热影响、残余应力是诱导腐蚀的重要原因。特别是埋弧焊等自动焊部位，与手工焊接相比，其输入热量大，母材热影响区耐蚀性明显降低。

不同类型船舶壳体的腐蚀损耗在一定程度上与它的使用条件有关。大量的调查数据还表明，腐蚀最大值通常在最大损耗区——交变水线区。腐蚀速度平均值一般与船舶类型的关系不大，为0.1～0.15 mm/a。

4.2.2 船体水上结构的腐蚀

船体水上结构，包括干舷、甲板和上层建筑，主要受到海洋大气、海水飞沫、雨雪、冲洗甲板时所用的海水以及凝结水的侵蚀。水在各种难以维护的地方聚集并长期存在，也是船体水上结构局部腐蚀破坏的重要原因。

海洋大气存在大量氯化物，这加剧了凝结水对结构的侵蚀。海水飞溅到船体水上结构上并干燥之后，在船体表面会留下一层吸水的薄盐层，它可使结构表面保持潮湿状态，从而造成结构的腐蚀。

甲板的形状会影响水在甲板上的集散。在平坦的甲板上很容易形成难以排水的死角。在具有斜坡的甲板上，当用来排除流水的流水孔布置不合理时，水会聚集在最低部位。甲板没有排水沟的部位，因集水而造成的腐蚀通常比排水通畅的部位高三倍以上。

甲板上个别区域，如机舱、锅炉的上部温度较高，因而聚集在这些区域水的侵蚀性较强，如在木质覆板下面，直接敷设在钢甲板上的蒸汽管道附近的甲板，腐蚀速度能达到 0.38 mm/a，而在没有蒸汽管道的地方，甲板腐蚀速度要小一半。

当甲板表面敷有甲板敷料时，如果敷料是易脆或易老化开裂的，或者甲板敷料的敷设工艺不力，使用过程中，甲板敷料会发生开裂或与中板表面发生剥离，这会导致敷料下面的钢甲板发生严重的腐蚀破坏。

在船体结构装配制作过程中，校正钢结构的焊接变形时通常对钢板采用氧炔焰加热然后冷却的方法，特别是对于船舶的上层建筑部位，这种火工校正最为频繁。试验和实践表明，火工校正会使金属组织结构发生变化，从而大大降低其耐蚀性。因此，在表面涂装的涂层膜厚相同的情况下，火工校正部位涂层的破坏要比一般部位早，腐蚀速度更快。

4.2.3 船体内部结构的腐蚀

根据使用条件的不同，船舶内部各舱室的腐蚀有很大差异。

对于工作舱和居住舱，通常可以有效地限制水对船体结构的长期作用，所以在这些地方一般看不到船体结构的明显腐蚀破坏。但是若排泄不畅、发生淤水，如清洗水进入甲板敷层的下面，则也会发生和甲板结构同样的腐蚀。

卫生舱，包括浴室、盥洗室、厕所，这里的侵蚀比较严重，经常受 100%湿度的空气、凝结水和冲洗水作用。在甲板的下部，围板和其他长期有水作用的舱壁表面上易发生早期腐蚀破坏，腐蚀速度为 0.095～0.3 mm/a。

货舱中，受装载货物及冷凝水、积水的作用，涂层会受到破坏，造成货舱壁和内底板的腐蚀。

从抗蚀性的观点来看，最不安全的是难以维护保养的船体内部结构，如艏尖舱、艉尖舱、压载水舱、锚链舱、污水井，以及机舱、泵舱的双层底部位。

在艏尖舱、艉尖舱和压载水舱中，早期的防腐措施是刷涂水泥浆，水泥下面的钢板往往被严重腐蚀，其速度可达 0.4 mm/a。

机舱双层底，除了高温高湿作用，主机、辅机振动和冲击所产生的应力作用也会加剧腐蚀。特别是在锅炉下部，腐蚀更为严重。

锚链舱因锚链夹带泥土和海水，且在拖入拖出时会造成对涂层的磨损破坏，所以腐蚀也相当严重。

用于装载各种侵蚀介质的液舱，其腐蚀和防护是造船和航运部门最为关注的。早期建造的船舶，由于没有良好的防腐措施，这些液舱的腐蚀特别严重。

饮、淡水舱与前所述压载水舱一样，以往采用涂刷水泥浆方式保护，由于水泥涂层的透水性和不稳定性，不能抑制水舱的腐蚀。

油舱内表面的腐蚀，根据载油种类、航线、压载和清洗方法不同有较大差异。

在只用来运输原油的油舱中，腐蚀破坏作用相对较小。这是因为黏稠的原油油膜对钢板有一定的保护作用。但是一些含硫较高的原油，其中的无机硫化物和有机硫化物(如噻吩、硫醇等)具有较大的侵蚀性。此外，原油一般还混有油田咸水，其主要成分为氯化镁，也是强电解质。

精制的成品油如煤油、汽油、挥发油、润滑油等，虽然其纯制品不具有腐蚀性，但因其在精制过程中一般都会混入硫酸和水分，在洗涤硫酸时，也会因与氢氧化钠中和而生成硫酸钠，硫酸和硫酸钠都是强电解质，腐蚀作用较强，所以能造成装载成品油的油舱内表面严重腐蚀。

许多油舱常常是荷油和压载交替进行，压载水和油品相互作用，能造成很严重的腐蚀。对于装载汽油或其他轻质油的油舱，卸载后，汽油或轻质油挥发，油舱将露出洁净的表面，此时，如果注入压载水，钢质舱壁就会受到严重腐蚀。

4.2.4 船舶的异常腐蚀——电腐蚀

电腐蚀是由外来电流引起的腐蚀。在船舶修造过程中，外来电流往往是很大的，引起腐蚀的程度也是十分严重的，所以必须给予足够的重视。

电腐蚀的实例很多。例如某海军运输艇，交付使用后仅 5 个月就发现漏水，经检查，发现船体水下部分到处都是深度不等的腐蚀坑和麻点，有十多处已腐蚀穿孔。尤其是距水线 300 cm 以下的壳板破坏更为严重，有的焊缝已整条烂穿。很显然，在正常情况下是不可能腐蚀到如此程度的。经分析，这种破坏是由电腐蚀引起的。电腐蚀破坏有如下特点。

(1) 电腐蚀速度相当快，与船体钢材的质量关系不大。例如，在某种情况下，水下船体实际的局部电流密度可达 5 A/m^2，这时腐蚀速度约为 6 mm/a。也就是说，比钢铁在海水中的自然腐蚀速度高 40～50 倍。在引起船体严重腐蚀的原因中，没有其他任何原因能造成这样高的腐蚀速度。

(2) 电腐蚀破坏往往集中于船体水下漆膜破损部位、漏涂部位以及船壳突出部位，即电阻较小的部位易产生电腐蚀。

(3) 电腐蚀破坏部位往往具有锐利边缘，并与涂层破损有相同的外形，呈坑状或穿孔腐蚀，腐蚀坑内有黑色粉末状铁锈。

产生电腐蚀的主要原因在于船舶在码头安装或漂浮中修理时，用电时供电线路接线不正确，或在船停泊的水域内有杂散电流的作用。

有些船厂对停靠在钢码头上的船舶进行电焊时，采用了如图 4.1 所示的错误接线法，即将电焊机的负极接在码头上，而不是直接接在被焊船体上，船体与码头之间仅靠钢缆导电。这样，电焊时，电焊电流从焊机正极经焊枪、船体后，有一部分电流经钢缆、码头进入接地导线返回电焊机负极，而另一部分电流从船体进入江水或海水，再经码头进入地线返回电焊机负极，显然，后一部分电流即为引起电腐蚀的电流，它起着电解船体的作用。

当工厂水域存在杂散电流电场时，位于该电场的船舶水下船体部分分别被杂散电流阴极极化(电流流入处)和阳极极化(电流流出处)，电腐蚀则在阳极极化区发生。如果杂散电流的电场较强，船体水下部分也会发生严重的腐蚀破坏。

针对产生电腐蚀的原因，在船体焊接施工时，应严格按图 4.2 接线。即电焊机负极应通过电缆与被焊船体连接。该电缆应具有足够的横截面积并且绝缘良好。此外，焊机负极与码头应完全绝缘，焊机最好放置在被焊船上，从而彻底切断引起电腐蚀的电流回路。

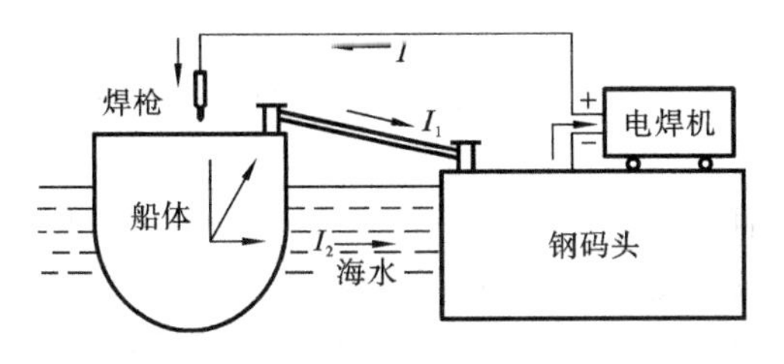

图 4.1　电焊时负极接码头引起电腐蚀示意图

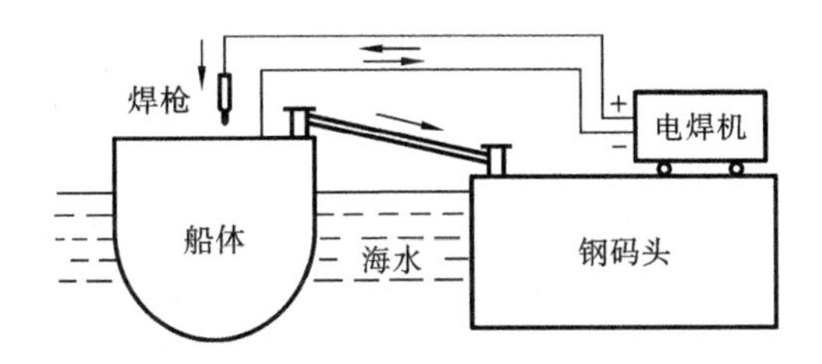

图 4.2　焊接正确接线示意图

4.3　船舶腐蚀的防护

处于严酷的海洋环境中的船舶的防护是十分重要的事，它直接关系到船舶的使用寿命和航行安全，近 20 年来越来越受到各有关部门的重视。

船舶的防护主要采用两种方式，即涂层保护和电化学保护。

1. 涂层保护

采用合适的船舶涂料，以正确的工艺技术，使其覆盖船舶的各个部位，形成一层完整、致密的涂层，隔离船舶各部位钢铁表面与外界腐蚀环境以防止船舶腐蚀的措施，称为船舶的涂层保护。

涂层保护对船舶来说是一种应用最广泛，历史最悠久，最为经济、方便、有效的防护方法。

船舶涂层保护的合理性、科学性、有效性、经济性是极为重要的，其关键在于合理的涂层配套系统、正确的施工工艺技术、科学的管理方法。

2. 电化学保护

电化学保护是利用电化学原理对船舶进行保护的一种方法，它的基本原理是使腐蚀原电池的电位差减小或消失，可分为阳极保护和阴极保护两大类。

1）阳极保护

如前文所述，阳极保护是利用能够钝化的金属在一定的介质中，通过外加阳极电流，使金属从活化区到达钝化区而受到保护。

但是如果保护不当，使金属电位处于活化区或过钝化区，其腐蚀速度将比不保护时还要大，因此使用时要注意避免出现这种现象。

阳极保护是一项较新的防腐蚀技术，目前，这种技术在船舶的防护中应用较少。

2）阴极保护

对于船舶中与海水直接接触的部位，采用比钢铁的电极电位更负的金属或合金与钢铁船体电性连接，使其在整体上成为阴极，或给钢铁船体不断地加上一个与钢铁腐蚀时产生的腐蚀电流方向相反的直流电，使其在整体上成为阴极，并且得到极化，便可使钢铁船体免受腐蚀，这样的保护措施，称为船舶的阴极保护。

船舶的阴极保护通常用于船体外板和压载水舱，常与涂层保护方法联合采用。

船舶的阴极保护主要有牺牲阳极保护和外加电流保护两种。

(1) 牺牲阳极保护　牺牲阳极是一种比船体的钢铁电位更负的金属或合金，当它与船体电性连接时，可依靠自身不断腐蚀溶解(牺牲)，产生电流使船体发生阴极极化而受到保护。

船用牺牲阳极有两大种类——锌合金和铝合金。

对于锌合金阳极，我国的标准是采用锌-铝-镉合金阳极。《锌-铝-镉合金牺牲阳极化学分析方法》(GB/T 4951—2007)规定了该种阳极的化学成分和电化学性能。

对于铝合金阳极，我国的标准采用的是铝-锌 铟系合金阳极。《铝-锌-铟系合金牺牲阳极化学分析方法》(GB/T 4949—2007)规定了该种阳极的化学成分和电化学性能。

锌合金阳极和铝合金阳极都具有广泛的应用。锌合金阳极电流效率高，活化性能好，在船舶各部位应用没有限制。铝合金阳极电化当量小、重量轻，比锌合金阳极经济，但活化性能不如锌合金阳极，在油舱中的应用有一定限制。

(2) 外加电流保护　船舶的外加电流保护是以直流电源通过辅助阳极对船体施加保护电流，使船体成为阴极并获得极化、免受腐蚀的一种保护技术。

关于船舶外加电流保护，我国已制定了以下标准：

《船体外加电流阴极保护系统》(GB/T 3108—1999)；

《船用参比电极技术条件》(GB/T 7387—1999)；

《船用辅助阳极技术条件》(GB/T 7388—1999)；

《船用恒电位仪技术条件》(CB* 3220—1984)。

外加电流阴极保护方法在船舶上目前尚局限于船体外板。与采用牺牲阳极保护相比，外加电流保护的一次性投资较高、设备安装较复杂，但保护装置使用寿命长、保护效果好、能自动控制。因此，从长期保护的角度来看，比采用牺牲阳极保护更有利。

4.4　船舶涂料及使用

船舶通常在使用前涂装防护涂层以将金属与电介质环境电绝缘隔离，良好的涂层可以保护 99%以上的外表面不受腐蚀。如果金属表面能够做到完全电绝缘隔离，则金属在电介质中腐蚀电池的形成将受到抑制，无法产生腐蚀电流，从而防止金属的腐蚀。因此，利用涂层对船舶进行保护是船舶防腐的最主要的措施。

4.4.1　涂料概述

涂料通常是一种具有流动性的黏稠状液体，涂于物体表面后在常温下或加热后干燥硬化，在物体表面形成坚韧且有弹性的皮膜，给物体以保护、装饰或赋予特殊作用的物质。

1. 涂料的功能

1) 保护作用

使用涂料可将金属本体与大气及其他腐蚀介质隔离，阻止大气中的氧、水汽、二氧化碳、二氧化硫等物质以及其他腐蚀环境中的腐蚀介质与金属接触，起到防止腐蚀、延长金属使用寿命的作用。

航行于海洋中的船舶，其水下部位会受到海洋生物的污损，使用防污涂料，可保护船体免受海洋生物的附着污损。

2）装饰作用

涂料可以其平整光滑或具有艺术特征的外表以及光彩艳丽的色彩装饰物体和环境，使人感到赏心悦目。室内涂以浅色平光涂料，反光柔和可以保护视力，使人产生恬静、舒适的感觉。造型精巧、色彩鲜艳的各种轻工业产品会使人爱不释手。

3）标志作用

各种不同颜色的涂料涂在各种不同的场合，能起到醒目的标志作用。

消防器材涂上大红色十分引人注目，随时都可迅速发现。船舶的救生设施涂上橙红色，既区别于消防器材的大红色，又与红色相似，引人注目、容易发现。机舱内的各种管道涂上各种特定的颜色，表示其中流动的不同的介质，使操作人员一看便知，很容易识别。

4）特殊作用

涂料因其所具备的特殊性能，还能产生特殊作用。如防火涂料能防止和阻止火焰的扩散、蔓延；耐热涂料能在高温条件下保护金属免受腐蚀；吸声涂料能降低噪声；阻尼涂料能减小振动；反光涂料能在夜间显示出醒目的指示；伪装用的涂料能以假乱真，迷惑敌人等等。

2. 涂料的组成

涂料一般由不挥发组分与挥发组分两大部分组成。

不挥发组分是涂料构成涂膜的成分，也称为涂料的固体成分，包括主要成膜物质、次要成膜物质与辅助成膜物质。挥发组分只存在于涂料中，在涂料的成膜过程中逐渐挥发掉，最后将不存在于涂膜之中。

主要成膜物质可单独成膜，也可黏结颜料等次要成膜物质共同成膜，它是涂料的主体，也是涂料的基础，因此称之为“基料”，有时也称之为展色剂或黏结剂。

次要成膜物质即颜料和填料，在色漆中存在。它不能离开主要成膜物质单独成膜，但它也是漆膜的一个比较重要的组成部分。次要成膜物质的作用在于改进和提高漆膜的性能。

辅助成膜物质也不能单独成膜，它的作用在于改进和提高涂料的施工性能和成膜性能，故称之为助剂。

挥发组分指的是溶剂，其作用在于使涂料成为液体，以便施工，并调节涂料的黏度，使之达到适合施工的要求，一旦涂料施工完毕，它的使命也就结束，应该离开涂料，否则涂料就不能成膜。涂料的组成情况见表 4.5。

表 4.5　涂料的组成

涂料的组成		作　用	原　料
主要成膜物质	油料	黏着于物质表面，也可以与黏结颜料物质共同黏于物质表面而成膜	干性植物油：桐油、亚麻仁油、苏子油等 半干性植物油：豆油、棉籽油、葵花子油等 不干性植物油：蓖麻油、花生油、椰子油等
	树脂		天然树脂：虫胶、松香、沥青等 合成树脂：酚醛、醇酸、丙烯酸、环氧树脂、聚氨酯等
次要成膜物质	颜料	赋予涂料以特殊的性能	防锈颜料：红丹、锌铬黄、偏硼酸钡等 无机颜料：钛白、氧化锌、铬黄、氧化铁红、炭黑等 有机颜料：甲苯胺红、酞菁蓝、耐硒黄等
	体质颜料		碳酸钙、滑石粉、硫酸钡、重晶石粉等

续表

涂料的组成		作　　用	原　　料
辅助成膜物质	助剂	改善涂料的贮存、施工性能与涂膜的性能等	催干剂、固化剂、增韧剂、稳定剂、防结皮剂、润湿剂、防污剂等
挥发物质	溶剂	调节涂料的稠度、改善涂布操作	石油溶剂油、苯、甲苯、二甲苯、氯苯、松节油、醋酸丁酯、醋酸乙酯、乙醇、丁醇、丙酮、环己酮等

3. 涂料的分类

涂料通常是以其主要成膜物质为基础分类的。如果主要成膜物质为混合树脂，则以漆膜中起主要作用的一种树脂为基础。主要成膜物质分为17大类，如表4.6所示。

表4.6　涂料主要成膜物质分类

主要成膜物质类别	材料举例
油脂	天然植物油、鱼油、合成油等
天然树脂	松香及其衍生物、虫胶、乳酪素、动物胶、大漆及其衍生物等
酚醛树脂	酚醛树脂、改性酚醛树脂、二甲苯树脂
沥青	天然沥青、煤焦沥青、硬脂酸沥青、石油沥青
醇酸树脂	甘油醇酸树脂、改性醇酸树脂、季戊四醇及其他醇类的醇酸树脂等
氨基树脂	脲醛树脂、三聚氰胺甲苯树脂等
硝基纤维素	硝基纤维素、改性硝基纤维素
纤维脂、纤维醚	醋酸纤维、苄基纤维、乙基纤维、羧甲基纤维、醋酸丁酸纤维等
过氯乙烯树脂	过氯乙烯树脂、改性过氯乙烯树脂
乙烯类树脂	聚二乙烯基乙炔树脂、氯乙烯共聚树脂、聚乙酸乙烯及其共聚物、聚乙烯醇缩醛树脂、聚苯乙烯树脂、含氟树脂、氯化聚丙烯树脂、石油树脂等
丙烯酸树脂	丙烯酸树脂、丙烯酸共聚树脂及其改性树脂
聚酯树脂	饱和聚酯树脂、不饱和聚酯树脂
环氧树脂	环氧树脂、改性环氧树脂
聚氨基甲酸酯	聚氨基甲酸酯
元素有机聚合物	有机硅、有机钛、有机铝等
橡胶	天然橡胶及其衍生物、合成橡胶及其衍生物
其他	以上各类包括不了的主要成膜物质，如无机高分子材料、聚酰亚胺树脂等

4. 涂料的命名

涂料的命名原则为：

涂料全名＝颜料或颜色名称＋主要成膜物质名称＋基本名称。

涂料名称中的主要成膜物质名称可做适当简化，例如：聚氨基甲酸酯简称为聚氨酯，氯乙烯乙酸乙烯共聚树脂简称为氯醋树脂等。

当基料中含有多种主要成膜物质时，选一种起主导作用的成膜物质命名。如涂料中含有松香改性酚醛树脂占树脂总量的50％以上，则划为酚醛树脂涂料。必要时也可选两种主要成膜物质命名，如环氧沥青涂料、环氧酚醛涂料、氨基醇酸涂料、氯化橡胶丙烯酸涂料等。

基本名称采用我国已广泛使用的名称，例如清漆、磁漆、船底漆、甲板漆、耐火漆、耐酸漆等。涂料基本名称见表 4.7。

表 4.7　涂料基本名称(摘自 GB/T 2705—2003)

基本名称	基本名称
清油	铅笔漆
清漆	罐头漆
厚漆	木器漆
调和漆	家用电器涂料
磁漆	自行车涂料
粉末涂料	玩具涂料
底漆	塑料涂料
腻子	(浸渍)绝缘漆
大漆	(覆盖)绝缘漆
电泳漆	抗弧(磁)漆、互感器漆
乳胶漆	(黏合)绝缘漆
水溶(性)漆	漆包线漆
透明漆	硅钢片漆
斑纹漆、裂纹漆、桔纹漆	电容器漆
锤纹漆	电阻漆、电位器漆
皱纹漆	半导体漆
金属漆、闪光漆	电缆漆
防污漆	可剥漆
水线漆	卷材涂料
甲板漆、甲板防滑漆	光固化涂料
船壳漆	保温隔热涂料
船底防锈漆	机床漆
饮水舱漆	工程机械用漆
油舱漆	农机用漆
压载舱漆	发电、输配电设备用漆
化学品舱漆	内墙涂料
车间(预涂)底漆	外墙涂料
耐酸漆、耐碱漆	防水涂料
防腐漆	地板漆、地坪漆
防锈漆	锅炉漆
耐油漆	烟囱漆
耐水漆	黑板漆
防火涂料	标志漆、路标漆、马路划线漆

续表

基 本 名 称	基 本 名 称
防霉(藻)涂料	汽车底漆、汽车中涂漆、汽车面漆、汽车罩光漆
耐热(高温)涂料	汽车修补漆
示温涂料	集装箱涂料
涂布漆	铁路车辆涂料
桥梁漆、输电塔漆及其他(大型露天)钢结构漆	胶液
航空、航天用漆	其他未列出的基本名称

5. 涂料的干燥机理

涂料的干燥机理有物理干燥与化学干燥两大类。物理干燥是涂料依靠其中的溶剂挥发而干燥成膜。这类涂料的特点是:干燥迅速,层间互溶,不存在层间附着力差的问题,即没有最长涂装间隔时间的限制,可以在较低的温度下施工。但缺点是不耐溶剂,通常也不耐各种植物油和动物油。氯化橡胶涂料、乙烯树脂涂料、沥青涂料等均属此类。

化学干燥是涂料依靠其主要成膜物质与空气中的氧或水蒸气反应,或是与固化剂进行化学反应,变成高分子聚合物或缩合物而固化成膜。这些涂料中,依靠与空气中氧或水蒸气反应成膜的涂料通常是单一组分罐装,依靠氧化成膜的涂料有以干性油为原料的油性涂料和油改性醇酸树脂涂料、酚醛树脂涂料等。而依靠与固化剂反应固化成膜的涂料通常是双组分两罐装。固化剂固化的涂料的优点是漆膜坚韧、附着力强、耐机械冲击和磨损、耐油、耐溶剂、耐化学品腐蚀;缺点是由于化学反应的速度与温度有密切关系,在低温时固化缓慢,而高温时则可使用时间大大缩短,造成施工困难。另外,这类涂料完全固化以后溶剂不易渗透,易引起层间附着不牢的弊病,因此有一个最长涂装间隔时间的问题。这类涂料有环氧树脂涂料、聚氨酯涂料、聚酯树脂涂料等。

4.4.2 船舶涂料概述

涂装于船舶内外各部位以延长船舶使用寿命和满足船舶的特种要求的各种涂料统称为船舶涂料或船舶漆。

由于船舶涂装有其自身的特点,因此船舶涂料也应具备一定的特性。

(1) 船舶的庞大决定了船舶涂料必须能在常温下干燥。需要加热烘干的涂料就不适合作为船舶涂料。

(2) 船舶涂料的施工面积大,因此涂料应适合于高压无气喷涂作业。

(3) 船舶的某些区域施工比较困难,因此希望一次涂装能达到较大的膜厚,故往往需涂厚膜型涂料。

(4) 船舶的水下部位往往需要进行阴极保护,因此,用于船体水下部位的涂料需要有较好的耐电位性、耐碱性。以油为原料或以油改性的涂料易产生皂化作用,不适合用作水线以下用的涂料。

(5) 船舶从防火安全角度出发,要求机舱内部、上层建筑内部的涂料不易燃烧,且一旦燃烧也不会放出过量的烟。因此,硝基漆、氯化橡胶漆均不适宜作为船舶舱内装饰涂料。

1. 船舶涂料分类

船舶涂料可根据其基料类型、使用部位、作用特点、施工方式等进行分类。目前比较通用的分类是按使用部位分类,详见表 4.9。

表 4.9　船舶涂料分类

名　　称		涂料类型	备　　注
车间底漆		① 磷化底漆(聚乙烯醇缩丁醛树脂) ② 环氧富锌底漆 ③ 环氧铁红底漆 ④ 无机硅酸锌底漆	
水线以下涂料	船底防锈漆	① 沥青船底防锈漆 ② 氯化橡胶类船底防锈漆 ③ 乙烯树脂类船底防锈漆(氯酯三元共聚树脂) ④ 环氧沥青船底防锈漆	前两种常以沥青改性
	船底防污漆	① 溶解型(沥青、松香、氧化亚铜) ② 接触型(氯化橡胶、乙烯树脂、丙烯酸树脂与氧化亚铜) ③ 扩散型(氯化橡胶、乙烯树脂、丙烯酸树脂与松香、有机锡) ④ 自抛光型(有机锡高聚物或无机锡高聚物)	
水线以上涂料	船用防锈漆	① 红丹防锈漆(油基、醇酸树脂、酚醛树脂、环氧树脂) ② 铁红防锈漆(醇酸树脂、酚醛树脂、环氧树脂) ③ 云铁防锈漆(油基、酚醛树脂、环氧树脂) ④ 铬酸盐防锈漆(油基、醇酸树脂、环氧树脂、酚酸树脂)	第②种常加入铝粉
	水线漆	① 酚酸水线漆 ② 氯化橡胶水线漆 ③ 丙烯酸树脂水线漆 ④ 环氧水线漆 ⑤ 乙烯树脂水线漆 ⑥ 水线防污漆(接触型、扩散型、自抛光型)	第③种常以氯化橡胶改性
	船壳漆	① 醇酸船壳漆 ② 氯化橡胶船壳漆 ③ 丙烯酸树脂船壳漆 ④ 聚酯树脂船壳漆 ⑤ 乙烯树脂船壳漆 ⑥ 环氧树脂船壳漆	船壳漆主要用于船舶上舷、上层建筑外部和室外船装件
	甲板漆	① 醇酸、酚醛甲板漆 ② 氯化橡胶甲板漆 ③ 环氧甲板漆 ④ 甲板防滑漆	第④种常用于货/压载水舱
	货舱漆	① 银舱漆(油基、醇酸树脂与铝粉) ② 氯化橡胶货舱漆 ③ 环氧货舱漆 ④ 环氧沥青漆	第④种用于谷物舱时应采用漂白型环氧沥青漆
	舱室面漆	① 油基调和漆 ② 醇酸磁漆	用于机舱、上层建筑内部

续表

<table>
<tr><th colspan="2">名　称</th><th>涂料类型</th><th>备　注</th></tr>
<tr><td rowspan="3">液舱涂料</td><td>压载水舱涂料</td><td>① 沥青漆
② 环氧沥青漆</td><td></td></tr>
<tr><td>饮水舱涂料</td><td>① 漆酚树脂漆
② 纯环氧树脂漆</td><td></td></tr>
<tr><td>油舱漆</td><td>① 石油树脂漆
② 环氧沥青漆
③ 环氧树脂漆
④ 氨酯树脂漆
⑤ 无机锌涂料</td><td>① 适用于燃料舱
② 适用于原油船货油舱
③ 常以酚醛树脂改性
后面三种适用于成品油船和化学品船货油舱、液舱</td></tr>
<tr><td colspan="2">其他涂料</td><td>耐热漆、耐酸漆、阻尼涂料、电磁屏蔽涂料等</td><td></td></tr>
</table>

此外，根据其基料类型的不同，船舶涂料还划分为常规涂料和高性能涂料两类。以沥青、油脂类、醇酸树脂、酚醛树脂及一些天然树脂为基料的船舶涂料，是早期发展和应用的涂料，称为常规涂料。而以各种耐水性好、耐化学性好的合成树脂为基料，多数制成厚膜型的船舶涂料，是近年来不断发展和日益广泛获得应用的涂料，称为高性能涂料。

2. 船舶各主要部位对涂料的要求

船舶的各部位处于不同的腐蚀环境之中，亦会遭受外界的不同的作用，因此对涂料的性能要求也各不相同。

1）船底区

船底区长期浸泡于海水之中，受到海水的电化学腐蚀和海水的冲刷作用。当船舶停泊于海港时，还会受到海洋生物污损的威胁。此外，船舶通常还采用牺牲阳极或外加电流方式进行阴极保护，整个船体水下区域将成为阴极，此区域海水会因过量的 OH^- 呈现碱性。因此，船底区所用的涂料必须具有良好的耐水性、耐碱性、耐磨性，其外层涂料还应具有防止海洋生物附着的防污性。

2）水线区

水线区常处于海水浸泡、冲刷以及日光暴晒的干湿交替状态，即处于飞溅区这一特殊腐蚀环境，因此使用于水线部位的涂料必须有良好的耐水性、耐候性、耐干湿交替性，涂层应具有良好的机械强度并且耐摩擦和耐冲击，当船舶采用阴极保护时，还要求涂料有良好的耐碱性。

3）大气暴露区

船舶的干舷、上层建筑外部、露天甲板与甲板舾装件等处于海洋大气暴露区。这些部位长年累月地处于含盐的潮湿的海洋大气之中，又经常受到日光暴晒，有时还受到海浪冲击，因此要求涂料有优良的防锈性、耐候性、抗冲击与摩擦性能。由于上述部位属于影响船舶外观的主要部位，因此其面层涂料还需要有良好的保色性和保光性。

4）液舱

船舶内部的液舱主要有压载水舱、饮水舱、燃油舱、滑油舱和油船的货油舱等。

压载水舱长期处于海水压载和空载的干湿交替状态，环境湿热、盐分高、密不通风，条件相当恶劣，而且维修十分困难，要求涂料有优良的耐水、耐盐雾、耐干湿交替和卓越的耐蚀性能。

饮水舱（包括淡水舱）长期存放饮用淡水，要求涂料有良好的耐水性。由于饮水直接关系到人体的健康，故饮水舱涂料必须保证绝对不会污染水质，为此必须经有关卫生当局的认可。

燃油舱、滑油舱长期存放燃滑油，一般不易受到腐蚀，故可以不涂装。但在投油封舱以前必须清洁表面，涂以相应的油类保护。为减轻封舱前的表面清理工作，往往在分段燃滑油舱表面经二次除锈以后以石油树脂漆或车间底漆保护。对循环滑油舱，为确保滑油的品质，常采用环氧树脂类耐油涂料进行保护。

油船的货油舱一般要经受(装载)油和海水(压载)交替装载，因此保护涂料既要有良好的耐油性，又要有良好的耐水性和耐交替装载的性能。

5）机舱、泵舱

机舱、泵舱为船舶主要工作场所。室内温度较一般舱室内部高。机舱和泵舱的舱顶、舱壁涂料要求不易燃烧，且一旦燃烧时也不会放出过量的烟，故选用的涂料品种需要获得船检部门的认可。机、泵舱底部经常积聚油和水，因此要求涂料有良好的耐油性和耐水性。

6）房舱

房舱内装饰一般已不采用涂料，但在绝缘层下和里子板内部仍需涂装防锈涂料。有些工作舱室、贮藏室、卫生处所则需要用涂料保护和装饰。

用于房舱内的涂料应有良好的防锈性能，表面涂料应具有良好的装饰性。为了防火安全，涂料应不易燃烧，且一旦燃烧时也不会放出过量的烟，故选用的涂料品种同样需要获得船检部门的认可。

4.4.3　船舶涂料的主要成膜物质

涂料的性能取决于构成涂料的原材料。而在诸多原材料中，主要成膜物质(基料)的影响最大。船舶涂料的性能近些年来之所以获得越来越大的提高，就是由于不断采用了更加高性能的合成树脂作为基料的缘故。

为了对船舶涂料的性能有比较明确的了解，首先应对船舶涂料主要成膜物质的性能有一个比较清楚的认识。

1. 天然树脂

用于船舶涂料的天然树脂主要是松香和大漆。

1）松香

松香是从松树皮层分泌出来的松脂中提炼而得到的一种天然树脂。松香质硬而脆。

松香可制成松香皂，其中钙皂(石灰松香)可作为制漆的基料。松香还能与酚醛树脂共熔制成松香改性酚醛树脂，作为酚醛涂料的基料。

松香用于船舶涂料的最大优势是它在海水中具有微溶性，可帮助毒料从漆膜向海水中渗透。

2）大漆

大漆又称生漆、天然漆、国漆，是从漆树韧皮层内分泌出来的乳白色较稠液体，当其接触空气后颜色逐步加深，最后成为黑褐色或黑色。

大漆在空气中能够氧化聚合干燥，但需依靠大漆内部存在的漆酶的作用。漆酶生长最适宜的条件是 20～35 ℃，相对湿度为 80%～90%，在这种条件下大漆固化干燥也最快。

漆膜坚硬而富有光泽，耐磨、耐油、耐酸、耐水、耐溶剂、耐化学介质等性能优良。但大漆易使人体过敏，难以喷涂，使其应用受到限制，因此需经加工改性。将大漆进行脱水、活化漆酚，进行一定程度的氧化聚合及化学改性后用溶剂稀释能获得改性大漆，亦即漆酚树脂改性生漆。

改性后，大漆对人体无毒无害，其原有的优良性能则得到很大改进和提高。尤其是干性有明显提高，可采用高压无气力式进行喷涂，且其原有的优良性能得以保持，因此是一种性能很好的涂料。改性后的大漆可用作油船的货油舱的保护涂料，也可用作饮水、淡水舱的保护涂料。

2. 油类

油类是涂料工业上使用最早的一种主要成膜物质，主要用于制造油性漆和油基漆。全部由油料作主要成膜物质的漆为油性漆，含有一部分油料的漆为油基漆。

由于油类分子是酯类结构，因此具有如下两方面性质。

(1) 在酸碱存在时，油类会水解成脂肪酸和甘油，与碱类能皂解成脂肪酸盐(皂)。因此，油性漆和油基漆不耐酸和碱。

(2) 在碱性催化剂存在时，油类能与多元醇反应，进行醇解，使多元醇与脂肪酸重新组合，这是制造醇酸树脂的主要反应。从油到醇酸树脂，性能大大提升。

涂料工业中常用的油类有桐油、梓油、亚麻仁油等干性油，豆油、葵花子油、棉籽油等半干性油和蓖麻油、椰子油等不干性油。半干性油和不干性油主要用来生产醇酸树脂。

3. 醇酸树脂

醇酸树脂是指由多元醇、多元酸与脂肪酸制成的一种聚酯，它不同于单纯由多元醇与多元酸制成的聚酯树脂。制备醇酸树脂用的脂肪酸的来源是油料。

用干性油、半干性油制造的醇酸树脂统称干性油醇酸树脂，能在常温下自行干燥，可以作为涂料的主要成膜物质。用不干性油制造的醇酸树脂称为不干性油醇酸树脂，不能在常温下自行干燥，故不能单独作为涂料的主要成膜物质，需与其他树脂合用。如与硝酸纤维素、氯化橡胶等合用，可增加漆膜的光泽、附着力，并起增塑与提高耐候性作用；与氨基树脂合用能缩聚而固化。

醇酸树脂涂料较油性漆的干燥性能好得多。醇酸树脂分子中含有残留的羧基，这些极性基团使漆膜具有比油漆更好的附着力。

此外，醇酸树脂在光泽、硬度、保光性、耐候性等方面都比油性漆强得多；耐酸、碱性能较差，耐水性亦较差，在船舶涂料中不适宜用作水线以下的涂料。

4. 酚醛树脂

酚醛树脂是酚与醛在催化剂存在下缩合生成的产物。

船舶涂料中应用的酚醛树脂多为油溶性酚醛树脂，有松香改性酚醛树脂和纯酚醛树脂，尤以后者应用最多。

纯酚醛树脂硬而脆，须与干性油一起熬炼、改性，之后才能作为涂料的基料。纯酚醛树脂常用来制备船舶的水线漆和甲板漆以及一部分船用防锈漆。但由于含有一定的油料，故不适宜制备水线以下的船舶涂料。

5. 沥青

沥青通常为黑色硬质可塑性物质，或是无定形的黏稠物质，其成分十分复杂。用来制备船舶涂料的沥青主要是煤焦沥青。

煤焦沥青比天然沥青和石油沥青有更好的抗水、抗化学药品性。对钢材附着力强，因此在船舶涂料中经常用来制备水线以下和压载水舱用的涂料。但煤焦沥青耐热性差，不耐干湿交替环境和大气下的暴晒，因此不适合用于制备水线以上的船舶涂料。

煤焦沥青还有很强的渗色性，因此煤焦沥青类涂料一般不与其他类型涂料配套使用。

6. 氯化橡胶

氯化橡胶是白色粉状或细片状松软固体，能溶于芳香族烃、氯化烃、酯类和高级酮类溶剂。当溶剂挥发后，便能干燥成膜，但性脆而且附着力差，因此制备氯化橡胶涂料必须添加增塑剂。常用的增塑剂为氯化石蜡、苯二甲酸二丁酯、苯二甲酸二辛酯、磷酸三甲酚酯、环氧化豆油等，其中以氯化石蜡应用最多。氯化橡胶在船舶上已获得日益广泛的应用，不仅应用于水线以上，也大量应用于水线以下。

氯化橡胶涂料的缺点是在高温下会释放出氯化氢气体，对人体有很大的刺激作用，因此不适合作为机、泵舱和房舱内的涂料。此外，涂有氯化橡胶涂料的钢板，经电焊和火工校正后，氯离子易渗入钢铁内部，造成较严重的腐蚀。

氯化橡胶在生产过程中采用四氯化碳为溶剂，其副产品为氯化氢，生产中排放的废水和废气中少不了上述物质，因此对环境污染的问题较为突出，在许多国家中氯化橡胶的生产都受到了限制。氯化橡胶面临逐步被淘汰的局面。

7. 乙烯类树脂

乙烯类树脂是由乙烯及其衍生物聚合获得的一系列的树脂的总称。用于涂料工业的乙烯类树脂有许多，如聚醋酸乙烯树脂、氯乙烯醋酸乙烯共聚树脂（简称氯醋共聚树脂）、聚乙烯醇缩醛树脂、聚二乙烯基乙炔树脂、氯乙烯偏氯乙烯共聚树脂（简称氯偏共聚树脂）等等。而对于船舶涂料最重要的是氯醋三元共聚树脂和聚乙烯醇缩丁醛树脂。

1）氯醋三元共聚树脂

氯醋三元共聚树脂是在氯乙烯、醋酸乙烯共聚时引进含羧基或含羟基的物质进行共聚的改性氯醋共聚树脂。在船舶涂料中，氯醋三元共聚树脂通常由氯乙烯、醋酸乙烯和顺丁烯二酸酐以一定的比例共聚获得，为白色或微黄色粉末或细粒状的固体。其溶剂为酮类、酯类、氯化烃、硝基烷烃等。

氯醋三元共聚树脂作为涂料的主要成膜物质时需增添增塑剂（如磷酸三甲酚酯、苯二甲酸二丁酯、氯化石蜡等），以提高成膜韧度，并应增添稳定剂（如低分子环氧、环氧化豆油、月桂酸锡等），以免其分解逸出氯化氢。

氯醋三元共聚树脂制成的涂料具有优良的耐水性、耐碱性、耐油性，其耐电位性可与环氧沥青涂料相当。在船舶涂料中常用来制备水线以下用涂料（船底防锈漆与防污漆）。

氯醋三元共聚树脂涂料的干燥性很好，即使在−10 ℃的条件下也可以施工、干燥，并获得防锈性能优良的涂层。

但氯醋三元共聚树脂溶解度有限，因而涂料固体成分含量较低，致使每层涂料膜较薄，为确保一定的干膜厚度需反复多次涂装，造成施工麻烦。其另一个缺点是对钢材表面处理要求较高，需要喷砂处理，尽管如此，其附着力仍不理想，需要用其他树脂（如沥青、环氧树脂、酚醛树脂等）进一步改性。

2）聚乙烯醇缩丁醛树脂

聚乙烯醇缩丁醛树脂是由聚乙烯醇在水、醇或酸介质中与丁醛缩合而制得的白色絮状固体，溶于醇类，在乙醇中溶解度约10%，溶解后得到淡黄色透明树脂液。

聚乙烯醇缩丁醛树脂作为涂料的主要成膜物质，具有附着力强、机械强度好、耐油性好等优点，尤其是干燥迅速、带漆焊接不会影响焊接质量，最早被作为车间底漆的基料在船舶涂料中获得应用。

聚乙烯醇缩丁醛树脂配以四碱式锌黄与磷酸能制成磷化底漆。磷化底漆有极强的附着力和一定的防锈能力，不仅可以作为钢铁的底层涂料，亦可用于锌、铅等有色金属表面，以增强其他涂料对底材的附着力。

但聚乙烯醇缩丁醛树脂的溶解度有限，因而制成的涂料固体含量较低，一次成膜厚度低（一般为 5～15 μm），故不能制成一般的防锈涂料。其另一个缺点是耐水性和耐碱性较差，因此需用酚醛树脂改性，以提高涂料性能，如以此类涂料作为车间底漆，则在船体水线以下部位涂装前应彻底清除干净。

8. 环氧树脂

环氧树脂是含有环氧基团的高分子物质。环氧树脂结构中含有的羟基和环氧基，可以与其他合成树脂或化合物发生反应，如酚醛树脂、氨基树脂、聚酰胺树脂、多异氰酸酯等。因此，环氧树脂可以用许多树脂进行改性，亦可与许多树脂进行交联固化，以获得各种不同性能的环氧树脂涂料。

在常温下，环氧树脂可以用多元胺或聚酰胺进行固化，也可用多异氰酸酯固化。大多数的环氧类船舶涂料均采用聚酰胺树脂固化。

环氧树脂的分子结构决定了环氧类涂料具有优异的耐碱性、抗化学物质性；环氧树脂有很强的黏结力，因而环氧树脂涂料的附着力强；环氧树脂涂料成膜后涂层的机械强度高，具有一定的韧度；环氧树脂分子中苯核上羧基已被醚化，故环氧树脂涂料性质稳定；但环氧树脂分子中尚有许多羧基，因此环氧树脂涂料耐水性较差。

环氧树脂涂料另外的缺点是户外耐候性差。漆膜易粉化、失光，不宜作家外装饰性涂料。环氧树脂涂料多是双组分型，使用有所不便。在低温时固化速度很慢，低于 5 ℃时固化反应几乎停止。此外，涂层与涂层之间的涂装间隔时间有一定的限制，超过规定的最长涂装间隔时间后，前涂层充分固化，层与层之间会互不相容，使后涂层难以紧密附着，必须对前涂层做较彻底的打磨处理才行。

环氧树脂涂料在船舶上获得了日益广泛的应用，在水线以下和液舱内应用最多。

用煤焦沥青对环氧树脂涂料加以改性，既可保持环氧涂料的优点，又可增强其耐水性和降低涂料的成本。环氧沥青涂料已广泛用于船底防锈和压载水舱保护方面。

环氧涂料中加入足够量的锌粉，制成环氧富锌涂料，可用作高性能的防锈涂料，也可制成车间底漆。

环氧涂料中加入一定量的氧化铁红所制成的环氧铁红底漆，也是车间底漆的一个重要品种。

纯环氧树脂涂料可作为饮水舱漆，不会污染水质。

纯环氧树脂涂料和酚醛改性环氧树脂涂料有优异的抗化学药品性和抗溶剂性，是成品油船和化学品船货油舱、液舱涂料中两个重要的品种。

环氧树脂还能与干性油反应，使环氧基和羟基与脂肪酸的羧基反应而酯化，酯化了的环氧树脂可不再用其他固化剂，而在常温下自行固化。用环氧树脂作为主要成膜物质的涂料，其性能低于双组分环氧树脂涂料，但施工却方便得多。在船舶涂料中，环氧树脂常用作船用防锈漆的基料。

9. 聚氨酯树脂

聚氨酯树脂是聚氨基甲酸酯树脂的简称，它并非由氨基甲酸酯聚合而成，是指其成分中有相当数量的氨酯键的一类树脂。

以聚氨酯树脂作为基料制成的聚氨酯涂料有许多突出的优点。聚氨酯涂料即使在－10～

0 ℃的情况下也能正常固化。但聚氨酯涂料中游离的异氰酸酯对人体毒性较大，且异氰酸基很活泼，遇水会成为凝胶，故施工时对物面和环境湿度控制要求高，涂装间隔限制较严，稍不慎就会产生起沫和层间剥离的弊病。用于聚氨酯涂料的溶剂要求比较严格，一般要求氨酯基溶剂，应不含任何带有羟基的物质，因此一般用于环氧树脂涂料的稀释剂(往往含少量的醇类物质)不可随意用于聚氨酯涂料的稀释。

与环氧树脂涂料相似，聚氨酯涂料的涂层与涂层之间的涂装间隔时间也有一定的限制，超过规定的最长涂装间隔时间时，必须对前涂层做较彻底的打磨处理。

此外，聚氨酯涂料的溶剂为酮类或酯类，闪点很低，挥发性很强，稍不注意就会引起爆炸事故，因此需要有严格的安全措施。

在船舶涂料中，聚氨酯涂料常用来改性环氧沥青涂料，使之具有低温固化的性能，以利于冬季施工。采用环氧树脂或改性环氧树脂涂料系统涂装的船体水线以上暴露区域，如水线、干弦、上层建筑外部，为提高其装饰性能和保色性能，常最后用脂肪族聚氨酯涂料作为面层涂料。聚氨酯涂料最重要的用途在于，借助其很强的耐溶剂性和耐化学药品性，作为成品油船和化学品船的货油舱、液舱涂料。

10. 无机硅酸锌涂料

无机硅酸锌涂料不是指一种涂料的基料(主要成膜物质)，而是指一类涂料，一种双组分化学固化型涂料。无机硅酸锌涂料根据所采用的基料和固化机理不同，大致分为三种类型。

(1) 以硅酸钠或硅酸钾为基料，配以锌粉及其他颜料而组成的水溶性后固型涂料。这种涂料表面处理要求高(通常需要 Sa3 级)，涂装后需再涂固化液使其固化成膜，然后还要用水洗去表面的水溶性盐类，施工较麻烦。

(2) 以硅酸钾为基料，配以锌粉及其他颜料而组成的水溶性自固型涂料。这种涂料涂装后能自行固化，施工不如水溶性后固型涂料复杂，但表面处理要求同样很高，通常亦需要达到 Sa3 级。

(3) 以正硅酸乙酯为基料，配以锌粉、着色颜料、助剂、溶剂等而组成的醇溶性自固型涂料。一般分为两罐装。这种醇溶性自固型无机硅酸锌涂料在船舶涂装中应用较多，大量用作车间底漆，也用于需要重点防腐蚀的部位(如甲板、上层建筑外部等)。

醇溶性自固型无机硅酸锌涂料的成膜机理是：依靠正硅酸乙酯吸收空气中的水发生水解反应，自身产生缩聚，并同时与锌及钢铁反应生成复合盐类，故干燥的同时通过化学反应与钢材表面牢固结合。

醇溶性自固型无机硅酸锌涂料比水溶性自固型无机硅酸锌涂料施工略为简单，其表面仍需要喷射磨料处理，但一般只要达到 Sa2.5 级就能满足要求。

无机硅酸锌涂料(水溶性或醇溶性)有很优异的防锈性能，所以无机硅酸锌涂料是一种性能极为优异的防锈涂料。

无机硅酸锌涂料施工后，如需再增强其防锈性能或表面装饰性能，应采用环氧树脂涂料对表面进行封闭(一般将环氧树脂涂料做适当稀释后喷涂)，然后再涂其他表面涂料。油性涂料和油基涂料不能直接涂于无机硅酸锌涂料表面，因为锌的氧化物会使油类皂化，引起涂层剥离。

对于无机硅酸锌涂料，施工时必须注意以下几点。

① 表面处理必须是喷射磨料处理，以确保达到一定的清洁度和表面粗糙度。

② 涂装前钢材表面需确保无油、水和其他杂质，且该涂料不能涂覆于任何有涂料的表面。

③ 应严格按制造厂提供的厚度要求施工，涂料过厚将会发生龟裂，导致前功尽弃。

11. 环氧沥青和漂白环氧沥青涂料

环氧沥青涂料也称为焦油环氧沥青涂料，它是采用焦油沥青改性的环氧类涂料。

用煤焦油沥青对环氧树脂涂料进行改性，可提高环氧树脂涂料的耐水性，又可降低涂料的成本。因此船舶涂料中用于船体水线以下的防锈涂料和用于防止压载水舱腐蚀的涂料都不直接采取环氧树脂涂料而是用环氧沥青涂料。

环氧沥青涂料与环氧树脂涂料相比还有一个优点，就是附着力更强，因此对钢材表面处理的要求就不如环氧树脂涂料那样严格，采用动力工具打磨达到 St3 级就可符合要求。

与通常的环氧树脂涂料一样，环氧沥青涂料也有一个间隔时间的问题。超过最长涂料间隔时间后，其表面也要做打毛处理，否则层间附着力会有问题。

煤焦油沥青含有较强的致癌物质，这将对涂料制造和涂料施工人员的健康有害。因此，国际上已逐步以其他树脂来代替环氧沥青中的沥青成分，发展出漂白环氧沥青的新品种涂料。

通常取代沥青的树脂为苯并呋喃树脂，俗称古马隆树脂。

用苯并呋喃树脂代替煤焦油沥青制成的漂白环氧沥青涂料，在船舶涂装保护中愈来愈受到青睐。最初它用于机舱底部，是由于它具有良好的耐水、耐油性并且颜色浅。也用于一些散货船的货舱和压载舱。近年来不少船舶的室外暴露部位都采用漂白焦油环氧涂料，是因为它施工较为简便，而价格也低于一般的环氧树脂涂料。

漂白环氧沥青涂料与通常的环氧沥青涂料相似，同属于化学反应固化型涂料，因此环境对其固化反应速度影响较大，低温时固化缓慢，涂层与涂层之间的涂装间隙时间亦受到一定的限制。

12. 丙烯酸树脂

丙烯酸树脂可单独作为主要成膜物质制成各种各样的涂料，也可用来改性醇酸树脂、氨基树脂、氯化橡胶树脂、聚氨酯树脂、环氧树脂、乙烯类树脂等，构成许许多多类型的新型涂料。

丙烯酸树脂涂料按固化方式分为自干型和烘干型；若按其受热后所发生的变化状态，可分为热塑性和热固性丙烯酸树脂涂料；若按其形态可分为溶剂型、水溶型、乳液型、粉末型等。

以丙烯酸树脂为基料的涂料具有优异的保色、保光性能，而且其膜光亮丰满、耐热、耐腐蚀，是近 30 年中逐步发展起来的一类高性能涂料。特别是由于其树脂色泽水白、呈中性，非常适合用来制造高档的、透明度及白度极好的清漆和色漆。

丙烯酸树脂涂料用溶剂法制造的缺点在于树脂中的游离单体不易除尽，造成施工时气味大，有较强的刺激性。大多数制备丙烯酸树脂涂料用的各种丙烯酸树脂均有一定的毒性，对施工人员的健康有危害，涂料施工时应充分做好人员的个体劳动保护和环境的卫生保护。

由于近些年来氯化橡胶生产受到一定的限制，而丙烯酸树脂涂料在施工中具备像氯化橡胶涂料一样的快干、无涂装间隔时间限制等优点，因而其在船舶的水线以上室外暴露区域获得了较多的应用，已局部取代氯化橡胶涂料。

水溶性丙烯酸树脂涂料施工中安全性好，可用于船舱室内装饰。

4.4.4 车间底漆

车间底漆，又称为保养底漆或预处理底漆，是钢板或型钢经抛丸预处理除锈后在流水线上采用的一种底漆。车间底漆的作用是对经过抛丸处理的钢材表面进行保护，防止钢材在加工、组装到分段形成，甚至到船台合拢期间产生锈蚀，从而大大减轻分段或船台涂装时的除锈工作量。

与通常的涂层不同，车间底漆有以下几个特点。

(1) 车间底漆是一种临时保养性的底漆，在分段正式涂装时可以除去，也可以保留，主要取决于正式涂装时车间底漆涂层本身的完好性和第一层涂装的涂料对表面处理的具体要求。为此，车间底漆的膜厚将不计入船体涂层的总膜厚之内。

(2) 钢材涂有车间底漆以后，在焊接、切割时，该底漆可不必除去。

(3) 由于正式涂装时车间底漆可以保留，故车间底漆要能与各种船舶涂料配套应用。

(4) 车间底漆的喷涂是在自动化流水线上进行的。

施工上的这些特点，决定了车间底漆应具备与一般涂料所不同的性能。

1. 车间底漆的性能

造船钢材预处理用的车间底漆，必须具备以下性能。

(1) 应对焊接与切割无不良影响。带漆钢材焊接时，焊接的表面和内在质量应不受影响，焊缝的机械强度亦不应受到影响。带漆钢材切割时，切割速度不应受到明显影响，切割边缘亦应像无漆钢材一样比较平滑光洁。为此车间底漆选用的品种应获得船舶检验机构(船舶检验局或船级社)的认可。

(2) 具有快干性，常温下(23 ℃)能在 5 min 内干燥，以适合自动化流水线连续生产。

(3) 漆膜应具有较强的耐溶剂性能，能适应涂覆各种类型的防锈漆(底漆)。因此，车间底漆多为化学固化型涂料。

(4) 单层漆膜(厚度为 15～25 μm)在船舶建造期间处于海洋大气或工业大气中，对钢材应有 3 个月以上的防锈能力。

(5) 具有良好的耐热性，在焊接、切割、火工校正时漆膜受热破坏的面积(热影响区)较小。

(6) 有良好的耐冲击性和较高的韧度，以适合带漆钢材的机械加工。

(7) 具有低毒性，尤其是漆膜受热分解时不应产生过多的有毒气体，即使产生部分有毒有害气体，有害气体在工人操作时的呼吸带的浓度也应低于国家卫生标准规定的值。

(8) 漆膜有较好的耐电位性，以适合船舱的阴极保护。

关于车间底漆的技术指标，《船用车间底漆》(GB/T 6747—2008)做出了规定。

2. 车间底漆的品种及特点

磷化底漆、环氧富锌底漆、环氧无锌底漆、无机锌底漆四种车间底漆是迄今为止国内外车间底漆的主要品种，这些车间底漆主要的性能特点详见表 4.10。

表 4.10　各种车间底漆性能比较

底漆名称	磷化底漆	环氧富锌底漆	环氧无锌底漆	无机锌底漆
主要成分	铬酸锌、聚乙烯醇缩丁醛、酚醛树脂	锌粉、环氧树脂、聚酰胺树脂	氧化铁红、环氧树脂、聚酰胺树脂	锌粉、正硅酸乙酯
标准膜厚/μm	13～15	15～20	20～25	15～25
室外防蚀期/月	3～4	6～9	4	6～9
干燥性能(23 ℃)	一般，5 min	一般，5 min	一般，5 min	快，1～2 min
可焊性	优	一般	良	优
可割性	优	一般	优	良

续表

底漆名称		磷化底漆	环氧富锌底漆	环氧无锌底漆	无机锌底漆
环境污染性		小	ZnO 浓度较大，易超标准	小	产生一定量 ZnO，通常不会超过标准
耐热性		差	良	一般	优
耐电位性		差	优	良	优
施工性能		优	一般	良	一般
耐溶剂性		一般	良	良	优
与防锈涂料的配套性	油性类	优	差	良	差
	沥青类	良	优	良	一般
	氯化橡胶类	良	优	良	良
	乙烯类	优	良	良	良
	环氧沥青类	一般	优	良	优
	纯环氧类	一般	优	良	优
	聚氨酯类	优	一般	良	良

一种车间底漆如能与同一厂商生产的其他涂料配套，理应能与其他厂商的涂料配套。所以，为了施工和管理上的方便，一家造船厂在钢材预处理中，只使用一种车间底漆，在理论上是完全可行的。

4.4.5 防锈涂料

防锈涂料通常称为防锈漆。

人们习惯上把能够防止钢铁在自然条件下(即在大气、水和土壤之中)腐蚀的底漆称为防锈漆，而把能够防止钢铁在化学介质或高温条件下腐蚀的底漆称为防腐漆。根据上述习惯，能使直接接触海水(电解质溶液)的船体部位免受腐蚀的涂料(底漆)应该称为防腐漆。但目前在我国，在船舶涂料范畴里，多数人还是习惯于把防止船舶在大气中和海水中腐蚀的涂料(底漆)都列在防锈漆的范围之内。

防锈漆除能依靠基料将腐蚀介质与钢铁表面进行隔离外，其要实现防锈在很大程度上还得依靠防锈颜料的防锈作用。

1. 防锈颜料

防锈颜料按其在漆膜中的作用区分，可分为化学防锈颜料和物理防锈颜料两大类。

1）化学防锈颜料

化学防锈颜料是在涂层中能够依靠自身的化学性质阻止或降低腐蚀介质对钢铁的腐蚀作用，起到防锈效果的一类颜料。

(1) 铅系颜料　铅系颜料主要有以下三种。

① 红丹，也叫铅丹，含有 97%以上的 Pb_3O_4，其余为 PbO，是一种历史很悠久的化学防锈颜料。

红丹能与钢铁腐蚀初始阶段的 Fe^{2+} 产生离子交换，生成难溶的 $FePbO_4$；也能与 Fe^{3+} 产生离子交换，生成 $Fe_2(PbO_4)_3$；红丹还能将 Fe^{2+} 氧化成稳定的 Fe^{3+}，使漆膜增密，从而减少离子的渗透性。

在水和氧的存在下，红丹能与油基漆中油料生成铅皂，具有缓蚀作用。

红丹还能吸收腐蚀介质中的SO_4^{2-}，生成不溶性的$PbSO_4$，这一点对改善工业大气质量具有重要作用。

② 铅酸钙(Ca_2PbO_4)含铅量比红丹低，其作用类似于红丹。

③ 氰氨化铅，也称碳氰化铅($PbCN_2$)。氰氨化铅水解生成氢氧化铅和氨化物，碱性较强，能抑制腐蚀，同时能与油料生成铅皂，降低离子渗透性。

(2) 锌系颜料　锌系颜料主要有以下两种。

① 金属锌粉，在涂料中，锌粉粒子间紧密接触能起到类似镀锌层一样的阴极保护作用。而锌粉的氧化物产物又能起到封闭的作用，阻止腐蚀介质的渗入。

② 氧化锌，常配合其他颜料用于防锈漆，由于它对酸性物质具有高度反应性，因而可减缓腐蚀速度，它与酸性物质反应所形成的皂类亦具有封闭作用。

(3) 铬酸盐颜料　铬酸盐颜料与钢铁用防锈漆合用，也适合于轻金属防锈。其主要防锈作用机理是：其对水有一定的溶解度，因而能对钢铁进行阳极钝化，大大降低钢铁的腐蚀速度。

铬酸盐中阳离子，如锌铬黄中的锌离子也能起到阴极缓蚀作用。

(4) 磷酸盐颜料　磷酸盐中可作为防锈颜料的品种也很多，如磷酸铁铵、磷酸铁、磷酸铬、磷酸钙和磷酸钡等。

(5) 其他　其他化学防锈颜料种类还有很多，其防锈机理亦各不相同，各有特点，可应用在不同的颜料之中。

2) 物理防锈颜料

物理防锈颜料是一种本身化学性质较为稳定的颜料。其细微的颗粒充填入漆膜结构，能提高漆膜的致密度，降低漆膜的可渗性，从而达到一定的防锈效果。一般常用的物理防锈颜料有红土、铁红、铁黄、铝粉和云母氧化铁等。其中铝粉和云母氧化铁的结构呈片状，在漆膜中薄片相叠加，具有很好的防水、防气渗透的作用和较好的耐候性。

物理防锈颜料能够一种或几种一起用于防锈漆，也常和化学防锈颜料一起用于防锈漆。

2. 船底防锈漆

船舶漆中的防锈漆由船底防锈漆和船用防锈漆两大部分组成。

船底漆中的防锈漆是漆膜长期浸泡在水下的用以保护船底钢板的一种专用防锈涂料，应具有以下性能。

① 在钢板表面具有很好的湿态附着力，在长期浸泡和水流冲击下不会起泡脱落。

② 耐水性好，透水性及氧气透过率小。

③ 干燥性能好。

④ 与船底防污漆有良好的配套性，与防污漆膜间的层间附着力好，不干扰防污漆的防污性能。

⑤ 具有良好的耐碱性和耐电位性，能与阴极保护装置配合使用。

关于船底防锈漆的技术指标，《船体防污防锈漆体系》(GB/T 6822—2014)做了规定。

常见的船底防锈漆的品种如下。

1) 沥青系船底防锈漆

沥青系船底防锈漆历史最为悠久，其防水性好，价格低廉，尽管其耐热性差、不耐干湿交替和大气暴晒，但在合成树脂涂料大量应用的今天，沥青系船底防锈漆仍在中、小船舶的建造和维修中被广泛应用。

目前我国常用的沥青系船底防锈漆有 L44-1 铝粉沥青船底漆和 L44-2 沥青船底漆两种。

（1）L44-1 铝粉沥青船底漆　L44-1 铝粉沥青船底漆含有较先进的叶展型铝粉，不仅防水、防锈性能好，又因铝粉反光性好，紫外线难以通过，耐大气暴露的性能也很好。但该漆的耐电位性能差，只适合在阴极保护电位不大于－0.85 V(AgCl/海水电极)的情况下应用。

（2）L44-2 沥青船底漆　L44-2 沥青船底漆膜坚韧、耐水性和防锈性能良好，但不耐大气暴露、不能在日光下暴晒，否则漆膜会发生龟裂，故不能用于水线以上部位。其通常与 L44-1 铝粉沥青船底漆配套使用，可作为船底残留的旧防污漆的封闭层。

L44-2 沥青船底漆耐电位性能亦较差，只适合在阴极保护电位不大于－0.85 V(AgCl/海水电极)的情况下应用。

2）氯化橡胶船底防锈漆

氯化橡胶船底防锈漆，相对于传统的沥青系船底防锈漆来说属较高性能的船底防锈漆。

由于氯化橡胶涂料有很好的抗水和氧的渗透的性能，耐酸与碱的性能强，施工方便，曾一度获得广泛的应用。

氯化橡胶船底防锈漆有氯化橡胶铝粉防锈漆、氯化橡胶铁红防锈漆、氯化橡胶灰色防锈漆和氯化橡胶沥青防锈漆等多种。

氯化橡胶涂料在高温和日光或三氯化铁、三氯化铝等因素影响下，会逐步释放出 HCl 气体，并在分子中形成双键而发生交联，进而形成网状结构而导致橡胶涂料的胶化，特别是含有铝粉的防锈漆，如没有合适的稳定剂则其储存稳定性很差。稳定剂则可采用环烷酸锌、低分子环氧树脂、环氧化豆油、轻质氧化镁等。

对于氯化橡胶沥青防锈漆，沥青的存在会影响稳定剂的作用，因此氯化橡胶沥青防锈漆往往采用两罐装。

3）环氧沥青船底防锈漆

环氧沥青船底防锈漆属高性能船底防锈涂料，是由环氧树脂、煤焦沥青、防锈颜料、溶剂等和作为固化剂的聚酰胺树脂等组成的两罐装涂料，通常为黑色或棕色。

环氧树脂有优异的耐碱性和抗化学介质的能力，附着力强，机械强度高，但耐水性稍差。沥青具有优异的耐水性和湿润性，防锈性能好，但耐热与耐候性差，漆膜的机械强度亦较差。聚酰胺树脂在常温下是黏稠的液体，分子结构中有较长的碳链和较多的极性基团，因此具有很好的弹性和附着力，它与环氧树脂有良好的混溶性，对颜料有很好的润湿性。

由一定比例的环氧树脂、煤焦沥青和聚酰胺树脂组成的环氧沥青船底防锈漆，克服了环氧树脂与沥青各自的缺点，发挥了三者的优点，既具有环氧树脂涂料的优良附着力，耐冲击、耐磨、耐酸碱、耐各种化学介质的卓越性能，又具有沥青涂料耐水性好、成本低廉的优点，还兼备聚酰胺树脂柔韧性好、富有弹性的长处。因此，环氧沥青船底防锈漆受到船东的青睐，应用越来越广泛。

环氧沥青船底防锈漆保护效果特好，防锈有效期可达到 5 年。但环氧沥青船底防锈漆也保留了环氧树脂和沥青的一部分缺点：涂层的固化速度同样受温度的影响较大，低于－5 ℃时固化反应几乎停止；涂层与涂层之间的涂装间隔时间仍有限制，超过规定时间，层间附着力会受到影响，故在防锈漆和防污漆之间需加涂一道中间过渡层，以确保防污漆的附着力；沥青的强渗色性会对面层浅色涂料带来渗色影响，故船舶的水线、干舷区不宜采用环氧沥青防锈漆加一般的浅色面漆的配套。

环氧沥青船底防锈漆属双组分(两罐装)涂料，环氧树脂与固化剂聚酰胺应分别包装，通常环氧树脂与颜料及适量溶剂构成一个组分，聚酰胺与煤焦沥青及适量溶剂为另一组分，使用时两者按规定比例混合。

4）乙烯型船底防锈漆

乙烯型船底防锈漆多以氯乙烯、醋酸乙烯、顺丁烯二酸酐三元共聚体树脂为主要成膜物质，并添加适当的增塑剂、稳定剂、颜料、触变剂构成。

氯醋三元共聚体船底防锈漆有优良的耐水性、耐碱性、耐油性和耐电位性，耐阴极保护电位可达－1.1 V(AgCl/海水电极)，可在－10 ℃的低温下施工。

由于氯醋共聚体树脂溶解度有限，故制成涂料的固体组分含量较低，在船底防锈漆中常增加部分沥青以提高其固体组分含量，同时也能进一步增强其对钢材表面的附着力。通常将沥青改性的氯醋共聚体树脂为基料的船底防锈漆称为乙烯沥青船底防锈漆。当其厚度在 200～250 μm 范围内时，防锈有效期可达 3 年左右。

乙烯沥青船底防锈漆可与各种类型的防污涂料配套。与某些防污涂料配套，防污有效期可达 3～5 年。

在新船建造时，乙烯沥青船底防锈漆常与环氧沥青船底防锈漆配套使用。这是因为乙烯沥青涂料不像环氧沥青类涂料那样具有涂装间隔时间的限制，这将给船舶涂装工艺带来许多方便。

3. 船用防锈漆

船用防锈漆通常指船舶水线以上大气暴露区域和机舱、房舱、货舱等室内区域用的一般防锈涂料，不包括船底防锈涂料和液舱用的特殊防锈涂料(液舱涂料)。

根据不同的用途，这一类防锈漆通常以油料、醇酸树脂、酚醛树脂、氯化橡胶、环氧树脂、环氧酯等为基料，以红丹、锌铬黄、磷酸锌、氧化铁红、钛白粉等为颜料，有的还以滑石粉、重晶石粉等为体质颜料组成。这类防锈漆应具有以下性能。

(1) 与钢铁表面的附着力好，并能与各类相应的面层涂料配套。

(2) 漆膜具有良好的耐水性和耐候性。

(3) 漆膜机械强度好，有一定的抗冲击和抗摩擦能力，并具有较好的柔韧性。

关于船用防锈漆的技术指标，《船用防锈漆》(GB/T 6748—2008)做出了规定。

与船底防锈漆不同，船用防锈漆一般是以所采用的主体防锈颜料或颜料与基料相结合来区分的。

1）红丹防锈漆

红丹防锈漆简称红丹漆，是以红丹为主体的防锈颜料，常以油基树脂或醇酸树脂为基料，是防锈漆中使用最悠久的品种。红丹漆也有以酚醛树脂、氯化橡胶、环氧树脂、环氧酯为基料的，品种多种多样。

红丹漆漆膜坚韧、附着力好、对钢材表面处理的要求不高，具有较高的润湿性。其防锈性能优良，船舶的室外暴露区域常采用红丹漆作为底漆。油性红丹漆不适宜用于水线及水线以下区域，因其在水下不耐电位，容易起泡剥离。

红丹漆耐候性较差，在大气中暴露时间一长，就易与空气中的二氧化碳作用形成碱式碳酸铅而发白粉化，故需及时涂装面漆。

2）铬酸盐防锈漆

铬酸盐防锈颜料中目前用得最广的是锌铬黄，主要用作铝镁等有色金属的防锈漆。锌铬黄对大气暴露区域的防护效果良好，但对工业酸性大气抵抗力较差，因此常与氧化锌同时使用。锌铬黄微溶于水，遇水产生铬酸根离子，可使金属表面钝化而提高防锈性能。锌铬黄常与低溶解度的铬酸盐颜料或铁黄等配合使用。一般，锌铬黄在防锈漆颜料中的用量为颜料总量的40%左右。

4. 其他防锈漆

在船舶漆范畴里还有很多种防锈漆，比较重要的有环氧富锌底漆、无机锌防锈漆、用于液舱保护的各种液舱涂料等。

4.4.6 防污涂料

防污涂料通常用于船底或海洋水下设施防污，简称防污漆，是防止海洋附着生物污损、保持船底光洁的一种专用涂料。

在世界各海域中共有8000多种植物和5.9万种海洋动物，其中有600多种附着植物和1.8万多种附着动物，它们发育到了一定阶段后，就在船底、水下结构物或岸边岩石等物体上附着、定居并进一步繁殖。

海洋生物大量附着在船底上，将对船舶带来很大的危害，它们不仅会增加船舶的自重、减少船舶的载重，同时会大大增加船体的阻力，造成船舶的航速降低和燃油消耗量的增加。

1. 防污漆的主要特性

(1) 在一定时间内具有防止海洋生物附着的效能。

(2) 漆膜中含有一定量的能杀伤附着海洋生物的毒料，这些毒料能连续不断地逐步向海水中渗出。

(3) 与防锈漆相反，漆膜具有一定的渗水性，以保持毒料的连续渗出。

(4) 与防锈漆之间有良好的附着力，防污漆本身层与层之间应有良好的附着力，各层之间还应稍能互溶。

(5) 漆膜有良好的耐海水冲击性，在长期浸水条件下不起泡、不脱落。

(6) 经航行一定时间后，漆膜能得到不同程度的抛光。

关于船底防污漆的技术指标，GB/T 6822—2014做出了规定。

2. 防污漆的组成

防污漆的组成与一般涂料有所不同，它由毒料、渗出助剂、基料、颜料、助剂和溶剂等组成，其中防污效果与毒料的种类、含量、可溶性成分的用量以及基料的类型都有很大的关系。

(1) 毒料　防污毒料必须能在海水中微溶，对海洋附着生物有杀伤力。常用的防污毒料有氧化亚铜、有机锡、有机锡高聚物(毒料与基料同一体)，以及氧化汞、有机铅、铜粉等，其中前三类应用最为广泛。

(2) 基料　防污漆的基料分为可溶性基料与不溶性基料两种。

(3) 颜料　防污漆中颜料的作用是改善漆膜的力学性能和调节毒料的渗出率。最常用和最重要的颜料是氧化锌。氧化锌在海水中微溶，本身稍具毒性。滑石粉对于改善沉淀性有一定的作用，它的加入可使防污漆储存一段时间后罐内的沉淀较为松软而易于搅匀。

(4) 溶剂　防污漆内所用的溶剂主要取决于所用的不溶性基料的品种。常用的是200号煤焦溶剂。200号煤焦溶剂主要成分是三甲苯、四甲苯等，对沥青、松香、氯化橡胶等均有良好的溶解性。其他常用的溶剂有二甲苯、环己酮等。

(5) 助剂　防污漆内助剂主要有起增厚作用的触变剂，起稳定作用的稳定剂、防沉剂等。

3. 防污漆的类型

根据其结构及毒料渗出方式，防污漆大致可分成溶解型、接触型、扩散型、水解型（自抛光型）四类。

（1）溶解型防污漆　溶解型防污漆以松香为可溶性基料，多以氧化亚铜、氧化汞等为毒料，为控制毒料的渗出率和改善漆膜的力学性能，还需有一部分不溶性基料，如氯化橡胶、油性基料等。

（2）接触型防污漆　接触型防污漆的基料为不溶性树脂，毒料亦以氧化亚铜为主，有时增加些辅助毒料如氧化汞等。其毒料的含量很高。

（3）扩散型防污漆　扩散型防污漆多以有机锡或有机铅为毒料，以乙烯树脂或氯化橡胶树脂为基料，并有一部分可溶性基料。

（4）水解型（自抛光型）防污漆　水解型防污漆以有机锡高聚物为毒料和基料，通过有机锡高聚物在海水中水解，释放出有机锡毒料，同时基料亦成为可溶性的物质溶解于海水中。漆膜在水流不断作用下，水解反应不断进行，不断暴露出新鲜面，因此其毒料渗出率非常平稳。由于漆膜凸起的部位受水流作用力较大，水解速度较快，而凹进的部位则水解速度较慢，因而漆膜将日趋光滑，故将这种防污漆称为自抛光型防污漆。

新的自抛光型防污漆，不像其他防污漆那样需要先涂封闭漆才能继续涂防污漆。

世界各国都重视发展不含有机锡的新型自抛光型防污漆，即无锡自抛光型防污漆。无锡自抛光型防污漆亦属水解型防污漆，其以可水解的具有一定亲水性的丙烯酸酯聚合物（称为自消融树脂）为基料，以氢氧化铜为主要毒料。这种防污漆同样具有自抛光作用，其防污寿命可达三年甚至更长，目前正越来越受到欢迎。

4.4.7　水线以上面层涂料

用于船舶水线以上部位的面层涂料有水线漆、船壳漆、甲板漆、货舱漆、舱室内部用面漆等。由于使用部位的环境不同，要求的功能不同，故采用的基料、颜料也各有不同的特点。

1. 水线漆

水线区腐蚀条件恶劣，处于干湿交替的状态，故水线漆应有良好的耐水、耐冲击、耐干湿交替性能，并需要有较好的装饰作用。

关于水线漆的技术指标，《船用水线漆》（GB/T 9260—2008）做出了规定。

常用的水线漆有以下类型。

（1）酚醛型水线漆　由纯酚醛树脂和桐油在高温下熬炼制成漆料。漆膜具有较好的耐水性和硬度，涂刷性能好，成本较低，应用比较广泛，缺点是使用寿命较短。

（2）氯化橡胶水线漆　以氯化橡胶为基料、氯化石蜡为增塑剂。其干燥快、与底漆（氯化橡胶防锈漆）之间附着力好、漆膜坚韧耐磨、耐水性和耐干湿交替性能好，在新造船中应用多。其缺点是耐油性较差，容易受到水面上漂浮的油腻物质污损。

（3）环氧水线漆　以环氧树脂为基料，聚酰胺树脂为固化剂。漆膜坚韧、耐磨、寿命较长，属于高性能水线涂料，常与环氧类防锈漆配套使用。缺点是装饰性能较差，施工较为麻烦。

水线漆有紫红色、绿色、白色、黑色、灰色等种类，应用最多的为紫红色和绿色水线漆。

值得注意的是，近年来有许多船东希望在水线区域与船底区域采用相同的涂料配套系统，在这种情况下采用的防污漆往往为自抛光型防污漆。

2. 船壳漆

船壳漆是指使用于船体外板重载水线以上区域和上层建筑外围壁以及甲板舾装件等部位的面层涂料，要求有良好的耐候性、一定的耐水性和耐冲击性、良好的装饰性。

关于船壳漆的技术要求，《船壳漆》(GB/T 6745—2008)做出了规定。

常用的船壳漆有以下几种。

(1) 醇酸船壳漆　通常以长油度醇酸树脂为基料，白色颜料采用抗紫外线老化性能好的金红石型钛白粉。醇酸船壳漆漆膜光泽度好、耐候性强、附着力优良，获得了广泛应用。其缺点是硬度较差和耐水性欠佳。

(2) 氯化橡胶船壳漆　以氯化橡胶为基料，氯化石蜡为增塑剂，常以醇酸树脂或丙烯酸树脂改性，以获得更高的装饰性能。其干燥快，与漆底附着力强，漆膜坚韧，耐水性优于醇酸船壳漆，已广泛应用于新造船和修船。

(3) 丙烯酸树脂船壳漆　通常以热塑性丙烯酸树脂为基料，常采用醇酸树脂或氯化橡胶进行改性。

丙烯酸树脂船壳漆有优异的保色、保光性能，其漆膜光亮丰满。由于丙烯酸树脂色泽水白，因此制成白色涂料的白度很好，而且不易泛黄，装饰性能很好。

丙烯酸树脂船壳漆应用不如氯化橡胶船壳漆那么广泛，价格较贵是其中原因之一。由于氯化橡胶船壳漆生产日益受到限制，丙烯酸树脂船壳漆有望逐步取代氯化橡胶船壳漆。

(4) 环氧船壳漆　以环氧树脂为基料、聚酰胺树脂为固化剂，性能与环氧水线漆相似，两者常相互通用。

环氧类涂料在户外容易粉化，故采用环氧船壳漆时，往往最外加一层聚氨酯涂料盖面，以提高其外观装饰性能。

船壳漆颜色品种有很多，有白色、黑色、灰色以及按需要特定的各种颜色。

3. 甲板漆

甲板漆是用于船舶甲板部位的面层涂料，需要有良好的附着力、耐水性、耐候性和耐磨性。

关于甲板漆的技术要求，《甲板漆》(GB/T 9261—2008)做出了规定。

常用的甲板漆有以下几种。

(1) 酚醛甲板漆　由纯酚醛树脂与亚麻油、桐油熬炼制成基料，或采用松香改性酚醛树脂为基料，配以耐磨性好的颜料制备而成。其漆膜硬度较高，附着力、耐水性均较好，但干燥较慢，耐磨性欠佳，使用寿命较短。

(2) 氯化橡胶甲板漆　以氯化橡胶为基料，干燥快、漆膜坚韧、耐磨性好，耐水性、耐候性、耐碱性均优于酚醛甲板漆，但耐油性较差，不适用于油船的露天甲板。由于氯化橡胶受热分解会释放出氯化氢气体，因此不适合用作室内甲板漆。

(3) 环氧甲板漆　以环氧树脂为基料、聚酰胺树脂为固化剂，配以耐磨性好的颜料制成。其漆膜坚韧耐磨、耐水、耐油、耐化学药品性良好，属高性能甲板漆料，特别适用于油船的露天甲板。但具有一般环氧涂料的缺点，施工较为麻烦。

各种甲板漆还可以加入某些防滑材料如金刚砂、橡胶细粒、塑料细粒等制成甲板防滑漆，使漆膜表面粗糙，防止人员在风浪大、甲板潮湿的情况下行走时滑跌。甲板防滑漆通常用于露天甲板。

用作直升机平台(甲板)的甲板防滑漆的防滑要求比较高，一般要求摩擦因数不低于0.8，需要做试验认证。

4. 货舱漆

货舱漆用于船舶货舱内部，要求附着力良好，有较高的硬度和耐磨性。有酚醛树脂、氯化橡胶、环氧树脂、漂白环氧沥青等类型。根据货舱装载货物的具体情况，有时会对货舱漆提出一定的特殊要求。

关于货舱漆的技术要求，《船用货舱漆》(GB/T 9262—2008)做出了规定。

当货舱兼作压载水舱时，货舱漆应有优良的耐水性和耐蚀性。近年来往往使用漂白环氧沥青涂料作为兼作压载水舱的货舱的保护漆料。

对于装载谷物的货舱，货舱漆应对谷物无毒性、无污染，并取得有关卫生当局的认可证书。在国际上，装载谷物货舱的货舱漆，通常需要达到有关规定。

5. 舱室内部用面漆

舱室内部用面漆指只用于机舱、房舱内表面的面层涂料，要求附着力好，装饰性好，且不易燃烧，一旦燃烧发生，应不至于产生过量的烟，这是国际海上人命安全公约(SOLAS)的规定，也是许多船级社的规定，故使用的涂料需要获得船检部门的许可。

舱室内部用面漆通常为油基树脂漆和醇酸树脂漆。当今，绝大多数舱室内部都采用醇酸树脂漆，因其各方面性能均优于油基树脂漆。

4.4.8　液舱涂料

船舶的液舱有水舱和油舱两大类。水舱分为淡水舱、饮水舱、压载水舱、冷却水舱、舱底水舱等；油舱则分为燃油舱，滑油舱，污油水舱，原油运输船的货油舱，成品油船和化学品船的货油舱、液舱等。由于各种液舱装载的液体不同，各种涂料对各种液舱的适应性情况也不同。

1. 压载水舱涂料

压载水舱涂料用于船舶的各种压载水舱、艏尖舱、艉尖舱、舱底水舱等。这些水舱的腐蚀环境恶劣，要求涂料有优良的耐水、耐盐雾、耐干湿交替和耐蚀性能。又因为这些部位施工条件恶劣，故要求涂料一次成膜有较高的膜厚，以减少涂装的次数。

关于压载水舱涂料的技术要求，《船舶压载舱漆》(GB/T 6823—2008)做出了规定。

压载水舱涂料，以往常用沥青系涂料，现在则多用性能优良的环氧沥青系涂料，也有用干燥性较好的乙烯沥青、氯化橡胶沥青涂料的。

环氧沥青涂料在冬季难以固化，常改用性能相当的以聚氨酯改性的环氧沥青涂料，能在 −5～15 ℃条件下施工，且能很快干燥。

由于环氧沥青涂料中的煤焦沥青含有较强的致癌物质，故近年来世界各国船东都要求新造船的压载水舱内不再用传统的环氧沥青涂料而改用不含煤焦沥青的漂白环氧沥青涂料，不仅使涂料生产制作人员、涂料施工人员免受煤焦沥青的危害，而且由于舱内颜色明亮浅淡，容易发现产生的涂膜弊病，对保证施工质量有利，并且对保证施工人员和质量检查人员在舱内进出时的行走安全也大有好处。

2. 饮水舱漆

饮水舱漆用于船舶的饮水舱、淡水舱和各种淡水柜。饮水舱漆除应具有良好的附着力、良好的耐水性和防锈性能外，其漆膜应对水质无污染作用，对人体健康无影响，选用品种需获得有关卫生当局的认可证书。

关于饮用水涂料的技术要求，《船用饮水舱涂料通用技术条件》(GB 5369—2008)做出了规定。

(1) 附着力　涂层之间的附着力不得低于 3 MPa。

(2) 柔韧性　涂层在曲率半径为 2.5 mm 的芯棒上弯曲后不得出现网纹、裂纹及剥落等现象。

(3) 耐盐雾性　涂层经过连续 600 小时盐雾试验后，外观破坏程度应符合《漆膜耐湿热测定法》(GB/T 1740—2007)规定的 1 级要求。

(4) 耐水性　涂层经过(25±1)℃蒸馏水浸泡 30 天后，不得出现起泡、生锈及剥落等现象。

(5) 卫生要求　涂料必须经卫生鉴定，并取得卫生部门颁发的许可证书。

饮水舱漆通常有漆酚水舱漆、酮亚胺固化的环氧漆和聚酰胺合成物固化的环氧漆(俗称纯环氧漆)。

漆酚饮水舱漆漆膜坚韧、富有光泽、附着力强、防潮耐水、耐油、耐磨且耐化学介质。缺点是对人体有一定的过敏性，有些人不能适应；其漆膜一次成膜厚度较薄，只能达到 50 μm 左右，故需多次涂装才能达到一定的膜厚。

酮亚胺固化的环氧漆有良好的耐水性、耐油性、耐化学性，施工气味小，毒性低，适宜于狭小宅间施工。缺点是固化反应速度较慢，15 ℃以下难以固化，在大于 15 ℃时需干燥三天才能投入使用。

纯环氧饮水舱漆在国内外应用最多。它具有优异的耐水性、耐油性和防锈性，能在 5 ℃(最好在 10 ℃)以上施工，低于 5 ℃则施工后难以干燥。

为了提高一次成膜的厚度，提高施工安全性和减少溶剂气体对人体的影响，纯环氧饮水舱漆还发展出了无溶剂型。

饮水舱涂装施工后，应待漆膜完全固化后才能向舱内灌水，为避免涂料中某些游离的有害物质渗入饮水，影响人体健康，饮水舱在涂料施工并完全固化后，应先用淡水浸泡 2～3 天，然后取水样分析，在水质合格后方可正式投入使用。

3. 油舱漆

油舱漆用于船舶的各种油舱，如燃油舱、滑油舱、污油舱、污油水舱、原油船的货油舱，以及成品油船和化学品船的货油舱、液舱等。

燃油舱一般不需要涂料保护。为了防止舱壁在建造过程中锈蚀，减少封舱加油前的清洁工作量，常在分段涂装阶段涂装一段石油树脂漆(亦称干性防锈油)。石油树脂漆是由石油树脂溶于烃类溶剂中获得的，涂于钢材表面能干燥成膜，燃油舱装油以后，漆膜会逐步溶入燃油，舱壁将直接接触燃油而不致腐蚀。石油树脂漆由于不含有防锈颜料，故防锈性能欠佳，保护期限较短。燃油舱也可涂装一道车间底漆加以保护。

滑油舱可像燃油舱一样采用石油树脂漆进行临时保护，而更好的办法是采用纯环氧涂料保护，尤其是主机滑油循环舱，其贮藏的油质要求较高，通常应采用纯环氧涂料保护。

原油船的货油舱一般采用环氧沥青涂料保护，涂装部位是舱底和舱顶，竖直舱壁通常不涂装。如果舱内设有惰性气体保护系统，则舱顶部可不必涂装。原油船的污油水舱的整个舱内表面应采用环氧沥青涂料保护。

对于装载除航空汽油、航空煤油等特种油品以外的石油烃类油舱的内表面用漆的技术指标，《船用油舱漆》(GB/T 6746—2008)做出了规定。

成品油船和化学品船的货油舱、液舱应全面涂装保护。对使用的涂料要求很高，既要保护油舱的内表面不受装载的货物和交替压载的海水的腐蚀，又要不会污染装载的货物，即对货物有很强的抵抗能力，还要有一定的耐热性以适应热水洗舱。

成品油船和化学品船的货油舱、液舱涂料大体有以下四种：① 纯环氧涂料；② 酚醛环氧涂料；③ 聚氨酯涂料；④ 无机锌涂料。

这些类型的涂层都有很强的耐蚀性和抗化学物质侵蚀的能力。但这些类型的涂料的分子结构类型和特点各不相同，对各种化学物质的抵抗能力也各有差别，各自有各自的优点，也有各自的弱点。因此，成品油船和化学品船货油舱、液舱涂料的选择要根据该船舱装载的主要货物来决定。

4.4.9　船舶涂料的发展方向

船舶的除锈涂装作业贯穿于整个造船工程的始终，而在造船的诸工种中，除锈涂装作业的工作条件最为恶劣，作业危险性也最大。据有关部门统计，一般船舶的涂装作业所耗费工时数占船舶建造总工时的 12%～15%，特种船（如成品油船和化学品船）甚至超过 20%。如何从改进涂料本身的性能着手，进而降低除锈涂装作业的工作时间和工作强度，降低涂料对人体的危害和对环境的污染，提高作业的安全性等已成为当前研究船舶涂料发展的重要课题。

国际一些著名的船舶涂料厂商新近发布的信息和介绍的资料表明，当今船舶涂料的发展趋势如下。

（1）提高车间底漆的耐热性，旨在大幅度降低焊接、切割和火工校正时车间底漆的烧损范围，进而降低二次除锈的工作量。目前已有许多厂商开发出了最新一代的耐高温无机锌车间底漆，该底漆比以往无机锌车间底漆（只能耐 400 ℃高温）的耐热性大大提高，能够达到耐 800 ℃甚至 1000 ℃的高温。这种车间底漆已在劳动力紧张、劳动力价格昂贵的某些国家中获得了广泛使用。

（2）发展低表面处理要求的防锈底漆，使防锈底漆对钢材基底表面处理的要求从通常的 ISO Sa2～2.5 级和 St3 级降低为 ISO St2 级甚至以下的程度，从而大大降低了二次除锈的工作量。

目前，国外已经推出的低表面处理要求的底漆有环氧型、环氧酯型、环氧沥青型等多个品种，其应用范围正逐步扩大。

（3）发展配套性广的防锈底漆（俗称万能型防锈底漆），旨在使船舶涂层配套系统简略化，即不论船舶的何种部位，不论其中间漆和面漆采用何种类型的涂料，都可采用同一种防锈底漆。不仅如此，有的涂料厂商推出的万能型底漆在旧船维修时能涂覆在绝大多数的涂层上面，这可大大减少修船涂装表面处理的工作量。

（4）发展厚膜型、超厚膜型涂料，旨在减少涂装次数。这对于结构复杂、工作条件恶劣的液舱具有特别重要的意义。不少涂料商已开发了一次涂装可达 500 μm 以上干膜厚度的液舱涂料，甚至已开发了一次涂料可达 2000 μm 以上的船舶和海洋工程防腐蚀应用的环氧类涂料。

（5）开发速干型涂料，旨在缩短涂料固化、干燥时间，进而缩短造船周期，尤其在冬季，环氧类、环氧沥青类这两类船舶上大量应用的涂料，往往在气温低于 5 ℃时就难以干燥和固化，甚至经过 2～3 天后涂层表面仍难以达到人能够在其表面行走的程度，造船周期不得不为此延长。速干型的环氧涂料和环氧沥青涂料可使涂料干燥时间缩短到 24 小时甚至更短的时间（在冬季条件下）。国外已有在 5 ℃条件下能在 8 小时左右达到初步固化（能在上面行走）的速干型环氧沥青涂料。

（6）发展不含有机锡的自抛光防污涂料，旨在防止有机锡化合物对港湾和海洋的污染。目前不少厂商开发的无锡自抛光型防污漆已具有 3 年的防污能力，个别厂商已经开发了具有

5年防污能力的无锡自抛光型防污漆，并正在向实用化迈进。

(7) 发展无溶剂或水性防锈涂料，旨在减少有机溶剂对大气的污染，杜绝爆炸、火灾的危险。这对工作环境复杂的机舱、结构复杂且通风困难的液舱具有特别重要的意义。

(8) 发展低毒、无毒涂料，如采用苯并呋喃树脂代替煤焦沥青的漂白环氧沥青涂料，可免除煤焦沥青对人体的危害；采用新型低毒、无毒颜料，取代铅、铬系重金属颜料，这对人体健康和环境保护均有很大意义。

另外，为了进一步提高涂料的防蚀性能、美化性能和施工时的方便性，世界各国涂料厂商正逐步推出一些高性能的涂料，举例如下。

(1) 超厚膜型环氧玻璃鳞片重防腐蚀涂料。

(2) 高耐候性、高光泽的氟素涂料，有机硅醇酸涂料，有机硅丙烯酸树脂涂料。

(3) 湿润面涂装涂料。

(4) 水中涂装涂料。

(5) 防结冰涂料等。

总之，当今船舶涂料发展的力向是高效、省力、合理、低毒、安全。随着造船事业发展，将不断研制出新型的船舶涂料。

4.5　钢材表面处理与船舶二次除锈工艺

目前，船舶钢材表面处理方式主要为原材料抛丸预处理并涂装车间底漆，喷丸处理，酸洗及磷化处理。本节首先介绍钢材表面处理的作用、钢材表面处理的质量评定标准，接下来介绍钢材表面处理工艺及船舶二次除锈工艺。

4.5.1　钢材表面处理的作用

对船舶和钢结构来说，涂刷防护涂层，仍然是当今防止其腐蚀的主要手段之一。钢材表面所涂防腐涂层的有效保护寿命与许多因素有关，如表面处理的质量、所采用的涂料种类、涂膜厚度、涂装的工艺条件等等，其中涂装之前钢材表面处理的质量影响最大，影响程度大约在50%。因此，钢材表面处理的质量控制是确保防腐涂层性能最关键的环节。

1. 表面处理质量对涂膜保护性能的影响

涂装前钢材表面处理，俗称除锈，它不仅指除去钢材表面的铁锈，而且还包括除去覆盖在钢材表面的氧化皮、旧涂层以及沾污的油脂、焊渣、灰尘等污物。所谓钢材表面处理质量主要是指上述污物的清除程度，或称"清洁度"，以及除锈之后钢材表面粗糙度的大小。

涂装前钢材表面处理质量与涂膜保护性能之间有着密切的关系。

将船用钢材以不同方式除锈到几个等级，同时按一定要求涂刷相同的涂料，制成腐蚀试验样板，将这些样板放在大气和海洋腐蚀环境中进行腐蚀试验，试验结果表明，涂装前如果表面处理作业不彻底，钢材表面仍残留部分氧化皮、锈或其他污物，则必定会影响防腐涂层的保护效果。显然，这种影响正是由于上述残留物在涂装之后所起的破坏作用而引起的。

2. 表面处理质量影响涂膜保护性能的原因

1) 氧化皮对涂膜保护性能的影响

热轧钢材的氧化皮大体上是由三层铁的氧化物组成的。表层是 Fe_2O_3，中间层是 Fe_3O_4，紧贴金属表面的是 FeO。FeO 是很不稳定的，在水和氧气的作用下，FeO 很容易水解成铁的氢氧化物。热轧制成的钢材上的氧化皮，虽然看上去是完整的，但是实际上却存在着无数的缝隙，上述水解作用和腐蚀就从这些缝隙开始，并且这种作用还会沿着金属和氧化皮的界面向内深入，从而在这一界面上生成占有较大体积的锈蚀产物，引起氧化皮表面层的应力，加之氧化皮本身没有延伸性，所以氧化皮很快就会带着它外面的涂膜一起剥落下来。此外，温度的变化、机械作用等物理因素也会使氧化皮翘起和剥落。从电化学的观点看，氧化皮的电极电位较铁本身的电极电位要高 0.15～0.20 V，在腐蚀性介质中促使铁作为阳极而被腐蚀。这种电化学腐蚀，在钢板的大部分表面上仍然附有氧化皮时，会产生危险的结果。因为有氧化皮的部分将构成一个大阴极，而氧化皮中的不连续处则成为一个小阳极，这样的腐蚀电池会导致严重的局部腐蚀。所以在工厂的除锈作业中，对氧化皮的清除都给予了充分的重视。

2）腐蚀产物对涂膜保护性能的影响

钢材表面上存在未清除的腐蚀产物或其他污物时，涂层与金属表面之间不能直接接触，显而易见，这将使涂膜的附着力大为降低，从而影响涂膜的保护性能。但是，腐蚀产物对涂膜保护性能更重要的影响则是其中所含的可溶性铁盐所起的作用。

空气中存在燃料的燃烧产物二氧化硫，二氧化硫会与潮气共同作用，侵蚀钢板而形成硫酸亚铁。同理，还有可溶性铁盐氯化亚铁存在。这些铁盐一方面水解、氧化成大量的铁锈，另一方面还会起到催化作用，使钢材继续腐蚀。这一过程如发生在涂膜下面，则会很快引起涂膜锈蚀穿透。这些铁盐用普通的除锈方法是很难清除干净的，因此，清理已经锈蚀的钢材时，在明显的铁锈被除去以后，还有一些无色的铁盐可能留在腐蚀坑底部，在钢材涂装以后，这些铁盐将继续起着破坏作用。

为了防止可溶性的铁盐沾污，一个比较理想的办法就是当氧化皮还未开始剥落时，就在轧钢厂里进行抛丸清理，并随即涂装车间底漆。这样就可减少无色铁盐存在的可能性。总之，尽量减少钢材露天堆放时间，减少钢材在抛丸之前的锈蚀，对于提高表面处理质量和涂膜保护性能是很重要的。

3）粗糙度对涂膜保护性能的影响

涂装前钢材表面粗糙度对涂膜保护性能也有很大影响，表面粗糙度直接影响了涂膜与底材之间的附着力和涂膜厚度的分布。

涂层附着于金属表面主要是靠涂料分子与金属表面极性基团的相互吸引。钢材在喷丸除锈之后，随着粗糙度增大，表面积也将显著增加，漆膜与金属表面之间的分子引力也会相应增加，从而导致涂膜附着力的提高。根据磨料粒度不同，喷丸除锈后钢材表面积增加幅度为19％～63％。

喷丸除锈，特别是喷射具有棱角的磨料时，不仅可增加钢材表面积，而且还能为涂层附着提供合适的表面几何形状。在这样的表面上涂装，涂膜与金属表面之间除了分子引力之外，还存在着机械啮合作用。随着被涂装表面的粗糙化，涂膜的附着性能随之提高，从而在一定程度上提高涂膜的保护能力。但是，表面粗糙度太大，也会对涂膜保护性能带来不利影响，特别是在波峰处，涂膜厚度往往不足，早期的锈蚀也就从这里开始。此外，表面粗糙度过大，还常常会使较深的凹坑内留有气泡，这是涂膜起泡的根源。

为了获得与平滑表面上同样的防锈效果，在粗糙表面上应多涂一些涂料，以覆盖表面上的粗糙部分，同时又能使涂膜具有足够的有效厚度。粗糙表面的波峰之上的涂膜厚度应等于光滑表面上所需的厚度。此外，为了确保涂膜的保护性能，还应对涂装前钢材表面粗糙度有所限制。经验表明，对于通常的防腐涂装，钢材表面最大粗糙度一般不超过 100 μm，而较为合适的范围是 40～75 μm。对于某些特种涂装，例如涂敷厚 3～5 mm 的环氧砂浆涂料，为了增大涂料与钢材表面的机械啮合作用，钢材表面最大粗糙度可以超过 100 μm。

表面粗糙度的大小取决于磨料的粒度、形状、材料、喷射的速度、作用时间等工艺参数。其中磨料粒度对粗糙度影响较大。

综上所述，欲使防腐涂层达到应有的保护效果，涂装之前良好的表面处理是必不可少的。

4.5.2 钢材表面处理质量的评定

涂装前钢材表面处理质量的控制主要包括两个方面的内容，即钢材表面的清洁度和粗糙度。在这一节中，将简要地介绍钢材表面清洁度和粗糙度的评定方法和标准。

1. 表面清洁度的评定

为了能正确、方便地评定钢材在除锈之后的表面处理质量，许多工业发达国家都先后制定了钢材除锈的质量等级标准，其中最著名的是瑞典工业标准 SIS055900《涂装前钢材表面除锈图谱标准》，目前在世界上已被广泛采用。国际标准化组织色漆和清漆技术委员会涂装前钢材表面处理分会（ISO/TC35/SC12）以瑞典标准 SIS055900—1967 为基础，制定了国际标准 ISO 8501-1：1988，即《涂装油漆和有关产品前钢材预处理——表面清洁度的目视评定——第一部分：未涂装过的钢材和全面清除原涂层后的钢材的锈蚀等级和除锈等级》。由于日本拥有庞大的造船工业，日本造船研究协会对未处理过的钢材和涂过车间底漆的钢材制定了一次和二次除锈标准 JSRA-SPSS。为了适应工业发展的需要，我国也发布了国家标准《涂覆涂料前钢材表面处理　表面清洁度的目视评定　第 1 部分：未涂覆过的钢材表面和全面清除所有涂层后的钢材表面的锈蚀等级和处理等级》（GB/T 8923.1—2011）和船舶专业标准《船体二次除锈评定等级》（CB/T 3230—2011）。

1）国家标准 GB/T 8923.1—2011

国家标准 GB/T 8923.1—2011 是等效采用国际标准 ISO 8501-1：1988 而制定的。该标准将未涂装过的钢材表面原始锈蚀程度分为四个锈蚀等级，对未涂装过的钢材表面及全面清除过原有涂层的钢材表面除锈后的质量规定了若干个处理等级。钢材表面的锈蚀等级和处理等级均以文字叙述和典型样板的照片共同确定。

（1）锈蚀等级　除锈前，钢材表面原始锈蚀状态对除锈后的表面外观质量评定有一定影响。同时，不同锈蚀程度的钢材，欲达到同一处理等级，所花费的清理费用也是不同的。因此，该标准根据钢材表面氧化皮覆盖程度和锈蚀状况将其原始锈蚀程度分为四个等级，分别以 A、B、C 和 D 表示。

A：大面积覆盖着氧化皮而几乎没有铁锈的钢材表面。

B：已发生锈蚀，并且氧化皮已经开始剥落的钢材表面。

C：氧化皮已因锈蚀而剥落，或者可以刮除，并且在正常视力观察下可见少量轻微点蚀的钢材表面。

D：氧化皮已因锈蚀而全面剥离，并且在正常视力观察下可见普遍发生点蚀的钢材表面。

（2）处理等级　该标准对喷射清理、手工和动力工具清理以及火焰清理过的钢材表面清洁度规定了处理等级，并且分别以字母 Sa、St、F 表示。字母后面的阿拉伯数字则表示清除氧化皮、铁锈和原有涂层的程度。

① 喷射清理　该项国家标准对喷射清理过的钢材表面设有四个处理等级，每一等级的文

字定义如下。

Sa1：轻度的喷射清理。在不放大的情况下观察时，钢材表面应无可见的油、脂和污物，并且没有附着不牢的氧化皮、铁锈、涂层和外来杂质。

Sa2：彻底的喷射清理。在不放大的情况下观察时，钢材表面应无可见的油、脂和污物，并且几乎没有氧化皮、铁锈、涂层和外来杂质，任何残留污染物应附着牢固。

Sa2.5：非常彻底的喷射清理。在不放大的情况下观察时，钢材表面应无可见的油、脂和污物，并且没有氧化皮、铁锈、涂层和外来杂质，任何污染物的残留痕迹应仅呈现为点状或条纹状的轻微色斑。

Sa3：使钢材表观洁净的喷射清理。在不放大的情况下观察时，钢材表面应无可见的油、脂和污物，并且应无氧化皮、铁锈、涂层和外来杂质，该表面应具有均匀的金属色泽。

② 手工和动力工具清理　GB/T 8923.1—2011 对用手工和动力工具，如用铲刀、手工或动力钢丝刷、动力砂纸盘或砂轮等工具清理过的钢材表面设有两个处理等级，每一等级的文字定义如下。

St2：彻底的手工和动力工具清理。在不放大的情况下观察时，钢材表面应无可见的油、脂和污物，并且没有附着不牢的氧化皮、铁锈、涂层和外来杂质。

St3：非常彻底的手工和动力工具清理。在不放大的情况下观察时，钢材表面应无可见的油、脂和污物，并且没有附着不牢的氧化皮、铁锈、涂层和外来杂质。表面处理应比 St2 级彻底得多，表面应具有金属底材的光泽。

③ 火焰清理　该标准对于火焰清理只设了一个等级。火焰清理在我国用得较少，这种清理方式是先使用氧炔焰对被处理钢板进行加热，氧化皮和铁锈因与钢板的热膨胀系数不同而剥落。加热作业后，应以动力钢丝刷清洁加热后附着在钢板表面的产物。由于火焰加热的作用，清理后的表面可能呈现不同颜色的暗影。该等级的文字定义如下。

F1：火焰清理。在不放大的情况下观察时，钢材表面应无氧化皮、铁锈、涂层和外来杂质，任何残留的痕迹应仅为表面变色(不同颜色的暗影)。

标准中表示钢材表面原始锈蚀程度的典型样板照片有 4 张；表示喷射或抛射清理、手工和动力工具清理以及火焰清理所达到的处理等级的照片有 24 张。这些照片标有清理前原始锈蚀等级和清理后的处理等级的符号。例如，钢材原始锈蚀等级为 B 级，经喷砂清理至 Sa2.5，则相应的照片标为 B Sa2.5。

该项标准中不含 A Sa1、A Sa2、A St2 和 A St3 级的照片，因为在原始锈蚀状态为 A 级的钢材表面上，清理至这些等级不能满足涂装的最低要求。

钢材表面锈蚀等级和处理等级典型样板的彩色照片，为评定这些等级提供了清晰、直观的依据。

国家标准 GB/T 8923.1—2011 是以钢材表面的目视外观来表达锈蚀等级和处理等级的。因此，评定这些等级时，应在良好的散射日光或照度相当的人工照明条件下进行。检查人员应具有正常的视力。同时，标准规定评定等级时不应借助于放大镜等器具。

在评定锈蚀等级和处理等级时，应将待检查的钢材表面与相应的照片进行目视比较，并且照片应尽量靠近待查表面。如果评定钢材的锈蚀等级，应以相应锈蚀较严重的锈蚀等级照片所标示的锈蚀等级作为评定结果；如果是评定处理等级，则应以与钢材表面外观最接近的照片所标示的处理等级作为评定结果。例如，一块钢板的锈蚀状态与锈蚀等级照片相比，其实际锈蚀程度介于照片 B 和 C 之间，则该钢板的锈蚀等级应定为 C 级。又如，一块钢板经喷砂后，其表面状态介于处理等级照片 Sa2 和 Sa2.5 之间，但与 Sa2 照片更接近些，则其处理等级应定为 Sa2 级。

必须强调指出，定义锈蚀等级和处理等级的照片仅仅是典型样板的照片，而钢材表面在除锈前和除锈后的实际外观却是千差万别的，因此，在采用目测方式通过与典型样板照片进行比较来评定处理等级时，必然存在许多会影响我们目视评定结果的因素。对此，必须给予充分的考虑。

在喷射或抛射钢材表面除锈时，使用不同的磨料往往会在表面产生不同的色调。国家标准中表示喷射、抛射除锈的 14 张照片，是使用石英砂磨料进行干式喷射除锈后的钢材表面外观，使用其他的表面磨料，例如我国广泛使用的钢丸、钢砂、钢丝段、铁丸、铁砂、钢熔渣砂等磨料进行喷射或抛射除锈时，除锈后的钢材表面可能具有不同的色调。一般来说，当喷射河沙或石英砂时，钢材表面呈灰白色；使用钢熔渣磨料时，表面颜色要暗一些；当使用硬度较大、具有一定切削能力的钢砂作磨料时，除锈过的表面呈金属银白色；而用铁丸、钢丸作磨料时，则表面色调也会暗一些。这种因使用磨料不同而造成的表面色调的差异，不影响处理等级的评定。

对于涂装过防锈底漆，特别是涂装过含有氧化铁红或红丹颜料的底漆的钢材，评定其除锈等级时，特别要注意残留在表面上的颜料颗粒对除锈等级评定的影响。因为这些颜料颗粒的颜色与铁锈的颜色很相近。评定时必须分清残余颗粒是铁锈还是颜料颗粒，以便正确判断除锈表面的清洁度。

钢材在轧制过程中，由于处理温度不同，也可能会形成不同的颜色，喷砂除锈后，这种颜色差异有时会显露出来。评定表面清洁度时，对这种因素的影响也不应忽视。

此外，照明不匀、表面不平整、腐蚀程度不同而造成表面各部分粗糙度的差异，或喷砂除锈时，磨料冲击表面的角度不同等原因而引起的光线在除锈表面反射度的不同，也会造成表面色调的差异。对于这些影响因素，评定处理等级时，也应予以考虑。

2）船舶专业标准 CB/T 3230—2011

船用钢材在进行一次除锈之后，为了防止其在船舶建造过程中的锈蚀，大都涂上车间底漆。涂有车间底漆的钢材的加工和损伤部位，在室外暴露过程中还会重新腐蚀，在进一步涂装防锈漆之前，对这些部位必须进行二次除锈。为了能正确地评定二次除锈的质量等级，全国船舶标准化技术委员会发布了船舶专业标准 CB/T 3230—2011。

该项船舶专业标准将二次除锈前钢材表面状态分为三类，然后根据以不同方式除锈之后钢材表面清洁度，将二次除锈质量分为若干等级。与国家标准《涂覆涂料前钢材表面处理　表面清洁度的目视评定》(GB/T 8923 系列)一样，该标准中二次除锈前钢材表面状态和二次除锈质量等级均以文字叙述和典型样板的照片共同确定。

(1) 二次除锈前钢材表面状态　涂有车间底漆的船体钢材表面在进一步涂装防锈漆之前需要进行二次除锈的部位，一般是焊接部位、火工矫正或其他原因引起的底漆烧损部位和表面已重新锈蚀的部位。该标准将二次除锈前钢材表面状态分为三类。

W：涂有车间底漆的钢材经焊接作业后，重新锈蚀的表面。

F：涂有车间底漆的钢材经火工矫正后，重新锈蚀的表面。

R：涂有车间底漆的钢材，因暴露或擦伤而重新锈蚀的表面。

G：除有车间底漆的钢材，车间底漆完好或仅附有少量白色锌盐的表面。

(2) 二次除锈质量等级　目前各船厂实施船体二次除锈的手段主要分为两大类，一类是喷丸或喷矿渣砂除锈，另一类是用动力工具，包括用动力砂纸盘和各种形状的动力钢丝刷等进行除锈。因此，船体二次除锈的质量等级也按这两大类分别设置。

① 动力或手工工具二次除锈质量等级　该标准对采用动力或手工工具进行二次除锈的

质量设置有两个等级。

St3：非常彻底的除锈。用动力钢丝刷或动力砂纸盘彻底地清除锈和其他污物，仅留有轻微的痕迹，表面应具有金属光泽，经清理后，其外观相当于 W St3、F St3、R St3 或 G St3 级的彩色照片。

St2：彻底的除锈。用动力钢丝刷或动力砂纸盘清除几乎所有的锈和其他污物，但局部仍可看到少量锈迹，经清理后，外观应相当于 W St2、F St2、R St 或 G St2 级的彩色照片。

② 喷射磨料二次除锈质量等级　该标准对采用喷丸或喷棱角砂方式进行二次除锈过的表面，设置有三个质量等级。

Sa2.5：非常彻底的除锈。采用磨料喷射清理的方式彻底清除几乎所有的锈和其他污物，仅留有轻微的痕迹，经清理后，外观应相当于 W Sa2.5、F Sa2.5、R Sa2.5 或 G Sa2.5 级的彩色照片。

Sa2：彻底的除锈。采用轻度磨料喷射清理的方式清除锈、锌盐和其他污物，但表面上允许留有车间底漆和少量锈迹。经清理后，外观应相当于 W Sa2、F Sa2、R Sa2 或 G Sa2 级的彩色照片。

G Ss：扫砂除锈。采用磨料喷射清理的方式清除钢材表面的污物，经清理后，外观相当于 G Ss 级的彩色照片。

3）评定钢材表面清洁度的国际标准

为了评定涂装前钢材表面的清洁度，国际标准化组织制定了一系列的国际标准。这些标准主要分为两类，一类是涂装前钢材表面清洁度的目视评定标准，另一类是表面清洁度的检测方法标准。

（1）表面清洁度的目视评定标准——ISO 8501

国际标准 ISO 8501 主要是通过与典型样板照片进行目测比较来评定涂装前钢材表面的锈蚀等级和除锈等级。该标准由五个部分组成。

ISO 8501-1 是评定未涂装过的钢材和全面清除原有涂层后的钢材的锈蚀等级和除锈等级的标准。该标准已于 2007 年重新修订，用 12 种文字（包括中文）正式发布。我国国家标准 GB/T 8923.1—2011 就是等效采用该项标准而制定的，所以 GB/T 8923.1—2011 的内容与 ISO 8501-1 的主要内容是一致的。

ISO 8501-2 用于评定涂装过的钢材在局部清除原有涂层后的除锈等级。在该国际标准草案（DIS）中，除锈等级设置基本上和 ISO 8501-1 一致，只是火焰除锈不适用于局部除锈，所以不设 F1 级。另外，为了表达“局部”这一概念，该标准草案将 ISO 8501-1 中的除锈等级符号前加上了一个字母“P”。例如，原来已涂装过的钢结构，在经过若干年使用后，局部已锈蚀，在重新涂装前，需要进行局部喷砂除锈，并达到 Sa2.5 级，则其除锈等级表示为“PSa2.5”。该标准也有若干幅典型实例的照片作为示范，用以表达除锈等级的目视外观。

ISO 8501-3 标准提供了反映喷射不同磨料后钢材表面外观差异的若干典型样板照片，以作为 ISO 8501-1 标准的补充。如前所述，在 ISO 8501-1 标准中，用以表达喷射除锈后钢材表面清洁度的 14 张典型样板照片，是使用石英砂磨料进行干式喷射除锈后的钢材表面外观。当使用不同磨料时，钢材表面的色调存在一定差异。为了使钢材表面清洁度的目视评定更加准确，该项标准将提供分别喷射六种不同的磨料，并均达到 Sa3 级的钢材表面外观典型样板照片。这六种磨料分别如下。

① 高级钢丸，粒度为 S330（16 目），硬度为 400～520 HV；

② 钢砂，粒度为 G24(16 目)，硬度为 400～520 HV；

③ 钢砂，粒度为 G24(16 目)，硬度为 750～950 HV；

④ 激冷铁砂，粒度为 G24(16 目)；

⑤ 钢熔渣砂；

⑥ 煤渣。

(2) 表面清洁度的检测方法标准——ISO 8502

锈蚀的钢材，特别是锈蚀等级是 C 级或 D 级的钢材，在经过喷丸除锈后，即使达到 Sa2.5 或 Sa3 级，表面仍会残存无色的可溶性铁盐或氧化物。这些可溶性铁盐往往集中在腐蚀坑的底部。如果涂装前不把可溶性铁盐清除，化学反应就会造成腐蚀产物的大量积聚，从而使底材与涂层之间的结合遭到破坏。此外，涂装前钢材表面如果存在灰尘、油脂、凝露，也会影响涂层的附着力。ISO 8502 标准包括了一系列检测钢材表面这些杂质的方法。

ISO 8502-1 标准对经喷射除锈过的钢材表面上残留的可溶性铁盐，提供了一种检测方法。这种方法是用水清洗待测表面，使可溶性铁盐溶于水中，然后用 2,2-联吡啶作指示剂，通过比色，对所收集的含铁离子的清洗液进行测定。根据测定结果，如果铁离子表面浓度低于 15 mg/m^2，则对多数涂层不会产生很大影响。但是，当铁离子浓度达到 250 mg/m^2 数量级时，则不宜进行涂装。在这种情况下，相对湿度超过 50%时，钢材表面即使已经过喷丸除锈，通常也会很快重新生锈。

ISO 8502-2 标准对存在于已除锈过的钢材表面上能迅速溶解于水的氯化物规定了一种测定方法，该方法也适用于原先已涂装过的表面。该方法是先对一定面积的钢件表面进行清洗，接着采用硝酸汞滴定法以二苯卡巴腙-溴苯酚蓝作为指示剂，对收集的清洗液中的氯化物进行分析测定。

ISO 8502-3 标准是评定待涂装钢材表面灰尘沾污程度的标准。该标准将钢材表面灰尘沾污程度和灰尘颗粒大小分别分为五个等级和六个等级。钢材表面灰尘沾污程度的五个等级是以标准图谱来定义的。灰尘颗粒大小的六个等级分别如下。

0：10 倍放大镜下不可见的颗粒。

1：10 倍放大镜下可见但肉眼看不见(颗粒直径小于 50 μm)的颗粒。

2：正常或矫正视力下刚可见(直径为 50～100 μm)的颗粒。

3：正常或矫正视力下明显可见(直径小于 0.5 mm)的颗粒。

4：直径为 0.5～2.5 mm 的颗粒。

5：直径大于 2.5 mm 的颗粒。

该标准规定用压敏胶带粘贴有灰尘的钢材表面，然后将沾有灰尘的胶带与标准图谱做比较，从而确定钢材表面灰尘沾污程度的等级。

ISO 8502-4 标准是评估钢材表面在涂装前凝露可能性的方法。这种方法具体是：通过测定空气的温度和相对湿度，从而测得相应环境条件下的露点，然后测定钢材表面温度，从该温度与露点的差值来评估钢材表面凝露的可能性。对于溶剂型的涂料，待涂装的钢材表面温度至少应高于环境露点 3 ℃以上，方可进行涂装。

此外，国际标准化组织色漆和清漆技术委员会涂装前钢材表面处理分会(ISO/TC35/SC12)也制定了其他有关的表面清洁度的检测方法标准。

ISO 8502-5：《待涂装钢材表面氯化物检测——氯离子检测方法》。

ISO 8502-6：《待涂装表面可溶性杂质的取样方法》。

ISO 8502-7:《待涂装表面可溶性杂质分析——氯离子现场分析方法》。

ISO 8502-8:《待涂装表面可溶性杂质分析——硫酸盐现场分析方法》。

ISO 8502-9:《待涂装表面可溶性杂质分析——铁盐现场分析方法》。

ISO 8502-10:《待涂装表面可溶性杂质分析——油脂现场分析方法》。

ISO 8502-11:《待涂装表面可溶性杂质分析——潮气现场分析方法》。

2. 表面粗糙度的评定

钢材喷射除锈之后，由于磨料的冲击和磨削作用，表面将变粗糙。为了定量地描述喷射除锈和其他机械加工作业之后钢材表面的粗糙特性，许多国家先后制定了表面粗糙度的标准，如德国标准 DIN4768、日本标准 JIS B0601 等。我国也颁布了有关的表面粗糙度标准，如《产品几何技术规范(GPS)表面结构　轮廓法　术语、定义和表面结构参数》(GB/T 3505—2006)等。

国际标准化组织 ISO/TC35/SC12 还专门制定了国际标准 ISO 8503，用来评定喷射除锈后钢材表面粗糙度特性。该标准由四个部分组成。

ISO 8503-1:《ISO 表面粗糙度比较样块的技术要求和定义》。

ISO 8503-2:《喷射清理后钢材表面粗糙度分级——比较样块法》。

ISO 8503-3:《ISO 基准样块的校验和表面粗糙度的测定方法——显微镜调焦方法》。

ISO 8503-4:《ISO 基准样块的校验和表面粗糙度的测定方法——触针法》。

参照 ISO 8503，我国也制定了相应的国家标准《涂覆涂料前钢材表面处理　喷射清理后的钢材表面粗糙度特性》(GB/T 13288 系列)。本节将对上述标准的主要内容做一简要介绍。

1) 表面粗糙度基准比较样块

喷射磨料清理后的钢材表面都会形成难以描述的无规则的凸起和凹陷特征，这种表面粗糙度的数值还没有一种方法可以精确地测量。因此，我国国家标准和国际标准 ISO 8503 均采用直观或触摸方式与表面粗糙度基准比较样块进行比较来判断喷射除锈的钢材表面粗糙度。

ISO 表面粗糙度基准比较样块是一块分为四个部分且各有不同规定的基准表面粗糙度的平直板。其外形尺寸如图 4.3 所示。

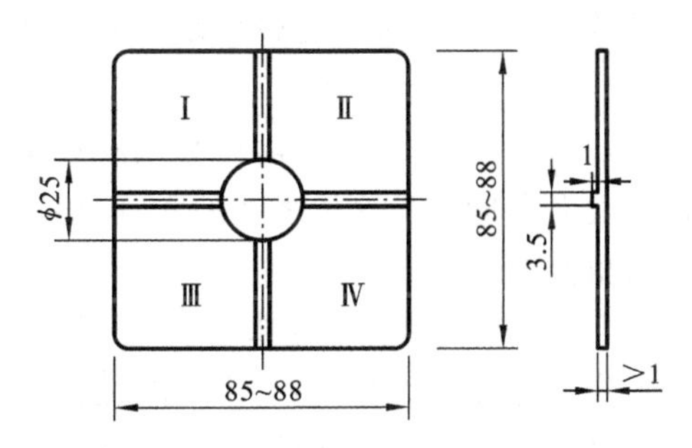

图 4.3　表面粗糙度基准比较样块

ISO 表面粗糙度基准比较样块的粗糙度数值必须符合表 4.11 的要求，且其直观表面清洁度应不低于 Sa2.5 级。

反映喷射棱角砂类磨料而获得的表面粗糙度特征的样块称作"G"样块，反映喷射丸类磨料而获得的表面粗糙度特征的样块称作"S"样块。

表 4.11　ISO 比较样块各部分表面粗糙度/μm

部　位	"S"样块粗糙度参数 Ry		"G"样块粗糙度参数 Ry	
	公称值	允许公差	公称值	允许公差
Ⅰ	25	3	25	3
Ⅱ	40	5	60	10
Ⅲ	70	10	100	15
Ⅳ	100	15	150	20

ISO 样块是以镍或其他耐蚀金属为材料，以经过喷射清理的低碳钢表面为原型，采用成形阳模法加工而成的。这种样块需进行例行的校验，校验周期不超过六个月。

2）表面粗糙度等级

GB/T 13288 将涂装前钢材表面经喷射清理后形成的表面粗糙度分为"细级"、"中级"和"粗级"三个等级。粗糙度低于"细级"的称作"细细级"，高于"粗级"的称作"粗粗级"。这两个延伸等级，工业上一般不使用。表面粗糙度等级划分列于表 4.12。

表 4.12　表面粗糙度等级

级别	代号	定　义	粗糙度参数值/μm	
			丸状磨料	棱角状磨料
细细		钢材表面呈现的粗糙度小于样块区域 1 所呈现的粗糙度	＜25	＜25
细	F	钢材表面呈现的粗糙度等同于样块区域 1，或介于区域 1 和 2 所呈现的粗糙度之间	25～40	25～60
中	M	钢材表面呈现的粗糙度等同于样块区域 2，或介于 2 和 3 所呈现的粗糙度之间	40～70	60～100
粗	C	钢材表面呈现的粗糙度等同于样块区域 3，或介于 3 和 4 所呈现的粗糙度之间	70～100	100～150
粗粗		钢材表面呈现的粗糙度等同于或大于样块区域 4 所呈现的粗糙度	≥100	≥150

以上中间三个等级足以满足涂装对表面特征的要求。

3）表面粗糙度的评定方法

评定表面粗糙度的步骤是：先清除待测钢材表面的浮灰和碎屑，然后根据喷射清理所用的磨料，选择合适的表面粗糙度比较样块（"G"样块或"S"样块），将其与被测表面的某一区域形成对照，依次将被测表面与样块上的四个部分分别进行目测比较，必要时用放大倍数不大于 7 倍的放大镜观察，确定比较样块上高于和低于被测表面粗糙度的两部分，根据表 4.12 就可得出被测表面的粗糙度等级。

如果目视评定有困难，可采用触摸法对被测表面的粗糙度做出正确的评定，方法是用指甲背面或夹在拇指和食指之间的木制触针在被测表面和样块表面上交替划动，根据触觉来判定表面粗糙度等级。

上述标准测量方法还未普及，目前一些工厂仍采用传统方法测量表面粗糙度，如用带有探针和千分表的粗糙度测量仪，用日本、德国等国家生产的粗糙度比较样块等来测量表面粗糙度。

以上介绍了评定钢材表面清洁度和表面粗糙度的有关标准，这些标准为涂装前钢材表面处理质量控制提供了明确的依据和有效的手段。

4.5.3　钢材预处理流水线及主要工艺参数

对于建造船舶用的钢材，在落料加工以前，即在原材料的阶段，应用机械或化学的方法，清除其表面的氧化皮、锈蚀及其他污物的工艺过程，称为钢材预处理。

钢材预处理的方式有抛射磨料处理、喷射磨料处理和酸洗处理。上述三种方式中，可获得高效率和实现自动化流水作业的，目前还只有抛射磨料处理中的抛丸方法。抛丸处理是指利用抛丸机的叶轮在高速旋转时所产生的离心力，将磨料（钢丸、钢丝段、棱角钢等）以很高的线速度射向被处理的钢材表面，产生打击和磨削作用，除去钢材表面的氧化皮与锈蚀，让钢铁表面露出金属本色并呈现一定的粗糙度，以利于涂料的黏附。抛丸处理的效率很高，可在密闭的条件下进行，配以粉尘吸收装置则不会污染环境。型钢预处理流水线与钢板预处理流水线的工作原理是一致的，只是由于型钢表面比较复杂，抛丸机的抛丸器(俗称抛头)位置安放应有一个特定的角度，而型钢的宽度远小于钢板的宽度，故型钢流水线的抛丸器数量较钢板流水线为少，辊道的宽度亦小于钢板流水线的辊道宽度。

抛丸(钢板)预处理流水线各工位装备情况如下。

1. 钢板校平

造船用的钢板，在运输过程中或经过长时间的堆积后会发生形变。钢板变形，在分段落料加工时会影响加工精度，钢板变形严重将影响船体的线型，因此，在钢材预处理之前或之后，应该对钢板做校平处理。

钢板校平，通常采用七星辊和九星辊校平机，校平机一般设置在钢板预处理工位之前，但有的钢板预处理流水线将校平机放在抛丸机后面，这是为了保护校平的轧辊不受钢板上脱落的氧化皮损伤。

钢板校平机的能力各有不同，造船钢板的校平机以能校平 4～30 mm 厚的钢板为宜。

2. 钢板输送

钢板上料后，各工序的传送由辊道完成。

辊道通常为圆柱形，两端有轴承座，辊道间距为 500～750 mm，在喷漆工序完成之后，为了防止与辊道接触一面的车间底漆受到破坏，对辊道的结构形式有特殊的要求。有采用链式点接触型的结构：用一块带有数个突出点的钢板，托住经过预处理和涂有车间底漆的钢板，而该承托钢板则由链轮推送前进。这种结构形式，只使突出点与钢板接触部位的车间底漆受到影响，不会造成大面积的车间底漆损伤。另一种辊道结构是“八”字形的，只使钢板的两边与辊道接触，完全不存在车间底漆在干燥前受到破坏的问题。

为了保证钢板在抛丸处理时不至于变形，抛丸机内的辊道距离应小于其他工位中的辊道距离，通常抛丸机内的辊道距离不应大于 500 mm。

另外，为了保证工序与工序之间必要的处理时间，预处理流水线辊道必须具备足够的数量。通常，抛丸器能力大、钢板输送的速度快，辊道的数量应多一些，特别是喷漆工序以后，这是为了让车间底漆有足够的时间干燥。

3. 预热

预热是为了在抛丸前将钢板升温，除去表面水分、部分油污，使钢板升温至一定的温度以利于喷漆后的干燥。目前国内外在钢材预处理流水线上采用的预热设备有：中频感应加热、液化石油气加热和热水喷淋加热等。不论采用何种方式预热，均应使钢板升温至 40 ℃左右，升温太低，不利于除去水分、油污，不利于之后喷涂的车间底漆的干燥，而升温太高，则多耗能量，又易使车间底漆在干燥过程中产生起泡的弊病。

4. 抛丸

抛丸在抛丸室内完成。抛丸室安装有抛丸器、磨料循环装置、磨料清扫装置、通风除尘装置等。

1）抛丸器

抛丸器由叶轮、护罩、定向套、分丸轮、轴承座及电动机等组成。

叶轮由电动机带动做高速旋转(2200～2600 r/min)，可产生强大的离心力。磨料经进丸管吸入分丸轮中后，在离心力的作用下，将沿叶片长度方向加速运动直至以 60～80 m/s 的速度抛出，抛出的磨料成扇形流束，打击在钢板表面以除去氧化皮锈蚀。

抛丸器根据叶轮结构不同有双叶盘型和单叶盘型两种。

单叶盘的优点是可以倒顺旋转,叶片拆装较容易,但叶片由于单边受力,有异物进入叶轮或叶片磨薄后容易碎裂。

双叶盘的优点是安装位置适应性好,主副叶盘上开有连接螺孔,可配合不同位置的旋转方向来装配叶盘。目前国内标准产品多数是双叶盘型。

2)磨料循环系统

磨料循环系统有机械输送及气动输送两种形式。国内船厂早期设计均采用气动输送与通风除尘合用系统。随着磨料输送量的不断提高,气动输送的能耗太大,故近期设计均采用机械输送形式,即螺旋输送机加斗式提升机,采用横向螺旋输送机还可以抛丸器直接供料,既能解决底抛头进料的困难,又可大大降低设备的安装高度。

3)磨料清扫装置

钢板抛丸处理后表面上积聚大量磨料需要清除,清除磨料的清扫装置一般由两部分组成。其整机吸尘部分由吸尘管系直接接入除尘器,其局部吸尘部分则将吸尘管系从磨料循环系统中引出,通过丸尘分离装置再接入除尘器。

通风除尘装置的通风量与抛丸室容积及抛丸器的磨料抛射量有关,现有的抛丸室通风量折合成与容积有关的换气次数为 300～350 次/h。

4)磨料

用于清除钢材表面氧化皮与锈蚀的磨料有很多种,但用于抛丸处理的磨料既要处理效果好又要便于回收,则大体上有铁丸、钢丸、钢丝段和棱角钢砂四种。

铁丸价格便宜,但破碎率较高,处理效果较差。

钢丸韧度高、不易破碎,虽然价格高,但总体上来看成本低于铁丸,因此正逐步取代铁丸,但处理效果亦不理想。

钢丝段处理效果较好,价格虽偏高,但韧度高,总体上成本较低。

钢砂处理效果好,价格适中,但亦易破碎。

用钢丝段或钢丸处理的钢材表面,粗糙度较大,所消耗涂料较多。

理想的抛丸处理磨料是钢丸加钢丝段或钢丸加钢砂,前后两者的比例为 1∶1～2∶1。

为了使处理后钢材表面粗糙度达到 Rz 40～70 μm,磨料的直径以 0.8～1.2 mm 为宜。

5. 喷漆

抛丸处理后的钢材表面须立即涂覆车间底漆。

涂漆以自动化方式进行。整个涂漆装置由高压无气喷漆机、自动喷枪、通风去雾装置等组成。

自动喷枪用链条传动或气缸传动。以行程开关来控制喷枪的启动和停止。喷枪在钢板的上下两边各置一把,两者运行的方向相反。喷枪与钢板之间的距离通常为 300 mm 左右,下喷枪的距离应略小于上喷枪的距离。

为防止污染环境,喷漆室应安装吸风管道、漆雾过滤器、风机及排气管道。排风量大小取决于车间底漆的溶剂挥发量和允许排放的溶剂气体浓度。

6. 烘干

钢板喷漆后应进入烘干炉,快速干燥以便迅速搬运。烘干炉可采用远红外辐射或蒸汽为热源,不能采用明火直接加热。烘干炉应设排气装置,防止炉内溶剂气体积聚而引起燃爆事故。

对干性良好的车间底漆(如无机硅酸锌车间底漆),一般可免除烘干工作。

4.5.4　喷丸除锈及主要工艺

喷丸处理是以压缩空气为动力,将磨料以一定的速度喷向被处理的钢材表面,以磨料对钢材表面的冲击和磨削作用,将钢材表面的氧化皮、锈蚀产物及其他污物除去的一种高效率的表面处理方法。磨料需反复回收使用。回收方法有气力回收和机械回收两种。

喷丸处理可以直接处理钢材原材料,在没有抛丸预处理流水线的条件下代替预处理流水线对原材料进行预处理,或对预处理流水线难以处理的超厚板材进行预处理,然后配以手工涂装车间底漆。但喷丸处理主要是对未经过原材料预处理的钢材组合成的分段、舾装件、结构件进行表面处理,并配以手工涂装防锈漆。此外,喷丸处理也是二次除锈的重要工艺手段。喷丸处理一般在喷丸房内进行,由压缩空气带动喷丸缸内的磨料,经喷丸胶管、喷嘴,射向被处理的钢材表面。

1. 喷丸除锈工艺装备

1)喷丸房

喷丸房在造船厂内亦称分段喷丸房(间),主要用于分段喷丸。因此,其长、宽、高三向的尺度应根据船厂建造的船舶产品的最大分段尺寸而设定。喷丸房通常由以下系统组成。

(1) 分段运送系统　由卷扬机、轨道、平车等组成,也可采用液压顶升运输车运送分段。有的喷丸房设计成可开启的屋顶,则分段运送还可利用高架吊车实现。

(2) 喷丸系统　由贮气柜(俗称气包)、空气过滤器(也称油水分离器)、喷丸缸、喷丸胶管、喷嘴等组成。

(3) 磨料回收系统　由集丸地坑、带式输送机、斗式提升机、贮丸箱等组成机械法回收系统,或由集丸地坑、真空吸丸机、容积式分离器、吸丸管道、贮丸箱等组成气力法回收系统。

(4) 通风除尘系统　由离心风机、旋风式除尘器、布袋除尘器、吸尘管道等组成。

(5) 配电照明系统　由电气控制箱、全室照明灯、手提低压照明灯、辅助工作灯等组成。

2)喷丸缸

喷丸缸是一种连续高速度输送磨料的压力容器,如图4.4所示。

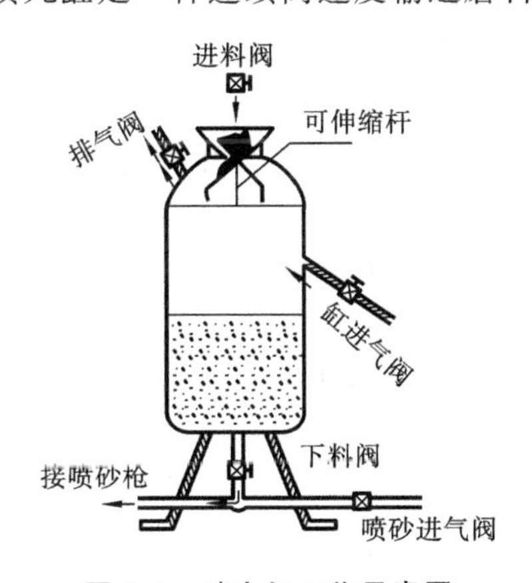

图4.4　喷丸缸工作示意图

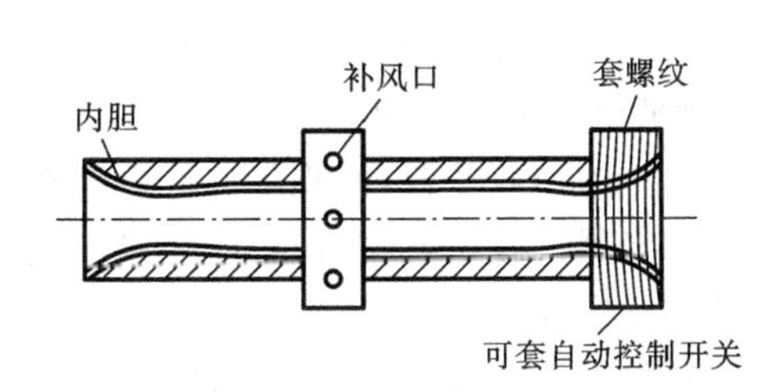

图4.5　文丘里带二次补风型喷砂枪示意图

3)喷枪

喷枪由喷丸胶管、胶管接头、喷嘴及喷嘴罩组成。新型的喷枪是内胆采用陶瓷材料的文丘里带二次补风型喷砂枪,如图4.5所示。二次补风可以有效地降低喷嘴口因为压缩空气发散而造成的低温结露。

由于分段喷丸需较长管路，又考虑到操作的灵活性、柔软性，其管径大小受到一定限制。目前船厂常用的胶管管径为 19.125 mm(0.75 in)和 25.5 mm(1 in)两种。

喷嘴口径大小与清理速度关系很大，也与空气消耗量、磨料喷射量有关。常用的喷嘴口径有 9 mm 和 10 mm 两种。

4）压缩空气系统

压缩空气的主要用途是供喷丸缸发射磨料，其次是供喷丸操作者在头盔内呼吸。喷射金属磨料时，压缩空气压力应不低于 0.6 MPa，否则会影响处理速度。

压缩空气中通常含有水分和油分，会造成磨料结块且污染被处理的表面，如供操作者呼吸则影响健康。故喷丸房的压缩空气系统设置有贮气柜和空气过滤器。

供操作者头盔内呼吸用的压缩空气须通过旋塞节流方法调整压力，以适合呼吸需要。

2. 喷丸处理工艺要求

（1）准备工作　进行分段喷丸处理以前，应做好以下准备：

① 清除分段内杂物、垃圾和积水；

② 检查分段搁置情况，如是否平稳，是否影响人员进出；

③ 根据操作需要，搭置好脚手架；

④ 排去贮气柜和空气过滤器内的积水和油污；

⑤ 喷丸缸内加满磨料；

⑥ 接好喷丸胶管及喷嘴，检查胶管有无破损，接头是否牢靠，并使喷枪摆放到位；

⑦ 接好低压手提照明灯具；

⑧ 穿戴好个体防护用品；

⑨ 关闭喷丸房大门。

（2）喷丸操作　进行喷丸操作时，应注意以下几点：

① 开全室通风机，使室内全室通风；

② 开带式输送机、斗式提升机(对于气力回收装置则此项可略)；

③ 打开缸压气阀，再开进气阀，然后打开出丸阀，并使出丸量与进风量达到较佳混合比；

④ 操作应分块进行。先下后上、先内后外、先难后易，喷枪应与被处理表面成 70°～85°夹角，喷嘴与表面的距离以 300 mm 左右为宜；

⑤ 结束后先关闭出丸阀，待胶管内剩丸排尽时再关闭进气阀，然后打开排气阀，排除缸内剩气；

⑥ 排除积存在分段内的磨料，用真空回收机将磨料吸入容积分离器，然后将容积分离器内的铁丸排放到集丸地坑中；

⑦ 开启气力回收装置，回收集丸坑内磨料(对于机械回收装置则此项可略)；

⑧ 关闭磨料回收装置(机械回收装置应先关带式输送机，后关斗式提升机)；

⑨ 关闭全室通风机；

⑩ 进行质量检查及缺陷修补，拆除喷丸胶管与低压照明系统，开启喷丸房大门。

4.5.5　酸洗工艺及操作要领

对于钢材原材料预处理，酸洗处理常为没有抛丸预处理流水线的中小船厂应用，而一些大船厂则在处理薄板、管材上应用。酸洗处理应用较多的还是舾装件和零部件的除锈。

酸洗是应用无机酸或有机酸与钢铁表面的氧化皮(其分子式为 Fe_3O_4，实际是 Fe_2O_3 与 FeO 的复合氧化物)、铁锈(Fe_2O_3 与 FeO 的复合水合物)进行化学反应，生成可溶性铁盐，然后将其从钢铁表面清除的工艺手段。酸洗中除了与氧化皮和铁锈反应以外，酸还将与铁进行反应析出氢，这一析氢反应有利亦有弊。有利的是当氢分子从铁的表面产生并从铁表面析出时，会对铁表面的氧化皮与铁锈产生剥离作用，使其离开铁的表面，并且刚析出的氢还原性强，能将 Fe_2O_3 还原成 FeO，而 FeO 比起 Fe_2O_3 更易溶解于酸，从而可提高酸洗除锈的速度。不利的是，由于氢原子体积小，其很容易扩散到铁的基体内部，导致金属铁性能发生变化，从而使铁的韧度和塑性降低，脆性增加，使金属铁经受不住冲击，即发生“氢脆”。氢脆对钢铁来说是很大的潜在威胁，从外部难以发现，而一旦受到一定的外力作用，钢铁即发生开裂，进而引发各种事故。

1. 酸洗方法

酸洗常用无机酸和有机酸。无机酸有硫酸、盐酸、磷酸、硝酸、氢氟酸等，有机酸有柠檬酸、葡萄糖酸、低碳脂肪酸等。

无机酸作用力强、除锈速度快、原料来源广、价格低廉，而缺点是易产生过蚀现象，即使加入缓蚀剂亦往往难以幸免，且残余酸如清洗不彻底，会继续腐蚀钢铁，使钢铁表面涂层起泡甚至脱落。这些缺点以硫酸酸洗最为严重。

用盐酸酸洗，速度较硫酸酸洗快。又因为铁的氧化物在盐酸中的溶解速度比在硫酸中快得多，所以利用氢的析出使铁的氧化物从铁的表面剥落的作用不如硫酸酸洗的作用大，相应地发生氢脆的可能性亦要小。但盐酸挥发性大大高于硫酸，尤其是在加热的条件下，比硫酸更易形成酸雾，影响人体健康和污染环境。

磷酸对铁的氧化物的溶解速度较盐酸、硫酸低，因而除锈速度慢，且磷酸价格较硫酸和盐酸贵得多，但磷酸酸洗产生氢脆和酸雾的现象要轻得多，酸洗后表面能产生一种具有保护作用的磷化膜，故残酸亦不必除去。

硝酸主要用于高合金钢的处理，常与盐酸混用以进行有色金属的处理。但采用硝酸处理时易形成有毒的氮氧化物，使用时要谨慎。

氢氟酸用于处理表面上含有残余型砂的铸件，它与硝酸混用，多用于不锈钢的除锈。但氢氟酸有剧毒、易挥发，使用时要特别小心。

有机酸酸洗速度缓慢，残余酸亦无严重后患，不易重新锈蚀，而且酸洗过程中易形成缓冲溶液，便于 pH 值控制，处理后基材表面干净，酸洗液的使用期也较长。但有机酸较无机酸贵得多，且化学作用力小，故多用于动力容器内部清理及其他有特定要求的酸洗场合。

为了改善酸洗处理过程，缩短酸洗时间，提高酸洗质量，防止产生过蚀和氢脆，减少酸雾的形成，可在酸洗液中加入各种酸洗助剂，如缓蚀剂、润湿剂、消泡剂等。

2. 缓蚀剂

在酸洗液中加入少量缓蚀剂，可大大减慢金属铁的溶解和氢的产生速度，而对清除氧化皮与铁锈的速度无显著影响。

1）缓蚀效率

缓蚀效率是缓蚀剂作用好坏的标志。在同一酸介质和同等条件下，无缓蚀剂时金属(铁)的失重为 W_1，有缓蚀剂时金属(铁)的失重为 W_2，它们与缓蚀效率之间的关系如下：

$$缓蚀效率=\frac{W_1-W_2}{W_1}\times 100\%$$

酸洗液中缓蚀剂的缓蚀效率随缓蚀剂加入量增大而提高，但加入量达到一定值时，缓蚀效率就不再提高。如加入量过多，缓蚀效率甚至会下降。因此，不同的缓蚀剂在各种酸液中都有一规定数值。

酸洗液中缓蚀剂的缓蚀效率与温度亦有关，温度升高缓蚀效率将下降，达到一定的温度时缓蚀剂将会失效，因此，每一种缓蚀剂都有一定的允许使用温度范围。

缓蚀剂的缓蚀效率还与使用时间有关，随着酸洗时间增长，缓蚀效率会逐步降低。故应定期向酸洗液中补充一定量的缓蚀剂。

2）缓蚀剂种类与特点

缓蚀剂品种较多，大多为有机化合物。国产的常用缓蚀剂有如下几种。

(1) KC 缓蚀剂　即磺酸化蛋白质，一般用动物血粉经硫酸处理制成。虽缓蚀效率低，但价格低廉。

(2) 乌洛托品(六亚甲基四胺)　甲醛与氨水反应生成物。缓蚀效率较高，与三氧化二砷联用，用于盐酸酸洗，其缓蚀效率可达 98%左右。

(3) 沈 1-D 缓蚀剂　苯胺与甲醛反应生成物，为棕黄色半透明液体。自行配置方法：将苯胺与 40%的甲醛以 3∶1 配比，将甲醛液缓缓加入苯胺，控制反应温度不超过 60 ℃。搅拌约 0.5 h，降温至 40 ℃，静置 1 h，除去上层清液即可。该缓蚀剂缓蚀效率高，价格亦低廉，应用较多。

(4) 若丁　主要成分是二邻甲苯基硫脲，还含有一些食盐、糊精、皂角粉等。它主要用于硫酸酸洗，缓蚀率可达 96%。若丁较难溶解，应用 75%的硫酸将其调成糊状，均匀撒在酸洗液中，搅匀后即可。

(5) 4502 缓蚀剂(氯化烷基吡啶)　一种季胺型的阳离子表面活性剂，若与其他缓蚀剂联用效果更好。例如和硫脲联用，可用于磷酸和硝酸混合酸液，缓蚀效率可达 99%。

(6) 9 号缓蚀剂　硫脲和甲醛的缩聚物，是由等量分子的硫脲和甲醛在水溶液中，经醋酸的催化，在 100 ℃温度下回流 2 h 制得。在磷酸介质中，缓蚀效率较高。

(7) IIB-5 缓蚀剂　苯胺、六次甲基四胺、水和冰醋酸以 80∶20∶4∶1 的质量比混合，在沸水中回流 45 min 制得，是盐酸酸洗的高效率缓蚀剂。

(8) PD-A 型缓蚀剂　采用化工副产品煤焦油脱酚后的剩余物，用硫酸处理后再经蒸馏制得，主要成分为吡啶盐类。该缓蚀剂可在较高的温度中使用，缓蚀效率高，但一般需加泡沫剂，以避免酸气逸散。

各种酸洗缓蚀剂的使用特性见表 4.13。

表 4.13　缓蚀剂在酸洗液中的特性

缓蚀剂名称	添加量 /$(g \cdot L^{-1})$	缓蚀效率/%			允许使用温度/℃
		在 10%硫酸中	在 10%盐酸中	在 10%磷酸中	
KC 缓蚀剂	4	60	—	—	60
硫脲	4	74.0	—	93.4	60
乌洛托品	5	70.4	89.6	—	40
沈 1-D 缓蚀剂	5	—	96.2	—	50
若丁	5	96.3	—	98.3	80
乌洛托品＋As_2O_3	5＋0.075	93.7	98.2	—	40

续表

缓蚀剂名称	添加量/(g·L^{-1})	缓蚀效率/%			允许使用温度/℃
		在 10%硫酸中	在 10%盐酸中	在 10%磷酸中	
硫脲+4502 缓蚀剂	1+0.075	93.7	98.2	—	40
9 号缓蚀剂	1+1	—	—	99	60
IIB-5 缓蚀剂	2	—	—	98.5	60
PD-A 型缓蚀剂	4	—	96.8	—	50

国内新的缓蚀剂品种还有很多，上述缓蚀剂为应用较广、较为成熟的产品。

3. 润湿剂

酸洗中采用的润湿剂，大多是非离子型和阴离子型表面活性剂。利用表面活性剂所具有的润湿、渗透、乳化、分散、增溶和去污等作用，能大大改善酸洗过程，缩短酸洗的时间。常用润湿剂有平平加、OP 乳化剂、曲通（Triton）X-100、吐温（Tween）-80、601 洗涤剂等。

平平加是一种非离子型表面活性剂，主要成分是聚乙烯脂肪醇醚，对酸碱溶液和硬水都较稳定，渗透性和扩散性良好，是一种优良的乳化剂。

OP 乳化剂和曲通 X-100 都是非离子型的烷基酚环氧乙烷加成物，去污力和渗透力强，乳化效果良好，一般作渗透剂兼洗涤剂使用。

吐温-80 是非离子型表面活性剂，是失水山梨醇油酸酯和环氧乙烷的加成物，有良好的润湿、分散性能，通常与其他活性剂并用。

601 洗涤剂是阴离子型磺酸盐表面活性剂，学名十二烷基苯磺酸钠。其渗透力和去油污力较好，价格也低廉，缺点是易起泡，遇阳离子型活性剂会产生沉淀。

润湿剂使用量应达到表面活性剂的临界胶束浓度以上，通常在 10～12 g·L^{-1}之间。

4. 酸洗工艺过程

酸洗工艺方法有浸渍法、喷射法和酸膏法。造船钢材（板材、型材、管材）及舾装件、零部件的酸洗，均采用浸渍法，其工艺过程大致如下。

1）除油

除油采用碱液加乳化剂。常用配方为磷酸三钠 8%（质量分数，余同）、氢氧化钠 1%、乳化剂 0.5%、清水 90.5%。温度一般为 70～80 ℃，时间约 1 h（根据油腻程度可适当缩短或延长）。但当表面沾有大量油污杂质时，应事先刮除。

2）热水浸洗

除油后，除去碱液，将工件浸入热水槽，热水温度为 80～90 ℃，时间约 2 min。

3）酸处理

将从热水槽吊出的工件浸入酸槽，酸槽内配以酸、缓蚀剂、润湿剂等。酸液温度一般为 40～60 ℃，浸渍时间根据工件锈蚀情况控制，一般为 0.5～4 h，避免时间过长而引起过蚀现象。

随着酸槽内酸的工作时间增加，其酸度会降低，缓蚀剂亦会消耗，应及时予以补充。

搅拌有利于提高除锈速度和降低酸耗。

4）冷水浸洗

将工件从酸槽吊出，投入清水槽，用冷水浸洗，除去附着在上面的酸液。浸洗时，应让工件上下运动以提高清洗效率，浸洗时间为 1～2 min。

5）中和处理

经冷水浸洗的工件，表面仍带有少量的稀酸，应浸入稀碱液中和。稀碱液可用碱粉或水玻璃配置，浓度视需要而定（水玻璃浓度可取 0.5%）。

6）冷水漂洗

经中和处理后，工件还得用冷水再次漂洗，洗去中和液和表面形成的少量盐分。

7）磷化处理

酸洗过的钢铁表面呈活化状态，极易在空气中腐蚀，通常应做磷化处理，使钢铁表面形成一层不溶于水的金属（铁）磷酸盐膜，保护钢铁，避免其在短时间内锈蚀。

磷化液采用酸式磷酸盐和磷酸并添加缓蚀剂。磷化液的配比应依据所需磷化膜的厚度决定。

通常造船用钢材、零部件酸洗后立即涂漆。磷化膜可薄一些，则磷酸与磷酸盐浓度可适当低些，处理时间可短一些。磷化后待表面干燥即可涂漆。

5. 废酸处理

酸洗液使用一段时间后，溶液中铁离子浓度将大大增加，清洗能力大大下降，便不能继续应用，应更换新的浓酸。由此就产生了废酸处理问题。

废酸处理方法很多，可归纳为两大类：一是用铁屑吸收废液中残酸，制取亚铁盐类，或以碱液中和；二是采用离子交换树脂法、电渗析法、氧化沉淀法等清除废酸中亚铁离子，使废酸新生。

4.5.6 磷化工艺及操作要领

钢铁的磷化是指通过化学方法处理，使钢铁表面生成各种不溶于水的金属磷酸盐膜层的过程。磷化的目的主要是提高钢铁表面的耐蚀能力，以磷化层作为涂料保护的底层，还可提高滑动面耐磨耗性能。

磷化处理的方式方法有多种。

① 根据处理液组分分类，有锌系磷化、锌钙系磷化、锰系磷化、铁系磷化。

② 根据处理温度分类，有高温磷化（80～90 ℃）、中温磷化（50～70 ℃）、低温磷化（20～30 ℃）。

③ 根据处理工艺分类，有槽浸式磷化、喷淋式磷化、涂刷磷化。

采用不同方式的磷化，可获得各种不同厚度、不同成分的磷化膜，以适应不同的需要。

磷化处理工艺主要有三类，即槽浸法、喷淋法和涂刷法。三种方法的特点见表 4.14。

表 4.14 各种磷化方法的特点

槽浸法	喷淋法	涂刷法
可获得厚的、中等厚和薄的磷化膜层	只能获得薄的和中等厚度的磷化膜层	同左
磷化膜可适用于各种应用目的	磷化膜只能用于涂装的底层及工序间防蚀	同左
适用于小批量生产	适用于大量生产	同左
适用于中小型和任何外形工件的磷化处理	适用于大型工件表面处理	适用于中、小型工件
适用于各种温度的磷化	适用于中温和低温磷化	适用于低温磷化

常用磷化处理的工艺流程见表 4.15。

表 4.15　磷化处理的工艺流程

处理目的	工艺方法	膜的类型	工艺流程														
			除油	热洗	冷水洗	喷砂	酸洗	冷水洗	中和	冷水洗	磷化	冷洗	钝化处理	冷水洗	干燥	补充处理	磷化设备
抗蚀	槽浸法	厚的磷酸锌膜	○	○	○		△	△	△	○	○	○	○	○	○	○	钢槽附加热设备、侧边抽风
						○		○			○	○	○	○	○	○	
抗磨	槽浸法	厚的磷酸锰膜	○	○	○		△	△	△	○	○	○	△	△	○	○	同上
						○					○	○	△	△	○	○	
涂漆底层或工序间防蚀	涂刷法	薄的磷酸铁膜				○		○			○	○	○		○	○	同上
涂漆底层或冷变形加工	槽浸法	薄的或中等厚度的磷酸锌膜	○	○	○		△	△	△	△	○	○	○	○	○	○	钢槽附加热设备
						○		○			○	○	○		○	○	
钢板冷变形加工	喷淋法	中等厚度的磷酸亚铁膜	○	○	○						○	○			○	○	钢槽、泵、导管喷嘴

注：① 表中“○”表示需要，“△”表示视情况可要可不要；

② 钝化处理在 70～90 ℃的重铬酸钾溶液（50～80 g・L^{-1}）中进行，处理时间为 10～15 min；

③ 补充处理根据处理目的决定，可用油及涂料处理，涂油或涂漆应在磷化后 24 h 内进行。

4.5.7　二次除锈工艺的方式方法

建造船舶的钢材在原材料表面预处理并涂上车间底漆以后，将经过画线、下料、加工、装配等阶段，最后组装成分段。通常，分段上船台以前应该进行涂装。

经过预处理的钢材组成分段后，总会有一部分钢材表面的车间底漆由于焊接、切割、机械碰撞或因自然原因受到破坏，导致钢材表面重新锈蚀。分段合拢后，在区域涂装阶段，也总会有一部分分段上涂装好的涂层，由于同样的原因遭受到破坏并发生重新锈蚀。这样，分段涂装也好，区域涂装也好，都有一个再次进行表面处理的任务，这相对原材料处理来说是再一次除锈，在造船涂装工程中称之为“二次除锈”。

在二次除锈时，车间底漆或原来已有的涂装虽然没有损伤，但不免发生污染，其表面需要进行涂装的话，则应进行相应的清理处理，称之为“涂装前的表面清理”。

在现代造船中，低效落后的手工工具铲刮的除锈方式已被逐步淘汰，只是在修船除锈中还局部被保留。新造船的二次除锈通常采用喷射磨料（喷丸或喷砂）处理和动力工具打磨处理两种方式。

喷射磨料处理方式效率高、质量好，但需要一整套设备，而动力工具打磨处理方式则具有工具轻巧、灵活方便、应变能力强等特点，但处理速度较喷射磨料处理低，处理后表面粗糙度较小，不适合一些特殊的高性能涂料的施工。因此，造船厂需根据船舶涂层配套的特点和工厂设备劳力负荷的实际情况统一平衡，将两种除锈方式有机结合，使其相互补充，做到质量、周期、效益统筹兼顾。

1. 喷射磨料处理

喷射磨料处理通常分为喷丸处理和喷砂处理两种。喷丸处理的磨料一般为钢丸、铁丸、钢丝段、棱角钢砂等。喷砂处理的磨料有河砂、石英砂、铜矿砂等，由于喷石英砂易使操作工人得硅肺病，故一般都禁止使用。

喷丸处理一般都在磨料能够回收的喷丸房内进行，故适合于分段的二次除锈。喷砂处理的磨料大多不回收，因此，可在室内进行分段二次除锈，也可在现场进行区域涂装前的二次除锈。成品油船和化学品船货油舱、液舱的特涂工程，均采用舱内喷砂处理。

喷丸处理和喷砂处理采用的设备都一样，两者的区别仅在于使用的磨料不同。

有关喷丸处理的设备、工艺方法等我们已在4.5.4节中做了详细介绍，这里不再重复。

2. 动力工具打磨处理

动力工具打磨处理，是指采用各种风动或电动的除锈工具，依靠动力马达高速旋转或往复运动带动打磨器具（砂轮、砂轮盘、钢丝刷盘、气铲等）打击或磨削需要涂装的表面，达到清除铁锈及其他杂物的一种机械清理方式。

动力工具体积较小，重量较轻，便于个人携带和操作，应变能力较强。与陈旧的手工工具敲铲除锈相比，动力工具打磨处理具有除锈质量好、生产效率高的优点。然而，这种除锈方式毕竟属于人工操作的半机械化作业，比喷射磨料处理的生产效率低、除锈质量差、表面粗糙度小，所以受到一定的限制，特别是对于一些高性能涂料，动力工具打磨处理不能合乎涂料对表面处理的质量要求。

动力工具的动力源有气动和电动两种。电动工具的能源供应方便，但船厂为防止漏电引起触电事故，一般均使用气动工具。为有效发挥工具能力，压缩空气的压力应大于0.5 MPa。

1）动力除锈工具

造船厂常用的气动除锈工具有以下几种。

（1）柄砂轮机　直柄砂轮机有S_{25}、S_{40}、S_{60}、S_{80}、S_{100}、S_{150}等系列产品，可安装规格为2～150 mm的各种砂轮。大型的直柄砂轮机常用于焊缝修磨、毛边倒角；小型的直柄砂轮机常用于修磨凹形弧面，也可装上笔形钢丝刷用于狭小室内结构件、边角和小孔的除锈。

（2）端型平面砂磨机　端型平面砂磨机有100 mm、125 mm、150 mm和180 mm等多种型号，可安装80～100 mm各类砂纸盘或相应规格的盘形钢丝刷盘，进行大平面的打磨处理，也可利用砂纸盘的侧边对焊角进行打磨，是船厂应用最广的一种动力除锈工具。

端型平面砂磨机所装砂纸盘，通常称为动力砂纸盘；所装盆形钢丝刷，通常称为动力钢丝刷。动力砂纸盘和动力钢丝刷是船厂以动力工具方式进行二次除锈时所用的代表性工具。

（3）带锥齿轮的平面砂磨机　带锥齿轮的平面砂磨机亦有多种型号，其功能与端型平面砂磨机一样，区别在于发动机轴线与砂纸盘轴线不在同一轴线上，而是构成一定的角度（90°、100°、120°等），操作灵活方便，操作者不易疲劳。

（4）气铲　气铲也称风铲，是一种往复式打击工具，用于铲除焊缝坡口，将焊接处和其他不平整处铲平。

此外，还有风锤、敲锈枪和旋转式敲锈轮等，大多用于修船除锈作业。

2）动力工具打磨处理的工艺要点

目前，许多大中型船厂都有分段喷丸房，可以在室内对分段进行高质量的二次除锈，但这种方式的二次除锈亦有一定的局限性，其处理成本较高，辅助工作量大，因而有效利用率低，故动力工具打磨处理迄今仍是造船厂二次除锈（包括分段二次除锈）的主要工艺手段。

动力工具打磨处理的工艺要点如下。

① 观察打磨作业环境，做好安置脚手架、照明设备等辅助工作，准备好打磨工具、风管接头和个体劳动保护用品。

② 清理周围环境（包括分段内的垃圾、杂物与积水）。

③ 在端型平面砂磨机或带锥齿轮的平面砂磨机上装妥砂纸盘，对焊缝区、火工烧损区、自然锈蚀区做彻底打磨至呈现金属本色。打磨作业应遵循先难后易、先下后上的原则。

④ 对车间底漆完好的部位做轻度打磨，除去表面的锌盐（对含锌车间底漆而言）或表面老化层（对不含锌的车间底漆而言）。

⑤ 对于区域二次除锈，应将焊缝两侧和烧损区、自然锈蚀区的周围涂层打磨至具有一定坡度，以利于修补涂层叠加时的附着。

⑥ 换装碗形或碟形钢丝刷盘，对焊缝、烧损区和自然锈蚀区进行彻底旋刷，除去细孔内的黄锈。

⑦ 在直柄砂轮机（小型）上装妥笔形钢丝刷，对角缝、小孔周围及前述步骤中工具难以到达的部位进行旋刷，除净黄锈。

⑧ 用风铲将焊缝周围零星铁鳞与少量焊缝夹渣除净。

⑨ 清扫垃圾和积灰。

⑩ 用碎布或纱团蘸取溶剂除去表面油迹。

⑪ 提交质检验收。

3. 其他方法

除了喷射磨料处理和动力工具打磨处理两种主要方式以外，二次除锈还有许多方式，现分述如下。

1）真空喷丸（砂）

真空喷丸（砂）处理需要专用的真空喷丸（砂）机。真空喷丸（砂）机由磨料室、真空回收室、真空引射器、喷枪及锥形罩和吸丸软管等组成。真空喷丸（砂）处理是利用压缩空气引射，将真空室内空气抽去，使与真空室相连的吸丸管和喷枪锥形罩内产生负压差，从而将喷枪内喷出的磨料和除下的铁锈一起吸入真空器。

真空喷丸（砂）处理最大的优点是不污染环境，尤其是在船舶舾装阶段，一般喷砂处理不仅会影响其他工种的作业，而且会给已经安装好的机械、仪表带来危害，采用真空喷丸（砂）就无这些顾虑。但是，真空喷丸（砂）效率较低，对于凹凸不平的表面和角落则难以回收磨料和尘埃。

2）湿式喷砂处理

湿式喷砂处理是一种二次除锈的新技术，通过在磨料（砂）中添加一部分水，以全湿的磨料喷射到被处理的表面，从而有效地除去氧化皮、锈蚀、旧涂层等。其优点是可大大减少喷砂现场的尘埃飞扬，有益于环境保护和操作者的健康。湿式喷砂处理后，钢材表面呈潮湿状态，易于产生返锈现象，故在水中应添加一定量的缓蚀剂（约为水量的1%）。

湿式喷砂处理设备，可利用一般的喷砂设备改装，空气压力应在0.6～0.8 MPa，水的消耗量为5～60 $L \cdot h^{-1}$，根据被处理表面的原始状态和处理等级要求，其清理速度为10～16 $m^2 \cdot h^{-1}$。

3）水（磨料）喷射处理

水（磨料）喷射处理也是一种二次除锈的新技术，是利用夹带磨料（砂）的水，在0.6～0.8

MPa 的空气压力下喷射到被处理的表面,能有效地除去氧化皮、锈蚀、旧涂层等。其优点是:不仅可大大减少喷砂现场的尘埃飞扬,有益于环境保护和操作者的健康,还能避免磨料与金属打击时产生火花,有利于安全作业。此外,水(磨料)喷射处理时可同时除去被处理表面水溶性盐类,在修船表面处理时,可分层除去质量劣化、附着力降低的涂层。

水(磨料)喷射处理可以在天气条件较差(如湿度过高)的情况下进行。由于处理后钢板表面有大量的水存在,很容易产生返锈现象,故用于喷射处理的水中应添加一定量的缓蚀剂(约为水量的 1%)。

水(磨料)喷射处理后,表面将被潮湿的污砂浆污染,应趁其仍潮湿的时候立即用淡水冲洗干净。用于冲洗的水中须加入缓蚀剂,缓蚀剂的用量约为水量的 5%。冲洗后,应设法使表面尽快干燥并涂装。由于表面干燥后将残留一部分缓蚀剂,故涂装的底漆应能抵御少量缓蚀剂的存在而不影响质量。

水(磨料)喷射处理需专门配备设备,其表面处理的效率与湿式喷砂处理相仿。

4.5.8 二次除锈工艺的要求及操作要领

船舶二次除锈工作的重点部位在于焊缝区、烧损区、自然锈蚀区,此外还包括车间底漆完好区域与型钢反面、角隅边缘等作业困难区域的除锈与清理工作。

二次除锈的质量与船舶涂装质量有着不可分割的密切关系,要保证船舶涂装质量首先必须保证二次除锈的质量。因此,对船舶的二次除锈作业必须要有适当的装备和严格合理的工艺要求,以实现有关质量标准所规定的合格的质量。

关于船舶二次除锈作业时各部位的具体工艺要求,上海六家主要船厂联合制定的企业标准《钢质船舶除锈涂装工作标准》(Q/CB·SL26—89)做出了规定,如表 4.16 所示。

表 4.16 二次除锈工艺的要求及操作要领

作业部位	作业工具	一般要求
焊缝区	① 喷丸 ② 风动砂纸盘和风动钢丝刷	a. 除去焊道两侧烧焦、起泡、变色的涂膜及周围 30~50 mm 范围内的涂膜(底层已受热损伤) b. 除去焊道表面及两侧的黑锈、黄锈(允许残留部分痕迹)
烧损区	同上	a. 除去烧焦、起泡、变色的涂膜及周围 30~50 mm 范围内的涂膜(底层已受热烧伤) b. 上述区域周围 25~30 mm 范围内的涂层应成坡度(针对周围涂膜厚度>50 μm 的情况)
自然锈蚀区	同上	a. 除去锈蚀区及周围 20~25 mm 范围的涂膜与黄锈(不允许留下锈迹) b. 上述区域周围 25~30 mm 范围内的涂层应成坡度(针对周围涂膜厚度>50 μm 的情况)
车间底漆完好区	同上	轻度喷丸或用风动工具轻度打磨,除去原车间底漆表面的白锈(针对含锌车间底漆)
型钢反面、角隅边缘等作业困难区	① 喷丸 ② 小型风动除锈工具 ③ 手工工具	尽可能除去表面黑皮及黄锈

4.5.9　二次除锈工艺的质量要求

船体各部位处于不同的腐蚀环境，因此，所采用的涂料也各不相同，相应地，其对二次除锈的质量要求也各不相同。一般来说，处于恶劣腐蚀环境的部位（如外板、压载水舱等）和采用涂料性能高（如环氧树脂涂料、环氧沥青涂料、无机锌涂料等）的部位，对二次除锈的质量要求就比较高，反之则比较低。

评定船舶二次除锈质量的标准与二次除锈的方式方法有关。通常，采用喷射磨料方法进行二次除锈时，采用与一次除锈（即原材料除锈）相同的质量评定标准，而采用动力工具打磨或其他手工方式进行二次除锈时应采用二次除锈质量评定标准。

在我国，船舶二次除锈质量评定时采用的标准如下。

① 以喷射磨料方式进行二次除锈时采用的标准是 GB/T 8923.1—2011。

② 以动力工具打磨或其他手工方式进行二次除锈时采用的标准是 CB/T 3230—2011。

在建造出口船舶时，不少国外船东要求采用瑞典标准 SIS 055900—1967。也有的要求采用美国钢结构涂装委员会（Steel Structures Painting Council）1952 年制定的表面处理规范《表面预处理规范》（简称 SSPC-SP 标准）。这两个国家标准在国际上比较通用。

对于船舶各部位二次除锈质量等级要求，中华人民共和国船舶行业标准《船舶除锈涂装质量验收技术要求》（CB/T 3513—2013）做出了规定，见表 4.17。

表 4.17　船体二次除锈质量等级要求

处理部位		涂料种类	表面处理方式	处理等级
车间底漆受损伤部位，如：焊缝区、火工区、自然锈蚀区	船体外板、室外暴露部位	常规涂料	喷射处理	Sa2
			动力工具处理	St2 至 St3
		环氧树脂涂料、乙烯树脂涂料、聚氨酯涂料	喷射处理	Sa2.5
			动力工具处理	St3
		无机锌涂料	喷射处理	Sa2.5
	舱室内部	常规涂料	喷射处理	Sa2
			动力工具	St2
		环氧树脂涂料、乙烯树脂涂料	喷射处理	Sa2
			动力工具处理	St2 至 St3
		无机锌涂料	喷射处理	Sa2.5
	液舱内部（除燃油舱、液压油舱、滑油舱外）	常规涂料	喷射处理	Sa2
			动力工具处理	St2 至 St3
		环氧树脂涂料、乙烯树脂涂料、聚氨酯涂料	喷射处理	Sa2.5
			动力工具处理	St3
		无机锌涂料	喷射处理	Sa2.5
	燃油舱、液压油舱、滑油舱	防锈油	动力工具	St2
		耐油涂料	动力工具或喷射处理	St3 或 Sa2.5

4.5.10 涂装前表面清理及主要工艺要求

二次除锈以后，涂装作业之前，为确保涂料与被涂表面之间的附着力，需要对被涂表面进行清理。

涂装前表面清理的主要工作内容为除水、除盐、除油、除尘以及除去其他杂物、污垢。其工艺要求如下。

① 除水：采用布团、棉丝擦去，或用经过除去油分和水分的压缩空气吹干。

② 除盐：采用清水冲洗干净，然后除去水分，使表面完全干燥。

③ 除油：用清洁的、蘸有溶剂的布团或棉丝仔细擦去。

④ 除尘：用毛刷刷去或用压缩空气吹净。

⑤ 其他：被涂表面的锌盐、粉笔或油漆记号，以及其他杂质均在二次除锈作业的同时先行除去。

涂装前表面清理工作应当认真仔细进行，清理后表面的质量要求应达到表 4.18 所规定的要求。

表 4.18 船体表面清理质量要求（摘自 GB/T 3513—2013）

<table>
<tr><td colspan="3">清理项目</td><td>无机锌涂料</td><td>环氧树脂涂料、乙烯树脂涂料</td><td>常规涂料</td></tr>
<tr><td colspan="3">水分</td><td>肉眼看不见痕迹</td><td>肉眼看不见痕迹</td><td>肉眼看不见痕迹</td></tr>
<tr><td rowspan="4">盐分</td><td colspan="2">非特定处所</td><td>肉眼看不见痕迹</td><td>肉眼看不见痕迹</td><td>肉眼看不见痕迹</td></tr>
<tr><td rowspan="3">特定处所</td><td>压载舱、油舱</td><td colspan="3">≤50 mg/m² NaCl</td></tr>
<tr><td rowspan="2">空舱</td><td>一次表面处理</td><td colspan="2">≤50 mg/m² NaCl</td></tr>
<tr><td>二次表面处理</td><td colspan="2">≤100 mg/m² NaCl</td></tr>
<tr><td colspan="3">油脂</td><td>肉眼看不见痕迹</td><td>允许痕迹存在</td><td>允许痕迹存在</td></tr>
<tr><td rowspan="3">灰尘</td><td colspan="2">非特定处所</td><td>允许痕迹存在</td><td>允许痕迹存在</td><td>允许痕迹存在</td></tr>
<tr><td rowspan="2">特定处所</td><td>压载舱、油舱</td><td colspan="3">按 GB/T 18570.3—2005 规定，颗粒大小为“3”、“4”或“5”的灰尘分布量为1级；若不用放大镜，在待涂表面可见的更小颗粒的灰尘应去除</td></tr>
<tr><td>空舱</td><td colspan="3">按 GB/T 18570.3—2005 规定，颗粒大小为“3”、“4”或“5”的灰尘分布量为2级</td></tr>
<tr><td colspan="3">锌盐</td><td>允许轻微痕迹存在</td><td>允许痕迹存在</td><td>允许痕迹存在</td></tr>
<tr><td colspan="3">气割电焊烟尘</td><td>允许轻微痕迹存在</td><td>允许痕迹存在</td><td>允许痕迹存在</td></tr>
<tr><td colspan="3">粉笔记号</td><td>允许轻微痕迹存在</td><td>允许痕迹存在</td><td>基本消除</td></tr>
<tr><td colspan="3">标记漆</td><td>允许轻微痕迹存在</td><td>若标记漆属于同类型可不必除去；否则全部除去，允许痕迹存在</td><td>不必除去</td></tr>
</table>

第 5 章　海洋污损生物的影响及分布

5.1　海洋污损生物的定义

如绪论中所介绍，海洋污损生物是栖息、附着及生长在船底码头、浮标和各类设施上，并会对人类活动产生不利影响的海中一切动物、植物和微生物的总称，故海洋污损生物也称为海洋附着生物。

Hutchins 汇总了近 2 000 种污损生物（植物 614 种，动物 1 344 种）。这些生物仅包括生长在船底、浮标、输水管道、冷却管、沉船、海底电缆、木筏、浮子、浮桥和试验板上的污损生物，而生长在码头木桩、码头缆索、固定防波堤、桥墩上的生物尚未列入，也不包括天然岩礁上的生物。如表 5.1 所示，污损生物的种类很多，几乎各个主要门类的海洋生物中都有，但它们仅是已知海洋动植物中的一小部分（见表 5.2）。随着海事活动、海洋开发活动的展开和研究工作的深入，污损生物的种类还将大大增加。

表 5.1　各大门类中污损生物的种类

植物(plants)	614
细菌(bacteria)	37
真菌(fungi)	14
藻类(algae)	563
动物(animals)	1 344
原生动物(protozoa)	99
海绵动物(porifera)	33
腔肠动物(coelenterate)	286
扁形动物(platyhelminthes)	12
纽形动物(nemertra)	11
轮虫(trochelminthes)	5
苔藓虫(bryozoa)	139
腕足类(brachiopoda)	1
环虫(annelid)	108
节足动物(arthropod)	292
软体动物(mollusks)	212
棘皮动物(echinoderm)	19
脊索动物(chordate)	127

表 5.2 海洋生物与污损生物种数的比较

类 群	海洋生物种数	污损生物种数	百分比/%
海洋植物	8 000	614	7.7
海绵	3 000	33	1.1
水螅	3 000	200	8.7
海葵	1 000	12	1.2
多毛类	3 500	99	2.8
外肛动物	3 000	139	4.6
腹足类	5 900	90	4.0
双壳类	9 000	115	1.3
茗荷	200	50	25.0
藤壶	300	60	20.0
端足类	3 000	60	2.0
海鞘	700	116	16.6

* 根据 1946 年以前的资料整理。

中国沿海已经记录了 614 种海洋污损生物，其中最主要的类群是藻类（浒苔、石莼、多管藻和水云等）、水螅（中胚花筒螅、鲍枝螅和薮枝螅等）、外肛动物（草苔虫、膜孔苔虫、裂孔苔虫和琥珀苔虫等）、龙介虫（华美盘管虫、内刺盘管虫等）、双壳类（贻贝、牡蛎等）、藤壶和海鞘（柄瘤海鞘、菊海鞘等）。

所谓污损生物，并不包括岩相潮间带和海底的固着生物，也不包括养殖业中属于附着或固着类型的种类。然而同样种类的生物一旦生长在船底或管道内壁，就成为污损生物，研究它们为的是防除。例如，贻贝和牡蛎是水产业的主要养殖对象和捕捞对象，在水产领域，研究它们是为了增殖，当然不称其为污损生物，但若其长在船底等设施上就是污损生物。又如藤壶，从潮间带到深海底部都有分布，它们只有生长在船底或人为设施上才称为污损生物。

木材及一些其他工程材料，在海洋中往往遭到污损生物和钻孔生物的双重危害。污损生物生长在材料表面，而钻孔生物则会钻到材料内部。钻孔动物的主要类群是软体动物中的船蛆和海笋以及甲壳动物中的蛀木水虱和团水虱等。

在海洋生物生态学中，按生物的生活方式，人们往往把海洋生物分为浮游生物、游泳生物和底栖生物三大生态类群。大多数污损生物在幼虫阶段都会经历浮游生活，但成体是营附着或固着生活的，所以污损生物曾隶属于底栖生物。但是，由于污损生物生态环境的特殊，污损问题的日益严重，研究工作的不断深入等原因，污损生物现已成为研究的专题。

污损生物的许多研究内容和海洋生物其他学科互相渗透，和养殖的固着贝藻类的研究也有密切关系，所以这些学科的研究成果可以互相引用或借鉴。

污损生物或附着生物的概念虽然还有一些不同的解释，但自从 1952 年《海洋污损生物及其防除》(Marine Fouling and Its Prevention)一书出版后，这个概念已经相当明确了。1964 年第一届国际海洋生物污损和腐蚀会议(International Congress on Marine Corrosion and Fouling)的召开，则使这一概念得到更进一步明确。

5.2　污损生物的影响

海洋污损生物一般是有害的，生物污损所造成的损失难以精确计算。在美国：1974年，美国海军因生物污损和钻孔生物的破坏就花费了2.15亿以上美元；二次大战前，美国海军每月计划增加3%的燃料，以弥补因污损所造成的损失，而修理码头、浮标、近岸海底设施、远岸平台等，每年则要花费2.25亿美元。苏联因生物污损每年损失400万卢布。由于微生物污损所引起的厌氧腐蚀，美国每年所损失的金属估计价值50亿～60亿美元。船只和海中设施都会受到海洋腐蚀和生物污损的双重挑战，Horne(1969)在回顾和权衡这两种威胁时说："自古以来，海洋生物的污损比起腐蚀来是个更为麻烦的问题，污损生物生命力之坚韧，将使污损问题成为人类征服海洋的一个难以逾越的障碍。"随着航运事业的发展和海洋开发的力度日益增加，污损问题也将更为常见和严峻。

污损生物最主要的危害表现在以下七个方面。

5.2.1　增加船舶的阻力

污损生物造成的舰船的航行阻力增加大致由三方面原因引起，即大型污损生物在船体的附着、大型污损生物在螺旋桨上的附着以及微生物黏膜的附着。

McEntree曾用10 ft×20 ft(1 ft=0.3048 m)未涂防污涂料的钢板放在海中让生物附着，然后以2～9 kn($1\ \text{kn}=\frac{1850}{3600}$ m/s)速度拖曳钢板并测定其摩擦阻力，最后把污损生物除去，涂上防锈涂料再测定没有污损生物时的阻力。结果表明，经12个月，生物污损使钢板的阻力增加了4倍。

Found用拖板试验得出船舶摩擦阻力的计算式如下：

$$R_f = fSV^n$$

式中：f——摩擦阻力系数；

S——浸水的表面积(ft^2)；

V——速度(kn)；

n的平均值等于2。

根据上述公式，McEntree经试验求得f值及n值，如表5.3所示。数据表明，污损生物使f值增加了3倍。在美国和日本，尚有许多类似的试验都说明污损生物可增加船舶的摩擦阻力。

表5.3　污损生物对摩擦阻力的影响

浸海时间/月	生物干重/(g/ft^2)	f		n	
		清洁	污损	清洁	污损
1	0.8	0.010 7	0.011 4	1.869	1.869
2	0.4	0.010 0	0.012 8	1.918	1.918
3	0.6	0.010 6	0.016 7	1.937	1.937
4	2.8	0.011 9	0.023 9	1.855	1.855

续表

浸海时间/月	生物干重/(g/ft²)	f		n	
		清洁	污损	清洁	污损
5	2.8	0.010 8	0.025 5	1.874	1.874
6	3.8	0.009 5	0.025 2	1.938	1.938
7	4.0	0.010 8	0.027 5	1.880	1.880
8	3.2	0.010 1	0.026 7	1.912	1.912
9	2.0	0.010 8	0.027 5	1.869	1.869
10	3.6	0.009 0	0.028 5	1.848	1.848
11	3.2	0.009 6	0.027 3	1.914	1.914
12	3.2	0.009 5	0.029 2	1.924	1.924

污损生物会增加螺旋桨表面的粗糙度，从而导致其转速的降低。如图 5.1(a)所示，四个形状和大小都相同的螺旋桨，其中一个表面是光滑的，另外三个铸成不同的粗糙面，相比之下，后三者最高功率降低约 10%。又如图 5.1(b)所示，在两个相同的螺旋桨上同时涂漆，在漆未干时即在其中一个上划线，使其表面成为粗糙面，结果这个螺旋桨最高功率降低约 20%。

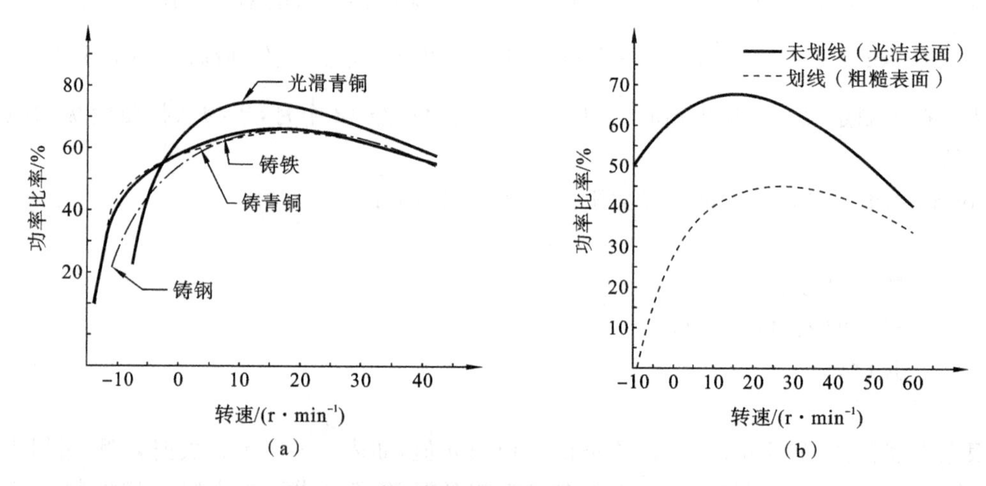

图 5.1　表面粗糙度对螺旋桨功率的影响

微生物黏膜对阻力也有影响。例如 Redfield 用 10 ft×2 ft 的钢板，以 12～24 $ft \cdot s^{-1}$的速度几天拖动一次，用以试验各种涂料对摩擦阻力的影响。结果发现，不管是防污涂料还是防锈涂料，在没有大型生物污损的情况下，因为防锈涂料上附着了更多微生物黏膜，所以阻力比防污涂料板大，如表 5.4 所示。对应的实物图如图 5.2 所示，从左至右腐蚀程度依次降低，分别对应 15A 防锈涂料、15RC 防污涂料和 M 防污涂料。

船舶阻力的增加，将导致航速的降低和燃料消耗的增加。英国海军部早期指出，因生物污损，在温带水域的船只摩擦阻力每天增加 0.25%，在热带增加 0.5%。表 5.5 标示了各种船只在温带水域航行六个月后，因污损生物而损失航速或燃料的情况。

表 5.4　涂料上黏膜对阻力的影响

涂料类别	试验天数	速度/(ft/s) (±0.1)	阻力/lbf (±0.3)	阻力增加量/%
M 防污涂料	0	22.2	58.5	0.8
	10	21.0	59.0	
15RC 防污涂料	0	22.8	55.2	4.5
	10	22.1	57.7	
15A 防锈涂料	0	23.6	61.2	4.9
	10	22.5	64.2	

注：1 lbf=4.448 N。

图 5.2　微生物黏膜

表 5.5　各种船只燃料消耗

船只类型	排水量/t	最大航速损失/kn	维持一定航速时的燃料消耗/%	
			10 kn	20 kn
战舰	35 000	1.50	45	40
航空母舰	23 000	1.25	45	40
巡洋舰	10 000	1.25	50	45
驱逐舰	1 850	2.00	50	35

由于航速降低，贻误战机或延长航行时间的例子也是屡见不鲜的。如 1905 年日俄战争，俄国波罗的海舰队绕过好望角，远涉重洋来到日本海作战，失败的部分原因是由于船底受生物严重污损而降低了航速，此事当时轰动了整个海军界。又如中国一艘万吨轮，尽管于 1971 年 8 月维修时涂刷了一道防污涂料，1972 年在意大利的西西里亚停泊 28 天，其船底还是受到生物严重污损，致使在回国途中航速由原来的 18 kn 降到 15 kn，增加了半个月的航行时间，多消耗燃料 500 多吨。在 1972 年 10 月进坞时，发现船底 100%附着藤壶等生物。

5.2.2　堵塞管道

管道污损也很引人注目，如图 5.3 所示，沿海或者海洋中凡是使用海水的管道，都有遭受污损危害的可能。如沿海的工厂（特别是火力发电厂）、海上平台、船舶、海上电站（太阳能、核能、温差和潮汐发电站）和深海热交换器等，这些设施的引水渠道、冷却水管、冷凝器和卫生管道，都有因受生物附着而堵塞的报道。

图 5.3　管道堵塞

管道污损生物的危害在欧、美、日等国家都有报道。我国工农兵2号轮关于污损生物危害管道的报道称："我轮的海底门、凝汽器和一些主副机滑油冷却水管、卫生水管等，生长着大量的海生物（藤壶、水螅、苔藓虫和贻贝），使管道变细或被堵死……几个海底门和海底花箅子，如果长时间不进坞，就需要潜水员下去清除，凝汽器要多次打开盖清除海生物。"

有位日本研究者说："从本人试验过的例子可以看出，一年中每台发电机因污损生物发生三十次以上事故，停工检修就要损失 3 000 kW・h 电。"

污损生物对管道的危害主要有：增加管道内壁的粗糙面；缩小管道的管径（甚至完全堵塞），因而减少水的流量，影响供水或冷却效果；管道内的污损生物一旦脱落，会堵塞阀门；管道内壁因生物污损而造成的局部腐蚀，可导致管壁穿孔。

5.2.3　加速金属的腐蚀

引起海洋腐蚀的原因是多方面的，最主要的原因是电化学腐蚀。污损生物也会加快电化学腐蚀的过程和速度。其情况大致有以下四种。

（1）钢板表面的微型污损生物及其黏膜，加速了均匀腐蚀。其中主要是由硫酸盐还原菌、铁细菌等产生了 H_2S，改变了界面的 pH，因而改变电位导致腐蚀。海洋微生物腐蚀与大气、土壤中的微生物腐蚀有类似之处。

图 5.4　藤壶在生长过程中穿破漆膜的情况

（2）藤壶等污损生物附着在金属表面的涂层上，在生长过程中穿破了漆膜，使金属裸露而被腐蚀，如图 5.4 所示。这种情况在漆膜软的涂层（如沥青涂料）上尤为严重。硬漆膜虽然不易被污损生物穿破，但是，这些生物一旦脱落，往往连同其基底下的涂层一起剥落，同样会使金属裸露而遭受腐蚀。

（3）藤壶、牡蛎等有石灰质外壳的污损生物，覆盖在金属表面，改变金属表面的局部供氧，由于未被覆盖表面和被覆盖表面的边缘的溶氧量有差别，形成氧浓差电池而加速腐蚀，亦即形成由生物所引起的孔隙腐蚀。污损生物引起不锈钢和低合金钢的孔隙腐蚀特别明显，当藤壶附着 1～2 个月后，假使个体死亡，在其死壳基底下的金属板上可以发生 2～5 mm 深的腐蚀坑。假使藤壶是活的个体，一般都牢固地覆盖在金属表面，在短期间内不致引起严重的孔隙腐蚀。碳钢被藤壶附着，即使藤壶死亡，在短期间内也不可能发生像不锈钢那么明显的孔隙腐蚀。但是，长期处于海中的设施，如浮标、码头等的碳钢表面，还是可以发现深浅不一的腐蚀斑痕。Akashi 等（1975）在静止的海水中，以不锈钢为材料，测得阴极上的腐蚀电位是 100 mA(SCE)；当褐色的微生物黏液附着后，电位增加到 300 mA；最后，附着海藻、藤壶、贻贝和其他生物时，电位超过 300 mA。这个试验说明，污损生物加速腐蚀是由于改变了腐蚀电位。

(4) 污损生物中藻类的光合作用，增加了水中的溶氧量，使腐蚀加速，这种情况在水线层和静止的海水中尤为明显。

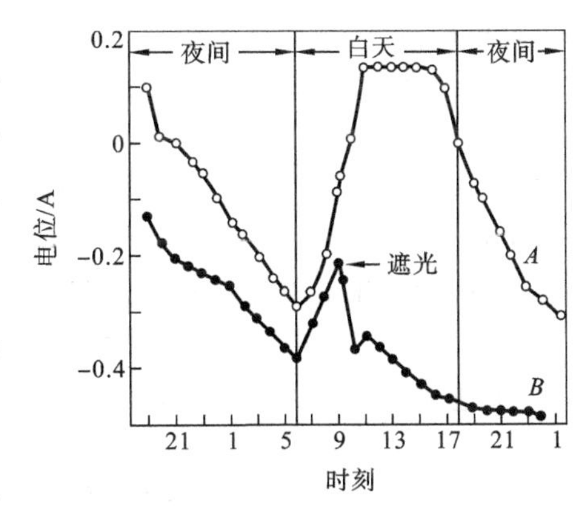

图 5.5　受生物污损的两种不锈钢的腐蚀电位在白昼和黑夜的变化

A——不锈钢 022Cr17Ni12Mo2N；
B——不锈钢 25CrMo

图 5.5 表明，受藻类和动物污损的两种不锈钢，在静止的海水中，夜间因生物呼吸消耗溶解氧，电位向低水平移动；白天因藻类的光合作用增加了溶解氧，电位随之上升；在白昼，当阳光被遮住时，电位还是保持在比较低的水平。

总的看来，污损生物加速了金属的腐蚀，给舰船和海中设施带来了麻烦。但是也有例外。例如，短期间浸海的碳钢试板，一旦被藤壶等石灰质外壳的污损生物严密覆盖，其腐蚀率就比未被覆盖的试板低，甚至低得多；又如，贻贝用足丝密集地附着在金属表面，因大量耗氧可减轻对钢板的腐蚀。这也表明，不同种类的污损生物对钢板的腐蚀作用是不一样的；生物对金属的腐蚀，也因金属的种类及浸海时间的不同而异。

5.2.4　使仪表仪器及转动机构失灵

在中国沿海附着的藤壶幼体，夏天时，20～30 天就可以长到 1 cm 以上。生长如此迅速的污损生物，一旦附着在间歇性转动的仪器或机械上，就会影响其活动性能。如关于某船报道称，“污损生物给钻探平台带来了很大麻烦，个别米粒大的小牡蛎附着在下固桩块的锁紧螺杆上，使得全船三十二套机械转动失灵，最后不得不全部拆除，改为最简单的手放楔块式。这确实是对海生物危害估计不足的教训”。污损生物使仪器失效的实例如图 5.6 和图 5.7 所示。

图 5.6　水下浮标被藤壶污损情况

图 5.7　水下摄像装置的镜头(左)和电池盒(右)的生物污损情况

5.2.5　对声学仪器的影响

岸用及船用声呐、鱼群探测仪和海中的水听器等，都可能受到生物污损的影响。这种影响主要表现在两方面。

(1) 声呐等的导流罩或换能器受生物污损后，由于生物吸收声能，因而会影响声能的辐射并导致声信号的失真；

（2）污损生物会产生气泡，气泡引起混响，从而导致水声学仪器效率下降，甚至无法正常工作。

美国海军研究实验室用两块 0.06 in×30 in×30 in(1 in=25.4 mm)的钢板，一块涂防污漆，另一块不涂，同时放在迈阿密海域进行试验。165 天后，不涂漆的钢板覆盖一层 1 in 厚的污损生物（藤壶、苔藓虫、海鞘、水螅和藻类），这时，通过钢板的声能减弱 3 dB，300 天后减弱 5.5 dB，这就意味着声能减弱后分别仅有 50%和 25%的声能被传播。而有防污漆的钢板没有生物附着，300 天后通过钢板的声能减弱 0.5 dB，大约 95%被传播（见图 5.8）。表 5.6 的数据表明，上述能量的损失实际上是由于生物体对声能吸收之故。

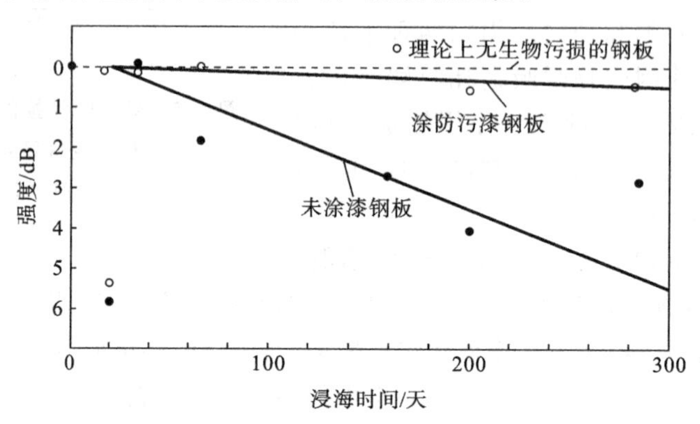

图 5.8　污损生物对声传播的影响

表 5.6　声能通过三种钢板的差异(%)

样板类别		传　　播	反　　射	吸　　收
对照板（未浸海）	*A*	79.9	19.3	0.8
	B	81.2	18.2	0.7
无涂漆板（受污损）	*A*	28.2	6.3	65.5
	B	28.2	7.9	63.9
涂漆板（未受污损）	*A*	79.9	12.9	7.6
	B	79.4	12.9	8.0

岸用声呐因长期固定在较深的海底，不宜经常起吊涂防污涂料，所以换能器一般都采用相当厚度的紫铜管，靠铜溶解出来的铜离子达到防污的目的。船用声呐的防污除了用防污涂料外，也可以采用防污橡胶。

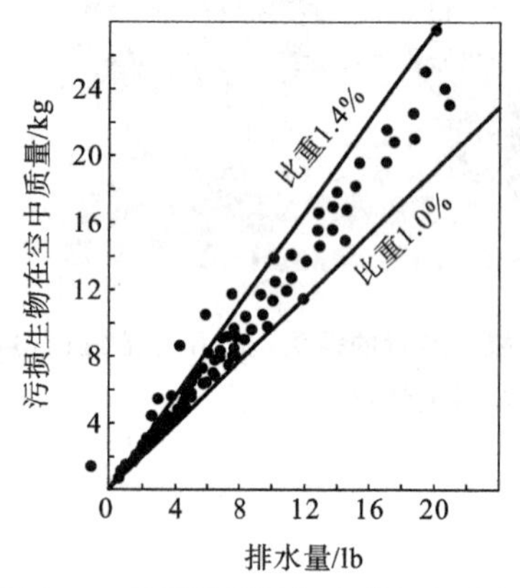

图 5.9　美国沿岸浮标上的污损生物的质量与排水量的关系

注：1 lb=0.454 kg

5.2.6　对浮标等的影响

提及污损生物对浮标、浮码头、定深水雷和其他海中浮子的影响时，人们往往联想到的是这些浮体质量的增加。污损生物确实会增加浮体的质量。如美国工程部门在设计有关工程时，估计污损生物所占的比重为 1.4%。但是，类似浮标、浮码头这么大的浮体，污损生物所造成的其浮力的降低几乎可以忽略不计。

如图 5.9 所示，大部分污损生物的比重介于1.0%～

1.4%之间。污损生物的比重较小，在水中实际增加的质量就更小了。但是，污损生物会破坏浮标、浮码头的漆膜，从而加速腐蚀和造成操作及保养的麻烦。定深水雷和浮标因污损生物，所受的潮流的阻力将增加，从而会偏离原定的方位。污损生物也会堵塞浮标的雾笛管子。

此外，污损生物对水产业也有很大的危害。

5.3 污损生物的分布

5.3.1 沿岸海域污损生物的特点

世界沿岸各处的污损生物的种类组成和数量都有一定差别，这种差别从地理位置的角度考虑，可以分为两种情况。其一是区域性的，即大范围的；其二是同一区域中局部性的，主要是由温度、盐度和水流的畅通程度等局部因素引起的。

由于船只携带污损生物，能协助扩大污损生物分布范围，从而减小上述污损生物的地区分布差异。污损生物除了地区分布的不同外，在季节分布方面，也有一些共同的规律性。

5.3.1.1 污损生物的生物地理学

之前已经提及，至1947年世界上就已记录2 000多种污损生物，至今估计有5 000种左右。但是营固着(或附着)生活的生物种类，特别是在污损中起重要作用的却远远少于这个数目。资料表明，各海域的污损生物，既有一定的差别，又有其相同的特点。这些异同点，突出体现在种类的温度属性方面。温度的差异又导致了种数相异性。

1. 种类的温度属性

种类温度属性的差异是各海域之间污损生物差别在质方面的表现。北半球寒带或寒温带污损生物的优势种类是半寒藤壶、缺刻藤壶、紫贻贝及一些水螅类和大型褐藻等。这些种类是冷水种，呈环寒温带或温带分布，但是不分布到暖水海域，因为往南分布受到高温的限制。例如，半寒藤壶分布的南界是冬季最低月平均水温7.2 ℃的等温线；又如紫贻贝分布的南界是夏季最高月平均水温为26.6 ℃的等温线。这些种类的成体即使偶尔分布到上述等温线以南，也不能繁殖。

热带海域污损生物最主要的标志种属是巨藤壶、猿头蛤等暖水种。翡翠贻贝、象牙藤壶和褶瘤海鞘在热带、亚热带一些海域也有大量。

亚热带、暖温带海域污损生物的许多优势种类广泛分布在全世界各海域，有的种类甚至也较多地出现在热带或寒温带海域。如：藻类的肠浒苔和石莼；水螅类的筒螅和薮枝螅；外肛动物的总合草苔虫和独角裂孔苔虫；管栖多毛类的华美盘管虫和半殖虫；双壳类软体动物的牡蛎；无柄蔓足类的纹藤壶、致密藤壶和澳洲藤壶；海鞘类的冠瘤海鞘和曼氏皮海鞘。此外，玻璃海鞘和史氏菊海鞘等在温带水域经常发现，也分布在寒温带及亚热带海域。

Ekman(1953)在《海洋动物地理学》一书中，根据浅水区生物的实际分布，将世界海洋分为15个省，各省的动物区系有明显区别。美国为了统计不同航线的舰船受污损情况，也在船舶进坞手册中将海洋分为10个区。世界性的污损生物分区至今尚无报道，上述两种分区法可以借鉴。

2. 种数的相异性

种数的差别是各海域间污损生物差别在量方面的一种表现。生物种数的多少与温度密切相关，温度又随纬度而异。生物的种数随着纬度的增加而减少，这是大多数生物类群的共同趋势，许多学者已经注意并揭示了这一规律。污损生物的种数随纬度的增加而减少。从高纬度的极地到中纬度的温带、亚热带，种数的增加尤为明显，低纬度热带海域污损生物的种数无疑是最多的。但是，由于研究方法和手段不一样，以及高纬度海域污损生物个体数不像温带海域多，所以许多短期的调查不能获得全部生物种数。至今，有关的研究结果尚无法用来对各纬度海域种数相异性进行比较。

Schoenerr(1978)等花了十年的时间，分别在热带、亚热带、温带和寒温带的浅海区选取了五个试验点，以同样的方法，即用石棉/松木双子板 12 块，在 15 m 左右的水层挂放，逐月取板统计污损生物种数的相异性。结果表明，污损生物的种数随纬度的递增而减少，如表 5.7、表 5.8 和图 5.10、图 5.11 所示。

表 5.7 北半球不同温度带的污损生物试验点

试验点	地理位置	水温/℃		水深/m		离岸距离/km	放板日期
		极端	变幅	试板	海底		
泰国	12°N,100°E	31.3～28.9	2.2	16	17	3.2	1968.6
夏威夷	21°N,158°W	28.3～22.2	6.1	16	31	2.1	1970.4
华盛顿州	48°N,123°W	13.9～7.2	6.7	14	15	0.2	1963.6
阿拉斯加	57°N,152°W	11.1～3.3	7.8	15	31	0.8	1969.6
纽芬兰	47°N,54°W	8.9～1.1	10.0	16	30	0.2	1964.6

表 5.8 各温度带试板污损生物的种数

试验点	1 个月	2 个月	3 个月	4 个月	5 个月	6 个月	7 个月	8 个月	9 个月	10 个月	11 个月	12 个月	13 个月
泰国	11.5	11.5	14.3	11	10	12	8.5	10	8	7.5	5.5	7	
夏威夷	3.5	6.5	7	8	11.7	12.5	9.5			13		8	
华盛顿州	1	3	3	4	3	4	4	5	4	4			
阿拉斯加	0.3	2.3	3.7	5	5	6.7	5.7	7	7.5	6.5	8		
纽芬兰	0	3	3	3	5		7		2		4	6	6

表 5.8 表明，处在热带海域的泰国曼谷湾，污损生物的种数最多(仅计固着生活的种类，以下同)，放板 1～3 个月即达最大值。亚热带海域的夏威夷，污损生物的种数也不少，放板 6 个月达到最大值。地处温带或寒温带海域的华盛顿州北部的阿德默勒尔蒂湾口，阿拉斯加和纽芬兰的普拉森夏海峡，污损生物的种数最少，放板一个月还没有或有很少生物附着，6 个月或更长时间才达到最大值。在挂放一年的板上，三个温度区种数的月平均值分别为 9.75、8.86 和4.21，呈现出种数随纬度递增而减少的现象(见图 5.10)。

图 5.11 表明，各海域污损生物的种数存在年度变化，但是这种变化比起不同海域的变化要小得多。这就证明，上述的试验虽然是在不同的年份进行的，但种数的年度差异并不至于给种数的区域差异造成假象。

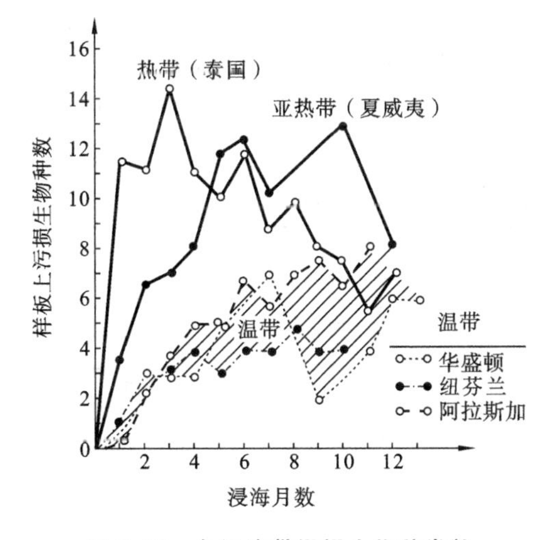

图 5.10　各温度带污损生物种类数的相异性曲线

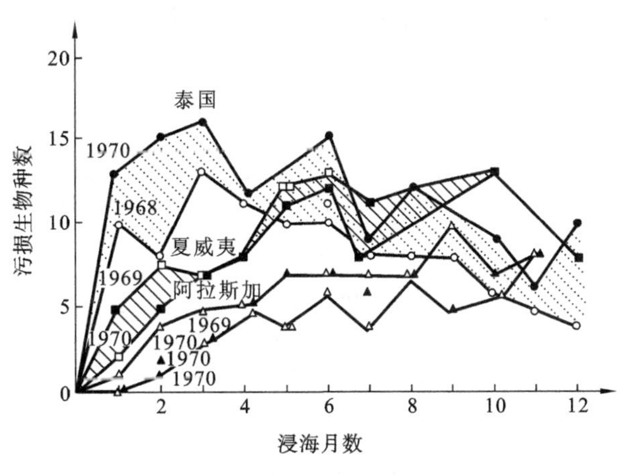

图 5.11　各温度带污损生物种类数相异性的年差异

泰国——○、●分别代表 1968 和 1970 年度

夏威夷——□、■分别代表 1969 和 1970 年度

阿拉斯加——△、▲分别代表 1969 和 1970 年度

5.3.1.2　船只携带污损生物

由于受到外界环境的限制，如海洋间大陆的阻隔、温度的差别以及河口径流低盐等，许多种生物仅能生活在一个局部的海域，成为该海域的所谓地方种或者土著种。也有些生物，由于其成体或幼体的游泳或漂浮，海流和潮流的传送，以及某些动物（如海龟、鲸和海鸟）的携带，其分布海域得到扩大，成为各海域的广分布种。其中，海流对于海洋生物的分布具有重大意义，海流不但可以直接传播生物的幼虫和成体，而且不同的流系具有特定的水温和固有的水文特征，它往往成为一些海洋生物分布区的明显界限。

以营固着生活为主的许多污损生物，其分布也和其他海洋生物大致一样。所不同的是，营固着生活的种类成体不能自己移动或者不能做长距离移动，但是可以由船只携带而扩大其分布范围。许多污损生物的分布范围非常广泛，这固然是由于其经历了长期的历史演化和自然扩散的过程，但是有的种类与船只的携带也有关系。

船只携带的污损生物在新海域生长与繁殖的例子很多。在二次大战期间，许多澳洲的船只云集于欧洲水域，将澳洲藤壶从澳大利亚带到英国，并使其迅速传遍了整个欧洲水域，目前澳洲藤壶已是欧洲水域污损生物的优势种之一。又如致密藤壶是从美洲沿海由船只带到欧洲的，以后又分布到澳大利亚和日本，其在中国塘沽新港的数量也很多。再如管栖多毛类的半殖虫，20 世纪在不到 50 年的时间内，从印度沿海被船只带到世界各海域，目前其在北纬 60°至南纬 45°的广阔海域都有分布。还有荷兰蟹，被船只的水舱由南美洲带到荷兰沿海，而后又分布到苏联、欧洲沿海，目前荷兰蟹已是堵塞管道的主要威胁物。

据 Allen(1953)报道，在澳大利亚杰克逊港船底发现的大量拟卵血苔虫、独角裂孔苔虫等 7 种污损生物，是二次大战期间由被俘的两艘日本小艇带来的。据 Arakawa 专文报道，有 13 种外来种的污损生物已在日本沿海定居，并成为日本的主要污损生物，如致密藤壶、象牙藤壶、盘管虫、半殖虫、加州草苔虫、曼氏皮海鞘、翡翠贻贝和紫贻贝欧洲变种等。关于船只携带污损生物的问题，已有许多报道，并已成为海洋生物地理学研究的一个课题。

据新西兰蔓足类专家 Foster(1979)报道，1975 年 9 月一艘拖船从日本南部拖带一个新建的石油平台，横渡太平洋，于 1975 年 11 月 26 日抵新西兰南部，航速 2.2～8.8 km/h，历时 68 天。随后在这个平台桩柱上发现了 12 种蔓足类，其中有 6 种以前在新西兰没有分布，是从日本带来的，另 2 种有可能是在日本附着的，还有 4 种有柄蔓足类则是在横渡热带太平洋的航行中附着的(见表 5.9)。

表 5.9　由日本拖到新西兰的石油平台桩柱上的蔓足类动物

种　　名	样品大小/mm	最大个体/mm	分 布 区 域
茗荷(*Lepas anatifera*)	6～28	52	全世界
鹅茗荷(*L. anscrifera*)	4～26	38	全世界
耳茗(*Conchoderma auritum*)	21～22	150	全世界
耳条茗荷(*C. virgatum*)	4～17	80	全世界
日本鳞笠藤壶(*Tetraclita squamosa japonica*)**	12	40	日本、朝鲜
纹藤壶(*Balauus amphitrite*)	6～7	30	全世界
致密藤壶(*B. improvisus*)	3～6	17	大西洋和北太平洋沿岸
白脊藤壶(*B. albicostatus*)*	3～6	17	日本
网纹藤壶(*B. reticulatus*)*	4～6	18	环热带
什色藤壶(*B. variegatus*)*	8	20	菲律宾至朝鲜
刺巨藤壶(*Megabalanus volcano*)*	13～26	58	日本南部
红巨藤壶(*M. rosa*)*	11～20	41	日本、中国台湾

注：* 表示在日本附着的种；* * 表示可能在日本附着；无星号者表示横渡太平洋时附着。

Morton 在香港举办国际海洋生物研究会期间，发现漂泊到海滨的一片破船板上附着了大量的沙饰贝。他认为，该种原产中美洲，后经巴拿马运河或横渡大西洋传播到印度，此时在香港首次发现，可能是由越南的难民船只带来的。

船只携带到新海域的污损生物，不但可以在新环境中生长和繁殖，有的种类甚至能根本改变新海域污损生物群落的结构，破坏或改变原来的生态面貌。例如，里海的污损生物原来只有两个优势种，即饰贝和淡水棒螅。伏尔加河-顿河运河通航后，船只从地中海、亚速海等带进大量的海洋性种类，使里海个别地区的生物量增加了十倍以上。又如肉食性的红螺，1947 年自日本海迁移到黑海，十年后，黑海塔乌塔海滩的牡蛎几乎被完全消灭。

不是所有的污损生物都能由船只携带。即使已经附着在船底的生物，在到新海域时也并非都能存活，即便存活的生物，在新的环境中也未必都能繁衍后代。能在新海域定居并繁衍后代的船舶污损生物，必须具备以下几种能力。

(1) 能经受船舶快速航行和波浪的冲击。船底污损生物群落的种类，大抵有固着、附着和游动三种生活方式。船只航行时，营固着生活的种类，如藤壶等，比较不易脱落，而游动生活的种类，如蟹和端足类等大部分易脱落。个体小、有坚硬外壳的种类比较不易脱落；个体大(如大牡蛎等)、身体柔软的种类(如水螅、树枝状苔藓虫等)则易于脱落。船只航行期间，污损生物一般都紧闭外壳不摄食。个体柔软的生物，如花筒螅和草苔虫等，在航行期间被摧残的个体或群体，在船只泊港时可能会再生或进行无性生殖。

(2) 能适应急剧的环境变化(特别是温度变化、盐度变化)。许多污损生物分布在环热带或环温带，几乎没有生物能既适应两极的温度又适应赤道的温度。有许多河港或河口港，因低盐或无盐而阻止或减轻了生物对船底的污损。但是，也有一些广盐种能适应盐度变幅很大的环境。如致密藤壶最适宜生活在咸淡水中，有的个体可以在淡水中生活一个半月，同时也可以在盐度高达 30‰～60‰的咸水湖中生活。半殖虫能生活在比大洋的盐度还高的水域，也可以在淡水中生存两个月。

运河在扩大不同洋域间生物的分布上有着重要意义，但是运河水的含盐量又往往与海洋有较大的差别。例如，全长 170 多千米、沟通地中海和红海的苏伊士运河，其盐度高达 46‰。沟通大西洋和太平洋的巴拿马运河，有 65 千米的河水是淡水。这就意味着，通过运河的生物必须能忍受高盐水或淡水。Menzies(1968)认为，以最保守的估算来看，如每天有 40 艘船通过巴拿马运河，每年也可携带 252 t 的污损生物，从而沟通大西洋和太平洋的动物区系。他用分别取自大西洋及太平洋的藤壶、蟹、寄居蟹和蛀木水虱等 9 种生物，包在纱布中，挂在航速为 10 kn 的船底，历时 8.5 h，通过巴拿马运河。结果最后有 5 种生物全部活着，其他 4 种的存活率为 9%～39%。这就意味着有的海洋生物可以忍受淡水环境，顺利通过巴拿马运河。

(3) 能克服不利环境对繁殖的影响。在不良的环境中，生物往往不能繁殖，即使能够繁殖，幼体也难以生存。也就是说，性繁殖和幼体是生物生活史中的两个薄弱环节。由船只携带的外来种，只有克服了这些薄弱环节才能继续生存并繁衍后代。

5.3.1.3　污损生物的附着季节分布

附着季节是污损生物季节分布的直接体现，也是繁殖过程中一系列环节的终点。决定和影响附着季节的首先是生物的生理特性；同时附着季节也和环境条件，特别是和温度及盐度密切相关。在这两大因素中，“内因是根据，外因是条件，外因通过内因而起作用”。

污损生物的附着季节有以下几个特点。

(1) 冷水种开始附着时和附着期间的水温比暖水种低。

例如，缺刻藤壶和半寒藤壶等冷水种，整个附着期的月平均水温都不超过 17 ℃。多数亚热带、热带种的藤壶，如三角藤壶、网纹藤壶和象牙藤壶，开始附着的水温一般都在 17 ℃以上，附着盛期水温在 20 ℃以上，在水温接近 30 ℃时还大量附着。温带种如致密藤壶和澳洲藤壶则介于冷水种与亚热带、热带种之间。

(2) 同一种类生物的附着期长短因地而异，一般随着纬度的增加而缩短。

例如，总合草苔虫在中国东海、日本、新西兰和美国中、南部等地，都因冬季水温低而不附着；在中国的香港和海南榆林港、美国的夏威夷、埃及的塞得港和苏伊士，以及加勒比海的牙买加全年都附着。华美盘管虫和纹藤壶等种类也有类似特点。

(3) 不同海域的生物附着季节不同。

在北半球寒温带及温带海域，有石灰质外壳的种类的附着盛期大致是 6—8 月等高温季节，如在巴伦支海的科拉、挪威的卑尔根、阿拉斯加的科迪亚克、加拿大的纽芬兰以及中国的秦皇岛和塘沽新港等。在南半球的寒温带及温带，生物附着的月份恰与北半球相反，这里的附着盛季是 12—2 月，如南美的马德普拉塔和新西兰的利特尔顿等。亚热带海域的附着期介于温带和热带之间。热带海域全年都有生物附着，但是也有季节现象，如中国的西沙永兴岛、美国的迈阿密海域和印度的马德拉斯港。

污损生物的附着期主要有三种类型四种形式。

1）仅在全年的一段时间附着

这是污损生物中最主要的一种附着类型，在温度年变化大的海域最为普遍。该种类型又分为暖季附着和凉季附着两种形式。

(1) 暖季附着　仅在水温高的月份附着。寒带、温带和部分亚热带水域的多数污损生物都属于这种类型。因为这些水域冬季(对于北半球一般是12—2月,对于南半球是6—8月)的水温低,原有的成体在冬季只能生存和积累营养物质,不能繁殖,在水温上升到临界繁殖温度的春季或夏季才开始繁殖和附着,并在开始的1～2个月内形成附着高峰。附着期延续多长,除了和生物本身的生理特性有关外,还取决于水温。例如,北极圈内巴伦支海的科拉,两种主要污损生物的附着期均为两个月;处在温带的塘沽新港,污损生物的附着期长达4～5个月;处在亚热带的香港海域,多数污损生物的附着盛期长达8～10个月。

(2) 凉季附着　夏、秋水温太高不附着,仅在冬、春季的凉爽季节附着。附着期往往是跨年度的,即从冬季一直延续到翌年的春季。这种情况多数发生在亚热带和热带海域。如美国南部迈阿密的鸟头草苔虫,在水温下降到23 ℃以下的11月份开始附着,并一直延续到翌年5月,6月份水温上升到29 ℃又停止附着。该种在每年水温最低的2—3月(20～21 ℃)呈现附着高峰(见图5.12)。

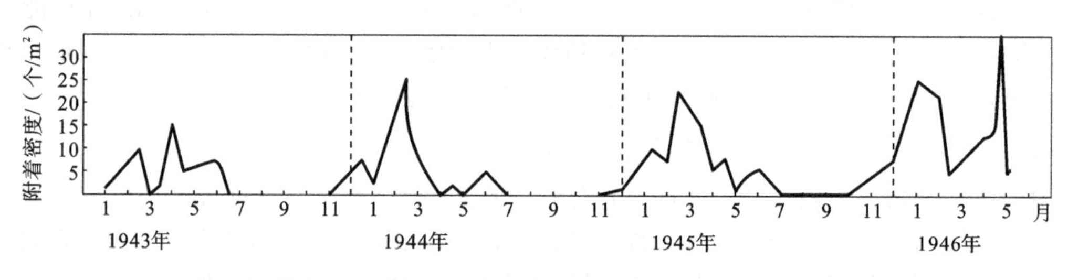

图5.12　美国迈阿密的鸟头草苔虫历年的附着期

中国东山湾总合草苔虫的附着期也有类似特点,即在高温的6—8月(25.5～26 ℃)不附着,仅在较凉爽的9月至翌年5月(11.5～24.5 ℃)附着,并在3—4月(16～20 ℃)形成附着高峰。

2) 全年各月都附着,但各月的数量不一样

该种类型主要发生在热带和一些亚热带海域。这些海域的水温每月都达到繁殖的临界值。但是由于生物繁殖的周期性,外界因素也不可能每个月恒定,所以出现了每月数量的波动。例如,中国西沙永兴岛的华美盘管虫,1979—1980年每月都附着,但2～8月的密度远远小于10月至翌年1月。如1月的密度高达19 262个/m²,2月仅38个/m²(见图5.13)。

美国南部迈阿密全年平均温度变化在20～30 ℃,三种藤壶各月都有附着,但各月份的附着量波动很大,这种波动在三个种之间也不一样(见图5.14)。

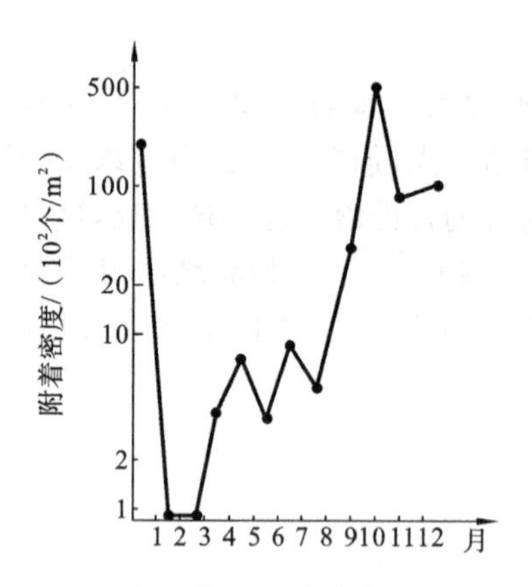

图5.13　西沙永兴岛华美盘管虫逐月的密度变化

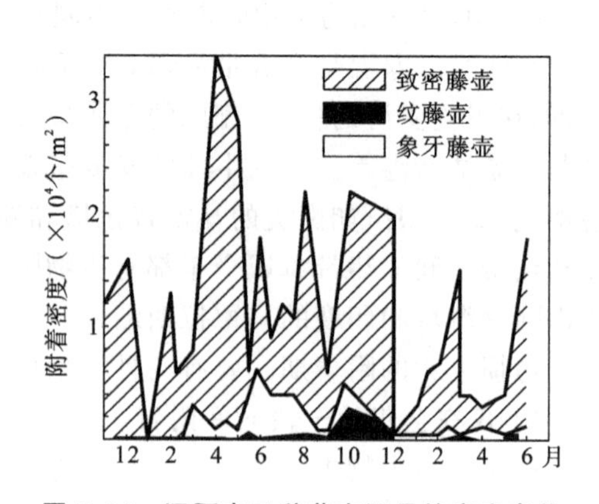

图5.14　迈阿密三种藤壶逐月的密度变化

3）一年有两个相间的附着期

该种类型一般发生在年温差大的亚热带海域。这些海域中有些生物在高温的夏季及低温的冬季都不附着。中胚花筒螅在中国海的吕泗洋和石浦港，以及红花筒螅在美国波弗特海就一年有两个相间的附着期。另有一些水螅（如纤细薮枝螅）和藻类（如浒苔）在亚热带海域的一些港口的附着期也属于这种类型。上述这些生物，一般都是生活周期短、生长快、一年可以完成几个世代的种类。

还有一些生物，如紫贻贝（见图 5.15），在暖温带的一些港口，全年也有两个相间的附着期。例如，在烟台港，升温季节的 5 月下旬至 7 月或 8 月（17～22 ℃）附着，高温的夏季停止附着，降温的 10 月下旬至 11 月中旬（12～17.1 ℃）又少量附着，11 月下旬以后的严冬月份又停止附着。大连的紫贻贝也有类似的特点，养殖上分别称这两个附着期的幼贝为春苗及秋苗。

图 5.15　紫贻贝形貌

除以上三种类型外，有些学者还提出了第四种类型的附着期，即全年不间断附着，无季节变化。这种类型与第二种类型事实上仅存在数量方面的差异，只有在外界环境变化极小（如深海或热带海域），生物又具有终年繁殖能力的情况下才有可能发生。实际上，恐怕难以找到典型的例子。

5.3.1.4　中国沿岸海域污损生物的特点

1. 种类组成

从中国各港口的调查得知，污损生物的种类数从北方海域往南方明显地逐渐递增，这和生物分布的一般规律相一致。因各个海区调查的广度和深度很不一样，同时也由于分类工作进行得不够全面和深入，所以目前还不能以所提供的数目来比较四个海区污损生物种数的差异。

污损生物有许多是广温广盐种，广泛分布在中国沿海，如加州草苔虫、总合草苔虫、独角裂孔苔虫、华美盘管虫、近江牡蛎、泥藤壶和纹藤壶等。

有些种类适温范围不一，所以局限在某一海区，如：致密藤壶仅在渤海发现，紫贻贝、柄瘤海鞘仅分布在黄、渤海，咬齿牡蛎、翡翠贻贝、纵肋巨藤壶、钟巨藤壶、红巨藤壶、网纹藤壶、三角藤壶、兰鳞笠藤壶和褶瘤海鞘等许多种类仅分布在东南沿海。

因适应盐度不同，有些种类如钟巨藤壶、刺巨藤壶和密鳞牡蛎仅分布在高盐海域，而淡水棒螅和沼蛤则仅分布在淡水或接近淡水的河港。有些种类虽然仅分布在中国沿岸某一海区，但在相同纬度的世界其他海域也有分布，如在黄海数量极大的紫贻贝，虽然不会分布到我国东海、南海，但欧洲沿海和苏联远东诸海也很多，是温带性的种类。柄瘤海鞘也有类似情况。

污损生物的分布，无疑还与船只的携带有关，这也可以说是海洋污损生物扩散的特殊方式之一。因此近年来各国有许多关于外来种污损生物的报道，在我国沿海也已发现外来种类。随着航运业的发展，种类扩散的范围也将越来越大。

2. 附着季节

中国沿岸海域所跨的纬度大，温差也大。而温度是影响附着季节的最主要因素，所以各海区污损生物的附着期长短差别很大。从北往南，附着期愈来愈长。渤海沿岸污损生物的附着盛期是 6—9 月（月平均水温 20～26 ℃），12 月至翌年 2 月有岸冰，完全没有生物附着。北黄海污损生物附着季节的特点和渤海大同小异。南黄海的苏南沿岸与东海江浙沿岸污损生物的附着季节相类似：5—10 月（月平均水温为 18.5～28 ℃）都有大量生物附着，其中从 6 月份开始（月平均水温 20 ℃以上）才有藤壶等有石灰质外壳的大型种类附着。5 月份之所以形成附着盛期是由于筒螅等水螅类和藻类大量附着的缘故。12 月至翌年 2 月或 3 月（月平均水温在 10 ℃以下）几乎没有生物附着。

福建南部与广东沿岸海城污损生物的附着期基本一样：4 月（月平均水温在 16 ℃以上）开始形成附着盛期，一直延续到 11 月（月平均水温在 19 ℃以下）。12 月至翌年 3 月多数港口虽然仍有生物附着，但数量少。海南岛及西沙海域全年都有生物附着（月平均水温一般都在 20 ℃以上，8 月份达 29.7 ℃），但各月份的附着强度不一。

图 5.16 表明了中国沿海三种主要污损生物在不同港口附着期的差异。其中 A 为泥藤壶，B 为网纹藤壶，C 为中胚花筒螅。泥藤壶和网纹藤壶的情况一样，在较北部的港口附着期短，仅在高温月份附着，而在南海几乎全年都可以附着。中胚花筒螅在夏、秋季高温及冬季低温月份附着大大减少或者完全没有附着。

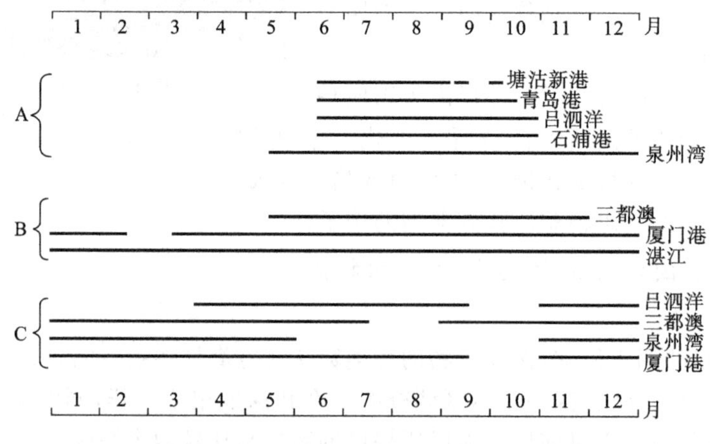

图 5.16　中国沿海三种污损生物在不同港口附着期的差异

根据不同港口和污损生物的不同种类，可以将中国沿海污损生物的附着期大致分为三种类型：附着单周期；全年附着，但有明显的季节变化；一年有间隔的两个附着期。

附着期类型不同，主要是由于生物本身内在的繁殖周期不同，而这种周期性又与环境的水温关系最大。此外，盐度变化也是重要因素。如在我国沿海，特别是在东南沿海的河口水域，雨季和雨量大小也经常影响污损生物的附着，这种影响，在福建沿海 6 月份，在广东沿海 4—5 月份最明显。

1）单周期附着

附着期仅局限于全年一段时间，黄、渤海及东海北部几乎所有的港口污损生物的附着期都属于这种类型，福建及两广沿岸的有些港口污损生物的附着期也属这种类型。具备这种类型附着期的污损生物的种类较多，如多数藤壶、海鞘和苔藓虫，一般仅在水温较高的季节附着，这种情况在北方港口更为明显。

2）全年附着

例如在海南岛南部和西沙海域常年水温较高的港口，盘管虫、藤壶和苔藓虫中的一些种类全年都可以附着，但有明显的季节变化即各月的附着量不一样。

3）一年有相间的两个附着期

这是由于高温和低温的月份没有或者很少附着。中胚花筒螅、曲膝薮枝螅和浒苔等藻类在东海一些港口特别明显地表现出这种状况。这些种类生物通常在4、5月份形成第一个附着高峰，在7—9月份水温较高的一段时期内完全没有或者很少附着，于10—12月份又有一次附着小高峰，1、2月份的严冬附着量又会显著减少。

3. 湿重

中国沿海污损生物的湿重一般都比较大，而南方海域的污损生物湿重更大一些。在同一个港湾、河口或海域，水流畅通程度、离岸远近及盐度梯度等因子的不同，可以使污损生物的数量相差悬殊。环境因子对污损生物数量的影响如下。

（1）水域开阔，水流畅通，则污损生物就附着多、生长快，湿重也特别大，反之则不然。

（2）沿岸海域，离岸越远，污损生物的湿重也越大。通常，离岸远则水域开阔，水流畅通，但生物种类组成与近岸海域不同。

（3）在河口区，随着盐度梯度的变化，污损生物的种类和数量也有很大变化。在近海的河港，污损生物主要是淡水种，附着密度有的也较大，但湿重往往小于近岸海区。

表5.10列出了29个港口夏季（6—8月份）底层（2～3 m）试板污损生物的湿重。这29个港口夏季污损生物湿重的大小相差25倍。差别这么大就是由于上述几个原因。湿重在15 kg/m^2 以上的三个试验点，都位于远岸水流很畅通的海域，其中：吕泗洋平台位于吕泗洋的急流区，泥藤壶和中胚花筒螅得以大量附着和迅速生长；嵊山鳗嘴头远离大陆，面临东海外海水域，红巨藤壶重叠附着并充分生长；东山湾口的试验浮筏也是在湾口的急流区，网纹藤壶重叠附着和充分生长。湿重低于0.6 kg/m^2 的10个港口中，丹东港、吴淞港和温州港是河港；秦皇岛港、清澜港、榆林内港、琅琊湾和西沙永兴岛的试验点都是位于湾内水流极不畅通的隐蔽处；定海港和牛轭港则是处于近岸水质极其混浊的海域。

表5.10 中国沿岸海域29个试点夏季底层试板污损生物的湿重

级	湿重/(kg/m^2)	试验点
1	＞15	吕泗洋平台，嵊山鳗嘴头，东山湾口
2	10	龙口一号标，南几马祖岙，平潭竹屿口
3	3～6	塘沽船闸外浮码头，渤海湾四号平台，旅顺港，青岛中港，洞头新码头浮筏，三都澳口内浮码头，泉州后渚码头，厦门港浮码头，湛江麻斜浮码头
4	1～2	大连港，连云港浮码头，长途港浮码头，宁波港白沙码头
5	＜0.6	秦皇岛港，丹东港，吴淞港浮码头，定海港浮码头，牛轭港浮码头，温州港状元桥浮码头，清澜港浮码头，榆林内港浮筏，琅琊湾内岸壁码头，西沙永兴岛钢桩码头

各海区污损生物的湿重除因船只、浮标、码头及其他水下设施不同而异以外，也因这些船只或设施所处海区的不同及其在水中时间长短不一而有较大的差别。经常航行的船只污损生物的湿重一般较小；而浮标上的污损生物湿重一般则较大，但是近江牡蛎等大型个体不能在浮标上充分生长；浮码头的污损生物湿重类似浮标，但是长期久置的浮码头（如厦门和平码头）和定置的桩柱、闸门，则经常附着大个体的牡蛎（近江牡蛎、大连湾牡蛎等），所以湿重往往极大。

表5.11列举了渤、黄、东、南海有代表性的船底、码头、浮标、闸门及平台的污损生物。其湿重的最高纪录都超过了25 kg/m^2。各例的优势种有所差别，这种差别一方面反映了不同船只和其他水下设施受污损程度的不一样，另一方面也反映了这些船只或设施是位于不同环境条件的海域。

表 5.11 中国沿岸海域污损生物湿重的最高纪录

海区	受污损物	湿重/(kg/m²)	优势种
渤海	新港船坞闸	25.1	近江牡蛎，大连湾牡蛎
黄海	青岛船底(长期停靠码头)	28.1	内刺盘管虫，柄瘤海鞘，褶牡蛎
	吕泗洋平台桩(低潮及潮下区)	34.4	近江牡蛎，泥藤壶
东海	嵊山年试板(1974 年 3 月至 1975 年 2 月)	45.3	红巨藤壶
	厦门和平码头(6 年)	27.9	近江牡蛎，翡翠贻贝
南海	香港大埔圩渔码头	51.0	扁平钳蛤
	琼州海峡浮标(9 个月)	59.6	钟巨藤壶

5.3.2 大洋污损生物的特点

与沿岸污损生物相比，大洋污损生物的主要特点如下。

(1) 种属单纯，主要是柄蔓足类的生物，它们多数营浮游附着生活，个体轻，有些种类还具有适于漂浮的球状凸起等。

(2) 分布比较均匀，不像沿岸污损生物的地区差别那么大。

(3) 分布范围与洋流的关系密切，也受温度与盐度的影响。

(4) 除北冰洋终年多数时间被冰覆盖外，其他三大洋都有污损主物。

其中，茗荷(见图 5.17)、希氏茗荷、条茗荷、耳条茗荷在大洋中都有分布。而栉茗荷和太平洋栉茗荷分布在太平洋北部最冷的水域。正栉茗荷和叉茗荷分布在亚热带至寒温带水域。赤道洋域的优势种是鹅茗荷。风、洋流和船只经常会把它们带到远离它们最适宜生存的水域，在不适宜的水域中，它们或者停止繁殖与生长，或者死亡。

图 5.17 茗荷

第6章 海洋污损生物的生物学与生态学

6.1 概论

生物群落指的是在一定的自然区域内许多不同生物的总和。船底、码头、浮标和管道等的污损生物，都属于特定的生物群落，这些生物群落一般通称为污损生物群落。污损生物群落的成员，有三类生活方式：固着、附着和游动。以前两类方式生活的物种，是构成群落的主要成员，也是防污的主要对象。固着和附着生活的物种有三个共同特点：成体固着或附着；生活史中有一个时期营自由生活（幼虫或孢子）；绝大多数动物（腔肠动物等个别的例外）是滤食的。其中，固着生活类型最主要，是群落的建群种。固着生物在整个生活史中分浮游生活和固着（附着）生活两个阶段。固着生物成熟的亲体排出精、卵，在水中受精，发育成浮游生活幼虫，经变态为壳介幼虫，用触角在附着基上附着后再变为成体。变态阶段幼虫对附着基的基质和表面物理、化学和生物学（黏膜）状态有很强的选择性，这期间也是防污的关键阶段。

在附着基表面附着的附着生物，其生存、生长和发育则受外界环境因素，特别是盐度、温度、流速、光和潮汐的影响。这些环境因素的影响体现在污损生物垂直分布的差异、河口盐度梯度与污损生物分布的相关性、同一种污损生物在不同纬度分布的差异，以及水流畅通程度与污损生物数量（丰度）的相关性等方面。

6.2 固着或附着生活

固着生活的物种多数终生不离开固着基，如藤壶、牡蛎。有些附着生活的物种在环境改变或生长发育过程中，有时也会脱离原来的附着基再行附着，如海葵、笠贝。

6.2.1 菌类

细菌、真菌、放线菌和酵母等海洋中的四大菌类，在污损生物中都有出现，但数量最多的是细菌。许多海洋细菌具有黏附在固体表面的嗜好。

具有黏附癖性的细菌包括假单胞菌属、弧菌属、芽孢杆菌属以及黄杆菌属、小球菌属、无色杆菌属和杆菌属（见图6.1）的一些种类。附着细菌多数呈革兰氏阴性反应，在形态上以短球杆菌居多，属污损生物的菌类已经报道了51种。黏附在物体表面的细菌和硅藻等会形成微生物黏膜。一切无毒物体的表面和多数防污涂层表面在海中都不可避免地会形成这种黏膜。黏膜是大型污损生物附着的前奏，与大型生物的附着紧密相关。黏膜与防污涂料的防污性能及防污机理也有关系，在冷凝管内壁的微生物黏膜常影响冷凝管性能。

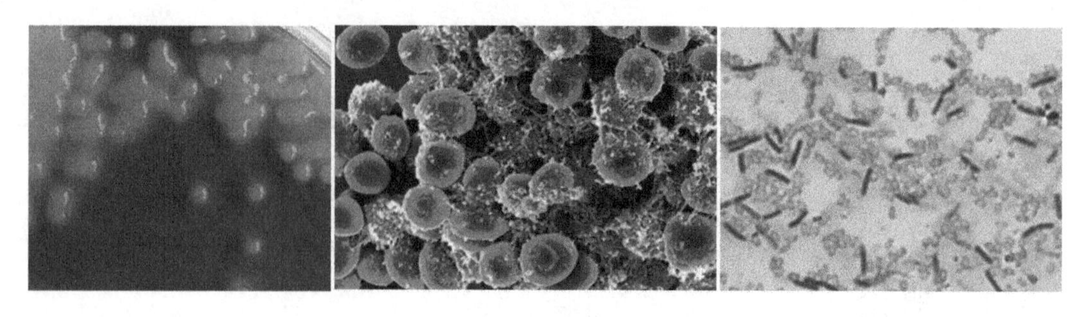

图 6.1　杆菌属在显微镜下的图片

6.2.2　藻类

在藻类的各大门类中，硅藻、绿藻、褐藻、红藻和蓝藻等在污损生物中有实际意义。这些植物都是自养生物，靠光合作用制造养料。因此，只在有光的水层或潮间区及船只水线附近才有藻类的污损问题，大洋深处和管道内壁就不存在这个问题。

6.2.2.1　硅藻门

硅藻是单细胞藻类，其中有些种类会分泌胶状物而形成群体。硅藻细胞均具有由硅质和果胶质组成的壳壁，壳壁由上下两瓣套合而成，并具有花纹。硅藻群体的形状多种多样，其形状由壳壁上的胶质孔的位置来决定。如果孔在中央，会形成带状或丝状群体；孔在角上，会形成折曲状或放射星状群体。有的群体有柄，呈树枝状。在码头水线带或试板上还可以发现许多硅藻细胞排列在分枝或不分枝的胶质管内，长度可达 10 cm，外观上很像大型的褐藻。硅藻细胞在显微镜下才能辨认，用肉眼仅能观察到一层黄色的黏液层。硅藻的微观图如图 6.2 所示。根据细胞的形态和花纹的排列，硅藻门分为中心纲和羽纹纲。许多种类营浮游生活，但营固着或底栖生活的种类更多。

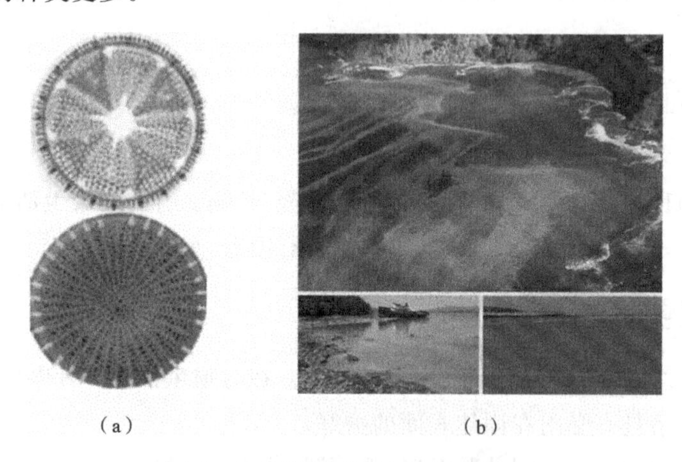

(a)　　(b)

图 6.2　硅藻微观图及其对海域的影响

(a) 硅藻微观图；(b) 硅藻对海域的影响

6.2.2.2　绿藻门

据 Hutchins 统计，污损生物中的绿藻有 37 属 127 种。中国沿海共记录 5 属 14 种，在这些种类中以浒苔、石莼和刚毛藻最为常见。表 6.1 所示为在各种设施上所记录的藻类（硅藻除外）属数及主要属的出现次数。

表 6.1　在各种设施上所记录的藻类(硅藻除外)属数及主要属的出现次数

属　　名	船	灯船	沉船	浮标	浮码头	绳索	试板	合计
蓝绿藻(共记录 17 属)	7		6	20				33
精丝藻(lyngbya)	1			5				6
眉藻(calothrix)	1			3				4
颤藻(oscillatoria)	1			3				4
绿藻(共记录 37 属)	35	4	27	98	8	1	36	209
浒苔(enteromorpha)	12	1	5	18	1		12	49
刚毛藻(cladophora)	7	1	6	16	1		6	37
石莼(ulva)	6		2	4	3	1	8	23
管状藻(solenia)		2		17				19
丝藻(ulothrix)	3		1	1			1	6
褐藻(共记录 43 属)	10	1	39	62	1		35	148
水云(ectocarpus)	7		8	15	1		13	44
海带(laminaria)	1		4	8			2	15
网地藻(dictyota)	1		1	6			1	9
萱藻(scytosiphon)			1	4			3	8
红藻(共记录 93 属)	10		88	136	7		35	276
多管藻(polysiphonia)	4		9	19	2		4	38
仙菜(ceramium)	2		6	9			5	22
绢丝藻(callithamnion)	1		6	2	1		2	12
绒线藻(dasya)				9	1		2	12
江蓠(gracilaria)			1	8			2	11

浒苔是污损生物中最常见的海藻，大量附着在船只、浮标和码头的水线带上。因生长快，在船舶慢速航行时也可附着其上，所以刚泊港的船只也常有大量浒苔附着。阳光充足、水流畅通的内湾最适宜于浒苔生长。最常见的种类是肠浒苔，它广泛分布于全世界温带及亚热带海域，渤、黄、东、南海都有，以黄海及东海最多。浒苔主要附着期是冬春较凉爽的季节，严冬和酷热的季节对它的生长都不利，在黄、渤海的主要附着期是 5—9 月份，在东南沿海几乎全年都有附着，4—6 月份是附着盛期。有数据表明，从北到南浒苔的附着期越来越长，经常几种浒苔生长在一起，常见的还有扁浒苔、浒苔等 6 种。浒苔的危害如图 6.3 所示。

图 6.3　浒苔灾害爆发

图 6.4 石莼

石莼主要附着在码头、浮标等的水线带或潮间的建筑物上，船只上较少见。常见的有长石莼，3—5 月间，该种在舟山裸山、厦门等处的码头和养殖浮筏的水线带大量附着，藻体最长达1 m，在我国南北沿海其他港湾也有分布，附着季节与浒苔类似。在潮间区中潮区的建筑物上，还生长有大量的花石莼和石莼。石莼的形貌如图 6.4 所示。

6.2.2.3 褐藻门

据 Hutchins 统计，污损生物中有褐藻 43 属 88 种。中国沿海共记录了 5 属 11 种。水云是最常见的属。水云、长囊水云等附着在浮标、浮码头的水线带上，藻体呈黄褐色，在热带和亚热带海域尤多。海带和网地藻在温带或寒温带海域的污损生物中也很多。在亚热带、热带的浮标和水鼓上还经常附着大型的马尾藻。褐藻的形貌如图 6.5 所示。

6.2.2.4 红藻门

红藻种类繁多，主要生长在亚热带、热带海域中久置的浮标、浮筏和码头上，船只上较少附着。据 Hutchins 统计，红藻在污损生物中有 93 属 205 种。中国沿海仅记录了 5 属 7 种，附着在试板上的种类主要是多管藻、绢丝藻及蜈蚣藻等。红藻的形貌如图 6.6 所示。

6.2.2.5 蓝藻门

在海洋污损生物中，该门的种类较少。但是，在中国丹东鸭绿江，各月份的试板上都附着大量的纤细席藻。巨大颇藻、丝状鞘颤藻和海生束藻等在中国沿海也较常见。图 6.7 所示为蓝藻。

图 6.5 褐藻

图 6.6 红藻

图 6.7 蓝藻

6.2.3 无脊椎动物

6.2.3.1 原生动物门

原生动物是单细胞动物，没有组织和器官。群体的原生动物虽然由许多细胞组成，但每个细胞的形态和功能都相似。原生动物可以成为微生物黏膜的一部分，但数量不多。许多有柄的原生动物主要附着在藻类、水螅等大型污损生物体上。在污损生物中，全世界已经报道 99 种原生动物，常见的有尖触虫、钟虫（见图 6.8）、球花虫和聚缩虫（见图 6.9）等。

6.2.3.2 海绵动物门

海绵动物是污损生物群落稳定阶段的主要类群之一。海绵多数接近黄色，也有呈橘红色、紫色的。多数成片状生长，也有的呈球状、筒状或者分枝状。海绵动物如图 6.10 所示。世界

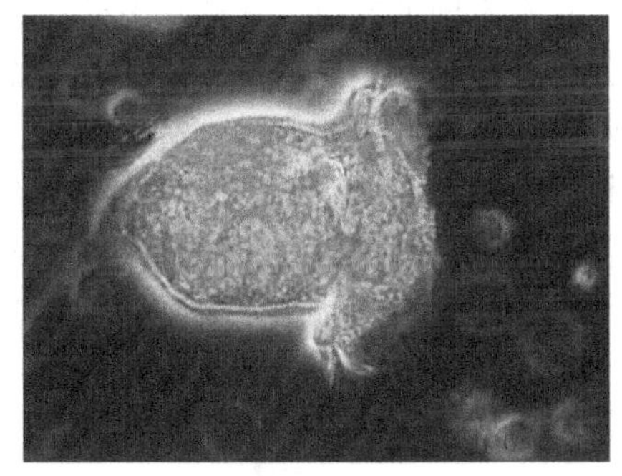

图 6.8　钟虫

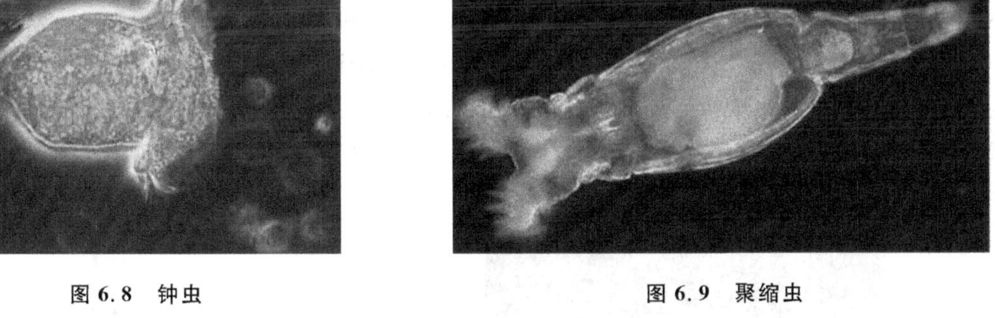

图 6.9　聚缩虫

上报道的海绵在污损生物中有 33 种。中国沿海共记录 12 属 18 种。例如，北部湾流沙水鼓完全被居苔海绵、柑橘荔枝海绵等覆盖，在海绵上还覆盖有复海鞘等；海绵中生活有粒壳绵藤壶，还有大量早期附着的因被海绵覆盖所留下的糊斑藤壶的死壳。厦门港的码头上有许多扁茅海绵、纤细根轴海绵。在青岛长期停靠码头待修的船底，也有大量的海绵与内刺盘管虫、柄瘤海鞘等互相附着在一起。香港的许多码头还有大量黏附的山海绵等。

图 6.10　海绵动物

6.2.3.3　腔肠动物门

根据生活史中水母世代和水螅世代的有无和长短，腔肠动物被分为水螅纲、水母纲和珊瑚虫纲。水螅(见图 6.11(a))是重要的污损生物类群；珊瑚虫(见图 6.11(b))纲在污损生物中最常见的是海葵类，而石珊瑚类主要在热带海域才能遇到；水母纲基本上是营浮游生活的种类，在污损生物中尚未发现。

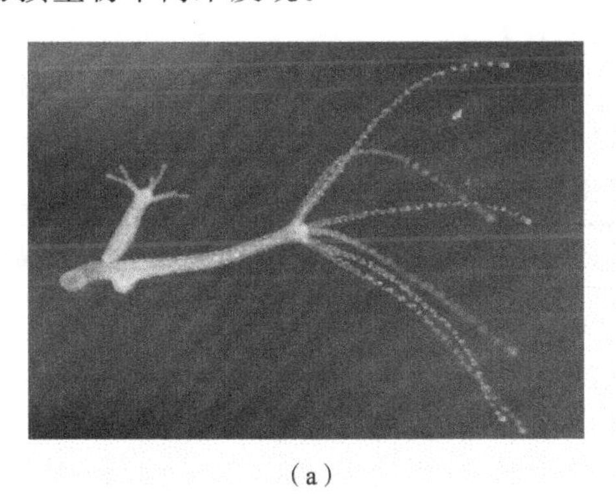

(a)

(b)

图 6.11　腔肠动物

(a) 水螅；(b) 珊瑚虫

6.2.3.4　外肛动物门

海生外肛动物具有用于摄食的触手冠，消化管呈“U”形，肛门开口在触冠外，如图 6.12 所示，这有别于一般内肛动物。外肛动物的许多种类外形似苔藓植物，所以习惯上也称之为苔藓虫。苔藓虫是由许多个体所联合的群体，在文献上也称群虫。每个个体均由虫室和居在虫室中的虫体所组成。虫室含石灰质、角质和几丁质，不同种类具有不同的花纹。苔藓虫兼营有性和无性生殖，有性生殖的个体附着后，即从水平和垂直的方向进行无性生殖而形成群体。根据外部形状、附着和生长形式，苔藓虫又分直立型和被覆型两大类。直立型的群体有特殊的附着器，借以营附着生活，无性生殖的虫体向立体空间发展，因此所形成的群体的形状多种多样，有树枝状、树丛状、块状、扇状和葡萄串状等；被覆型的群体没有特殊的附着器，以全部或部分个体的虫室背面附着在他物上，通过无性生殖向水平空间发展，群体多呈片状，有单层的，也有多层的，有平铺的，也有卷曲成木耳或花朵状的。

图 6.12 外肛动物

图 6.13 多毛纲动物

6.2.3.5 多毛纲

多毛类是环节动物门的一个纲，如图 6.13 所示。以往，根据其体节情况分为游走和隐居 2 个目或 2 大类，目前订正为 17 个目 81 科。污损生物中的多毛类很多，龙介虫科、螺旋虫科、缨鳃虫科及蛰龙介科在污损中的意义最大。这 4 科都是营管栖固着生活，其中又以具石灰质管的龙介虫科(俗称石灰虫)最为重要，是几个主要污损生物类别之一。后 2 科具黏膜状的泥质多管，主要出现在海中的固定设施上。龙介虫在北黄海和南海等高盐海域的一些船只上数量非常大。管栖多毛类生长快，在初期的污损生物群落其数量特别多，但在时间长的设施上往往被其他生物所覆盖。

在世界污损生物中已经记录的游走多毛类有 26 属 44 种，隐居多毛类有 26 属 55 种(见表 6.2)。中国沿海记录了 108 种，其中隐居的占 13 种。在污损生物中，游走多毛类往往被忽视。

表 6.2 在各种设施上所记录的多毛类属数及主要属的出现次数

属　名	船	灯船	沉船	浮标	浮码头	绳索	船闸	试板	合计
游走多毛类(共记录 26 属)	10	3	14	21	4	—	2	18	72
沙蚕(nereis)	5	2	1	5	1	—	1	9	24
背鳞虫(lepidonotus)	1	1	1	4	1	—	—	1	9
哈鳞虫(harmothoe)	—	—	1	4	—	—	—	1	6
管栖多毛类(共记录 26 属)	20	1	11	24	1	1	1	57	116
盘管虫(hydroides)	13	—	—	6	—	—	—	14	33
侧突盖虫(pomatoceros)	3	—	1	3	—	—	—	3	10
螺旋虫(spirorbis)	2	—	—	—	—	—	1	9	12
龙介虫(serpula)	—	—	1	2	—	—	—	7	10
瓣蕊虫(eupomatus)	—	—	—	3	1	—	—	3	7
毛襟虫(dasychone)	—	—	1	1	—	—	—	4	6

6.2.3.6　软体动物门

软体动物门左右对称，不分节，身体由头、足、内脏团组成，多数具有贝壳。该门分多板纲、腹足纲、双壳纲、掘足纲（角贝）和头足纲（鱿鱼等）。前 3 纲都有污损生物的成员。

多板纲（双神经纲）俗称“石鳖”，背腹扁平，腹部几乎全部由扁而宽的足所占据，足部在附着基表面极牢固地附着，时而匍匐爬行，常见于码头水线带或低潮区，中国海域已记录 39 种。

腹足纲（螺）陆地、淡水和海洋都有，以腹足爬行。海洋腹足类仅蛇螺科栖于石灰质管中，终生营固着生活（中国海域仅记录 3 种）。

双壳纲有许多种类营附着或固着生活。固着生活的种类是在浮游幼虫末期开始固着并变成成体，成体以一个壳固着，另一个没有固着的贝壳可以上下开闭。牡蛎用左壳固着；拟猿头蛤、紫斑海菊蛤和阜莓海菊蛤用右壳固着；猿头蛤有的用左壳、有的用右壳固着。固着的一个贝壳普遍较大，石灰质牢固地固着，一经脱落，一般就不可能再度固着。营附着生活的都是以足丝附着的。有许多种在幼虫时期有足丝，至成体时退化或完全消失，如牡蛎等。成体时足丝发达的有不等蛤科、蚶科、贻贝科、江瑶科、珍珠贝科、钻岩蛤科、里昂司蛤科、砗磲科和饰贝科等。足丝由腹部足丝腔的单细胞腺体的分泌物、遇水变成贝壳素的丝状物集合而成，其形态、颜色因种而异，有的在末端有圆球状突起用以附着。多数种的足丝都是丝状的，但不等蛤的足丝呈坚石状，由右壳顶端的孔穴中伸出；青蚶的足丝呈暗绿色板块状。用足丝附着的物种可以移动，像贻贝，可以放弃旧足丝，稍移动身体后，很快产生新足丝，在新的基质上再附着。扇贝能借双壳的关闭运动做短途游泳，以寻找适宜环境再附着。锉蛤的足丝是用来做巢的。中国海域已记录贻贝科 73 种（王祯瑞，1997），牡蛎 17 种，这两类是管道和船底非常重要的防污对象。

6.2.3.7　节肢动物门

节肢动物（见图 6.14）具有分节的附肢（足），是动物界种类最多的一个门。有 7 个纲，在污损中具有重要意义的是甲壳纲。此外，昆虫纲的昆虫幼虫在淡水或河口咸淡水可见到，如摇蚊幼虫、蜉蝣幼虫等，还有海蜘蛛纲（也称皆足类）的一些种类也可以在污损生物中发现，如中国沿海的希氏瓶吻海蜘蛛。

图 6.14　节肢动物

节肢动物门甲壳纲中的蔓足亚纲（无柄蔓足类藤壶和有柄蔓足类茗荷）和软甲亚纲中的端足目（管栖端足类），是污损生物的优势种。无柄蔓足类（藤壶）在自由游泳生活的末期，幼虫（壳介幼虫）以第一触角分泌白垩质在附着基上附着，变态为幼小藤壶，藤壶以整个基底直接固着，在生长过程中仍由外套膜不断分泌石灰质，以形成坚硬的壁板，中国海域已记录 110 种。有柄蔓足类是外洋表层的主要污损生物，分头状部和柄部，以柄部末端固着，柄部有由头状部往下延伸的小管以传送白垩质到柄的末端，中国海域已记录 78 种，这类除营外海浮游固着生活外，还有些固着在海底及潮间带中潮区，也有些寄生于虾、蟹的鳃腔中。

端足目有浮游和底栖两种生活方式。底栖生活的种类中，蜾蠃蜚科以泥管营附着生活，通过触角基部的腺体分泌出黏液，聚集水中悬浮物而成泥管，这种泥管直接黏附在船底、网衣或多室草苔虫、冠瘤海鞘等其他污损生物上，栖于管中的个体可自由出入管口，环境改变时会放弃旧管，另筑新管。这个科在中国海域已经记录 35 种。

6.2.3.8 原索动物门

原索动物门的3个纲中只有尾索动物纲(被囊动物)中的海鞘目在污损生物中有出现,而且是污损生物的主要类群之一。

海鞘分为单海鞘和复海鞘。单海鞘每个个体独立,体形比较大,一般为不规则的椭圆形,体外包以一层很韧的类纤维素包皮,以基部或柄部固着,顶端有出水孔和入水孔突起,外表呈乳白色、污黄色、紫色或捺黄色等各种颜色,如图6.15(a)所示。复海鞘(见图6.15(b))有性生殖的个体附着后,以出芽法的无性生殖而形成群体,群体具有如同琼胶质或膜质的透明或不透明的共同被囊,成片状或块状附着;复海鞘的爪体在共同被囊中呈圆形、椭圆形,以花瓣状或者不规则排列,每个虫体的口孔各自分开,而排泄腔都开口于群体的中央;复海鞘外观呈各种颜色,有的很鲜艳。

(a)

(b)

图6.15 海鞘

(a) 单海鞘;(b) 复海鞘

6.3 生活史中的自由生活阶段

固着或附着的污损生物,其生活史(繁殖)中都有自由生活的阶段,一般藻类经历游孢子阶段,动物经历幼虫阶段。自由生活能保证物种扩大分布范围。防除污损生物,本质上就是防止幼虫或孢子的附着。

单细胞硅藻的繁殖一般为细胞分裂,其次是形成复大孢子或产生小孢子,在不良环境下形成休眠孢子。具鞭毛的孢子称为游孢子,不具鞭毛的叫不动孢子。成熟孢子破孢子母细胞壁而出直接萌发为新个体。多细胞藻(红藻、褐藻和绿藻)的繁殖也分为无性繁殖和有性繁殖。无性生殖由藻体的孢子母细胞发育为孢子囊,囊内的物质倍数分裂为2,4,8,…个孢子,其一般具2条以上鞭毛,发育成熟后孢子囊破裂,孢子逸入水中,有趋光性,在适宜的环境下附着在基质上,并萌发成新藻体。有性繁殖是由无性繁殖的新藻体,在生长发育至一定阶段,藻体形成配子囊,倍数产生2,4,8,…个配子(一般只具2条鞭毛,是一种性细胞),在水中结合成合子,再萌发成新植物体。绿藻的有性生殖多数为同配和异配,只有少数为卵配;褐藻则异配较多,同配较少;红藻全为卵配,雄配子叫精子,配子叫果孢,果孢内有一用以与精子结合的卵核(曾呈奎,1962)。

海绵是最原始、低等的多细胞动物,具无性和有性两种生殖方式。无性生殖又分出芽和形成芽球两种方式。有性生殖的精、卵在身体中胚层受精,经囊胚期,形成两囊幼虫,由母体出水孔逸出，再形成原肠胚幼虫，游动不久后即固着发育成成体。

腔肠动物水螅纲都会经历水螅型和水母型两个世代，即有世代交替现象。固着生活的水螅群体以无性出芽的方法产生单体的水母型，自由生活的水母型又以精卵结合产生浮浪幼虫，浮浪幼虫短期游泳后，变态附着成水螅体，如薮枝螅。同一物种，有时水螅学家和水母学家会分别定为2个不同的种。珊瑚虫纲只有水螅型，没有水母型，如海葵为雌雄异体，受精卵在体内发育成浮浪幼虫，出母体游动一段时间后附着变态为海葵(水螅型)。营附着生活的单体海葵，遇到捕食者或不宜的环境，也会放松附着基盘，借触手和体壁运动以及消化循环腔内体液的流动，进行滚动、爬动或游到安全的附着基。

环节动物多毛纲受精卵在海水中经螺旋卵裂后发育成担轮幼虫，在水中营浮游生活一段时间后再营底栖生活。担轮幼虫呈梨形，在腰部有两圈纤毛(担轮)，其间有口，口前的一圈纤毛称口前纤毛环，口后的一圈纤毛称口后纤毛环。

软体动物双壳纲受精卵经卵裂后发育成自由浮游的担轮幼虫，担轮幼虫再发育成面盘幼虫。面盘幼虫由担轮幼虫的口前纤毛环发展成为能游泳的具毛面盘，再发展成壳顶虫。幼虫在水中自由生活较长的时间，再附着变态为幼体。

甲壳动物蔓足类(藤壶)成熟卵经体内受精后，在外套腔中发育成无节幼虫，在适宜的环境下幼虫被排至水中自由浮游。无节幼虫经6次蜕皮后变为壳介幼虫，然后以第一触角末端的吸盘附着。

苔藓虫有性生殖时，产生浮游生活的担轮幼虫，经短时间浮游和变态后附着成个虫。

海鞘可出芽生殖，也可有性生殖，雌雄同体，但精卵不同时成熟，所以不会自体受精。其受精卵在水中发育，有一个自由浮游的幼体时期。海鞘幼体在外形上很像小蝌蚪，称为蝌蚪幼虫。其尾部很发达，有一条典型的脊索，脊索背面有一条直达身体前端的神经管，在咽部有成对的鳃裂，这表明蝌蚪幼虫具备了脊索动物门的三大特征。蝌蚪幼虫经过几小时的短期游泳生活后，用其身体前端的吸附突起黏着在附着基上；接着，尾部就逐渐萎缩以至消失，除留下一个神经节外，神经管和脊索也消失无遗；幼体继续发育为成体，躯体被体壁分泌的被囊素所形成的被囊包裹住，改营固着生活，因而海鞘也称“被囊动物”。海鞘从幼体经变态变为成体，失去了一些重要构造，形体变得更为简单，这种变态称为逆行变态。

6.4 滤食性的摄食机制

成体固着或附着的污损生物，除藻类营自养光合作用生活外，因身体长期固着或附着，绝大多数均营滤食生活，以水流中的浮游生物和有机碎屑为食。与滤食相适应，机体具备独特的摄食器官或构造。

海绵是最低等的多细胞动物，体表有无数小孔，故又称多孔动物门。小孔是水流进入体内的孔道，与体内管道相通，然后从出水孔排出。群体海绵有很多出水孔，通过水流带进食物、氧气并排出废物。单沟系海绵身体里面的一层细胞为领细胞层，每个领细胞有一透明领，领的中央有一条鞭毛，鞭毛波动引起水流通过海绵体，在水流中的食物颗粒(微藻、细菌和有机碎屑)和氧附在领上，然后落入细胞质中形成食物泡，在细胞内消化(有别于高等动物行细胞外消化)，不能消化的残渣由变形细胞排到流出的水流中。水沟系是海绵动物所特有的结构，分单沟系、双沟系和复沟系三种基本类型。在海绵体内，每天经水沟系流过大于它身体上万倍体积的海水，海水携带供呼吸的溶解氧和食物。

腔肠动物的水螅和海葵不营滤食，而是用触手捕获食物（小型浮游甲壳类、多毛类及小鱼等），被捕的食物可比水螅本身大几倍。水螅用触手将猎物移向口部时，捕获物受刺细胞因损伤而放出谷胱甘肽，在该物质的刺激下，水螅口张开，食物进入消化循环腔。在腔内的食物，由腺细胞分泌酶先进行细胞外消化，经消化后形成一些食物颗粒，由内皮肌细胞吞入进行细胞内消化（食物大部分经此方式消化）。消化后的食物储存在内胚层细胞或扩散到其他细胞。不能消化的残渣再经过口排出体外。总之：水螅有口没有肛门，口兼具摄食和排遗功能；有消化腔，这种腔兼具消化和循环作用，把消化后的营养物质输送到身体各部分，故又称消化循环腔；刺细胞是腔肠动物特有的，有助于捕食；细胞外消化和细胞内消化兼备，以后者为主。

环节动物多毛类固着的种（如龙介虫科、缨鳃虫科、螺旋科），用鳃冠进行滤食。如龙介虫，头部口前叶不明显，常与围口节合成漏斗状的鳃冠（触手冠），鳃冠左右两束，其上有许多鳃丝（触手丝），鳃丝具两排小羽枝（鳃羽枝），其背中线的一个鳃丝末端为能关闭壳口的壳盖。鳃丝具激动水流滤食和呼吸功能。平时鳃冠露出栖管口，如一朵花；受干扰或露出空中时，鳃冠缩入管内，壳盖紧闭（杨德渐等，1988）。管栖多毛类经鳃冠滤食的食物，通过食道、肠、直肠消化后成为粪便，由肛门排出。

双壳类软体动物经入水管或直接吸进水中的硅藻、原生动物、腰鞭毛藻及其他小型浮游生物和悬浮的有机碎屑，经滤食器官（鳃）过滤后送进消化道。例如，贻贝宜附着在海水畅通的海区，海水直接流入体内，由于鳃纤毛不断地运动形成水流，把水中的食物颗粒传送到唇瓣，再由唇瓣送至口中。当摄食时，唇瓣向两侧伸展贴近鳃片，接受鳃纤毛活动运送来的食物颗粒；唇瓣筛选后不合适的颗粒被送至外套腹缘沟中，再沿此沟向体后移动，最后形成假粪便排出体外。一个壳长 5～6 cm 的贻贝，每小时能滤过 3.5 L 的海水，在码头等处密集栖息的贻贝，每平方米在一昼夜中就可滤过 50～280 m^3 的海水。贻贝所形成的假粪便，在荷兰的金尔达河口，每年的沉积厚度达 30 cm，在黑海有 5～8 m、北海有 8 m 厚的贻贝假粪便形成的特殊游积区（王祯瑞，1997）。

甲壳动物蔓足类（藤壶、茗荷）营固着生活，靠蔓足捕捉、过滤水中的小生物为食料。如藤壶有 6 对蔓状胸肢，在口器后方有形状恰似瓜类的蔓藤，故称蔓足。蔓足为简单的双枝型，原肢分 2 节，非常粗大，末端有 2 个由许多节构成的分枝，每节都长有许多的刚毛。这些蔓足伸出壳口，刚毛不断地摆动，恰好形成一个“网袋”，可以捕捉水中小生物送到口中。

苔藓动物是营固着生活的群体生物，每一群体由许多个虫组成。个虫由虫体及其分泌的外骨骼构成。虫体包括触手冠、触手鞘、消化管以及相关的肌肉和神经节。触手冠是虫体的主要部分，是由若干纤细和中空、具纤毛的触手组成，并把口包裹在中间的环状构造，其基部呈圆形或马蹄形，触手列生于基盘周缘。触手冠缩入体内时被包裹在触手鞘内，当伸出体外时形成触手漏斗，是摄食器官。消化管由虫口、咽、胃、肠和腔门组成。口位于触手冠中央，当触手冠外翻时，恰好位于触手漏斗的底部中央。由于消化管呈 U 形弯曲，肛口移至口的附近，但开口于触手冠之外（所以苔藓虫也称“外肛动物”）。苔藓虫群体的个虫很小（多数长 0.5～1.0 mm），因而，经触手冠过滤的食物通常也是微型生物或碎屑（刘锡兴 等，2001）。

海鞘的入水口呈漏斗状，下方有一片筛状缘膜，其作用是滤去由入水口进入的粗大食物和碎屑，只容许水流和微小食物及有机碎屑进入咽部。咽部内壁有纤毛，背壁和腹壁又有一沟状构造，分别称为背板、内柱，能分泌黏液黏住食物。黏成小粒的食物随纤毛推动的水流经背板进入胃，消化后的残渣经出水管排出体外。

6.5 甲壳动物蔓足类的生物学

6.5.1 形态

蔓足类属节肢动物门、甲壳纲、蔓足亚纲，是污损生物群落最重要的一类。蔓足类动物体形很奇特，与一般甲壳类的虾、蟹形态完全不同，而酷似贝类，因此在 1883 年蔓足类的幼体被发现以前，它们是被归并在软体动物中的。

蔓足亚纲主要可分为围胸目、尖胸目、根头目等几类。其中围胸目在污损生物中尤为重要，它由茗荷型亚目、花笼型亚目及藤壶型亚目三类组成。前者又称为有柄类，后两者称为无柄类或有盖类。

有柄类的前头部向前方延伸，成为肌肉质的柄部，其余的部分被外套膜和壁板包围而成头状部，头状部内部为外套腔，内藏柔软的体躯。无柄类柄部消失，成平坦的附着盘，体外围以壁板和盖板组成周壳。壁板由数片组成以保护身体，其形态、数目及排列方式因种类而异。有柄类头状部外面有 3 片乃至数十片石灰质壁板，柄部表面通常覆有数个石灰质的柄鳞或几丁质的毛和棘。无柄类通常由 1～8 片壁板组成，上面有 2 对壳片组成盖板，斜盖于前端的盖板称楯板，覆盖于后方而与楯板相连接的称背板。这 2 对壳片分左右排列，其间有裂缝，为可动性的盖板（如藤壶类）；或一侧的楯板、背板形成周壳的一部分，仅另一侧的楯板、背板为可动性的盖板（如花笼类）。藤壶类前方周壳有一块吻板，成为前端壁而与楯板相邻接；在相对方向有一块峰板，成为体的后壁而与背板相邻接；在吻板和峰板之间有两对侧板，成为体左右成对的侧壁。位于吻板侧方的称吻侧板，位于峰板侧方的称峰侧板，它们的数目随种类而异。壁板的数目有演化态势，古生的种类数目多，现生的种类有愈合现象。在花笼类中，壁板则呈不对称排列。上述诸壁板，以辐部和翼部相互衔接而围成圆锥形或圆筒状的周壳；每片壁板外面或有肋（脊）突起或平滑，内面有肋或光滑；板间坚实或被纵隔成小管导等，随种类不同而异。

成体的第一触角仅留痕迹（因为成体后第一触角会退化，只留下一些痕迹），残存在柄基部或基底，第二触角消失。

口器由 1 对大颚、2 对小颚、1 对大颚触须和 1 片上唇组成。

胸足 6 对，细长，具 2 节基节，其后有多节分叉的内外肢向口部弯曲，像植物的蔓，故有蔓足之称。生活时依靠蔓足伸出壳口外，再迅速缩入壳口内来摄取食物。腹部仅残留痕迹，无腹肢，后端有细长的管状交接器。

有柄类在体的前部及蔓足的基部具有膜质的鞭状突起，即鞭状附着器，简称鞭状突，部分有柄类及花笼类在第 6 对蔓足足基间具有单节或数节的尾状附着器，简称尾突。在无柄类的体侧常具有皱状鳃。

6.5.2 繁殖

6.5.2.1 繁殖特点和繁殖周期

蔓足类中的藤壶，多数是雌雄同体，行异体受精。但是，有些学者认为因为没有观察到雄性或雌性先熟现象，而是同一个体两性器官同时成熟，因此不能排除自体受精的可能性。Barnes 等（1956）发现，孤立生长的小藤壶、花笼和穿孔藤壶常怀有受精的卵块，因为通常藤壶不可能把精子排入水中，因此由水流携带精子进行受精似乎是不可能的。此外，通常除交媾外，外套腔中也无受精的卵块存在。因此认为，这些受精卵块不是自体受精，就是孤雌生殖产生的。Barnes 等也观察到小藤壶自体受精的现象。

深水的铠茗荷属 *Scalpellum* 的种类，常有退化的雄性个体附着在雌性或雌雄同体个体的外套腔中。前者称为“矮雄”，后者称为“补雄”。矮雄或补雄常一个至十几个同时附着在雌性或雌雄同体个体的外套腔中。这种雄性寄生现象，对于深水分散的种类受精率的提高有重要的生物学意义。

Patel(1959)发现，孤立培养的交接器有活动，但无自体受精；当水温达 19～25 ℃时，放置在一起的个体进行受精，并产出无节幼虫。在充分交媾后，雌体借助柄部的收缩把卵排入外套腔中，4～5 天后卵巢重新发育。

藤壶的精巢为乳白色弯曲的复管状腺，位于身体胸部两侧。成熟的精子由两条弯曲的输精管经交接器送至另一个体的外套腔中。卵巢也是成对的，位于身体底部外套腔周围。成熟的卵子由输卵管排入外套腔内体躯的两侧，在此与精子相遇而受精。受精卵黏结在一起成两块卵块，发育至成为无节幼虫时蜕膜而出，排至体外，营自由生活。

卵巢内的卵子基本上同时成熟，一次排出，因此，每一卵块各个卵子的胚胎发育属相同发育阶段。卵子排出后，卵巢内的生殖细胞又继续发育。

许多暖水性种如网纹藤壶、纹藤壶、糊斑藤壶、三角藤壶等都是早熟种，在高温季节从附着至性成熟只需 1～2 个月，性腺发育是多周期的，一年中可繁殖多次；而某些北方种如半寒藤壶等，一年只繁殖一次(李洁民，1964；蔡如星 等，1981；Moore，1935a、c)。在爱尔兰海区第一年可达到性成熟，基底直径为 10 mm。在孟加拉湾，鹅茗荷的幼虫附着后 8 天，可达到正常大小的一半，并开始繁殖(Annadale，1909)。在热带水域，条茗荷幼虫附着后生长 33 天，头状部长度可达 12.5 mm，并进行繁殖。Ayling(1976)认为，像三角藤壶这样早熟的种，这种繁殖规律有利于它们与其他固着动物进行空间竞争。相反，某些温带潮间带的种类如 *Pollicipes spinosus* 和 *P. polymerus* 发育极慢，需 5 年才能达到性成熟(Barnes，1960)。

藤壶的性腺发育与温度、纬度、浪击、光照、食物和寄生动物等环境因素密切相关。

(1) 温度　温度是影响藤壶性腺发育最重要的因素。网纹藤壶性腺发育有周期性，每次排卵的时间间隔与温度有关，夏初、秋末水温较低时约需 3 周，而仲夏则只需 2 周左右。第一次性成熟时间因季节和水温的不同而异，高温性成熟快、个体小，反之亦然(见表 6.3)。纹藤壶在青岛港繁殖盛期水温 26 ℃左右时，自附着至成熟只需 23 天，基底直径仅为 6.1 mm；在繁殖初期或末期(水温约为 18 ℃)则需 35～43 天，基底直径为 6.8～8.2 mm。致密藤壶繁殖季节的温度是 18～27 ℃(Weiss，1948)。

表 6.3　厦门港网纹藤壶第一次性成熟时间与水温的关系

附着日期	性成熟日期	天数/d	基底直径	平均水温/℃
1963-05-14	1963-06-25	42	11.5	24.2
1963-07-11	1963-08-10	31	8.2	27.7
1963-08-13	1963-08-31	18	6.3	28.6
1961-10-15	1961-11-25	41	7.8	24.9
1961-11-04	1961-04-05	152	13.9	19.9

北极-北方种的半寒藤壶生殖细胞的排出需要低温的诱导，它们正常受精是一年一次，主要是在 11 月至翌年 2 月。把它们放置在试验室 14～18 ℃水温条件下很长时间，即使在繁殖季节也不进行受精或表现有交媾现象。但是，如果把它们放置在温度为 3～10 ℃的条件下，即可进行受精并排出幼体。如果把半寒藤壶放置在野外条件下，刚好在繁殖前几天再把它们移到室内，这时在 17 ℃条件下仍可产卵；同种试验条件下，*B. balanus* 则在 11 ℃时产卵。该产卵温度比这两种藤壶在自然条件下产卵的温度高得多。由此看来，提高温度可阻止它们达到性成熟。Barnes(1959)指出，半寒藤壶的性腺在温度高于 10 ℃时即不能发育，这是阻止这个种向南分布的主要原因。

(2) 纬度　藤壶的性腺发育时间也因地理位置而异。例如纹藤壶在青岛港性成熟时间是 23 天，基底直径为 6.1 mm，而在印度的马德拉斯港性成熟时间是 16 天，基底直径为 8.8 mm。性成熟时间从高纬度向低纬度逐渐缩短(见表 6.4)。Sandison(1966)指出，*B. pallidus stutsburi* 在尼日利亚的 Lagos 港的生长率和达到性成熟的年龄随港口的位置和季节而异。

表 6.4　世界不同海区藤壶性成熟时间的比较

种　类	地　点	性成熟期	基底直径	数 据 来 源
S. balanoides	马思岛(美国)	1～2 a	—	Moore(1935b)
B. a. amphitrite	青岛	23 d	6.1	吴尚勤 等(1963)
B. reticulatus	厦门	18 d	6.3	蔡如星 等(1981)
B. amphitrite	马德拉斯(印度)	16 d	8.8	Wood Hole Oceanographic Inst. (1952)
B. trigonus	北岛(新西兰)	14 d	2.2	Ayling(1976)

(3) 浪击和潮区　Moore(1935b)发现，生活在海岸浪击区低潮区的半寒藤壶第一年就可达到性成熟，在较高潮区的个体要 2 年以上才能达到性成熟，最高潮区的个体是第三年才达到性成熟；生活在隐蔽区域低潮区的个体，要 2～3 年或更长时间达到性成熟，而高潮区的个体却完全不能达到性成熟。陈国进等(1987)报告日本笠藤壶和鳞笠藤壶、Cai(1989)报告香港水域潮间带的蔓足类，其怀卵率与怀卵量均与浪击和潮区有关。

(4) 光照　半寒藤壶的繁殖与光周期有关。在高于繁殖临界温度(10 ℃)时，这种藤壶不能繁殖。但是，如果减少光照时间，繁殖温度可以提高。性成熟要求在 4～6 周内每天少于 12 h 的光照和水温低于临界温度，这是与北极-北方的自然条件相适应的(Barnes，1963)。

(5) 食物　半寒藤壶卵巢的发育需要充足食物的供应，如果食物供应中断，卵巢即退化。在自然界，某些藤壶在食物丰富时积累能量，以备生殖腺的发育所需。卵巢的发育常仅是初步的，进一步的发育需食物的供应(Barnes et al，1967)。

(6) 寄生物　Crisp 等(1960)指出，寄生物 *Hemioniscus balani* 可使半寒藤壶雌性生殖腺丧失发育能力，但不影响其蜕皮。

Patel 等(1960)还认为，某些无柄类如半寒藤壶似有内源性的繁殖周期，因为在最好的温度、盐度和光照条件下，亦不可能改变或延长其卵块的排出时间。但吴尚勤等(1963)经试验证明，在试验室的控制条件下，纹藤壶在非繁殖季节亦可恢复繁殖。

6.5.2.2　胚胎发育

藤壶胚胎发育具有螺旋分割的特性。受精 1.5 h 后开始第一次分裂。

网纹藤壶胚胎发育的速度与水温有关，7 月份(水温 28 ℃左右)自受精卵到无节幼虫蜕膜而出大约需要 4 天，而 10 月份(水温 24 ℃左右)需 5～6 天。2—3 月份厦门港自然海区没有网纹藤壶幼体的附着，但仍有发现 1%～3%的个体怀有受精卵块，这可能是秋末繁殖的个体。把纹藤壶卵块保存在 2～4 ℃的海水中达 3 个月之久，升高温度后其又能继续发育、变态。由此看来，藤壶与其他甲壳动物一样具有滞育现象(吴尚勤 等，1963；蔡如星 等，1981)。

6.5.2.3 幼体发育

藤壶的幼虫包括六期无节幼虫和一期腺介幼虫。幼虫发育的时间与温度有关，在水温 20～26 ℃时，开始出现腺介幼虫的时间是 6 天；水温 30 ℃时(恒温)只需 4.5 天。此外，饵料、光线、水质等因素对幼虫的发育均有影响(严文侠 等，1983)。

Patel 等(1960)指出，藤壶幼虫时期对温度的耐受性与繁殖季节是相适应的。例如冬季繁殖的种类 *B. balabus* 和半寒藤壶的胚胎不能忍耐高于 15 ℃的温度；春季和初夏繁殖的种类如 *Verruca stroemia* 和缺刻藤壶的胚胎可忍耐 23 ℃的温度；仲夏繁殖的种类如 *B. perforatus*、纹藤壶生存的温度高达 30 ℃；然而，周年繁殖的种类如 *Eliminus modestus* 的适温范围为3～30 ℃。

6.5.2.4 无节幼虫的排出

Moore(1935b)指出，半寒藤壶在秋季把卵排到外套腔中，而幼虫要保留到翌年春季浮游生物出现时才排出；Crisp(1964)也认为，自然界藤壶无节幼虫的排出可能与春季浮游植物大量繁殖有关，而不是由于温度的上升。网纹藤壶无节幼虫的排出需要外界条件的诱导。在室内培养时，用干燥、低温或高温环境刺激，均可诱导其排出幼虫(蔡如星 等，1981)。

6.5.2.5 排卵量

藤壶是体内受精的种类，胚胎发育受到亲体很好的保护，因此与其他体外受精的种类相比，一次排卵量不算很大。但是，它具有早熟和性腺发育多周期的特点，因而使其总的排卵量得到补偿。蔓足类的排卵量因种类、生境、个体大小、水温、密度和潮区等而异。其产卵数自几百至几十万粒。Moore(1935b)估计，潮间带的半寒藤壶每个个体排出的幼虫只有几千个，但是在沿岸线每千米范围内向浮游生物中补充的幼虫在 2000 万至 10000 亿个之间，重量超过 90 kg。还有研究表明，蔓足类的怀卵量与生境及其宿主习性有关。

网纹藤壶每次排卵量与个体大小有关，亦随温度条件而异。个体大者排卵量多(15000～23000 粒)，小者排卵量少(7000～8100 粒)；在同一生殖种群中，高温季节排卵量多，较低温度季节排卵量少(见表 6.5)。这与纹藤壶的排卵情况相似(吴尚勤 等，1963)。

表 6.5　网纹藤壶排卵量与个体大小、水温的关系(20 个个体平均值)

基底直径/mm	月平均水温/℃	日　期	排卵量/粒
8～11	24	1963-05-09	7000
	28	1963-08-11	8100
	19	1963-11-12	7300
11～15	24	1963-05-09	9000
	28	1963-08-11	12000
	19	1963-11-12	8700
16～21	24	1963-05-09	15000
	28	1963-08-11	23000
	19	1963-11-12	17500

Wu等(1977)指出,*B. glandula*不拥挤的个体可积累更多的能量,因此能产生更多的后代。半寒藤壶的排卵量还与潮区有关,低潮区性成熟快,个体小,因此排卵量亦少,高潮区则相反(Moore,1935b)。

6.5.3 附着

6.5.3.1 附着机制

1. 腺介幼虫的附着

网纹藤壶腺介幼虫浮游一段时间以后,进入在基质表面上行走探索阶段。这时第一触角成为重要器官,虫体主要依靠它实现行走(严文侠 等,1983)。现在的许多研究均已证实,腺介幼虫能对底质的各种化学和物理的特性进行探测并给予反应。已发现半寒藤壶附着器的黏着盘和末端部分存在着几种不同类型的感觉器官。

在探索期间,触角能暂时黏着于底质上。黏着盘的表面和边缘被表皮的绒毛所覆盖,一些单细胞腺体(触角腺)以许多不同的点分布于黏着盘表面,绒毛可增大黏着盘的表面积并使其高效地黏附,从触角腺中分泌出的黏液则用于黏附。暂时性附着时,腺介幼虫的附着黏性相当于4 kgf/cm^2。整个附着期,附着黏性逐渐增大。Saroyan等(1968)估计腺介幼虫一对吸盘的附着力为7.5 gf/cm^2,能耐受1.852 m/s水流的冲击。

当附着地点最后被选定时,腺介幼虫胶质从体内的一对胶质腺中释放出来;一条单管从每一腺体中通过,以许多分枝开口于黏着盘的表面;胶被挤压到底质上,并将附着器官和第4节埋入,从而实现永久性的附着。Harris提出,藤壶的永久性黏着剂可能是一种丹宁化蛋白质。Saroyan等(1968)不仅论证了腺介幼虫胶的蛋白质性质,而且发现其中有酚氨基酸的存在。学者Walker发现半寒藤壶的胶质腺中有α和β两类细胞。α细胞含有已确定的蛋白质、酚化合物和多酚氧化酶分泌物;β细胞似乎只含有蛋白质分泌物。蛋白质、酸和多酸氧化物混合存在表明,一些丹宁和醌的聚合物正在起作用。

$$\text{蛋白质}+\text{二酚}\xrightarrow{\text{多酚氧化酶}}\text{蛋白质}+\text{醌}=\text{丹宁化蛋白质}$$

腺介幼虫的胶渗到底质上,将附着器官完全埋入,附着器官通常和胶紧紧地聚在一起。

以亚显微结构水平观察表明,渗出的胶不是一种均匀的物质。主要的蛋白质是由疏松网状结构组成的,同时在外表面存在着一个带电物质的稠密区。

腺介幼虫的永久性附着是指液体胶成团释放到底质上,尽管胶质可能在底质表面充满凹凸,但却不能分散得很远,它围绕器官和触角第4节流动,然后发生聚合,最后聚合限制在胶的外层,这样能很好地形成一个表皮,使胶质免受生物降解。永久性附着在很大程度上依赖于触角末端部分的形态,钟形的附着器官和突出的触角第4节共同保证了胶质内成功的机械固定。由于腺介幼虫胶必须保持到幼体藤壶附着后40多天,所以聚合作用能够持续地影响胶的黏附。

2. 成体藤壶的附着

Walker明确指出,半寒藤壶的腺介幼虫附着后,胶质腺中的α细胞能完全改变成为成体胶质细胞。此外,成体细胞是由收集管的细胞发育来的。大约在附着后40天左右,半寒藤壶的成体胶质器官第一次释放胶质到底质,在生长过程中器官(胶质细胞和管系统)发育,其增长与基底的增大速度相一致。但据严文侠等(1983)报告,网纹藤壶的腺介幼虫蜕壳后6 h左右,在幼虫胶前方(向吻板一端)出现了两个藤壶初始胶斑点。

3. 黏附机制

藤壶的生长方式使得它的壳(壁板)与底质不可能牢固地相接,仅基底被固定,而壁板则由特殊的肌肉(固定肌)支持。这种肌肉可以松弛以便壳的边缘增大。

Despain 等测定了不同表面成体胶黏附能量的数值,范围为 0.175～12.2 μJ/cm^2。

Crisp 预言,成体固着藤壶的黏着是一种 stefan 型黏着,stefan 型胶被认为是一种高黏性流体而不是一种化学上定型的坚硬固体。据观察,具有一层膜状基底的藤壶,在受力下可以横向移动。而在腺介幼虫和茗荷的附着中,胶质和底质对触角间的成功的机械黏合是至关重要的。

4. 变态

网纹藤壶从蜕去腺介幼虫背甲到蔓足伸出壳口,需 22～30 h(严文侠 等,1983)。

6.5.3.2 附着期

附着是海洋附着生物生活史的最终阶段。蔓足类的附着与繁殖的规律不同,即附着都是发生在水温高的月份。附着期因种类和纬度而异。例如,暖水种的网纹藤壶,是东南亚最主要的污损生物,在日本的矢湾附着期是 6—11 月(月平均水温为 22.5～25.5 ℃),12 月至翌年 4 月都不附着(月平均水温为 10～17 ℃);在湛江港(全年月平均水温为 15～29.5 ℃)和泰国的曼谷湾(月平均水温为 28.5～31.5 ℃)全年各月都有附着,在湛江港的附着盛期是 6—10 月(月平均水温为 28.5～31.5 ℃)。即使是北极-北方种的半寒藤壶,其附着也是发生在水温较高的月份,但附着的临界水温比网纹藤壶等暖水种低得多。这可能与钙质代谢有关,即钙质代谢允许它们在短暂的夏季进行生长。如半寒藤壶在北极圈的俄罗斯科拉,其附着期是 7 月和 8 月(月平均水温为 10.5～12 ℃);在挪威的附着期是 6—8 月(月平均水温为 12～16 ℃)。又如中国沿海的泥藤壶的附着期也是从高纬度向低纬度逐渐延长。

6.5.3.3 附着量

藤壶的附着量因种类、温度和纬度而异。一般大型种类的附着量大、小型种类的附着量小。如浙江嵊山红巨藤壶的年附着量可达 41950 g/m^2,而三角藤壶仅为 3000 g/m^2(黄宗国 等,1979)。一般在高温季节,藤壶的附着密度与附着量的变化基本上是一致的,但是在较低温度季节,由于个体的生长率较慢、死亡率高,因此有时虽然附着密度很大,但单位时间内的附着量仍很小。例如厦门港 1960 年 4 月份(水温为 17.7 ℃)的月附着密度为 8533 个/m^2,但附着量只有 8.7 g/m^2;相反,8 月份(水温为 27.4 ℃)的月附着密度只有 3733 个/m^2,而附着量竟达 807 g/m^2。Weiss(1948)也认为,影响藤壶生长速度的季节变化是其单位面积附着量的主要限制因素。

同一种类的附着量有从北向南逐渐递减的现象。例如泥藤壶的最大附着量,在黄海的吕泗为 4675.0 g/m^2(7 月份),在东海的浙江石浦为 1041.7 g/m^2(7 月份),而在南海的汕头仅为 248 g/m^2(10 月份)(黄宗国 等,1984)。

6.5.4 生长

蔓足类的大小差异极大。有柄类的大小从几毫米至 75 mm(包括头状部);无柄类,如南美洲西岸的 *B. psittacus* 可高达 23 cm,基底直径为 8 cm。

其壁板的底缘及侧缘的外套膜不断分泌出石灰质和其他物质,使外壳厚度及直径不断增加。

6.5.4.1　生长速度

蔓足类围胸目的生长速度很快。

Darwin 观察到，热带水域中条茗荷经 33 天头状部可达到 12.5 mm。Nilsso-Cantell 报道，印度洋的钟巨藤壶生长 2 年后的直径为 62 mm，高 45 mm。Зенкевиц 计算，藤壶在北方海洋的生长速度不亚于在加利福尼亚暖水区。Stubbings 指出，在热带水域中，藤壶幼体的生长速度为 0.2～0.74 mm/天（峰吻极轴直径）；有柄类的头状部生长速度为 0.33～2 mm/天。厦门港网纹藤壶夏初附着的个体 2 个月就可达到最大（21 mm）（蔡如星 等，1981）；泥藤壶在 2～4 个月内，糊斑藤壶、缺刻藤壶最初 3 个月就几乎达到最大个体。但是，有些温带潮间带的种类生长极其缓慢，如 *B. hameri* 的生长期为 5 年（Moore，1935c）。

6.5.4.2　外壳的生长

藤壶外壳的生长不同于其他蜕壳（皮）生长的甲壳动物（如虾、蟹等），其生长几乎不受蜕壳的影响。藤壶外壳的生长方式大致可分为两种类型：一种是外壳的生长仅局限在生命周期的最初阶段，至成年期后就不再生长，如网纹藤壶、纹藤壶、三角藤壶等暖水性种类；另一种是在幼年阶段生长速度相当快，至成年阶段仍保持一定的生长率，在整个生命过程中都保持生长，如半寒藤壶、*B. hameri* 等冷水种及冷温性种类。

网纹藤壶外壳的生长可区分为两个时期：生长期和成年期。

（1）生长期　网纹藤壶自附着开始经过 2～3 个月时间即完成外壳的生长。生长期可分初期和后期。生长初期的特点是外壳迅速生长，但体重增加极为缓慢；生长后期的特点是外壳生长速度变慢，这时基底直径接近临界长度，体重迅速增加。

（2）成年期　经过 2～3 个月的生长后，外壳的生长达到极限，虽然外界环境条件还是非常优越，但外壳的生长完全停顿，而体重可继续增加，至一临界重量时，体重亦不再增加，这就完全达到成年期。

藤壶外壳生长受生物学因素和环境因素的影响。藤壶的蜕皮、年龄、食物、密度、性发育周期和寄生物对生长均有重要的影响。

相关研究学者把刚附着的致密藤壶在室内培养 120 天，发现其共蜕皮 42 次，平均 2～3 天规则地蜕皮一次；*B. amphitrite niveus* 在附着后的 42 天里可蜕皮 19 次，每次间隔时间也是 2～3天。藤壶外壳的生长与蜕皮周期无明显关系。外壳生长最快的时期是在第 2～9 次蜕皮期间，以后逐渐减慢。Crisp(1960)指出，半寒藤壶的蜕皮期为 6～8 个星期，5 月份为蜕皮高峰期。食物、温度、月盈亏周期和潮汐对蜕皮均有一定程度的影响。

Moore(1934)指出，半寒藤壶幼年个体的生长速度较老年个体快得多。纹藤壶刚附着 10 天左右，生长较缓慢，随后逐渐加快，至 8 mm 时生长速度又逐渐下降；泥藤壶的生长速度是最初 2 个月生长最快，之后逐渐变慢；糊斑藤壶也是附着后经 3 个月即生长到接近“最大体积”（李洁民 等，1964；吴尚勤 等，1963）。不同年龄网纹藤壶个体的生长速度不一，这主要是由于其生长期仅局限在生命周期的最初阶段，随着年龄的增加，个体也不再增大，幼年个体的生长速度较老年个体快。

Moore(1935d)指出，在英国 Plymouth 港混浊的河口区，半寒藤壶第一年个体组织的生长率比河口近外海干净区和浪击区的个体快得多，这可能是由于食物供应量不同之故；Ayling(1976)发现，在试验海区有 10 天洪水期，这期间海水中食物含量较正常沿岸水域低得多，这时三角藤壶的生长速度较洪水期前、后时期的生长速度明显地更为缓慢。

Moore(1935b)指出，同一年龄半寒藤壶孤立生长的个体较拥挤生长的个体的生长率要快得多。但 Crisp(1960)认为，种群密度对藤壶的生长并无明显影响，甚至在每平方厘米密度高达 4 个，在其基底生长空间受到限制的情况下，藤壶的生长也可由增加高度得到补偿。

Crisp(1960)指出，半寒藤壶性腺成熟后由于代谢的改变，个体的生长缓慢；被 *Hemioniscus balani* 寄生的半寒藤壶个体比无寄生虫个体的生长速度也要慢。但是并未发现性成熟对网纹藤壶生长明显的影响(蔡如星 等，1981)。

藤壶外壳的生长与温度、水流速度、光、潮区等环境因素也有密切关系。例如：6 月中旬附着的网纹藤壶，初期生长较缓慢，随着水温的上升，生长速度明显加快；7 月上旬附着的个体生长最快，只要两个月就可达到临界长度；10 月和 11 月附着的个体，随着水温的下降，生长速度明显减慢；同时，在 2、3 月低温时期还出现明显的休止期，至春季随着水温的上升又继续生长。低温对藤壶生长的影响，除了饵料因素外，可能与钙质的代谢有关(蔡如星 等，1981)。纹藤壶和泥藤壶幼虫附着后第一个月的生长速度各个月份不同，高温月份生长快，低温月份生长慢(李洁民 等，1964)。半寒藤壶夏季生长最快，冬季最慢(Moore，1935b)；缺刻藤壶和 *C. stellatus* 冬季停止生长，翌年春天继续生长并达到实际大小。

水流及海岸暴露程度对藤壶的附着及生长影响极大。Smith(1946)及 Doochin 等(1951)指出，连续流速大于 25 cm/s 时，对幼虫的附着不利，大于 50 cm/s 时幼虫不能附着。对 *B. improvisus* 生长最适合的流速是 20.6 cm/s。藤壶附着后的生长速度在流速小于 77.2 cm/s 时随着流速的增加而增加，大于 77.2 cm/s 时随着流速的增加而减慢，超过 154.3 cm/s 时藤壶完全停止生长。强流会导致生长率的下降，但其影响程度随藤壶年龄的增大而降低。强流对藤壶生长的影响主要是强流干扰藤壶摄食行为所致。Crisp(1960)指出，不断的水流通过藤壶表面是促进生长最重要的因素。在单向流的情况下，前面个体的生长速度并不明显比后面个体快。半寒藤壶的生长率也与波浪的作用有关，以第一年组织的重量为指标，其生长率在暴露海岸比隐蔽海岸快得多。

Klugh 等指出，半寒藤壶早期的生长速度取决于光照的强度。但是，Barnes 对半寒藤壶、缺刻藤壶在完全浸渍条件下的试验得出了光线不影响这两种藤壶生长、受精和胚胎发育的结论。

Moore(1935b)在英国沿岸潮间带对半寒藤壶的研究表明，除了第一年外，高潮区藤壶的生长速度比低潮区快得多；Hatton(1938)发现，圣马洛潮间带的半寒藤壶处在高潮线上的个体前几个月生长缓慢，之后生长所达到的大小超过了分布在较低潮区的个体大小。

6.5.4.3 组织的生长

半寒藤壶在性未成熟时，组织是以年为周期生长的，但以春、秋生长最快；性成熟的个体，由于夏季产出大量幼虫，因此组织重量急剧下降。产卵后组织损耗达 30%～35%，冬季亦稍有下降。在英国的 Bradda 沿岸，每平方千米约 10 亿个体，每年组织的产量(干重)约为 600 kg(Moore，1935a)。

6.5.4.4 再生

藤壶和其他甲壳动物一样，具有很强的再生能力。蔓足因意外情况折断后，仍可再生出新的部分，但比正常蔓足要短些。部分损坏的壁板，也可分泌次生胶进行修补。

6.5.4.5 年龄的确定

由于多数藤壶的生长期仅局限于生命周期的最初阶段(如网纹藤壶、糊斑藤壶等)，因此很难依壁板的差异来区分年龄。Parke等将生长在半寒藤壶壁板外表面的穿钙藻、绿藻及藤壶壁板的色泽和侵蚀程度作为区分藤壶年龄的依据。深海蔓足类铠茗荷的壁板上可见到"产卵环"或"年轮",潮间带的藤壶每次蜕壳时在鞘上呈现出快速生长稠密的痕迹,而深水生长缓慢的铠茗荷则呈稀疏的痕迹。

6.5.5 死亡率与寿命

Pyefinch(1950)曾估计最适条件下藤壶的死亡率。例如一个半寒藤壶所产的无节幼虫是13000个,变成腺介幼虫的只有130个,能成长为小藤壶的只有26个,其中只有15个能存活过2个月。藤壶的死亡率还与年龄、蜕皮周期、密度、潮区和流速有关。例如:纹藤壶附着后死亡率最高阶段是在附着后的第10～15天;网纹藤壶是在第30～40天;半寒藤壶是在第4～6个月;三角藤壶附着后,第7～17天存活率为50%,1个月时的存活率小于25%,2个月时的存活率仅10%。

Costlow等(1956)指出,*B. amphitrite niveus* 死亡率最高阶段是在头两次蜕皮期间,以后死亡率递减。这与自然海区死亡率最高阶段是在附着后第一周的结果相符。

在法国圣马洛潮间带半寒藤壶的成活率随着密度的增加而降低,这种关系随着年龄的增大就不十分明显了(Hatton,1938)。如在美国的迈阿密海区,1943年藤壶腺介幼虫的附着量极大,但浸水1个月时试板上藤壶的数量却很少;1945年附着量不多,但藤壶的存活率却很高。Barnes等(1950)指出,缺刻藤壶和半寒藤壶在大量附着极端拥挤时种群可大量死亡,这直接影响藤壶幼体数量的年变化。网纹藤壶幼体附着后的死亡率也与密度有关,附着密度大的组在一年后仅2%左右的个体存活;然而,附着密度小的组在1年后仍有多于1/3的个体成活。

半寒藤壶的死亡率还与潮区有关。在同一地区,年死亡率在潮间带上部的3%至最下部的30%间变化;*C. stellatus* 的年死亡率在潮间带上部的3.3%至最下部的46.5%间变化。在法国圣马洛潮间带的半寒藤壶第一年冬天生长在小潮高潮线和平均高潮线的个体死亡率都很高,此后,小潮高潮线的个体继续生活了三个冬天,死亡率不高;平均高潮线的个体第二年便死去;小潮低潮线的个体,几乎总是处在水下,其种群第一个夏天之后便开始逐渐减少,至第三个春天便完全消失了(Patel,1959;Hatton,1938;Moore,1935a)。

此外,藤壶的死亡率还与其他自然因素有关。例如与肉食性的荔枝螺和隆头鱼、鹦嘴鱼等坚齿鱼类的捕食有关。对藤壶种群来说,最严重的危害是被覆一些生长型的或大型的污损生物,如被覆盖被囊动物或贻贝,可使藤壶全部死亡;在北极-北方潮间带,岸冰的覆盖以及波浪挟带碎砾或沙粒的冲刷也常是造成藤壶死亡的原因。

海洋蔓足类的寿命因种类而异。通常漂浮性和潮间带的种类寿命较短,浅水和深水性种类的寿命较长。在挪威,半寒藤壶只能生存2年;*B. porcatus* 的寿命可达5年;*Pollicipes polymerus* 可生活20年。

藤壶的寿命还与潮区有关。在马思岛潮间带,生活在下部的半寒藤壶第二年便死亡了,而生活在较高潮区的个体可生活5～6年(Moore,1934)。

6.5.6 摄食

绝大多数蔓足类是滤食性的,它们依靠水流或蔓足的伸缩滤食海水中的浮游生物及其他有机颗粒。少数茗荷属的种类兼有肉食的特点,可捕食其他较大型的动物。

6.5.6.1 摄食行为

蔓足类摄食是依靠蔓足的伸缩(约 140 次/min)。蔓足收缩时,分散在水中的食物块被网状的蔓足所包围,口部各对足的所有刚毛向口面运动,第一小颚用来扫刮这些食物块,并把它们送到大颚和口部(Barnes,1963)。三角藤壶捕食的速度是 2～3 次/s。欧洲藤壶和致密藤壶在潮流中把蔓足伸张成扇状,当食物块尚未落到其上面时一直伸展着(Moore,1935a)。三角藤壶、糊斑藤壶在潮流中完全伸展蔓足,左右摆动约 90°进行滤食。Barnes 等(1960)指出,潮间带的 *Pollicipes polymerus* 在开始正常的摄食前需要一定方向流的刺激。Crisp(1965)指出,生活在浪击带的藤壶,如 *Chthamalus tetraclita* 和 *B. cariousu* 以及那些生活在暴露海岸强底流的种比那些栖息在荫蔽的、被淤泥掩盖区域的种,如 *Elminius modestus* 和缺刻藤壶,要求更快的流速以诱导摄食行为;藤壶的摄食活动亦受水流中食物块含量的刺激;Crisp 还认为固着动物亦可利用化学感受性探察出活的捕获物,如茗荷能检测出氨基酸,可用长在触角上锐利的棘粉碎浮游生物,如果捕获物是活的,则释放出刺激物质,并发生反应以吞食猎物。

生活在潮间带上部的种类,平时只从浪花中获得食物。小藤壶属的种类常伸出扇状的蔓足以等待拍岸浪的到来,在海水下落的一刹那捕获食物;但董聿茂等人对潮间带高潮区的白脊管藤壶、日本鳞笠藤壶和东方小藤壶进行观察,却并未发现这种捕食现象,只见到当浪花冲刷到动物体表面的一刹那,藤壶才急速伸展蔓足网进行滤食。

6.5.6.2 食性

Southward(1955)报道,*B. perforatus* 蔓足刚毛的间隔不小于 30 μm,触须刚毛的间隔为 1 μm。它以触须感觉并将单胞藻和细菌送到口中。胃中的食物块大小为 1 μm～1 mm,但较大的食物块更多。欧洲藤壶消化道的内含物主要是桡足类(约占 50%)和腺介幼虫,此外还有硅藻、甲藻和有机碎片,*Lepas* 和 *Tetraclita* 属的某些种类捕食桡足类、等足类和端足类;致密藤壶主要滤食小型浮游生物(Barnes,1963)。藤壶胃的内含物在某种程度上取决于环境浮游生物和碎屑组成,它们摄食直径小于 2 mm 的颗粒,对于潮下带的种,碎屑可能是主要的营养来源。蔓足的基部有腺体,同时有无数刚毛,捕获的食物可被送到口部,在那里被吞食或吐出(Barnes,1960)。深水的花笼的蔓足和口器的形态及胃含物表明它是肉食性的,主要捕食 2～5 mm 大小的底栖动物。浅水的 *V. stroemia* 主要捕食 0.2～0.5 mm 范围内的动物。胃含物与蔓足及口器的构造有关。根据少量未鉴定的碎屑、沙粒及桡足类碎片,估计被捕食的桡足类长度约为 4 mm,这与稍尖的大颚和钩状的小颚有关。肠子里有大量线虫孢囊的释放物,被捕食的桡足类似乎是一种在 *V. recta* 宿主柳珊瑚上食藻类的种类。由于花笼不对称的构造,导致蔓足靠向底部,这与其捕食底栖爬行动物的功能有关,扫刷捕食比伸缩捕食更频繁(Anderson,1980)。Southward 等甚至指出,藤壶可摄食自身和其他种刚孵出来的无节幼虫。吴尚勤等(1963)冬季在室内以卤虫幼体及其他浮游生物作饵料喂养藤壶,发现其经 1 个多月可达到性成熟并进行繁殖。

鹅茗荷不仅是滤食性的,同时也是肉食性的,它们可以吞食钩虾、麦杆虫、多毛类、腹足类、僧帽水母和小鱼等大型动物。*L. fuscicularis* 具有某种活动能力(Howard et al,1959),使它有可能转营肉食性方式生活。食性的转变,引起了蔓足及口器的变异,与其他种类比较,*L. fuscicularis*的蔓足更紧密有力,第一小颚具坚硬的钩状刺,因此可捕食如水母类等较大型的动物,但它仍保留滤食能力。Patel(1959)把 *L. anatifera* 从基质上取下饲喂以卤虫的幼体和动物肝脏碎屑,在保持不断更新的水流中,发现动物体仍可正常生活。

蔓足类的幼虫是自主营养的。无节幼虫从第Ⅱ期开始摄食。腺介幼虫不摄食，因此 Darwin 称之为“蛹”。无节幼虫所吞食的食物不超过 4～6 mm，包括原生动物、桂藻和其他微型藻类。吴尚勤等(1963)以浒苔、石莼、绿枝藻的孢子和扁藻培养纹藤壶的幼虫，刘健等以青岛大扁藻培养纹藤壶幼虫，庞景梁等人以亚圆心形扁藻培养网纹藤壶幼虫，滕永元作以骨条藻培养纹藤壶和白脊藤壶的幼虫，均发现幼虫可发育至变态附着。

6.5.6.3 摄食率

Ritz 等(1970)报道，生活在近高潮区的欧洲藤壶较生活在低潮区的个体要消耗更多的食物，因此有较高的摄食率，这与它们在自然界摄食时间较短是相应的。这种区别看来是适应性而不是遗传性的。因为当把高潮区的藤壶移到室内供给大量食物一段时间后，最初它们食量很大，但几天后它们的摄食率就与低潮区的个体一样。其摄食率有两个年周期的变化，一次是 3—5 月由于生殖腺的发育增加摄食量，另一次是在 10 月由于卵子和精子成熟，养料消耗增加。当超出最适温度范围时，不列颠潮间带的欧洲藤壶和 *C. stellatus* 就不能摄食，前者最适温度范围是 0～18 ℃，后者最适温度范围在 5～30 ℃之间；温度低于 15 ℃对欧洲藤壶的摄食更有利，温度高于 15 ℃对 *C. stellatus* 的摄食更有利；超过 17 ℃时，欧洲藤壶活动能力降低，但 *C. stellatus* 活动却增加，因此周年温度对摄食行为的影响缓和了这两个种在潮间带对食物和空间的竞争现象(Southward，1955)。

6.5.7 群集与排斥

群集与排斥是生物种群分布的现象，对种群的延续有重要的生物学意义。营固着生活的蔓足类的群集现象，不但有利于它们与其他固着生物进行空间的竞争，还有利于异体受精。网纹藤壶群集的个体在 1 min 内可与邻近几个个体进行交配，甚至 1 个个体可以同时接受 2 个以上个体的交配，这显然有利于提高受精率。某些深水铠茗荷科的种类，主要是分散栖居的。寄生的蔓足类以及与宿主共栖定向的种类亦常表现出排斥现象以利于个体的生长(蔡如星等，1984a)。

6.5.7.1 群集

1. 群集现象

Broch(1924)指出，北极水域 *B. balanoides* 群集的形成可能是由于外套腔排出的腺介幼虫立即附着在亲体附近之故。Тарасов 等指出，许多亚潮间带的群集的种群普遍地呈树枝状和枝形灯架状。深水的 *Lepadomorpha*(铠茗荷)栖息得比较稀疏，但在俄罗斯寒带至少有 *Scalpellum cornutum* 和 *S. striolatum* 栖息得比较密集，有时甚至形成枝形。红海和格陵兰深海沉积的 *S. striolatum* 的壳板数量极大，地质上介壳石灰岩甚至被称为“藤壶土”。东海外海浮标上的钟藤壶常重叠附着 2～3 层，厚度为 5～6 cm；东海大陆架附着在环锯棘头帕海胆的棘刺上的海胆藤壶常重叠附着 2～3 层，一个海胆常可附着数百个藤壶，据所获标本，最少是 10 个个体附着在一起(蔡如星 等，1984b)。Сокоиов 认为，藤壶群落的高密度不是种群繁茂所促成的，它是外界环境造成的最适合的结果。

2. 群集机制

Knight-Jones 等(1950)报告，*Elminus modestus* 能够在一定距离内感觉底质的性质而进行聚集，很可能是借助了嗅觉器官；幼虫附着在藤壶已附着的地方，应是受某些分泌至水中的物质的影响。*Elminus modestus* 幼虫多数附着在去除标本保留基底的试板上，与对照组比例约2∶1。Knight-Jones 等 1953 年在室内对 *V. balanoides* 的试验证明，腺介幼虫的附着不是成体藤壶散发溶解于水中的物质所致，而是腺介幼虫直接与亲体接触所致。如果用绸薄纱或硝化纤维薄膜阻止它们与亲体接触的话，幼虫则不附着。之后 Knight-Jones 等又指出：*B. balanoides*的幼虫多数只附着在亲体或同科中其他种类的近旁，亲缘关系相近种的个体，同样促进了幼虫的附着，因此认为藤壶的群集可作为判断藤壶亲缘关系的一种依据。Barnett 等(1979)也指出，在沿岸 *B. balanoides* 和 *E. modestus* 附着的仔贝与同种亲体的接触比其他种多。Crisp 等(1962)报告，藤壶幼虫对节肢蛋白质单分子层的识别能力有利于群集和异体授精；Crisp(1965)指出，腺介幼虫对适宜表面的特有识别能力，只有当幼虫与特别构造表面的蛋白质相接触时才发生。Nott 和 Foster(1969)认为，腺介幼虫第一触角复杂的感受器具有识别化学性质的能力；Gabon 和 Nott 以扫描电镜对 *B. balanoides* 金星幼虫进行观察，证实其第一触角第 4 节末端的末梢刚毛和亚刚毛有机械的和化学的感受作用。Larman 等(1975)通过试验证明，藤壶或贻贝、牡蛎的含酸性蛋白或蛋白-糖类络合物的提取物，可促进腺介幼虫的附着；他们还认为，长期生长在一起的藤壶能影响幼虫的识别能力。

3. 群集与形态

蔓足类外壳形态的变化与环境关系是生态学家和古生物学家所关注的课题。

Truscheim(1932)把藤壶的外壳分成三种类型：

① 圆锥形，壳口直径小于基底直径(壁板与基底交角小于 90°)；

② 圆柱形，壳口直径等于基底直径(壁板与基底交角等于 90°)；

③ 漏斗状(百合状)，壳口直径大于基底直径(壁板与基底交角大于 90°)。他还指出，当 *B. cariousus* 大量密集生长时，能够形成半球形的群体。

Barnes 等(1950)认为，圆丘形的产生是由于种群紧密拥挤，在生长时产生的力学作用所致。

Зевина 和 Тарасов 报告，在具有自由生长空间时，致密藤壶的外壳呈低圆锥形(或倒碟状)；密集生长时，致密藤壶、缺刻藤壶和 *B. cariousus* 的周壳最常见的是圆筒状和百合状。

内海富士夫(1955)把藤壶外壳区分为：

① 圆锥形——正常生长；

② 圆筒形或漏斗形——密集生长；

③ 与珊瑚共栖的种类——底部呈圆筒形。

Тарасов 等(1957)把藤壶的外形区分为：

① 倒碟状，外壳高度不超过基底直径的 1/3；

② 低圆锥形，外壳高度大于基底直径的 1/3，但小于 1；

③ 高圆锥形，外壳高度大于基底直径；

④ 壳状，壁板中部直径大于基底及壳口直径；

⑤ 百合状，基底直径大大超过壳口直径。

4. 群集与生长

Moore(1935a)报告，*B. balanoides* 紧密生长个体的生长速度较孤立生长的个体明显更缓慢；但 Crisp(1960)对同一种类的研究表明，种群密度只有在极密集拥挤和互相接触或接近于接触时，才对个体体积的生长率有影响，甚至在密度高达每平方厘米 4 个、生长空间受到限制的情况下，亦以增加高度的形式使生长空间得到补偿，认为拥挤的影响似乎没有害处。

5. 群集与繁殖

Кузецеов 等指出，随着藤壶种群密度的增大，与水压对抗的面积缩小，构成外壳的石灰质含量减少，而有机质含量增大，促进了藤壶生育力的增高。但 Wu 等(1977)认为，不拥挤的个体较拥挤的个体可输送更多的能量到卵中，因而可产生更多的后代。Patel(1959)发现，孤立培养的茗荷的个体可表现出交接器的活动，但无受精现象，而放置在一起的个体则进行受精并产出活的无节幼虫。

6.5.7.2　排斥

Darwin(1954)最早指出，深水的铠茗荷种类常有“矮雄”，这对深水分散种类的繁殖有重要的意义。Тарасов 等也指出，深水的 *Lepadomorpha*(*Scalpellidae*)栖息得比较稀疏，这些种类也常有“矮雄”，对不管是群集还是单个栖居个体的繁殖均有很大意义。Crisp(1961)指出，藤壶与其他活动性种类一样具有领域行为，后来附着的幼虫与原来个体保持2 mm 的距离，这有利于幼体的生长；他发现，幼虫倾向于附着在去除标本保留基底的凹洼中。对腺介幼虫附着行为的观察表明，当幼虫遇到已附着的藤壶后，即停留探索表面，如果继续遇到附着的个体时，即马上附着在它的周围。Moyse 等(1981)指出，在自然条件下，*B. balanoides* 倾向于避开亲体，但对他种不避开，这表明了它有很强的排斥作用，但这一点至今尚未能得到证实。

东海陆架台湾铠茗荷、朝鲜铠茗荷、叉板铠茗荷等也是分散栖息的(蔡如星 等，1984b)。网纹蟹奴、蛞蟹奴常 1～3 个同时寄生在宿主的腹部，但以单个寄生为主，个体亦以单个寄生者为最大，由此看来这种排斥现象有利于生长。杂色纹藤壶在自然海区和游泳动物体上主要是群附着，而附着在毛蚶、泥蚶的壳前端和锯缘青蟹额缘的个体则主要是单个附着，个体大小亦以单个附着者为最大，这种排斥现象有利于藤壶利用宿主器官形成的水流，有利于生长(蔡如星 等，1984a)。

6.6　软体动物双壳类的生物学

海洋污损生物中的软体动物最主要是牡蛎和贻贝科的种类。牡蛎的种类很多，据估计全世界有 100 种左右，我国沿海近 20 种，主要有褶牡蛎、近江牡蛎、长牡蛎等(张玺 等，1959)。贻贝大多数种类为海产，少数为淡水产，我国贻贝科海产的种类，已定名的有 73 种(王祯瑞，1997)。由于它们种类多，分布广，生长快，能够以左壳或足丝牢固地附着在船底或其他人工设施上，因此常造成极大的危害。现以牡蛎为例介绍软体动物的繁殖生物学和生长的特点。

凡属牡蛎科的动物，由于早期营固着生活，贝壳形态发生了很大的变化：左右两壳不对称，一般左壳稍大而深，固着在他物上；右壳平，稍小如盖。牡蛎在成体时无水管、铰合齿(可以有小齿)、足丝和前闭壳肌，而且足退化，外套线不明显。

6.6.1　繁殖

6.6.1.1　繁殖类型

牡蛎根据繁殖方式的不同可分为两种类型，即幼生型和卵生型。

1. 幼生型牡蛎的繁殖方式

在繁殖季节，母贝把成熟的精子和卵子从生殖腺内排到排水孔中，依靠排水孔周围的外套膜和鳃的肌肉收缩作用，把生殖细胞压入进水孔(鳃腔)，并在这里受精。它们并不一定需要外来的生殖细胞，自己的精子和卵子可以行自体受精。食用牡蛎即在自己的输卵管中受精。受精卵在母贝的鳃腔中进行卵裂并发育成面盘幼虫，在此过程中，母贝的鳃和幼虫本身都分泌黏液，使许多幼虫黏集在一起成胶团状，幼虫在母贝内生活，至一定的阶段后方才脱离母体，在海水中营独立自由生活。总之，受精卵和幼虫有一个相当长的阶段在母贝鳃腔中生活，母贝的鳃腔起着育儿室的作用。例如密鳞牡蛎就属于这一类型。

2. 卵生型牡蛎的繁殖方式

这种牡蛎把成熟的生殖细胞（卵或精子）直接自排水孔排出体外，卵和精子在海水中受精，经过一定的浮游期，便固着在基物上变态成成体。卵生型牡蛎幼虫在整个生活史中都在自然的海洋环境中渡过。多数牡蛎，如近江牡蛎、僧帽牡蛎、长牡蛎等，均采用这种繁殖方式。

6.6.1.2 性成熟与外界环境条件

外界环境条件对牡蛎的性成熟有重要影响，举例如下。

1. 水温

水温与牡蛎生殖腺的成熟有密切关系。Loosanoff 等（1952）研究发现，在冬季把 3 龄和 5 龄的美国牡蛎放置在不同温度的海水中，其结果是：在 10 ℃的水温下虽然经过 35 天的放养，其生殖腺仍很不发达（使牡蛎生殖腺成熟的最低界限是 15.8 ℃）；在 20 ℃和 25 ℃时，仅 5 天就具成熟的生殖细胞，并在第七天就有 24%的牡蛎产卵和放精；在 30 ℃水温下，第三天就可以找到成熟的精子和一部分卵子。

不同种类牡蛎产卵的最低温度不同，例如长牡蛎是 25 ℃，棘刺牡蛎是 28 ℃，食用牡蛎是 15 ℃，希腊牡蛎是 17 ℃，美国牡蛎是 21.1 ℃，青岛僧帽牡蛎是 17～18 ℃。

2. 海水相对密度

海水的相对密度与产卵的行为也有关系。印度一年四季的水温都适宜于产卵；而在观察当地的僧帽牡蛎时，发现它们的生殖腺也与其他种类一样在 7、8 月份成熟，但并不产卵，这很可能由于当时印度正刮季节风，海水的比重降低，产卵被抑止，这样 10 月至翌年 2 月之间就出现了连绵的、不规则的产卵现象。

3. 月相

Orton（1926）发现食用牡蛎的放精和产卵行为大多在夏季月圆的时候进行。Prytherch（1928）也发现同样事实，但指出这与月圆并无直接的关系，主要是受水温的影响，因为月圆时和月缺时潮差最大，月圆和月缺时也是水温在一月中变化最大的时候，这几天中最高水温（最低潮时）和最低水温（最高潮时）相差可达 10 ℃以上，这对牡蛎的产卵和放精行为具有重要的刺激作用。

6.6.1.3 放精和产卵的诱导

试验证明各种物理、化学、生物的刺激均可诱导牡蛎的产卵和放精，但其作用原理尚不够明确。目前比较有效的诱导有：a. 温度刺激；b. 异性生殖细胞的刺激；c. 激素及其他化学物品（如甲状腺素、脑垂体、绿藻稀释液等）的刺激。

6.6.1.4 性别和性转变

牡蛎的性别很不固定，无论在幼生型牡蛎还是在卵生型牡蛎中间都有雌雄同体和雌雄异体的性状存在，它们还经常发生性别的转变。例如，在某一个时期中从雌性变成雄性，或从雄性变成雌性，到了另一时期又再转变过来。幼生型牡蛎和卵生型牡蛎在性别和性转变上或多或少具有不同之点，现述如下。

1. 幼生型牡蛎的性别

Spärk(1925)和Orton(1937)认为幼生型牡蛎的性别有下列几种：

① 完全雌雄同体；

② 雌雄同体，雌性占优势；

③ 雌雄同体，雄性占优势；

④ 雌性个体但留有雄性痕迹；

⑤ 雄性个体但留有雌性痕迹；

⑥ 纯粹雌性；

⑦ 纯粹雄性。

以上7种类型，以第一种类型所占的百分比最高，这种性状在营养条件优良的地区和产卵季节时特别明显，其余类型依次减少，第⑥、⑦两种类型很少发现。

2. 卵生型牡蛎的性别

许多研究者发现卵生型牡蛎也有雌雄同体的现象，但是雌雄同体的仅占相当小的比例。这与幼生型牡蛎在性别的比例上有着极大的差别，同时证实了卵生型的牡蛎中也有性转变的现象。

3. 性转变的原因

关于牡蛎性转变的原因，不同的研究者有不同的见解，主要有下列论点。

1）水温与性变

Spärk(1925)发现产在丹麦的食用牡蛎的性别与水温有关，若水温高，雌性性状占优势；反之，雄性性状占优势。Coe(1932)发现美国牡蛎也有这种现象，当幼蛎第一次性成熟时，在较寒冷地区雄性占70%～80%；而在较暖的地点，雌性超过了95%。

2）代谢物质与性变

Orton(1927)发现食用牡蛎的性别有两种情况：如果蛋白质代谢旺盛，雌性性状占优势；如果碳水化合物，特别是动物淀粉代谢旺盛，则雄性性状占优势。

3）营养条件与性变

雨宫育作等(1929)在日本各养殖场经比较试验发现，在优良的环境条件下，生长得非常肥大的牡蛎雌性性状常占优势。此后，雨宫育作(1935)、Orton(1937)又证实了牡蛎性转变与营养条件的关系。

4）雄性先熟现象

Stafford发现加拿大沿岸的美国牡蛎有雄性先熟的现象，此后Roughley(1933)也证明僧帽牡蛎和澳洲牡蛎在幼小时大多是雄性的，所以他认为营养条件不是决定牡蛎性别的因素。之后，Burkenroad(1931)、Needler(1932)、Coe(1932)都证明美国牡蛎有雄性先熟的现象。Coe指出幼牡蛎最初的生殖腺是两性的，因此它们的性别是倾向于可以变换的状态，但在一般情况下精子形成较快，因此在第一次性成熟时常为雄性，生殖季节过后，又恢复到两性的性状；在第二年表现出哪一种性状，将由营养条件来决定；他又推论在有利的条件下，牡蛎生长得较大，这种条件同时也刺激了卵原细胞的形成和生长，并抑止了精原细胞的形成，他以此来解释在较大的一龄牡蛎中雌体比例高的现象。

5）蟹寄居与性变

Awati等发现在僧帽牡蛎的外套腔中常有豆蟹寄居着，凡被寄居的牡蛎，雄性个体显著增多。

总之，根据以上五种论点还不能单独地、满意地解释牡蛎性变的原因，该问题有待于进一步的研究。

6.6.1.5 牡蛎的繁殖和幼虫习性

僧帽牡蛎成熟的卵子呈圆形，卵径为 50～52 μm。卵子一经受精即产生受精膜，在水温 80～82 ℃时，经 20～30 min 就在动物极上出现第一极体，接着第二极体也相继出现。不久植物极伸出极叶，并纵缢为两个细胞；然后极叶收回并以同样方式进行第二次分裂；第三次分裂为右旋分裂；第四次分裂为左旋分裂；3 h 后受精卵发育至桑葚期。随后胚胎发育成囊胚，周身生有极短小的纤毛，并大部分沿逆时针方向转动。在原肠胚期，分裂球的植物极内陷形成原肠腔，并在胚口的地方出现壳腺，在其侧面生出较长的纤毛，依靠纤毛的摆动做回旋运动。当胚体进入担轮幼虫期时，壳基开始出现，其反面端结集许多长而密的纤毛，形成纤毛环；此时口及食道也开始形成，幼虫由回旋运动过渡到游泳运动。15 h 以后口及食道便较完整，贝壳逐渐长大，幼虫进入面盘幼虫期。2 天后，口、食道、胃、肠、面盘牵引肌等都逐渐形成，此时壳顶平直，此时的幼虫称为直线铰合幼虫。随着幼虫生长，它们的游泳器官——面盘有退缩的趋势，并出现了用以爬行的足，在这个时期它们可以利用这两种运动器官进行活动，并将营固着生活。

牡蛎的敌害非常多，它们的受精卵经过发生、变态、生长到成贝的百分比是非常低的，因此产卵量极大，以维持种族的生存。牡蛎的产卵量与繁殖方式有关。幼生型牡蛎的卵子，在发生初期是在母体的鳃腔中度过的，受到母体的保护，因此成活率比较高。由于这种繁殖方式的复杂性和适应性，幼生型牡蛎产卵的数目比卵生型的牡蛎少数十倍。据统计，一个普通大小的幼生型牡蛎（食用牡蛎）在繁殖季节时，蕴藏在它们鳃腔中孵化的卵子将不少于 100 万个。但个体大小不同，其数量有很大的差别。Orton（1937）曾对一个极大的成贝做过试验，它一次的孵卵量不少于 300 万个，而 1 龄的牡蛎只有 24 万个，相差达十多倍。Dantan 在研究法国产食用牡蛎时也得到了同样的结果，同样，张玺等（1959）也在研究中得到了相同的结论，数据见表 6.6。

表 6.6 食用牡蛎的年龄与孵卵量（张玺 等，1959）

牡蛎的年龄	试验个体数	幼虫数/万个	幼虫平均数/万个
1 龄	6	6.9～14.4	10
2 龄	3	16.6～32.6	24.7
3 龄	3	51.9～95.4	72.5

卵生型牡蛎的产卵量远较幼生型大。据 Galtsoff 等（1932）的统计，美国牡蛎每产卵一次（36～70 min），就会产出 1500 万～11500 万个卵。14.8 cm 壳高的长牡蛎，平均产卵时间 59 min，每个约产出 558 万个卵（5 个牡蛎的平均数）。青岛产的小型褶牡蛎（壳高 4.4 cm），其怀卵量也有 114.15 万～712 万个。

上述这些数字并不能完全代表牡蛎一年中繁殖子代的数目，因为牡蛎的生殖腺并不是一次性完全成熟的，而且在繁殖季节中也不只有一次排卵机会，所以实际上每年产卵的数字要比上述的数字高一些。但必须指出，牡蛎每年的怀卵量和产卵量很不一致。在有些好的年份里，它们不仅怀有大量的卵，而且极大部分均能释放出体外。但在有些年份里，环境条件很不利于繁殖，生殖腺很不发达，可能不产卵；有时在繁殖季节的初期环境条件很正常，正值产卵时环境条件转为不利，在这种情况下仅能产出一部分的卵。

牡蛎的受精卵只需要很短的时间便能发育成面盘幼虫，从面盘幼虫变态成为营固着生活的牡蛎，必须经过一定的浮游时期。环境因素对牡蛎幼虫浮游习性的影响如下。

1）流速和潮流与牡蛎幼虫浮游习性的关系

Prytherch(1928)在了解牡蛎浮游习性的时候，把当地的潮水简单地划分为三个时期：

高潮期——包括最后涨潮、满潮和最初退潮共 4 h；

潮间期——包括涨潮和退潮各 2 h；

低潮期——包括最后退潮、平潮和最初涨潮共 4 h。

Prytherch 在不同的潮期和水层采集了水样，根据水样分析(见表 6.7)可知：在低潮期幼虫最多，而且在这期间幼虫在各水层中的垂直分布数量比较接近；在潮间期几乎找不到幼虫；在高潮期幼虫也很少。虽然在各水样中采集的幼虫总数比实际在自然海况中应有的数量要少得多，但至少可以看出它们的分布与潮汐的变化有着相当的关系。同时还可以看出，牡蛎的幼虫极大部分的时间是潜在水底生活的，唯有在水流最缓慢的低潮时才升到表层。

表 6.7　在各种潮期不同层次采得的牡蛎幼虫(不包括直线铰合幼虫)(Prytherch，1928)

潮　　期		每 189.25 L 海水中含有幼虫的平均数/个			
		表层	中层	底层	总数
低潮期	最后退潮	2	7	12	21
	平潮	15	18	19	52
	最初涨潮	22	13	6	41
潮间期	涨潮	1	1	3	5
	退潮	0	0	1	1
高潮期	最后涨潮	0	2	2	4
	满潮	3	3	7	13
	最初退潮	1	0	3	4

Churchill 和 Gutsell 等发现牡蛎幼虫的浮游运动与流速有密切关系。当水流速度达到 16.65 cm/s 时，牡蛎幼虫方才停止浮游而停留在底层。

2）光照强度对牡蛎幼虫的影响

Medcof(2011)指出，不论在任何潮期和任何的垂直深度，采苗器在白天采到的苗数总比在黑夜采到的多(见表 6.8)。Cole 等(1939)在试验中也得到了同样的结果。他们还指出，光照强度与采苗率有相应的关系。

表 6.8　白天与黑夜采苗量的比较(Medcof，1955)

时　　间	白天采苗总数/个	黑夜采苗总数/个	比　　例
1939 年	1892	1692	1.1∶1
1940 年	1982	1010	2.0∶1

3）氧气、pH 值等对幼虫的影响

Gaarder 等发现，食用牡蛎的幼虫在底部缺氧时便集中在溶氧量较高的上层水区。Cole 等(1939)观察到在 pH 值较低时，食用牡蛎的幼虫会向上浮游，但集中在表层的营光合作用的浮游生物又迫使它们维持在较深的水层中。Carriker 发现，潮流上涨使湾口的盐度上升时，即将固着的幼虫便向上浮游。上述试验均证实了牡蛎幼虫的浮游习性受到各种化学、物理因素的影响。

综上所述，牡蛎幼虫极大部分时间是停留在底部生活的，它们常受各种化学和物理因素的刺激而向上浮游，但各种刺激因素所占的主从地位随时间、地点等条件而变。

6.6.2 附着

牡蛎的幼虫在海水中经过一个阶段营的浮游生活后，便在固着基上变态成固着生活。当环境不适宜其固着时，幼虫便会延长浮游的时间。若在一定的时期内找不到合适的固着物，幼虫便任意放出用以固着的黏胶物质，以后便难以固着了。在正常的情况下，一个即将固着的幼虫可以用足在物体上爬行，遇到合适的地方，便自足丝腺中放出足丝，使自己抛锚在固着物的表面上，等到把左壳完全安妥，便从体内放出黏胶物质，把自己的左壳固定在固着基上。

牡蛎幼虫的固着与盐度、铜离子浓度等有密切关系。

1. 盐度

海水中含盐量的高低能影响足丝绒发达的程度、黏胶物质分泌量的多少和足丝黏度的强弱。如美国牡蛎的幼虫固着时最适宜的盐度是15‰～25‰，以20‰尤其相宜。在过高或过低盐度下分泌出来的足丝一般细而脆弱，黏液物质的分泌量一般比较少，这样幼虫就难以固着。

2. 铜离子浓度

Prytherch(1931)曾经观察了钠、钾、镁、钙等金属的阳离子和氯离子、硫酸根、碳酸根、硝酸根等阴离子对牡蛎幼虫固着的影响，又做了铝、锰、铁、镍、铜、锌、银等金属的盐与幼虫固着关系的试验。他发现铜离子对幼虫的固着起着一定的作用。在1 L海水中，铜离子的含量必须保持0.05～0.6 mg，过多或过少均不适宜。在自然环境中铜的含量随潮汐的升降而变，一般在低潮时较多，因此低潮对牡蛎幼虫的固着也比较适宜。

3. 固着基的投放角度

Hopkins把固着器以五种不同角度投放：水平放置，上面(阳面)为180°，下面(阴面)为0°；斜放，一面为45°，另一面为135°；垂直放置，两面均为90°。然后他统计了幼虫固着数量与固着器表面角度的关系，结果发现从以0°投放的采苗器表面采到的幼苗最多，而从以180°投放的采苗器表面采到的最少。他认为这种结果可能是由于牡蛎幼虫的运动器官的位置造成的。因为当牡蛎幼虫附着时，总是以面盘和足向上，因此易于与固着基的阴面接触而固着。Medcof也支持这个观点。

张玺等(1957)认为在正常的情况下幼虫对固着物的角度没有选择性。他们在青岛小港也做了试验，证明固着器阴面的附苗量较阳面的多，但认为产生这种现象可能是由于小港水质混浊，悬浮在海水中的泥粒大量沉淀在固着器的阳面，致使幼虫难以附着。此外，在南方夏季落潮时阳光直接照射也造成阳面牡蛎幼虫固着比较少。

4. 固着基表面的粗糙度和色泽

固着基表面粗糙度与牡蛎幼虫固着的关系，不同研究者有不同的见解：有的学者认为幼虫固着时没有选择性；而有些学者认为牡蛎幼虫喜欢固着在比较平滑的表面；郑重等(1953)和张玺等(1957)认为它们喜欢固着在比较粗糙的固着物上，因为粗糙表面对牡蛎幼虫固着的习性(用足丝抛锚、用足爬行、分泌黏胶物质等)更为有利。Thieblemont曾报告，涂白色的瓦能采取较多的苗(张玺 等，1959)。

6.6.3　生长

6.6.3.1　贝壳的生长

1. 种类与个体的生长极限

牡蛎因种类的不同，生长大小的极限也有显著的不同。如我国的褶牡蛎、团聚牡蛎等，它们的壳长一般很少超过4 cm；相反，如长牡蛎、近江牡蛎都是比较大型的种类，长牡蛎的壳长可超过30 cm。同种类不同个体的牡蛎，虽然在同样的环境条件下，生长的大小也有相当大的差异。

2. 贝壳生长与年龄的关系

牡蛎种类不同，生长规律有一定的差别。如褶牡蛎贝壳的生长基本上可以划分为两个时期——生长期和成年期。生长期又可分为生长初期和生长后期两个阶段。

(1) 生长期：在优良的环境条件下，褶牡蛎贝壳的生长初期一般为三个半月，这个时期最主要的特点是贝壳生长极快，在三个半月中壳长度可增长50.85 mm，壳高增加40.90 mm。生长后期的特点是贝壳生长速度大大降低，每月平均生长速度为生长初期的1/18。

(2) 成年期：褶牡蛎自附着开始约经过一年之后就进入成年期，在这个时期由于生长期已结束，虽然外界条件还是非常优越，但贝壳的生长几乎完全停顿。

从整个贝类来看，它们的生长规律基本上可分为两种类型：一种类型，它们幼年的时候生长速度相当快，而在成年时也保持一定的生长速度，因此它们在整个生活史中都保持生长，如栉孔扇贝；另一类型，它们的生长仅局限在生活史中的一个阶段，以后就很难继续生长，如褶牡蛎。

3. 贝壳的生长与季节的关系

贝壳的生长具有季节性的变化，特别在生长期比较长的大型牡蛎中这种变化格外明显。例如近江牡蛎一年中贝壳的生长基本上可以区分为四个时期(张玺 等,1957)。

(1) 休止期：自1月开始至3月中旬。在这个时期由于水温较低(<5℃)，贝壳的生长几乎完全停顿。

(2) 第一次生长期：自3月中旬开始至5月。这个时期水温会很快上升，为近江牡蛎贝壳生长最旺盛的时期。

(3) 产卵期：自6月初至9月初。在这个时期环境条件虽然非常适合于贝壳的生长，但是牡蛎在这个季节要繁殖下一代，因此肉质部的变化在这个时期最大，而贝壳的生长却很缓慢。

(4) 第二次生长期：自9月初至12月底。此时牡蛎产卵已毕，而且水温也尚适宜，贝壳会进行比较迅速的生长。

季节对贝壳生长的影响不仅在生长期比较长的近江牡蛎上可以观察到，就是在生长期比较短的褶牡蛎上同样也可以观察到。

6.6.3.2　肉质部的生长

牡蛎肉质部的生长与产卵的关系最为密切。例如青岛的僧帽牡蛎在产卵盛期以前的5月底，含肉量增多，在产卵盛期后含肉量大大降低，到秋季含肉量又逐渐上升；广岛的长牡蛎干肉量以6月份为最高，8月产卵季节以后又逐渐增加。但是Russell(1923)经对食用牡蛎试验后认为，食肉牡蛎以4月份含肉量为最低，以后逐渐增加，至9月份达到高峰，9月以后又逐渐下降；通过试验他还发现另一地点产的食用牡蛎含肉量也以4月份为最低，但其他季节无多大变化。这些试验结果的差异可能是各地气候、饵料变化的情况不同，以及产卵季节的差异造成的。

6.7 污损生物与海洋环境

6.7.1 温度

温度是决定污损生物的地理(水平)分布的最主要外界环境因子;温度又与污损生物的生长、发育和附着季节紧密相关。

6.7.1.1 物种的温度属性

所有海洋生物都有两个适温范围,一个为满足其生存的适温范围,另一个为满足其生殖的适温范围,前一个适温范围宽于后一个。这两个适温范围决定了海洋生物在世界海洋中的分布格局。根据海洋生物的这种温度属性,在海洋生物分类区系的研究中,通常将海洋生物分为暖水种和冷水种。暖水种生长、生殖适温一般高于 20 ℃,自然分布区月平均水温高于 15 ℃。暖水种又分亚热带种和热带种。冷水种生长、生殖适温一般低于 4 ℃,其自然分布区月平均水温不高于 10 ℃。因而,污损生物的地理分布受其温度属性的制约,呈现出依温度属性而异的地理分布差异。例如苔藓虫中,阔口隐槽苔虫的分布区最高平均水温不超过 27 ℃,在中国沿岸水域分布南界为连云港,独角裂孔苔虫、萝花托孔苔虫、牡丹蔽孔苔虫等暖水种,在中国沿海仅分布在南海而不扩展到东海及黄海。再如,紫贻贝既是北方沿海的主要养殖贝类,又是管道的主要污损生物,这种温带种在长江口以南就很少有自然分布的。其冷水种分布在北美洲沿岸分布的南界,且夏季平均水温不能超过 26.6 ℃。

6.7.1.2 温度与生长发育

温度明显影响污损生物的生长、发育和繁殖及附着期。例如,紫贻贝的生存适温为 1～26 ℃,生长适温为 8～23 ℃,繁殖适温为 12～18 ℃。又如,厦门港的网纹藤壶不同季节附着的个体,因水温差异,第一次性成熟时间、基底大小有很大差异,在高温(28.6 ℃)季节,幼体附着仅需 18 天,基底直径 6.3 mm 即达到性成熟;而冬天低温季节(19.9 ℃),幼体附着后至翌年 4 月初,历时 152 天,基底直径为 13.9 mm 时才达到性成熟(见表 6.3)。再如,对欧洲河口低盐水域的一种裸芽水螅,在不同温盐环境条件组合(10 ℃、20 ℃、23 ℃三个组)下进行的试验证实,温度越低,该水螅生长越快,这表明物种的生长与温度有关系(见图 6.16)。

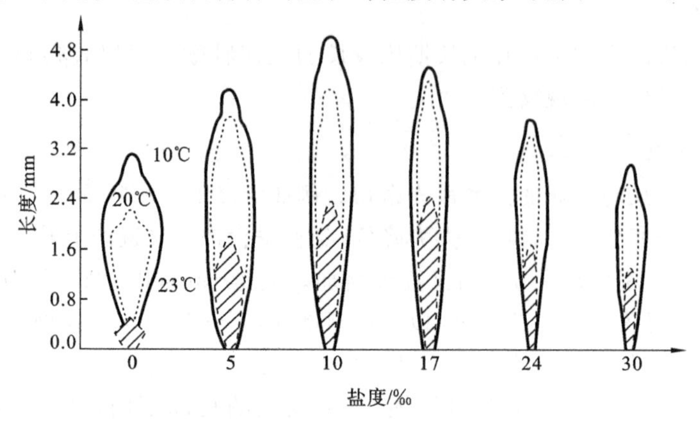

图 6.16 不同温盐组合下裸芽水螅的长度

6.7.1.3　温度与附着季节

如前所述，污损生物的附着季节大致分为仅在全年一段时间附着、一年有两个相间的附着期、全年各月都有附着三种类型。这些类型的差别，主要是不同港湾的温度差所致。表 6.9 列举了五种常见的污损生物在不同港口的附着期与附着高峰期及其相应的水温。温水种紫贻贝的附着期开始水温仅 5 ℃左右，高峰期通常也不超过 20 ℃，而网纹藤壶等热带、业热带种的附着高峰期水温一般都高于 20 ℃。

表 6.9　五种常见污损生物的附着期与附着高峰期及水温

物　　种	地　　点	附着月份及月均温		附着高峰期及月均温	
		月份	温度/℃	月份	温度/℃
总合草苔虫	日本矢湾	3—8，10—1	11.0～25.5	4—6	15.5～23
	中国青岛	5—12(中)	13.5～26.5	9(中)—10	18.5～26.5
	中国香港	1—12	15.5～28.0	1—2	25
	埃及苏伊士	1—12	15.0～27.0	5	25
	美国圣地亚哥	1—12	15.5～21.0	3—8	22.5
	新西兰利特尔顿	12—5	14.8～20.5	1—2	19.5～20.0
	澳大利亚悉尼	1—12	11.0～24.5	11—12	18.5～19.2
华美盘管虫	日本长崎	1—12	12～27	7—9	24～27
	中国香港	1—12	15.5～28.0	2—4	15.5～21.5
	中国西沙永兴	1—12	24.2～29.8	10—1	24.2～27.0
	埃及亚历山大	1—12	15.0～29.0	8—10	20.0～29.0
	澳大利亚悉尼	1—12	14.5～24.5	12—2	22.0～20.5
紫贻贝	日本金泽	1—7	5.0～20.0	5	10
	中国烟台	5—7，10—11	—	6—7	17～22
	挪威卑尔根	2—11	4.8～16.5	5—7	5～15
	英国卡那封	4—10	6.5～13.0	8—9	12～13
	美国拉蒙尼	7—9	—	7—8	14.0～16.0
网纹藤壶	日本矢湾	6—11	22.5～25.5	7—9	25.0～25.5
	中国三都澳	5—12	15～27	8—10	23.5～27.0
	中国厦门	4—1	12.5～27	7—10	24.5～27.0
	中国湛江	1—12	15.0～20.5	6—10	25.5～29.5
纹藤壶	中国青岛	6—10	21.5～28	6	21.5
	中国香港	1—12	15.20～28.0	4—10	21.5～28.0
	日本金泽	5—11	17～27	6—10	19～27
	澳大利亚悉尼	8—5	16～24.5	3—4	22.5～23
	新西兰奥克兰	11—3	19～22.5	1—2	22.5
	阿根廷马德普拉塔	1—12	9～20	1—3	19.5～20.0

6.7.2 盐度

对盐度的适应是海洋生物最基本的生理特点，污损生物也不例外。外海和大洋的盐度高(34‰左右)且恒定，沿岸和港湾、河口盐度低，盐度变化大。河口、港湾和沿岸带是人类活动最频繁、港工建设最多的区域，污损生物在这一带的浮标、码头、养殖设施和船底呈现出很大的适盐差异。例如在中国沿海的长江口、九龙江口、珠江口和香港海域，不同盐度区污损生物群落有很大差别。

第 7 章　污损生物防除概论与防污方法

7.1　海洋污损生物及其防除

7.1.1　海洋污损生物防除

海洋污损生物防除称为防污。目前常用的防污方法有防污涂料防污、电解海水制氯防污。有船舶及海洋设施出现，即有生物污损和防除的研究和应用。人们对许多防污方法进行了尝试，特别是第二次世界大战以来，有数以千计的防污方法报道和防污专利项目出现。防污方法可大致归纳为化学（毒物）、物理（电）和生物三大方面的方法，以及这几方面方法的结合，其中以毒物法的应用最为广泛（见表 7.1）。

表 7.1　防污方法及说明

方法		说明
涂料毒物渗透	氧化亚铜	用氧化亚铜做毒剂的防污涂料，靠微溶于水的氧化亚铜从涂料中恒定（约 10 mg/（cm^3 · d））渗出 Cu^{2+} 毒杀污损生物幼虫，有效期取决于有效渗出时间长短。含氧化亚铜涂料是目前船舶最有效和应用最广（或唯一）的方法，期效为 0.5～3 年
	有机锡	用三丁基锡（$RSnX_3$），如三丁基氧化锡、三丁基氯化锡等卤族元素的有机锡化合物。靠微溶于水的 Sn^{2+} 从涂料中渗出达到防污，有效渗出浓度约为 Cu^{2+} 的 1/10。国内外都已成功应用于轻金属船壳（快艇、游船）和渔网防污。但因污染海域，20 世纪中期国外和国内均已禁用，犹如昙花一现
	其他化合物	其他无机化合物：汞、锌的化合物和砷的化合物。 有机化合物：有机苯、有机铅、有机锑、有机汞、有机铋、滴滴涕、六六六、有机硫、有机氮、多种杂环化合物。 天然有机化合物：除虫菊、鱼藤素、辣椒素等
电解海水及施氯		用电解海水装置电解海水产生氯离子和次氯酸根，毒杀污损生物幼虫，是目前管道防污的主要方法，大亚湾核电站已使用多年。电解海水装置已商业化，也在船壳防污方面有应用
铜覆盖		如在水下声呐装置上罩外壳，包紫铜板，靠溶解出来的铜离子防污，已使用
生物防除		通过微生物黏膜防污，寻找生物体的防污活性物质，研究污损生物幼虫附着机理，阻止其附着
其他物理、化学和机械法		降低基质表面能防污；超声波防污；通交流电防污；在船体周围安毛细管装置，放出含毒溶液防污；用氯气防污；将船体周围水体 pH 值控制在 9 以上防污；覆盖塑料或其他成膜物质，待生物附着后剥去膜来防污；把钴、碲等放射性同位素加入涂料中防污

7.1.2　防污和防锈

防污和防锈是铁壳船和海中铁质构件必须同时解决的两个问题。国际上自 1968 年以来，每四年召开一次海洋腐蚀和生物污损国际会议(International Congress On Marine Corrosion and Fouling),中国国家海洋局第三海洋研究所和中国船舶重工七二五所等单位曾先后三次与会并发表论文。人们通过该会议发表了大量关于海洋生物污损、污损生物、海洋腐蚀和钻孔生物及其防除的论文、报告,展示了这些方面研究的国际动态,特别是欧美国家的动向。

7.1.3 钻孔生物及其防除

软体动物双壳纲的船蛆科(teredinidae)和海笋科(pholadidae),节肢动物甲壳纲的蛀木水虱科(limnoriidae)和团水虱科(sphaeromidae)的许多种,在海中木材上营钻孔生活,也有些在混凝土、珊瑚礁和红树林根茎上营钻孔生活。如船蛆、马特海笋、蛀木水虱和光背团水虱等四类代表性种在中国沿海最为习见(蔡如星 等,1962)。防钻孔生物常用的是木壳船防污漆,也有将防污毒料直接注入木、竹等海中设施中的。

7.2 世界防污历史和现状

在开发海洋、利用海洋的历史进程中,人类一直面临着防除海洋附着生物的问题。海洋污损生物在船体附着,会增加船底表面的粗糙度,增加船舶航行的阻力,进而降低船速和增加燃油消耗。多年以来,除采用防污涂层的方法外,还有许多方法可用于防除海洋污损生物,这些方法包括采用放射性物质防污、采用超声技术防污、采用捕食性细菌防污、电解海水制氯防污和从船体上的开孔释放出杀生物剂防污等。在木船船体外采用包覆铜皮防污是多年以前的做法。1758 年第一次在 H. M. S. Alarm 船上采用了铜皮防污。但是该方法应用到钢质船体上就会产生非常严重的腐蚀问题,需要采取非常完备的绝缘措施。

采用船底防污漆是船舶防污方法中最方便可行的手段。最初的防污涂料技术可以追溯到 1625 年 Willian Beale 的发明,但是一直到 19 世纪 60 年代,才有可实用的防污涂料出现。这类防污涂料是以毒料缓慢地释放到船体表面的层流水层中,以杀死在船体表面自由活动的附着生物幼体来达到防除的效果。

从 20 世纪初,防污涂料已开始成功地应用到船舶防污上,到 1970 年前,防污涂料的主体防污剂都是铜和铜化合物(以红色氧化亚铜为主),有时配合一些辅助防污剂,如:氧化汞,以铅、汞、砷、锌和锡为基的有机金属化合物。以氧化铜为基的防污涂料主要有两大类:可溶基料型和接触渗出型。

Ven der Kerk 和 Luijten 发现一类以三丁基锡为基的毒料具有广谱杀海洋附着生物的能力。现场试验表明,这类有机锡化合物的防污能力比氧化亚铜强 10～20 倍。20 世纪 70 年代前的防污漆采用沥青、松香树脂、乙烯、丙烯酸酯等作基料,以氧化亚铜为主要防污剂,使用寿命一般就只有半年到 2 年。

从 20 世纪 70 年代开始,推出有机锡高聚物自抛光防污漆,它们的有效寿命可达 5 年。这类防污漆能保持缓慢的聚合物溶解性,使涂层表面趋于光滑,达到保持船速和节省燃油的优点,但是这些防污漆在防除污损生物的同时,也引起了环境污染问题。有机锡防污漆会造成环境污染的担忧,在 20 世纪 70 年代末期这一点首先在法国逐渐表现出来。研究人员于 1980 年首次提出了 TBT(三丁基锡)在防污漆中的使用与港湾生物的损害之间的关系。在法国游艇码头附近水域养殖的太平洋牡蛎，因受到游艇渗出的有机锡型防污漆影响，产卵减少，发育不良，壳体变异，研究人员发现受影响的牡蛎含有高浓度的锡。

接着，法国、英国、美国、日本、澳大利亚等国相继采用行动限制有机锡防污漆的使用。国际海事组织（IMO）多次讨论以三丁基锡为主的防污漆问题，该组织海上环境保护委员会（MEPC）在1998年成立的工作组已通过一个在防污漆中停止使用和完全禁止使用有毒的有机锡化合物的提案，从2003年1月1日已开始禁止使用含三丁基锡或其他有机锡作为毒料的防污漆，在2008年1月1日完全禁止这些产品作为船舶防污漆存在。另一个被禁止使用在防污漆中的杀虫剂是滴滴涕，滴滴涕是目前传统型防污漆中一种主要的防污辅助杀虫剂，它与氧化亚铜组成复合防污剂，主要应用于中低期效防污漆和木船防污漆。

2001年5月23日联合国组织在瑞典斯德哥尔摩召开《关于持久性有机污染物（POPs）的斯德哥尔摩公约》，要求各国采取行动，防止持久性有机污染物对环境的影响。公布的第一批化学物共三类十二种，其中就包括滴滴涕，要求采用新型对环境低污染或无污染的防污剂来替代传统型防污漆中的滴滴涕。目前开发低毒或无毒的自抛光防污漆的主要方向如下。

（1）无锡铜基自抛光防污漆　在寻找取代有机锡自抛光型防污漆的路线中，目前主要采用铜盐化合物和防污增效剂复合的方法。在树脂基料改性中，采用称为CDP（controlled depletion polymer）技术的新型增强树脂技术或者合成新型的丙烯酸共聚物技术（无TBT-SPC技术）。自抛光型铜基丙烯酸涂料已推向市场。由于聚合物本身的水解，铜离子渗出到海水中还达不到足够的防污能力，所以在防污漆中使用氧化亚铜作为防污剂的同时，还要添加获得各国环保局注册、允许使用在防污漆中的辅助杀生物剂，如Copper Omadine（吡啶硫酮铜）、Zinc Omadine（吡啶硫酮锌）、Irgarol 1051等。表7.2列举了部分已获得有关国家和地区环保部门许可的防污剂。

表7.2　已获许可的各类防污剂

通用名称和商品名	种　类	生　产　商	材料状态	建议用量	批准国家和地区
Sea NINE-211®	DCOI 异噻唑啉酮类	Rohm&Hass	30%二甲苯溶液（供应品）	3%～10%（供应品）	美国、中国香港
Irgarol 1051	—	Ciba公司	白色至微黄色粉末	5%	美国、中国香港
Zinc Omadine®	吡啶硫酮锌	Arch chemicals，Inc	白色粉末	3%～5%	美国、中国香港
Copper Omadine®	吡啶硫酮铜	Arch chemicals，Inc	橄榄绿粉末	3%～5%	美国、中国香港
Diuron	敌草隆	—	—	5%	中国香港
Zineb	代森锌	—	—	15%	中国香港
TCPM	二氯苯基马来酰亚胺	广州富力盾化工有限公司	黄米色结晶固体	5%～20%	—

（2）无毒防污涂料　这是一类无毒、对环境无污染的防污涂料，采用物理方法，包括低表面能防污和导电防污。这类无毒防污涂料包括氟聚合物和硅聚合物防污漆。对这类防污涂料的实验室研究和实海试验已有25年以上。氟聚合物型无毒防污漆的研究仍在实验室阶段，美国海岸警卫队已在实艇上进行应用试验。有机硅类的无毒防污漆已有商品在市场上推出，如：

SIGMAGLIDE LSE FINISH 和 INTERSLEEK 系列等；有机硅弹性体无毒防污漆作为产品已在高速的渡船上应用，实际使用寿命已超过 3 年。

导电防污技术的基本原理是把导电防污漆的漆膜作为阳极，当通微量电流时就产生电解反应，这样导电漆膜的最外层表面就被次氯酸离子覆盖，可防止微生物、海藻类和海洋硬壳类生物的附着。实际应用中一般是在船体外表面先涂覆具有防锈和绝缘作用的漆膜，上面再涂以导电漆膜。日本三菱重工公司在 20 世纪 80 年代末和 90 年代初针对该技术进行了实船试验，取得了防污效果。应用导电高分子材料，如聚苯胺作为导电防污漆基料的研究也在进行中。

除上述采用化学方法和物理方法防污外，应用生物技术防污也是海洋生物学家和防污技术专家一直探索的目标。这种概念来自于对自然界的观察，许许多多固着海洋生物具有防污适应性，不会附着任何污损生物。人们在考虑是否可以利用这种生物的防卫机理来实现防污，或者是用单一的方法，或者是采用机械、物理或化学联合方法。最有可能实现的途径是制备具有防污能力的生物化合物。

根据国际海事组织(IMO)对船舶防污涂料的规定和限制，各国都在加快现有的传统防污涂料研究，并提出相应的措施。例如，美国海军对应用于舰船的防污涂料提出的环境上的目标是：

(1) 符合空气发散规定(VOC、HAP 等)和通过 EPA 的注册；

(2) 减少防污漆中铜渗出率 50%[<10 μg/(cm^2 · d)]；

(3) 可以采用“标准”个人保护设备(PPE)进行涂装。

为减少舰船维修费用，延长舰船坞修周期(目前的平均坞修期为 73 个月)，研制了应用在大型舰船(核动力航空母舰、通用两栖攻击舰和多用途两栖突击舰)上长达 12 年期效而不用船体清洗的防污漆。

防污方法和防污涂料的发展史如表 7.3 所示。

表 7.3　防污方法和防污涂料发展史

年　代	防污方法与防污涂料
古代	早在公元前 700 年，腓尼基人就采用铅皮来包覆帆船船底、保护木材，效果较好。中国古代海船就以结构坚固、耐波性好、抗风浪能力强而著称。对航海的木船保护在宋代已广泛采用由桐油和颜料组成的油漆材料，防污方法有：定期上岸，清除污物；烟熏火烤，杀死船蛆；船底涂白灰(这种船称“白底船”)，具有防海蛆功效(李国清，1986；陈延杭 等，1986)；在淡水中短期停泊，以改变海洋污损生物的生活环境，杀死生物等
19 世纪前	1691 年英国海军成功引进采用铜皮包覆木船的方法，防海蛆效果良好，其他国家相继采用。 1737 年 Lee 等人发明用沥青、焦油和硫黄等组成的涂覆物，在英国使用，证明具有 2 年以上的防污效果
1860—1900	随着铁船的产生和发展，美国海军和许多西方国家的远洋船舶多采用铜皮包覆铁船的方法防污，但铁船的腐蚀严重问题不亚于防污问题，需要非常仔细地用木块将铁船和铜皮隔绝起来。由于铜皮抗海水磨蚀性能有限，每年需要更换部分铜皮，并且建议船速不超过 15 kn。 防止铁船的腐蚀问题，促进了防污漆的发明，到 1871 年底在英国申请的防止船舶腐蚀和污损的专利已超过 200 项。在实际使用的千百种防污漆中，实际有效的是以砷、铜和汞化合物为毒料，以树脂为基料的热熔性热塑型漆和溶解性冷塑型漆

续表

年　代	防污方法与防污涂料
1900—1980	第二次世界大战以后，世界各国为了实现经济发展，开始争夺海上霸权，这就刺激了造船工业的发展，船舶防污漆的研究和防污方法的研究也迅速发展。一直到 20 世纪 70 年代，铜和铜化合物（主要是红色的氧化亚铜）都是防污漆的主要防污剂，其他防污增效剂有氧化汞和有机金属（如铅、汞、砷、锌和锡）化合物。防污漆的类型以溶解型和接触型为主。 20 世纪 60 年代中期，以有机锡高聚物为代表的自抛光型防污漆的发明，以及后来的广泛应用带来的航运事业的巨大经济效益，标志着防污涂料技术发展到了一个新的高度。 有机锡和铜盐等对海洋环境的影响一直促进着新型无毒防污涂料和方法的研究。这些新型无毒防污涂料包括低表面能防污漆、导电防污漆、生物型防污漆和其他无毒防污漆
1980—2003	取代有机锡自抛光型防污漆的产品，其他新型防污漆技术和产品的研究成为研究热点，各类无锡防污漆产品已陆续推向市场
2003 至今	无锡防污涂料：树脂以合成树脂为主，防污剂以氧化亚铜和有机杀生物剂为主的防污漆已成为船舶防污漆市场的主流；其他低毒和无毒防污涂料，如低表面能防污漆、无机防污漆等进一步发展

虽然船底防污涂料是船舶漆中最特殊、最复杂的品种，但是除防污涂料外，其他方法至今都还未成功地应用到船舶防污上。联合国经济合作与发展组织在 1956 年发起了海水腐蚀和污损问题的国际协作研究，每四年召开一次国际会议。为了更快地交流各国在海洋防腐和防污方面的研究进展，从 1995 年已开始改为每二年举行一次国际会议，并加强了在生物防污方面的研究。

7.3　中国防污历史和现状

中华人民共和国成立前，我国涂料工业落后，没有专用的船舶漆，用于船舶的油漆以进口为主，并多采用从美国和英国进口的油漆，船舶防污漆以沥青系为主。中华人民共和国成立以来，船舶和海洋防污涂料的发展可以分成以下几个阶段：起步阶段、“会战”阶段、巩固发展和国际交流阶段。

1. 起步阶段

从 1949 年到 60 年代初，国内只有上海开林造漆厂生产船舶漆。在船舶防污漆产品上，曾按照 20 世纪 30—40 年代美国海军技术规范试生产沥青系船底防污漆，但不能符合海军舰船的技术要求。于是我国开始了自主研制船舶防锈防污涂料的工作。

1955 年上海开林造漆厂研制成功 832＃沥青船底防污漆，其防污性能已接近英国红手牌船底漆，超过苏联制 HNBK 油性系船底漆。以后又陆续研制出 833＃热带防污漆、813＃、812＃和 812A＃木船防污漆。大连油漆厂、广州制漆厂、青岛油漆厂、宁波油漆厂和天津油漆厂在该技术基础上发展了各自的船底漆体系。

1963 年中国科学院有机化学研究所和国防科委七院九所（现中国船舶重工集团公司第七二五研究所）共同研制成功有机锡防污剂，用于船底防污漆。

2. “会战”阶段

为了解决我国海军舰船面临的严重海水腐蚀和生物污损的问题，在 1966 年 4 月由化工部、中国人民解放军海军后勤部和中华人民共和国第六机械工业部(现为中国船舶工业总公司)的领导下,集中全国所有的船舶漆研究、生产、使用部门的技术力量的跨行业、跨地区和跨部门的攻关会战组成立,其历经15年,研制成功了一系列船底防污漆,不仅基本满足了海军舰船对船底防污的需求,而且使我国的船舶漆体系进入世界先进行列。

它们包括2～3年防污期效的836#沥青系船底防污漆、103-4#和0-5#乙烯系以及36#过氯乙烯系船底防污漆;5年防污期效的有氧化亚铜与有机锡复合毒料沥青系L28#、71-33#,以及839#和0-5(4)丙烯酸系防污漆。

中国船舶重工集团公司第七二五研究所、化工部广州涂料工业研究所和福建师范大学分别研制的有机锡自抛光型防污漆通过鉴定并在船艇上得以应用,实船试验已达3年期效。在20世纪90年代中期中国船舶重工集团公司第七二五研究所研制的低锡自抛光防污漆(92#)和无锡自抛光防污漆(16#)达到了3年的实船试验效果。

3. 巩固发展和国际交流阶段

改革开放为我国引进先进工业国家的技术提供了途径。为了适应我国造船和修船的需要,上海开林造漆厂首先在1985年引进英国国际油漆公司的船舶漆先进技术,提高了船舶漆的技术水平和产品质量。近20年来,几乎所有国际上著名的船舶漆生产厂家,如丹麦Hempel公司、美国Ameron公司、荷兰Sigma公司、日本关西涂料株式会社等,都在中国找到了合作伙伴或独资开厂。

我国国内生产的防污涂料水平已接近和达到目前国际先进水平,不仅能满足国内各种类型的船舶、海洋设施防污漆的需要,而且可以为我国出口的远洋船舶提供完整的船舶配套涂料体系。

7.4 电解海水防污

7.4.1 电解海水防污的历史

电解海水防污技术的研究和应用仅有几十年的历史。日本从1962年开始研究电解海水防污问题。日本三菱重工业股份有限公司在1965年首次研制成一种防止船壳生物污损的防污系统,1971年在多艘大型船舶上安装使用。现在已有“MGPS”(防污损生物装置)在船舶和海滨电站以及内陆工程上安装使用。

英国1963年在BIYTH发电站海水管道上安装电解海水防污装置,取得了良好的防污效果,同时也在很多海滨电厂蒸汽机、发动机冷却系统中应用了该装置。从1965年起,开始研究在船上使用电解防污装置,并将其安装到了P级潜艇上。英国大西洋城电力公司BL英格兰电站于1974年安装了电解海水制氯装置,与施加液氯相比较,取得了明显的经济效益。1987年英国SHEFIELD大学的控制微生物污损和腐蚀有限公司研制的BFCC系统,用氯和铜两种毒料同时作用来杀死污损生物,其防污防腐效果十分理想。

美国的英格哈德公司生产的电解海水防污装置大量应用于大型船舶。美国的ELETCH国际公司和香港天成化工有限公司合作配套生产的电解海水防污装置,大量应用于海滨电厂、化工厂、海边游泳池、海上公园等。还有加拿大、丹麦等国也在船舶上安装了电解海水防污装置,法国、意大利等国也有大量电解防污装置应用于海滨电厂。

电解防污是利用电解方法使海水产生氯气或使铜阳极在海水中溶解产生铜离子，借助这些对污损生物(藤壶、贻贝等)有毒性的物质来杀死或防止生物污损的技术。电解防污系统有三种：一是海水电解防污系统；二是Cu-Fe阳极防污防腐系统；三是$Cu\text{-}Cl_2$防污系统。其中海水电解防污系统是日本20世纪60年代首先研制的。60年代中后期英国研制了Cu-Al防污防腐系统，80年代研制了$Cu\text{-}Cl_2$防污系统。电解防污系统研制工作已有40多年历史，其中海水电解防污系统，Cu-Al(或Cu-Fe)阳极防污防腐系统已在舰船、海洋平台、海滨电站、化工厂等的海水工作系统，如海水冷却管系、消防管系，以及阀、泵、冷凝器等组件中得到成功的应用。

7.4.1.1　电解海水防污系统

电解海水防污系统的特点是有取之不尽的海水资源，比以往采用的注氯法或加次氯酸钠法更安全、经济，对环境无污染。如前文所述，该系统是1965年由日本三菱重工业股份有限公司首次研制成功的，目的是解决船体防污问题。该系统已在200多艘船上使用。其主要由海水泵与管道、电解槽、整流器、旋风除尘器、空气压缩机与空气管道、喷嘴管等组成。其中：电解槽做成串联多层平行板状；旋风除尘器的作用是使在电解过程中产生的氢氧化镁与氢气分离，防止喷嘴管孔堵塞。喷嘴管用于将电解液与空气混合成微细的气泡吹出，使电解液有效地分布在船壳上。该公司通过海水池中大型试验装置对船板防污系统进行了可行性研究，验证了该系统的效果和寿命。根据这些试验结果对从70吨、100吨的小船到万吨矿石散货船的不同类型船舶进行了实船试验。为了减少防污系统的电力消耗和所造成的杂散电流腐蚀，把带伏电极系统改为电极槽系统，并在25万吨油船的应用中逐步解决了电极槽的防火防爆、槽内自动控制供给电流大小、内表面防腐蚀、消除电解产物氢气和氢氧化镁沉积、输送电解液的管道和阀门等问题。经过对日本至波斯湾航线的25万吨油船和日本至南美航线的5万吨矿石散货船装海水电解防污系统的年度运货利润的分析表明，单从保持航速这一点而言，安装电解防污装置后，25万吨油船可增加年利润1.5亿日元，5万吨矿石散货船年利润增加量为4000多万日元。美国在20世纪70年代发明了适合垂直侧面的船舶用的海水电解装置和方法，通过船侧面分别开压缩空气和防污物质排放孔或者在船底龙骨区开排放孔，将防污物沿船壳表面缓慢上升到水面来达到防止生物污损的目的。船侧表面防污物质浓度由氧化还原参比电极测定并采用自动控制方法控制。

7.4.1.2　Cu-Al(或Cu-Fe)阳极防污防腐系统

Cu-Al(或Cu-Fe)阳极防污防腐系统是20世纪60年代末期英国为皇家海军潜艇研制的海水管系用防污防腐系统。目前有Cathelco和Elina系统，两系统原理相同，都是利用电极释放出的铜离子和铝离子来分别进行防污和防腐。其特点是对环境不污染，可自动操作，安装简单，在控制板上可自动显示保护情况，成本与注氯法接近，操作管理比注氯法更安全可靠、经济。Cathelco系统1989年就已为600多艘舰船所采用，1990年为700多艘舰船所采用并成为一些国家海军舰艇的标准设备，并在海洋平台、海滨电站及化工厂得到了应用推广。Elina系统也可作为舰艇和商船的标准装置，同时也用于海洋平台。对于Cu-Al和Cu-Ni合金防污系统则采用Cu-Fe阳极防污防腐系统。据称，这种防污防腐系统将推广到船体外壳的防污防腐上。

7.4.1.3　BFCC($Cu\text{-}Cl_2$)防污系统

BFCC($Cu\text{-}Cl_2$)防污系统代表现代先进的防污系统，它利用铜离子和氯气的"协和效应"，显然比单独用铜离子和氯气防污效果好，用氯量比通常单独用次氯酸盐的含氯量要少80%～

90%,因此具有对环境的污染少、价格更便宜的优点,并可降低氯腐蚀的可能性。美国正在进行实船研究。

7.4.1.4 改进电解海水用的电极材料

对电极材料的要求是:氯气产生电位低;电流效率高;稳定性好;耐腐蚀;耗电少;价格便宜。适合在低温海水下使用的电极材料尤其引人注目。日本对电极材料的制造方法和工艺进行了不少研究。例如镀氧化钯的钛阳极,不但耐蚀性优良而且电流效率可提高到95%以上(而镀铂钛阳极仅有60%~80%)。另外研制了适合于低温(15 ℃以下)海水的电极材料,其镀层由10%~35%(质量分数,余同)的铅、30%~80%的氧化铱、10%~55%的氧化钯组分所组成,它用于取代DBA电极(镀氧化铱和氧化钌)。该电极具有80%以上电流效率(低温下),耐氧化性好,寿命长(1年以上),价格便宜(比镀铂钛电极便宜60%)。此外,日本还研制出了低温、高电流密度(10 kA/m^2以上)下使用的电极,其镀层由30%~50%的氧化钌、30%~60%的钛、5%~15%的二氧化锡/三氧化二铋和1%~6%的四氯化三钴组成,基体材料为钛。

日本已发明了快速、简便地直接测定氯气发生量和电流效率的方法,取代以往间接测定电极电流效率的方法。

7.4.1.5 消除电极沉淀物、保持低温电流效率的措施

日本已发明利用二氧化碳通往电解槽,降低pH值至5~6的办法,消除电极沉淀氢氧化镁问题。美国则发明了施加3100~77500 mA/m^2电流密度并定期改变阳极极性来清除沉淀物二氧化锰的方法。这些措施改善了电解槽的电流效率,延长了电极寿命。为解决低温海水降低电解槽电流效率问题,采用从冷凝器引入部分温海水的方法,使电解海水温度保持在10 ℃以上。

我国至今已经研究设计出三种类型的电解防污装置,并应用到船舶、海滨电厂、沿海工厂等的海水管道和海水冷却系统中,取得了良好的防污效果。

7.4.2 电解海水防污技术在我国的应用

7.4.2.1 船舶冷却水和船体防污

上海船舶研究所何跃春、胡德仁等,针对用于电解海水的电极、电解方法、氯的防污浓度及分析方法、电解时对金属腐蚀的影响、适合的海水流量及氢氧化镁的沉积等问题,研制了EAF-1型和EAF-2型电解海水防污装置。在浙江温岭进行了海港试验后,又于1976年1—11月在3400吨的“工农兵2号”客货轮(每天往返航行于大连和烟台,航行8 h,停泊16 h)上试验,结果良好,顺利度过了该海区4月污损生物(紫贻贝、致密藤壶、加州草苔虫、柄瘤海鞘等)的繁殖旺季。该船航行时冷却水用量为600~700 t/h,停泊时冷却水用量为200 t/h;防污部位是主、副海底阀门,主凝水器和发电机海水冷却管。安装EAF电解海水防污装置后,上述部位得以有效防污,其技术指标如表7.4所示。

青岛海运总公司的千吨级货轮“鲁海183”轮在1998年8月安装了DHZ型直接式电解海水防污装置,之后又在“鲁海171”轮和“鲁海101”轮等上安装了此装置。青岛海运总公司的5000吨货轮“鲁海164”轮,在1988年12月安装了DHF-03型间接式(电解槽式)电解海水防污装置,之后在青岛远洋集装箱货轮“鲁海65”轮、“大盛”轮、青岛鸿源贸易公司7000吨货轮“鸿源”轮等上又安装了此装置,取得了良好的防污效果。

表7.4 上海船舶所船舶电解海水防污装置的技术指标

参 数	指 标	
	上海船舶所	国外同类装置
阳极材料	铅银微铂	镀铂钛
阴极材料	普通钢	锌、镍、软铜
电流密度/(A/dm)	8～10	10
极间电压/V	6～7	5
电流效率/%	65	80
耗电率/(kW/kg)	4.71～6.54	5.25
残氯浓度/(μg/L)	0.1～0.2	0.1～0.2
电极寿命/月	12	15

7.4.2.2 滨海工厂冷却水管防污

青岛发电厂9号发动机组风冷器，在1989年7月安装了DHZ型直接式电解海水防污装置，取得防污效果后，又陆续在6号、7号、10号、11号、12号风冷器上也安装了此套装置。

潍坊碱厂安装的产氯量为9.0 kg/h的电解海水制氯防污装置，于1993年9月17日投入运行，1994年8月停机检查，证实防污效果十分明显。

秦皇岛热电厂第一台工业用电解海水制氯防污装置(产氯率为36 kg/h)，于1993年11月投入运行。

威海发电厂安装的产氯量为48 kg/h的电解海水制氯防污装置，于1994年10月投入运行。龙口发电厂、青岛海水厂等也安装了此装置。

大连石油化工公司的电解海水防污装置，产氯量为30 kg/h，1994年6月完成可行性研究。

大亚湾核电站1986年兴建，装机容量2×90万千瓦，冷却水用海水，用量高达108 m^3/s。1992年及1993年运行前在进水口进行了防污参数调查，包括对污损生物的种类、数量、繁殖季节，闸门堵塞生物的种类、数量、大小和季节变化，以及进水口海水的镁含量及温度、盐度等参数的调查。冷却水经渠道的栅栏和细筛后进入泵站，在泵站安装两台英国产的电解海水装置，规格及有关参数如下。

电解槽型：Mark Ⅱ。

总有效氯产量：83 kg/h。

电压：100 V。

直流电强度：3920 A。

具体电力消耗：3.78 kW·h/kg。

7.4.3 电解海水防污装置的设计和安装

电解海水防污是利用特制的电极电解海水来产生氯，氯具有毒性，它可以驱除或杀死海域污损生物的幼虫或孢子，达到防污的目的。电解海水时，主要发生以下反应：

阳极反应：

$$2Cl^- \rightarrow Cl_2 + 2e^-$$

$$4OH^- \rightarrow O_2\uparrow + 2H_2O + 4e^-$$

阴极反应：

$$2H_2O + 2e^- \rightarrow 2OH^- + H_2\uparrow$$

阳极产生的氯气又和阴极产生的氢氧根离子反应：

$$Cl_2 + 2OH^- \rightarrow ClO^- + Cl^- + H_2O,\quad Cl_2 + H_2O \rightarrow HClO + H^+ + Cl^-$$

反应中生成的 HClO、ClO^-、Cl_2 称为有效氯，都具有毒性。

下面以潍坊纯碱厂电解海水防污装置的设计、运行情况，防污效果及经济效益，论述电解海水防污的设计和安装。

1. 海水管道现状

潍坊纯碱厂所需海水通过二级输送到达厂区，提水泵站设在防潮堤上，利用潮汐取水，经两个长 2000 m、直径为 1.2 m 的钢筋混凝土暗沟将水送到调节池，这段管道基本无海洋生物附着。

调节池后设加压泵站，采用 6 台水泵，2 条直径为 1.0 m、长约 100 m 的钢管，后接长 7.1 km 的钢筋混凝土管道直达厂区，向厂内提供海水。停机检修发现钢管段污损生物附着现象严重。

2. 海水水质

海水水质见表 7.5。

表 7.5 1992 年 5 月海水加压泵站处水质

成分含量/(mg/L)							COD /(mg/L)	pH	浊度	电导率 /(μg/cm)
Cl^-	Ca^{2+}	Mg^{2+}	SO_4^{2-}	Na^+	Br^-	S^{2-}				
19506.95	601.2	1416.00	336.20	9300.00	335.58	0.04	6.44	7.75	20	840

3. 设计参数和指标

处理海水量：最大 6000 m^3/h。

供电电源：～380 V，三相，50 Hz；

～220 V，三相，50 Hz。

总有效氯产量：9 kg/h。

残余氯浓度：≥0.01 mg/L。

直流电消耗：≤6.0 kW·h/kg。

4. 电解海水装置组成

该装置位于加压泵站内，占地面积 78 m^2，主要由海水过滤器、电动阀、电解槽、分离罐、鼓风机、加压泵、整流器、控制台、低压柜、热工仪表、管道阀门及测氯备件组成。

(1) 海水过滤器　1 台，网目 16 目，滤网由不锈钢制成。海水过滤器用于海水机械杂质的滤除，防止电解槽堵塞及对电极的冲刷磨损。

(2) 电动阀门　1 个，0.125 kW，通径规格为 Dg80，用钢衬胶材料。

(3) 电解槽　5 个。采用低电压、大电流，单极排列；槽与槽间电路上串联，水路上并联；单槽产氯量 1.8 kg/h；阳极采用钛涂多元贵金属氧化物，阴极采用钛板。

(4) 分离罐　1 台。主要用来调节电解槽进出水量的平衡，分离电解过程中产生的氧气和氢气，自动调节液位平衡；当海水流量过低、电解槽槽压过高或过低时，系统停止工作并进行声光报警。

(5) 低压配电柜　3台。控制整个系统动力电源和电解电源的开关。

(6) 热工仪表　包括电磁流量计、差压控制器、船用压力表、隔膜压力表、温度传感器及风道接近开关、物位记忆开关等，用来进行显示和控制。

(7) 管道及阀门　电解槽前的所有管道均采用碳钢衬胶管，电解槽间及电解槽后的所有管道均采用ABS管。所有阀门均采用UPVC碟阀和ABS球阀。

(8) 测氯备件　包括低浓度型和高浓度型各1套。低浓度型采用目视比色法测氯，高浓度型采用滴定法测氯。

5. 装置运行情况及防污效果

该装置1994年运行近一年。电解槽在定期酸洗的条件下，产氯量达到设计要求，平均电流效率达到80%，残余氯浓度大于0.01 μg/L。直流耗电率不高于5 kW。其运行记录如表7.6所示。

表7.6　潍坊纯碱厂电解海水防污装置1994年运行记录

测定日期	电解电流/A	整流电压/V	电解槽槽压/V					水流量/(m³/h)	海水温度/℃	有效氯浓度/(μg/L)	产氯量/(kg/h)	平均电流效率/%
			1号	2号	3号	4号	5号					
04-20	1000	21.0	4.00	4.00	4.00	4.00	4.00	32.26	16.0	0.8	6.35	96
04-20	2000	25.0	5.00	5.00	5.00	5.00	5.00	30.73	16.0	1.0	12.3	93
04-23	1000	20.5	4.00	4.00	4.10	4.00	4.10	31.20	16.0	0.8	6.28	95
04-26	1000	21.0	4.05	4.00	4.00	4.00	4.05	30.50	17.0	0.8	6.28	95
04-30	1000	20.5	4.10	4.10	4.10	4.10	4.10	32.30	17.0	0.5	5.62	85
05-04	1000	20.1	4.05	4.00	4.05	4.00	4.00	31.85	18.0	0.6	5.95	90
05-06	1300	21.5	4.05	4.05	4.00	4.05	4.00	32.20	18.0	0.9	7.57	88
05-10	1700	23.5	4.70	4.70	4.70	4.70	4.70	30.50	18.5	0.7	9.56	85
05-15	1700	23.5	4.70	4.70	4.70	4.70	4.70	31.00	18.5	0.6	9.00	80
05-20	1000	20.1	4.00	4.00	4.05	4.05	4.00	32.50	21.0	0.3	5.30	80
06-15	1000	19.5	4.00	4.00	3.95	4.00	4.00	30.52	22.0	0.7	5.63	85
06-26	1000	20.5	4.00	4.00	4.00	4.00	4.00	31.20	22.5	0.8	5.76	87
07-01	1000	19.5	4.00	4.00	3.95	4.00	4.00	31.47	23.0	0.8	5.69	86
07-07	1000	19.5	4.00	4.00	4.00	3.95	4.00	30.06	24.0	0.5	5.36	81
07-16	1000	19.5	4.00	4.00	3.90	3.82	3.85	33.48	27.0	0.5	5.30	80
07-26	1000	20.0	4.00	4.00	4.00	4.00	4.00	32.41	27.0	0.5	5.30	80
08-17	1000	19.8	4.00	4.00	3.90	3.90	4.00	31.64	27.0	0.9	5.95	90
08-24	1000	19.8	3.90	4.00	3.90	4.00	4.00	31.27	28.0	0.7	5.69	86
08-28	1000	20.0	4.00	4.00	4.00	4.00	4.00	32.54	28.0	0.6	5.56	84
09-01	1000	19.5	3.90	3.90	3.90	3.90	3.90	31.46	26.0	0.5	5.36	81
09-10	1000	20.0	4.00	4.00	4.00	4.00	4.00	32.50	25.0	0.5	5.30	80
09-15	1000	20.0	4.00	4.00	4.00	4.00	4.00	33.40	24.0	0.6	5.42	82

续表

测定日期	电解电流/A	整流电压/V	电解槽槽压/V					水流量/(m^3/h)	海水温度/℃	有效氯浓度/(μg/L)	产氯量/(kg/h)	平均电流效率/%
			1号	2号	3号	4号	5号					
09-22	1000	19.8	4.00	4.00	3.90	4.00	3.90	32.54	22.0	0.7	5.76	87
10-02	1000	20.0	4.00	4.00	4.00	4.00	4.00	31.24	21.0	0.7	5.69	86
10-08	1000	20.0	4.00	4.00	4.00	4.00	4.00	31.50	21.0	0.7	5.76	87

潍坊纯碱厂所需海水主要用于化灰(CaO)、化盐(NaCl)工艺设备和发电机组冷却，水力冲灰渣，锅炉泡沫、水沫除尘等。

供海水工程于1988年8月投入运行，当时没有考虑去除污损生物，1991年大修时发现，加压泵站出口总管内壁、阀门上有大量污损生物，以沿输入流动方向50～100 m最为严重，主要是藤壶、紫贻贝、盘管虫及苔藓虫等，平均厚度达250 mm，致使管道直径由1 m缩小到500 mm。污损生物的附着生长，大大减少了海水供应量，降低了冷却效率，使阀门等转动机构失灵，影响了设备的正常运行，并加速了金属管道及设备的腐蚀。在没有安装防污装置的条件下，每年只能利用大修时间进行人工清理污损生物，延长了大修时间，增加了工人的工作量，不利于工人的身体健康。

潍坊纯碱厂电解海水防污装置总投资约80万元(包括土建、安装、设备成本)。每年电耗约为302 400 kW·h(按污损生物旺季开机运行7个月计算)，工业用电按照0.2元/(kW·h)计算，每年电耗约6.0万元。

没有安装电解防污装置前，因污损生物大修时需人工清除，清理两天的直接费用为5 000元。纯碱厂的日产值约为240万元，如因清除生物延长2天大修时间，造成的直接经济损失为480万元。

7.5 海洋中船舶等五类设施的防污

7.5.1 船舶防污

船舶上会发生生物污损的部位主要有船体水下部位(船壳)、水线区、推进器和海水管系。船体水下部位和水线区经常与海水接触，海洋生物容易附着、生长和繁殖，主要采用防污涂层来防止海洋生物污损。不同船体材料在涂装防污涂料时需要对船体基体表面做相应处理或涂装配套防锈涂料。对防污涂层的要求有：

① 与中间漆和每道防污漆之间具有良好的附着力；

② 至少一个坞修间隔期内具有能防止海洋生物附着的效能；

③ 毒料释放型涂层应能连续不断地向海水中渗出毒料；

④ 漆膜具有一定的透水性以保持毒料的连续渗出；

⑤ 涂层具备良好的耐海水冲击性，在长期浸水条件下不起泡、不脱落；

⑥ 对于采用阴极保护措施的钢质船舶，要求与阴极保护体系匹配，具有较好的耐碱性、耐阴极剥离性能。

由于各类船舶的使用要求不同，对船底防污涂料的性能要求也不一样。如周游世界各国的远洋航行大型钢质货船和油船，尤其是超级油船，由于航行时间大大多于在港口停泊的时间，而且航行的船速往往都不低于 30 kn，因此防止藤壶之类的污损生物不是大的问题，而要求能一直保持船底的平整和光滑，以节省燃油消耗和保持航速，要求采用具有长期防污效果和自抛光性能的高性能防污涂料。对于在港口停泊时间较长和要求以较高速度航行的军舰来讲，要求防污涂料能在长期停泊港口期间发挥出很好的防污能力，并能在高速航行中耐流水的冲刷，因此对舰船船底的防污能力要求更高。表 7.7 列出了各类船舶航速、航停状态。

表 7.7　各类船舶航速、航停状态

船舶类型		航　　速	航停状态比例/%		坞修周期/a
			航行	停泊	
商船		一般小于 18 kn	75	25	3～5
大型油船		大于 25 kn	85	15**	—
舰船	大型：如核动力航母	巡航：～30 kn，最大：～33 kn	35	65*	7～12
	中小型	中速巡航时小于 18 kn，高速巡航时大于 20 kn	30～45	55～70*	5～7
专用快艇		大于 30 kn	25	75	～0.5

注：* 表示每次停泊时间可达 3 个月；** 表示平均每次 2～5 天。

小型非钢质船舶，如铝质或玻璃钢交通快艇和游艇，特别是专用快艇，如海关、边防和武警使用的高速快艇，对船底表面的平整光滑程度要求相当高，要求船底防污涂料除具有一定的防污期效外，还能在高速水流的冲刷下保持优良的附着力，而且能短时间在大气中暴露；铝质船体材料的快艇，要求防污涂料体系不会造成对铝船体的电化学腐蚀问题。它们多采用性能优良的自抛光防污涂料。

我国的近海运输和海洋渔业目前还在大量使用木质渔船。木船除受生物在表面附着外，还常受到钻入木材内部的钻孔动物的危害，这些动物主要是软体动物船蛆科，在中国海域已发现 18 种，如在木船底常见到的栉铠船蛆。木船多为中小型船只，维修周期一般为 0.5～1 年，通常使用成本低、防污期效短的低档防污漆。木船维修时间短，不少木船利用潮汐间隔在沙滩上的偏滩维修和涂装防污漆，涂装后 4～5 h 就浸水，因此要求木船防污漆可快干，耐水性好。

7.5.2　冷却管道防污

船舶冷却管系主要用于为主副机提供冷却介质，冷却管道管径细小，防污涂层难以应用，即使采用涂层，防污涂层也仅仅应用于海底阀箱和管道入口处。目前主要采用电解防污技术来防止海洋生物污损。电解防污技术主要有三种类型：电解铜铝阳极防污；电解海水制氯防污；氯-铜联合防污。

(1) 电解铜铝(铁)阳极防污　该技术是同时向铜阳极和铝阳极通以直流电，对铜、铝进行电解，生成氧化亚铜和氢氧化铝。氢氧化铝具有一定的黏性，呈棉絮状，可以作为载体与氧化亚铜一同附着在管壁上，利用氧化亚铜可以杀死海洋生物的幼虫和孢子，从而达到防污的目的。为了达到有效的防污效果，铜阳极的消耗用量至少为 2 mg/(L·h)，铜阳极的寿命应与船舶坞修间隔一致，并在坞修期更换。其装置见图 7.1。

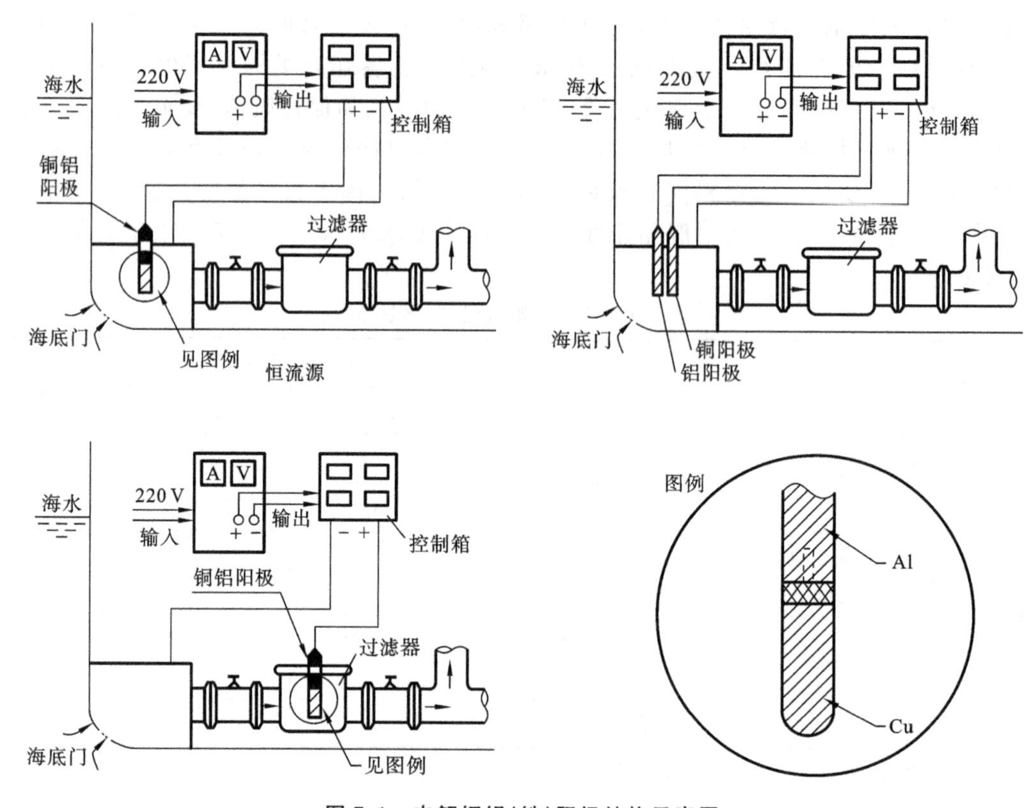

图 7.1　电解铜铝(铁)阳极结构示意图

(2) 电解海水制氯防污　利用不溶性或微溶性阳极，在阳极电流的作用下使海水中的氯离子放电产生氯气，氯气与水的反应产物次氯酸具有杀死海洋生物幼虫和孢子的功能，它随海水的流动分布于管内的各个部位，从而达到防止污损的目的。其装置见图 7.2。

(3) 氯-铜联合防污系统　氯-铜联合防污系统可在管道内同时电解产生次氯酸、次氯酸根和氧化亚铜，其防污效果更好，所需要的有效氯浓度较低，对环境不会造成污染。其装置见图 7.3。

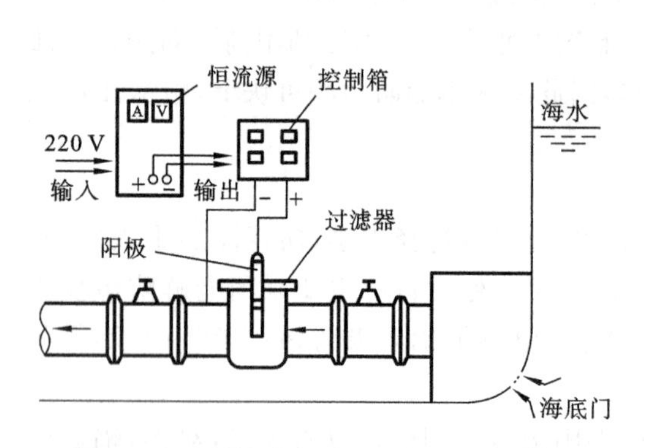

图 7.2　直接式电解海水防污装置示意图

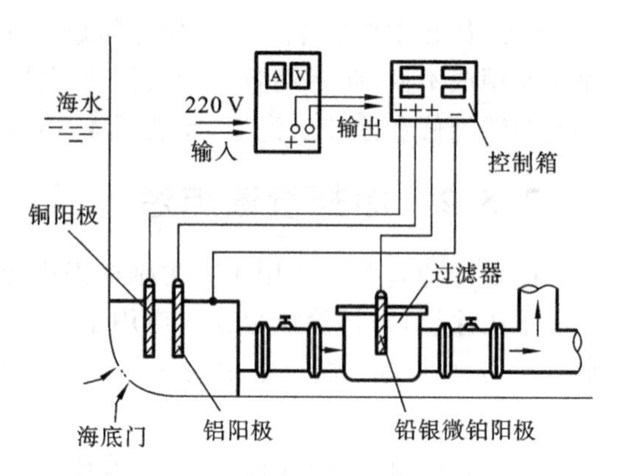

图 7.3　氯-铜联合防污装置示意图

英国 Baker Hughes 公司曾对上述方法的优缺点和经济性做了全面比较，见表 7.8。

表 7.8　电解防污系统的比较

系统类型		Cu/Al 系统		海水电解(氯化)系统	BFCC/BHPS 系统 (Cu-Cl_2 系统)(脉冲加入)		
防污效果	微观污损	减少		减少	减少		
	宏观污损	增加		减少	减少		
防污剂含量/(μg/L)		Cu:35,Al:5		典型的	Cu:5,Cl_2:50		
在每年不同用水量下需要的防污剂量		铜/kg	电极数量 (30 kg/根)	氯气/t	铜/kg	电极数量 (30 kg/根)	氯气/kg
1000 m^3/h		307	10	17.5	33	1	329
1500 m^3/h		640	15	26.3	50	2	493
2500 m^3/h		767	26	43.8	82	3	821
5000 m^3/h		150	50	87.6	165	6	164
腐蚀影响		海水管路中高浓度铜离子产生电偶腐蚀		管件、泵、阀、热交换器等有严重的腐蚀	无腐蚀		

目前，英、日、美和意大利等国已建立了可批量生产上述防污装置的专业制造公司。我国也有生产各类电解防污装置，如中船重工七二五所的青岛双瑞防腐防污工程有限公司已有电解海水(食盐水)次氯酸钠装置、船舶和海洋平台电解防污产品专门供海军舰船、民用船舶、海洋石油平台、海滨电厂、炼油厂等冷却水管系统使用。沿海电站，特别是核电站的冷却管道也有应用。

7.5.3　石油平台防污

7.5.3.1　污损生物对海上平台的腐蚀和安全的影响

海上平台的全浸区处于近海海域，是海洋污损生物生长严重的部位。海上平台结构需要防污的部位主要是在海水中的立柱结构和需要吸取海水作为冷却介质的海水管道和海底阀门等。污损生物附着对海上平台结构的安全和结构金属材料的腐蚀会产生相当的影响。

(1) 当平台水下部位附着的污损生物重量相当大，已超过平台设计的上限值时，如果不及时清理污损生物，就可能会引起平台固定的失控。

(2) 污损生物会造成防护涂层的破坏和基体合金材料的腐蚀，破坏程度与防护涂层的类型、基体合金材料的类型和附着生物的类型有关。例如藤壶附着的金属基体，尤其是不锈钢之类带有钝化膜类型的合金材料容易发生点蚀问题，同时附着生物本身会产生酸性的腐蚀物质。

(3) 污损生物会对结构周围海水流动状态形成影响，例如冷凝器、热交换器和海底门等。污损生物的附着会使管道海水流动量减少甚至造成堵塞，管道和结构的海水流动不顺畅，会引起海水冲刷腐蚀。不同金属对因海水冲刷引起的点蚀和缝隙腐蚀的抵抗程度不一。钛合金、铜和铜-镍合金耐此类腐蚀的性能较好，而不锈钢和镍合金耐此类腐蚀的性能就较差。

7.5.3.2　石油平台防污

如前所述，采用防污涂料是船舶防污的主要方法，但是对于近海平台结构，采用防污涂料就不合适。一般在海上平台上不采用防污涂料，因为要对平台水下部位已涂装防污涂料的地方进行表面清理和重涂非常困难。对近海平台结构的防污主要方法如下。

（1）机械清除方法：采用类似于金属表面除锈清洁的工具，如钢丝刷、钢针枪和旋转钢丝圆盘等，以及各种形式的喷水清洁工具来清除污损生物。

（2）结构设计：如对固定式平台的立柱安装一种橡胶浮圈结构，利用潮差上下移动对平台立柱进行刮擦清洁，防除污损生物。

（3）化学方法：这类方法主要应用于海水管道内防污，不用于平台整体结构。如采用带磨粒的稀浆料循环通过管道进行清洁，或采用化学清洁剂循环清除管道。目前应用最多的电解防污方法，有间隔加氯防污、连续加氯防污、加氯和使用海绵橡胶球联合防污等。

7.5.4 网衣等养殖设施防污

由于近海的过度捕捞，近年来海洋渔业资源迅速枯竭，使得海洋渔业向远洋捕捞和养殖渔业发展，而远洋捕捞又受到各国 200 n mile 经济区的限制和在捕捞作业中的气象和安全的影响，这就促使近海的海洋养殖业持续发展。海水养殖设施的网具、固定绳具因长期放置于海水中，各类附着生物很容易附着在上面，一方面可引起网孔堵塞，阻碍海水流通，影响鱼类、贝类的生长，另一方面会增加网具和绳具负荷，缩短养殖设施的使用寿命。为保证养殖网具的网孔不受海洋污损生物的附着而堵塞，需要对渔网涂装防污涂料。对渔网防污涂料的主要技术要求是：无毒或低毒性；具备生物安全性；防污期效中等；与柔性渔网材料表面黏附良好；价格适中；等等。据报道，使用无毒防污涂料与不使用无毒防污涂料相比，产值至少增加 10%，经济效益明显(于良明 等，2004)。

目前渔网防污涂料的品种按树脂基料来分，可以分为两大类：油性渔网防污涂料和水性渔网防污涂料。按防污剂成分来分，通常有三类：有机锡化合物防污涂料、铜盐化合物防污涂料和有机类杀虫剂防污涂料。

油性渔网防污涂料的树脂基料有丙烯酸树脂、乙烯类树脂和橡胶类树脂(如氯磺化聚乙烯树脂)等。防污剂多以易降解、无积累的有机类杀虫剂为主，防污期效在半年以上，渔网涂装一般采用浸涂方法。

水性渔网防污涂料的树脂基料多为丙烯酸乳液，防污剂为不含重金属的有机化合物。例如聚乙烯渔网采用一种六亚甲胍磷酸盐防污剂和丙烯酸乳液与水的混合物浸渍后具有 6 个月以上的防污效果。

由于有机锡防污剂对环境的污染，从 2003 年已开始禁止使用。这样，以有机杀虫剂为主要成分的防污涂料逐渐取代了有机锡为主要成分的渔网防污涂料。有机杀虫剂有醇胺类防污剂、铜盐化合物和磷脂类防污剂(刘登良，2002)。

7.5.5 水下声呐及仪器防污

海洋水下声呐及仪器是一类专用的海洋仪器和装置，由于污损生物的附着会影响这类仪器设备的正常工作，要求其外表面能防止污损生物附着。需要防污的部位和部件有声呐导流罩、换能器、声管等，采用的防污方法简述如下。

7.5.5.1 采用防污涂料

声呐导流罩是保护换能器的一种流线型外壳结构，它的材料有橡胶、纤维增强塑料、不锈钢、钛合金和铜镍合金等。关于在声呐导流罩表面可应用的防污涂料品种很少有公开报道。

我国自 20 世纪 60 年代末开始研究声呐导流罩防污涂料，到 80 年代先后研制出不少品种。表 7.9列举了我国和美国的几种声呐导流罩防污涂料产品牌号和特性。

表 7.9　声呐导流罩防污涂料

牌号和名称	主要树脂	主要防污剂	性　能	应　用	研制单位
04	甲基丙烯酸二丁基锡酯和顺丁烯酸酐	有机锡高聚物和辅助防污剂	蓝灰色，细度＞40 pm，防污期效 1 年	干湿交替部位导流罩：玻璃钢、钛合金	七二五所
10-2-2	甲基丙烯酸三丁基锡酯、甲基丙烯酸三丁酯	有机锡高聚物和氧化亚铜	紫红色，细度多为 80 pm，防污期效 3 年	水线以下导流罩：玻璃钢、钛合金	七二五所
134	聚异丁烯，松香	氧化亚铜	紫红色，防污期效 3～4 年	水线以下橡胶声呐导流罩	美国

目前我国的声呐导流罩防污涂料主要技术要求应符合 GJB 731A—2007 标准。

换能器材料主要是具有良好透声性能的橡胶，在橡胶表面应用的防污涂料除防污性能外，还要求具有良好的柔韧性、与橡胶表面的黏附性、耐久性和足够的透声性。据报道，一种以聚异丁烯高聚物、松香酸和氧化亚铜防污剂为主要成分的专利产品（USP3033809 和 USP3274137）就具有这些综合性能。

7.5.5.2　采用含有防污剂的防污橡胶材料

采用具有防污效果的合成橡胶材料来制备声呐导流罩也是导流罩表面防污的方法之一。对防污合成橡胶材料的性能要求有：具备良好的物理性能，如抗张强度、抗撕裂强度等，以及良好的防污性、透声性、表面平整性和可修补性。

美国海军研制的一种含有 SA-546 杀菌剂（Dow 化学公司研制）的氯丁橡胶配方产品 NASL-AF1004 在具有相当高的抗张强度和抗撕裂强度时，有 1 年以上的防污效果。美国 Goodyear 公司在 1969 年就开始有防污橡胶商品推向市场。日本横滨橡胶公司在引进美国技术后提供的防污橡胶商品，据报道具有 7 年防污期效，但由于其成本高、制备工艺复杂，价格昂贵，仅应用于特殊场合。

7.5.5.3　采用铜质材料

在金属材料中，一般铜和铜合金材料很少受海洋生物污损，如铜锌合金、铜锡合金、铜镍合金等，对这些铜合金材料要求铜含量大于 64%。表 7.11 所示为由美国拉奎（LaQue）试验站列出的具有各种防污效果的部分纯金属或合金材料。

表 7.11　具有防污效果的金属材料

材料名称	金属元素及其质量分数		防污效果
	铜	其他元素	
海军铜	70%	锌 29%，锡 1%	很少污损
冷凝器用铜镍锡合金	70%	锡 1%，镍 29%	很少污损
安白铜	75%	锌 5%，镍 20%	很少污损
砷铜	99.5%	砷 0.3%	很少污损

续表

材料名称	金属元素及其质量分数		防污效果
	铜	其他元素	
铍青铜	97.4%	镍0.25%,铍2.3%	很少污损
黄铜	＞65%	锌＜35%	很少污损
黄铜-锌	＞80%	锡1%～1.5%,其余为锌	很少污损
青铜-锡	＞80%	锡＜20%	很少污损
青铜-镍	＞80%	镍1%～10%	很少污损
商用青铜	90%	锌10%	很少污损
紫铜	＞99%		很少污损
铜镍合金	＞70%	镍＜30%,铁＜0.15%	很少污损
特殊青铜(容器用)	97%	锡2%,硅1%	很少污损
铜硅锰合金	96%	硅3%	很少污损
锻造红铜	85%	锌15%	很少污损
铸造红铜	85%	锌5%,锡5%,铅5%	很少污损
白铜(镍银)	64%	锌18%,镍18%	很少污损
黄铜	＜65%	锌≈35%	不同程度污损
普通黄铜	65%	锌35%	不同程度污损
铜镍合金	60%～70%	镍30%～40%	不同程度污损
熟铜	60%	锌40%	不同程度污损
海军黄铜	60%	锌39%,锡1%	不同程度污损
银			不同程度污损
锌	＞99%		不同程度污损
铝合金			不同程度污损
镀锌钢			不同程度污损
铅			不同程度污损

表7.11仅为拉奎试验站的试验数据,由于世界各地的污损生物种类有差别,试验时间长短不一,且防污能力较强的铜类金属的防污能力有差异,该表仅作一般选材的参考,应根据实海防污性能试验来选择。

参考文献

蔡如星，黄宗国，江锦祥. 1962. 福建沿海钻孔动物的调查研究. 厦门大学学报(自然版)[J]. 9(3)：189-205.

蔡如星，黄宗国. 1981. 厦门港网纹藤壶生物学研究Ⅰ——繁殖、附着与生长[J]. 动物学报，27(3)：274-279.

蔡如星，黄宗国. 1984a. 海洋蔓足类定向的研究Ⅰ——糊斑藤壶在宿主体的定向[J]. 海洋与湖沼，15(4)：317-328.

蔡如星，陈永寿，黄立强. 1984b. 东海陆架的蔓足类[M]//国家海洋局第二海洋研究所. 东海研究文集，北京：海洋出版社.

曹楚南. 2004. 腐蚀电化学原理[M]. 2 版. 北京：化学工业出版社.

曹楚南. 2005. 中国材料的自然环境腐蚀[M]. 北京：化学工业出版社.

陈国进，董聿茂，蔡如星. 1987. 舟山海区日本笠藤壶和鳞笠藤壶的生物学研究Ⅰ——繁殖、附着与生长[J]. 海洋学报，9(1)：93-103.

陈延杭，杨秋平，陈晓. 1986. 郑和宝船复原研究[J]. 船史研究(2)：47-58.

CHANDLEN K A. 1985. Marine and Offshore Corrosion[M]. London：Butterworth& Co. Ltd.

陈正钧，杜玲仪. 1985. 耐蚀非金属材料及应用[M]. 北京：化学工业出版社.

褚武扬. 1988. 氢损伤和滞后断裂[M]. 北京：冶金工业出版社.

顾国成，吴文森. 1987. 钢铁材料的防蚀涂层[M]. 北京：科学出版社.

黄宗国，李传燕，张良兴，等. 1979. 舟山海区的附着生物与钻孔生物生态研究[J]. 海洋学报，1(2)：229-310.

黄宗国，蔡如星. 1984. 海洋污损生物及其防除(上册)[M]. 北京：海洋出版社.

机械工业职业技能鉴定指导中心. 1999. 高级涂装工技术[M]. 北京：机械工业出版社.

柯伟. 2003. 中国腐蚀调查报告[M]. 北京：化学工业出版社.

李洁民，黄修明，黎国珍，等. 1964. 中国主要几个港口附着生物生态的研究[J]. 海洋与湖沼，6(4)：371-408.

李国清. 1986. 对泉州湾出土宋代海船上腻料使用情况的考察[J]. 船史研究(2)：32-38.

刘登良. 2002. 海洋涂料与涂装技术[M]. 北京：化学工业出版社.

刘会莲. 1999. 中国沿岸水域养殖贝类及养殖笼网污损苔虫的研究[D]. 青岛：中国科学院海洋研究所.

刘瑞玉，任先秋. 2007. 中国动物志：无脊椎动物·第四十二卷(甲壳动物亚门、蔓足下纲、围胸总目)[M]. 北京：科学出版社.

刘锡兴，尹学明，马江虎. 2001. 中国海洋污损苔虫生物学[M]. 北京：科学出版社.

孙秋霞. 2001. 材料腐蚀与防护[M]. 北京：冶金工业出版社.

汪国平. 1998. 船舶涂料与涂装技术[M]. 北京：化学工业出版社.

王祯瑞. 1997. 中国动物志：软体动物门，双壳纲，贻贝目[M]. 北京：科学出版社.

魏宝明. 1984. 金属腐蚀理论及应用[M]. 北京：化学工业出版社.

吴尚勤,蔡难儿.1963.布纹藤壶 *Balanus amphitrete communis Darwin* 生活史的研究.海洋科学集刊,4:103-120.

吴纯素.1988.化学转化膜[M].北京:化学工业出版社.

武利民,李丹,游波.2000.现代涂料配方设计[M].北京:化学工业出版社.

夏炳仁.1993.船舶及海洋结构物腐蚀与防护[M].大连:大连海运学院出版社.

肖纪美.1990.应力作用下的金属腐蚀[M].北京:化学工业出版社.

严文侠,庞景梁,陈兴乾.1983.网纹藤壶的附着[J].南海海洋科学集刊,4:65-72.

杨德渐,孙瑞平. 1988. 中国近海多毛环节动物[M].北京:农业出版社.

杨德钧,沈卓身.2003.金属腐蚀学[M].2 版.北京:冶金工业出版社.

于良明,姜晓辉,董磊,等.2004.异噻唑啉酮类化合物及其在海洋防污涂料中的应用[J].涂料工业,34(5):43-47.

张玺,楼子康.1957.僧帽牡蛎繁殖和生长的研究[J].海洋与湖沼,1(1):123-140.

张玺,楼子康.1959.牡蛎[M].北京:科学出版社.

曾呈奎.1962.中国经济海藻志[M].北京:科学出版社.

周本省.1993.工业冷却水系统中金属的腐蚀与防护[M].北京:化学工业出版社.

郑重,李松,林庆礼.1953.厦门海洋固着生物生态的初步研究[J].动物学报,5(1):47-57.

中国腐蚀与防护学会.1987.金属腐蚀手册[M].上海:上海科学技术出版社.

朱庆红.2002.油漆工实用技术手册[M].南京:江苏科学技术出版社.

朱日彰.1989.金属腐蚀学[M].北京:冶金工业出版社.

邹仁林.2001.中国动物志:腔肠动物门,珊瑚虫纲,石珊瑚目,造礁石珊瑚[M].北京:科学出版社.

左景伊.1985.应力腐蚀破裂[M].西安:西安交通大学出版社.

内海富士夫.1955.日本产蔓脚类の生物研究Ⅲ.生态の事项[J].日本生物地理学会,16-19:124-134.

岡本剛,井上勝也.1987 腐食邑防食(三订).大日本图书株式会社出版.

雨宫育作,田村松太郎,瀬沼秀夫.1929.マガキの雌雄性に関すろ考察.水产学会,4:234-257.

雨宫育作.1935.マガキの雌雄性機能分化に及だす損傷の影響.Jap. Jour Zool.,6:48.

H. A. 托马晓夫.1965.华保定,等译.金属腐蚀及其保护理论[M].北京:机械工业出版社.

ALEC W. 1973. Antifouling marine coatings[J]. Chicago:Noyes Data Corporation.

ALLEN F E. 1953. Distribution of marine invertebarates by ships[J]. Aust. J. Mar. Fresh. Res.,4(2):307-316.

AKASHI M, LMAMURA Y, KAWAMOTO T. 1975. Crevice corrosion of stainless steels due to marine fouling[J]. Zairyo-to-Kankyo, 2009,24:31-33.

ANDERSON D T. 1980. Cirral activity and feeding in the verrucomorph barnacle *Verruca reota Aurivillius* and *V. stroemia*(O F Muller). [J]. Mar. Boil. Assoc. U. K.,60(2):349-366.

ANNADALE N. 1909. An account of the Indian cirripedia Pedunculate,Pt. Ⅰ[J]. Family Lepadidae. Mem. InD.,2:61-137.

AYLING A M. 1976. The strategy of orientation in the barnade *Balanus trigonus*[J].

Mar. Biol. ,36(4):335-342.

BARNES H, POWELL H T. 1950. The development, general morphology and subsequent elimination of barnacle population, *Balanus crenatusand B. balanoidesafter* at heavy initial settlement[J]. Jour. Anim. Ecol. ,19:175-179.

BARNES H,CRISP D J. 1956. Evidence of self-fertilization in certain species of barnacle [J]. J. Mar. Biol. Assoc. U. K. ,35(3):631-639.

BARNES H. 1959. The temperature and the life cycle of *Balanus balanodies*(L.)[M]// RAY D L. Marine Boring and Fouling organisms:Symposium. Friday Harbor Symposium. Seattle:University of Washington Press:234-245.

BARNES B, REESE E S. 1960. The behavious of the stalked intertudal barnacle *Pollicipes polymerusJ*. B. Sowerby, with special reference to its ecology and distribution[J]. Jour. Anim Ecol. ,29(1):169-186.

BARNES H. 1960. The behaviour of the stalked intertudal barnacle *Pollicipes polymerus* Sowerby,with special reference to its ecology and distribution[J]. Eni. Ecol. ,29(1): 169-185.

BARNES H. 1963. Light, temperature and breeding of *Balanus balanoides*[J]. J. Mar. Biol. Assoc. U. K. ,43(3):717-725.

BARNES R D. 1963. Invertebrate Zoology[M]. New York: Saunders Collodge Publishing.

BARNES H,BARNES M. 1967. The effect of starvation and feeding on the time of production of egg masses in the boreo-arctic cirripede *Balanus balanoides*(L.)[J] . J. Exp. Mar. Biol. Ecol,1(1):1-6.

BARNETT B E,EDWARDS S C,CRISP D J. 1979. A field study of settlement behaviour in Balanus balanoidesand Elminius modestus (Cirripedia, Crustacea) in relation to competiton between them[J]. Mar, Biol. Assoc. U. K. ,59(3):575-580.

BROCH H. 1924. Cirripedia thoracica von Norwegen und dem Norwegioschen Bordmeere. Vidensk. Skrift. , I [J]. Math. -Nat. KI. ,1(17):1-121.

BURKENROAD M D,1931. Sex in the Louisiana Oyster, *Ostrea virinica*[J]. Science, 74(1979):71-72.

CAI R C, HUANG Z. 1989. Reproductive characteristics of some Cirripedia in Hong Kong waters[C]//MORTON B. Proceding of the Second International Marine Biology Workshop: The Marine Flora and Fauna of Hong Kong and Southern China. Hong Kong: Hong Kong University Press, 945-960.

COSTLOW J D,BOOKHOUT C G. 1956. Molting and shell growth in *Balanus ampihitrite niveus*[J]. Biol. Bull. ,110(2):107-116.

CRISP D J. 1960. Factors influencing the growth rate in *Balanus balanodies* [J]. J. Anim. Ecol. ,29:95-116.

CRISP D J. 1961. Territorial behaviour in barnacle settlement[J]. J. Exper. Biol. ,38: 429-446.

CRISP D J, MEADOWS P S. 1962. The chemical basis of gregariousness in cirripedes

[J]. Animal Behaviour,11(2-3):500-520.

CRISP D J. 1964. The effect of the severe winter of 1962—1963 on marine life,in Britain [J]. J. Anim Ecol. ,33(1):165-210.

CRISP D J. 1965. The ecology of marine fouling[M]//GOODMAN G T,EDWARDS P, LAMBERT J. Ecology and the Industrial Society. Oxford: Blackwell Publishing,99-117.

DARWIN C 1954. A monograph on the subclass *Cirripedia*,with figures of all the species[M]. London:Wheldon & Wesley.

RITZ D A,CRISP D J. 1970. Seasonal change in feeding rate in Balanus balanoides[J]. Mar. Boi I. Assoc. U. K. ,50:223-240.

COE W R. 1932. Sexual phases in the American oysters (*Ostrea virginica*)[J]. Biol. Bull. ,63:419-441.

COLE H A,JONES E W K. 1939. Some observation and experiments on the setting behaviour of larvae of *Ostrea edulis*[J]. ICES Journal of Marine Science,14:86-105.

DEXTER S C. 1985. Biologically induced corrosion: proceedings of the international conference on Biologically induced corrosion[C]. Houston:National Association of Corrosion Engineers,363.

DOOCHIN H D,SMITH W F G. 1951. Marin boring and fouling in relation to velocity of water current[J]. Bull. Mar. Sci. ,1(3):196-208.

EKMAN B S,PALMER E. 1953. Zoogeography of the Sea[M]. London: Sidgwick And Jackso.

FONTANA M G,GREENE N D. 1973. Corrosion Engineering[M]. 2nd ed. New York: McGraw-Hill.

FOSTER B A,WILLAN R C,1979. Foreign barnacles transported to New Zealand on an oil platform[J]. New Zealand J. of Marine and Freshwater Research, 13(1):143-149.

GALTSOFF P S,SMITH R O. 1932. Stimulation of spawning and crose-fertilization between American and Japanese oyster[J]. Science,76(1973):371-372.

HATTON H. 1938. Essais de bionpmie explicative quelques especes intercotidales dalgues et danimaux[J]. Ann. Inst. Oceanogr. ,N. S. ,17(25):241-348.

HORNE R A. 1969. Marine chemistry, the structure of water and chemistry of ydrosphere[J]. Sylloge Epigraphica Barcinonensis,577(s1—2): 109-125.

HOWARD C K,SCOTT H O. 1959. Predaceous feeding in two common gooseneck barnacles. Science,129:717-718.

KNIGHT-JONES E W,STEVENSON J P. 1950. Cregariousness during settlement in the barnacle *Elminius modestus* Darwin[J]. Jour. Mar. Boil. Assoc. U. K. ,29(2):261-297.

LARMAN V N, GABBOTT P A. 1975. Settlement of cyprid larvae of *Balanus balanoides* and *Elminius modestus* induced by extrects of adult barnacles and other merine animals[J]. Jour. Mar. Biol. Assoc. U. K. ,55:183-190.

LOOSANOFF V L. ,DAVIS H C. 1952. Temperature requirement for maturtion of gonads of northern oysters. Biol. Bull. ,103(1):80-96.

MEDCOF J C. 2011. Day and night characteristic of spatfalland of behaviour of oyster larvae[J]. Jour. Fish. Res Board of Canada,12(2):270-286.

MENZIES R J,1968. Transport of marine life between oceans through the Panama Canal [J]. Nature,220(5169):802-803.

MOORE H B. 1934. The biology of *Balanus balanoides* Ⅰ. Growth and its relation to size, season and tidal level[J]. Jour. Mar. Biol. Assoc. U. K. ,19(2):851 868.

MOORE H B. 1935a. The biology of B. *balanoides* Ⅲ. The soft part:Relation to environmental factor[J]. Jour. Mar. Biol. Assor. U. K,20(2):263-307.

MOORE H B. 1935b. The biology of *Balanus balanoides* Ⅳ. Relation to environmental factors[J]. Jour. Mar. Biol. Assoc. 20(3):701-716.

MOORE H B. 1935c. The growth-rate of *Balanus hameri*(Ascanius)[J]. Jour. Mar. Biol. Assoc. U. K,20(1):57-61.

MOYSE J, HUI E. 1981. Avoidance by *Balanus balanoides* cyprids of settlement on conspecific adults[J]. Mar. Biol. Assoc. U. K. ,61:449-460.

NEEDLER A B. 1932. Sex reversal in Ostrea virginica. Cont. Canada. Biol. Fish. , 7(22):285-294.

NOTT J A,FOSTER B A. 1969. On the structure of the antennular attachment organ of the cypris larva of *Balanus balanoides* (L.)[J]. Philosophical Transactions of the Royal Society (B),256:115-134.

ORTON J H. 1926. On lunar periodicity in spawning of normally grown Falmouth oysters (*O. edulis*) in 1925, with comparison of the spawning capacity of normally grown and dumpy oysters[J]. Jour. Mar. Biol. Assoc. U. K. ,14(1):119-225.

ORTON J H. 1927. Observation and experiments on sex-change in the European oysters (*O. edulis*) . Part Ⅰ. the change from female to male[J]. Jour. Mar. Biol. Assoc. ,14(4): 967-1045.

ORTON J H. 1937. Oysters biology and oysters—culture[M]. London: E. Arnold and Co.

PATEL B. 1959. The influence of temperature on the reproduction and moulting of Lepas anatifera L. under laboratory conditions[J]. J. Mar. Biol. Assoc. U. K. ,38:589-597.

PATEL B,CRISP D J. 1960. The influence of temperature on the breeding and moulting activities of some warm-water species of operculate barnacles[J]. Jour. Mar. Biol. Assoc. U. K. ,39:667-680.

POURBAIX M. 1973. Lectures on Electrochemical Corrosion[M]. New York:Plenum Press.

PRYTHERCH H F. 1931. The role of copper in the setting and metamorphosis of the oyster[J]. Science. N. Y. ,73(1894):429-431.

PRYTHERCH H F. 1928. Investigation of the physical conditions controlling spawning of oysters and the occurrence, distribution and setting of oyster larvae in Milford Harbour [J]. Bull. Bur. Fish. ,44:429-503.

PRYTHERCH H F. 1931. The role of copper in the setting and metamorphosis of the oyster[J]. Science,73(1894):429-431.

PYEFINCH K A. 1950. Studies on marine fouling organisms[J]. Iron. Steel. Inst. London. ,219.

RUSSELL F. 1923. Advances in marine biology. London: London Academic Press, 1-100.

RITZ D A,CRISP D J. 1970. Seasonal change in feeding rate in *Balanus balanoides*[J]. Jour. Mar. Boil. Assoc. U. K. ,50:223-240.

ROUGHLEY T C. 1933. The life history of the Australian oyster: (*O. Commercialis*) [J]. Proc. Linn. Soc. N. Wales,58:279-332.

SANDISON E E. 1966. The effect of salinity fluctuation on the life cycle of *Balanus pallidus stutsburi* Darwin in Lagos Harbour,Nigeria[J]. Jour. Anim. Ecol. ,35(2):363-378.

SAROYAN J R,E LINDNER,DOOLEY C A. 1968. Attachment mechanism of barnacles [C]//Anon. Athens: Proc. Of 2nd international congress on marin corrosion and fouling [SI]:[s. n.],495-512.

SCHOENER A,LONG E R, DEPALMA J R. 1978. Geographic variation in artificial island colonization curves[J]. Ecology,59(2):367-382.

SMITH W F G. 1946. Effect of water currents upon the attachment and growth of barnacles[J]. Biol. Bull. ,90(1):51-70,79-107.

SOUTHWARD A J. 1955. Feeding of barnacles[J]. Nature,175(4469):1124-1125.

SPARK R. 1925. Studies on the biology of the oysters (*Ostrea edulis*) in the Limford, with special reference to the influence of the temperature on the sex change[J]. Rep. Danish Biol. Stat. ,30.

TRUSCHEIM F. 1932. Palaontologische Bemerkenswerte aus d. Okologie rezenten Nordsee-Balaniden[J]. Seneckenbergiana,14(1):70-87.

WEISS C M. 1948. Seasonal and annual variation in the attachment and survival of barnacle cyprids[J]. Biol. Bull. ,94(3):236-243.

Woods Hole Oceanographic Institute. 1952. Maine fouling and its prevention[M]. Annapolis:Naval Institute.

WU R S S,LEVINGS C D,RANDALL D J. 1977. Differences in energy partition between crowded and uncrowded indivicual Barnacles(*Balanus glandula* Darwin)[J]. Zool. Can. ,55:643-647.